SPSS보다 쉬운 R Commander

김지형 지음

한나래 아카데미

SPSS보다 쉬운 R Commander

2021년 7월 8일 1판 1쇄 박음
2021년 7월 15일 1판 1쇄 펴냄

지은이 | 김지형
펴낸이 | 한기철

펴낸곳 | 한나래출판사
등록 | 1991. 2. 25. 제22-80호
주소 | 서울시 마포구 토정로 222, 한국출판콘텐츠센터 309호
전화 | 02) 738-5637 · 팩스 | 02) 363-5637 · e-mail | hannarae91@naver.com
www.hannarae.net

ISBN 978-89-5566-254-2 93310

이 책은 초보자를 위한 통계적 검정법들을 다룹니다. 얼마 전에 저는 통계학 교수와 이야기를 나누고 있었는데, 그는 학생들을 가르치는 데 적합한 프로그램을 갖고 싶다고 말했습니다. SPSS는 일반 대중에게 쉽게 가르칠 수 있는 GUI 방법이지만 가격 부담이 큽니다. 무료인 R은 스크립트 기반이기 때문에 일반 대중을 대상으로 가르치는 데 어려움이 있습니다.
저는 2가지 대안을 가지고 있습니다.

1. 엑셀을 통해서 통계적 개념을 배우고, Rcmdr를 사용한다.
2. Rcmdr로 다양한 통계적 개념을 익히고 편리하게 활용한다.

둘 다 좋은 방법입니다. 1번 목적을 위해서 사실 저는 이미 책을 썼습니다. 《Excel+R 누구나 하는 데이터 분석》입니다. 그리고 2번 목적을 위한 책이 바로 이 책입니다. 두 책의 내용은 겹치는 부분이 조금 있어서 자연스럽게 연결될 수 있습니다. 마치 1권 다음에 2권을 보듯 두 책을 살펴보아도 되고, 2권을 바로 시작해도 됩니다.

Rcmdr는 SPSS보다 메뉴 구성이 더 쉽고, 더 직관적인 결과와 그래프를 제공합니다. 확장성도 뛰어나 더 넓은 R의 세계로 이끌어주는 다리가 될 것입니다.
이 책을 쓰면서 첫 번째로 고려한 타깃독자는 학생들입니다. 두 번째 독자는 학생들을 가르치는 교수님들입니다. 교수님들의 경우 대부분 R 또는 SAS, 혹은 SPSS에 익숙할 것입니다. 그런데 본인이 익숙한 것과 학생들에게 그것을 알려주는 것은 또 완전히 다른 부분으로 어려움이 따릅니다. 저 또한 그런 어려움이 있습니다. 가르치기에 쉬운 메뉴로 구성된 프로그램, 그러면서도 기능적인 면에서는 결코 부족함이 없는 프로그램을 원하신다면, 우선 이 책을 대충 훑어보십시오. 그러면 바로 비교가 될 것입니다.

2021년 7월

김지형

contents

Part 4 / 짝지은 자료의 분석

Part 5 / 차원해석

Part 6 / 샘플 수의 계산

Part 7 / 데이터 업로딩 및 편집

Part 1
기본 통계

ch.1 Installation

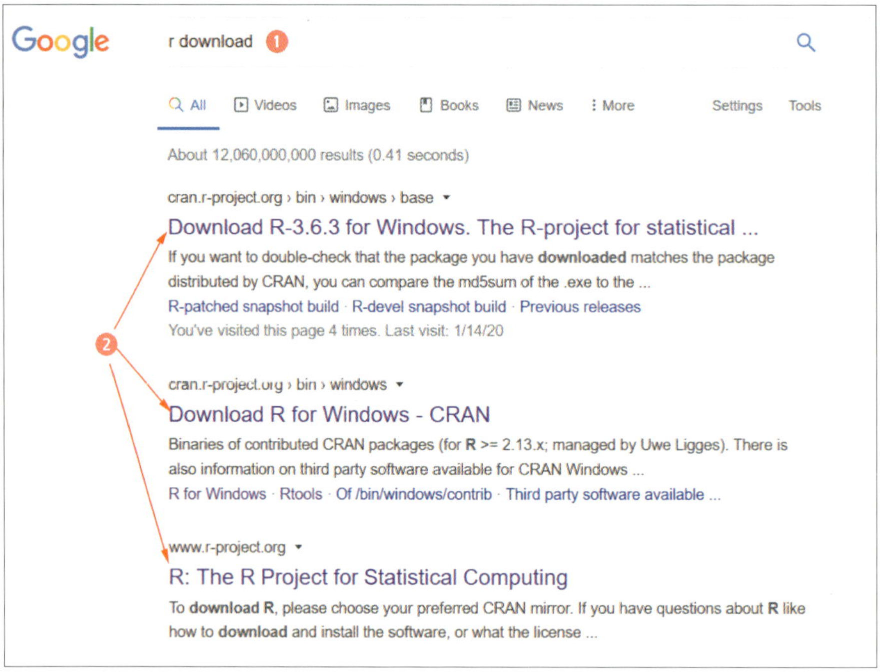

'R download'라고 구글에 검색하면 몇 가지 경로가 나오는데 모두 다 됩니다.

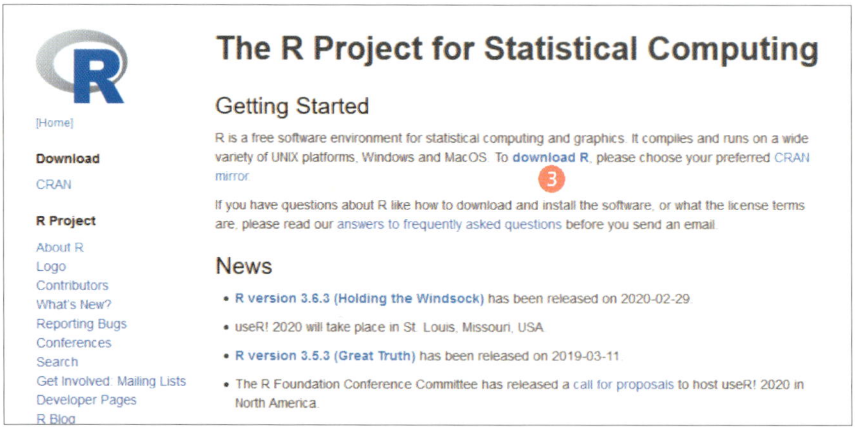

'download R'을 클릭합니다.

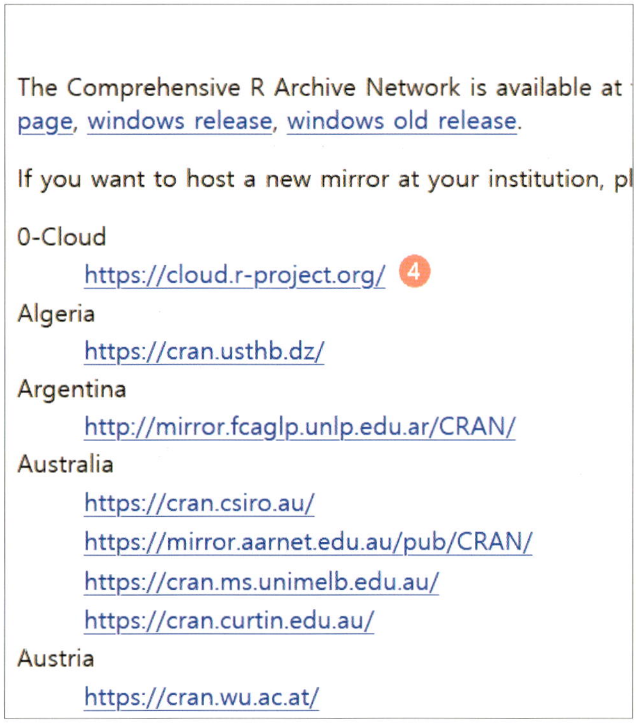

저는 첫 번째를 선택했습니다. 다른 것을 선택해도 됩니다.

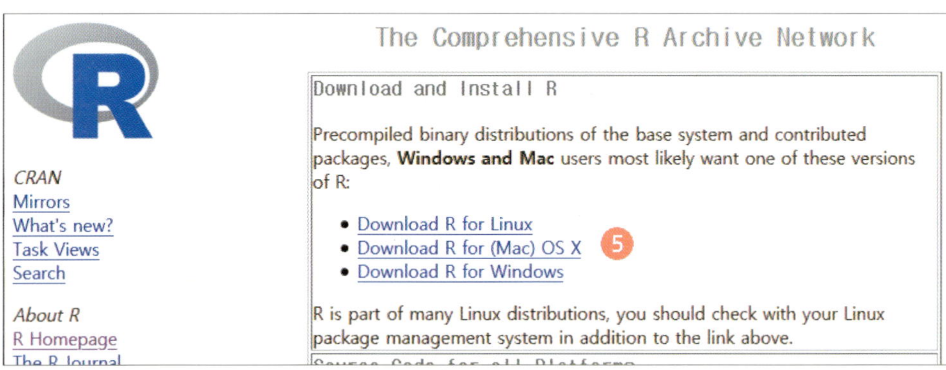

자신의 시스템에 따라 선택합니다.

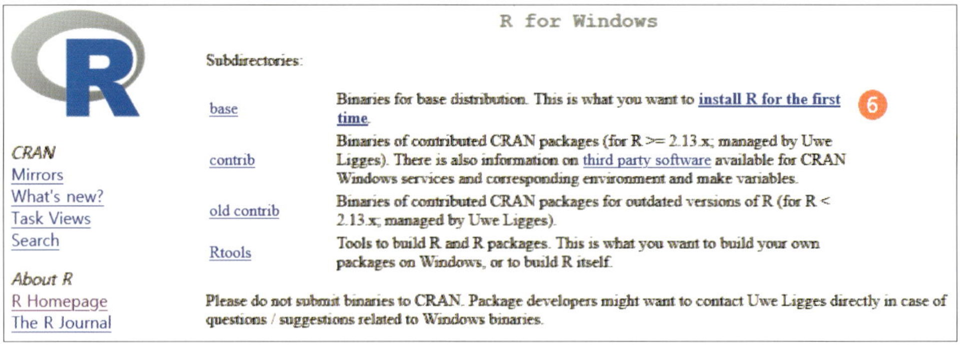

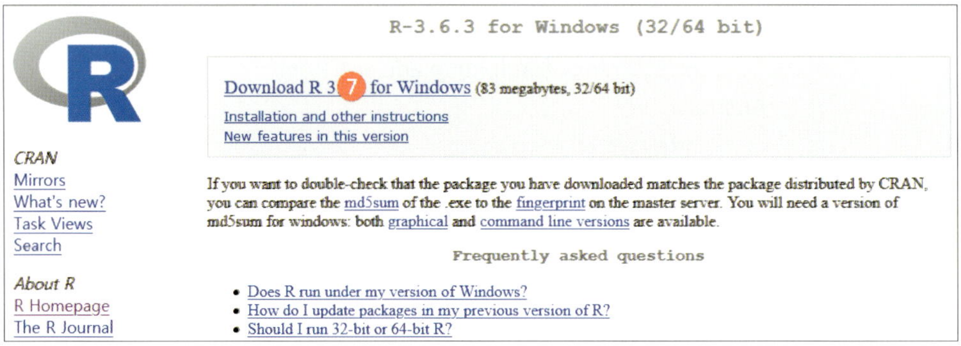

보통 프로그램을 다운로드하듯이 내려받고 설치하면 됩니다.

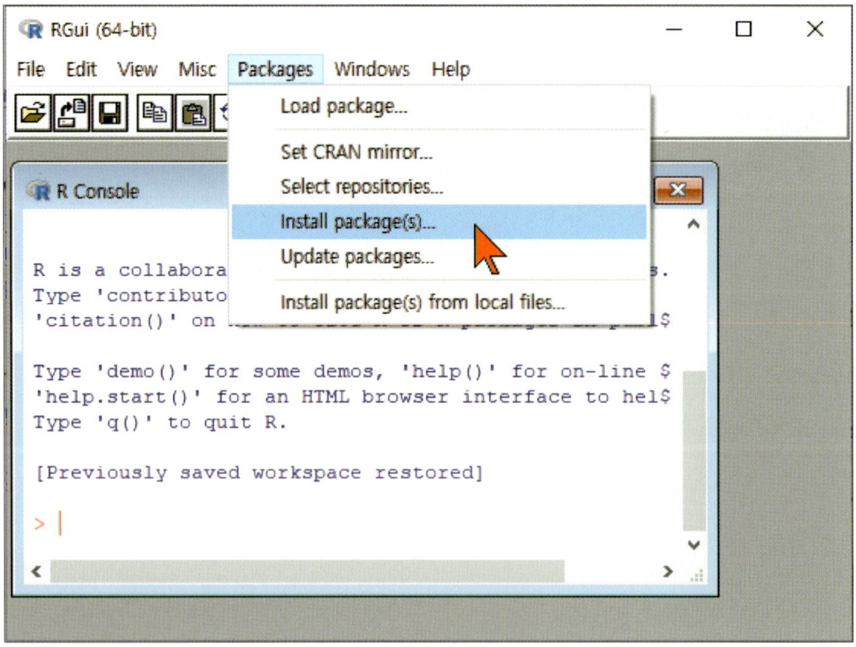

패키지를 선택하기 위해 메뉴를 클릭합니다.

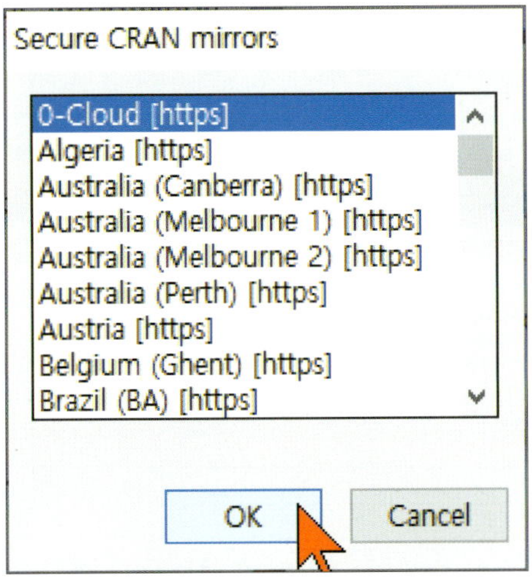

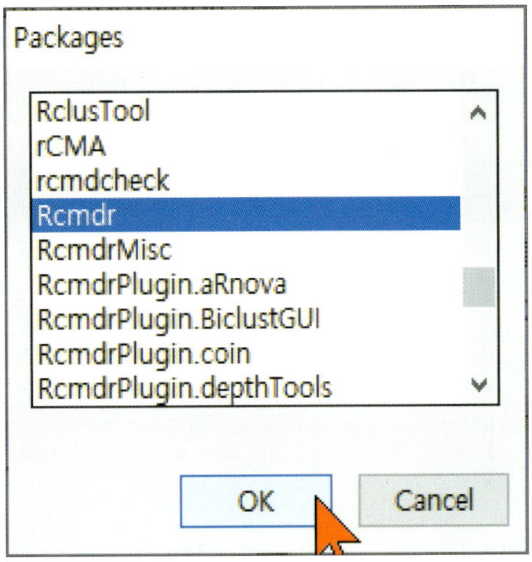

왼쪽 그림과 같이 미러를 선택합니다. 미러는 많은 사용자들이 한 곳에 집중되는 것을 막기 위해 동일한 내용을 전 세계 여러 곳에 분리한 것입니다. 아래쪽으로 내려보면 우리나라에도 여러 곳이 있습니다. 그냥 'OK'를 눌러도 됩니다.

오른쪽 그림처럼 한참을 내려가서 'Rcmdr'를 지정합니다.

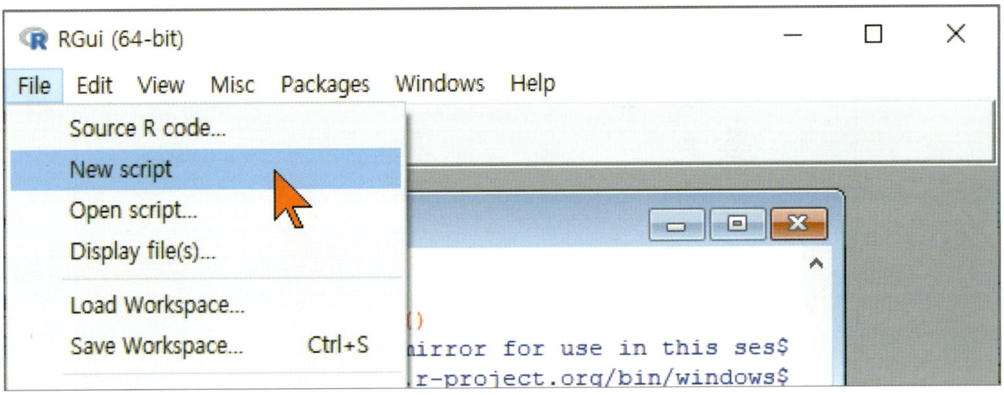

그런 다음 'New script'를 실행합니다.

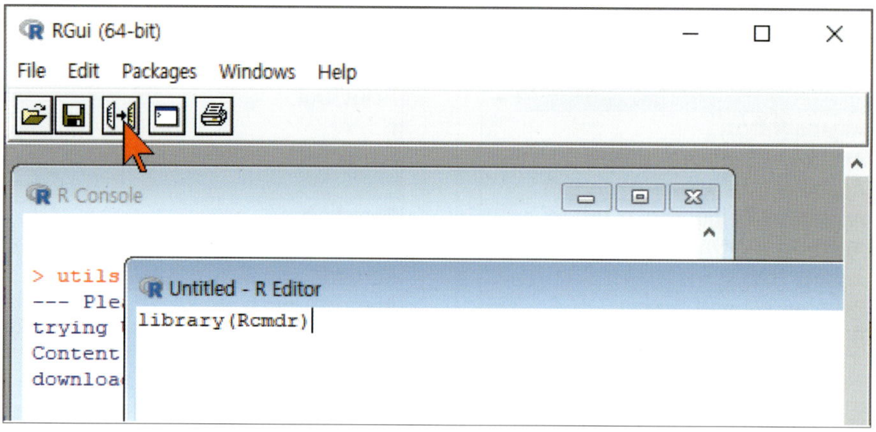

'library(Rcmdr)'라고 입력한 후, 커서를 그 줄에 두고 화면 상단의 세 번째 아이콘(Run)을 클릭합니다.

이런 모습이 보인다면 성공입니다. 이제 R Commander가 실행된 것입니다.

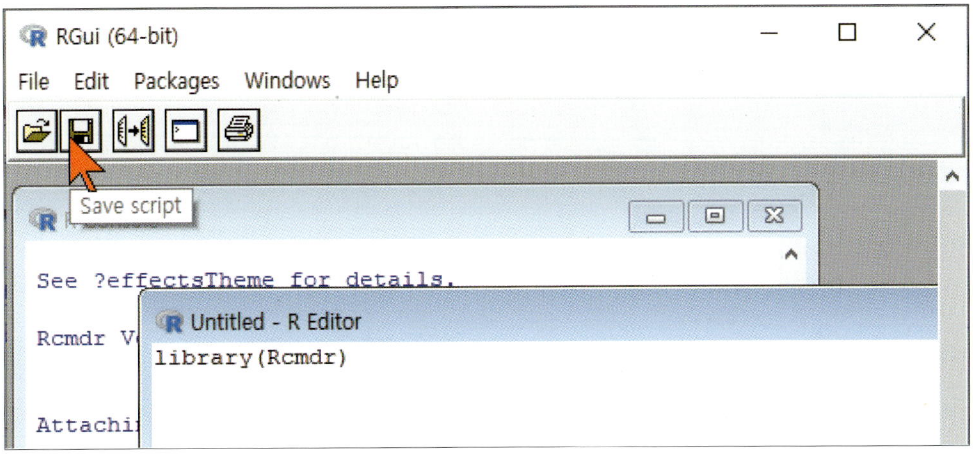

이 스크립트를 저장해서 나중에라도 필요할 때 불러 쓰면 됩니다.
스크립트 한 줄을 실행할 때는 그 줄에 커서를 두고 세 번째 아이콘(Run)을 클릭하면 됩니다. 여러 줄을 한 번에 실행할 때는 마우스로 줄을 모두 드래그 한 다음 세 번째 아이콘(Run)을 클릭하면 됩니다.

만약 이 RGui가 실행되지 않는다면 '**관리자 권한으로 실행**'해보세요.

ch.2 t-test

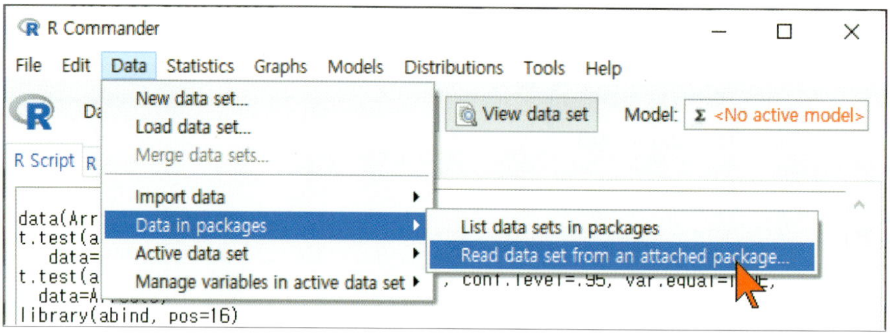

준비된 예제 데이터를 불러봅시다.

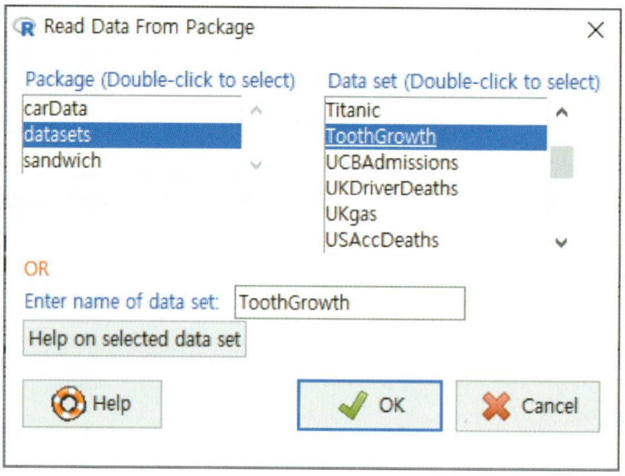

'datasets'를 더블클릭 한 후 다시 'ToothGrowth'를 더블클릭하고, 'OK'를 클릭합니다. 준비된 다양한 데이터들이 있습니다.

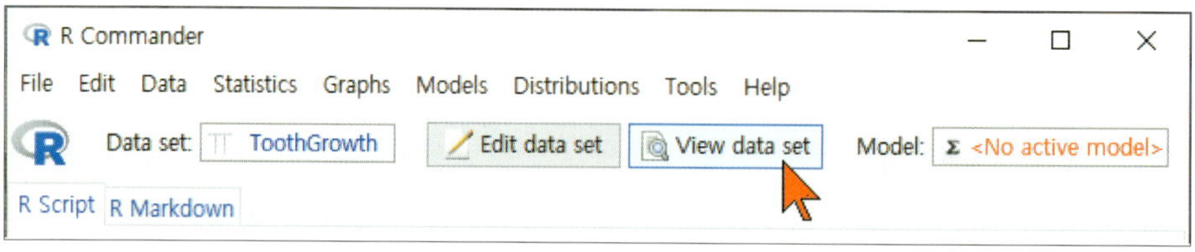

아무 일도 일어나지 않습니다. 'View data set'을 클릭합니다.

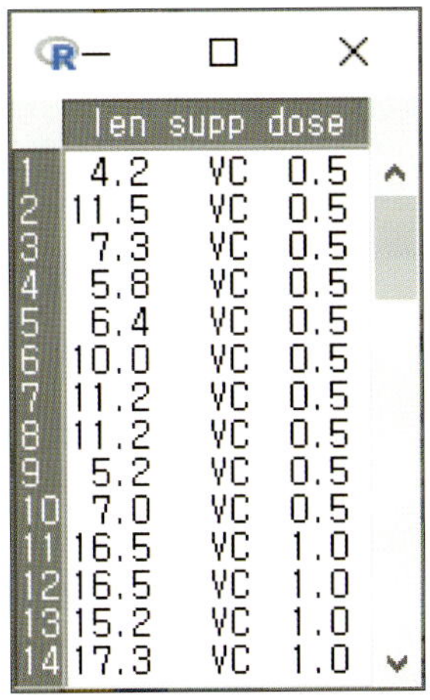

이제야 데이터가 보입니다. 초심자는 당황할 수 있습니다. 엑셀이나 다른 프로그램들은 데이터를 열면 뭔가 나타나는데, R Commander에서는 데이터를 불러들여도 보여달라는 명령을 하지 않으면 보여주지 않습니다.

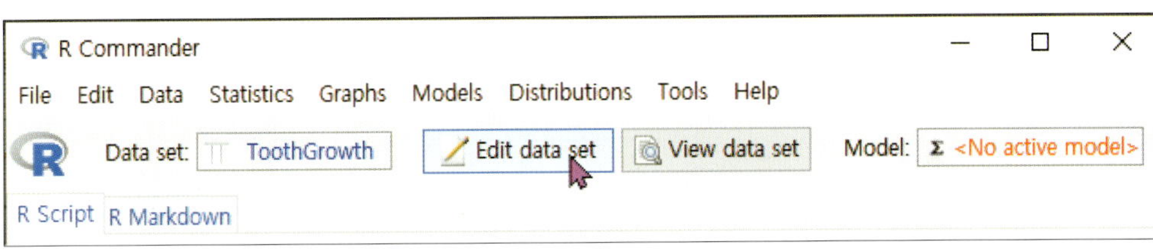

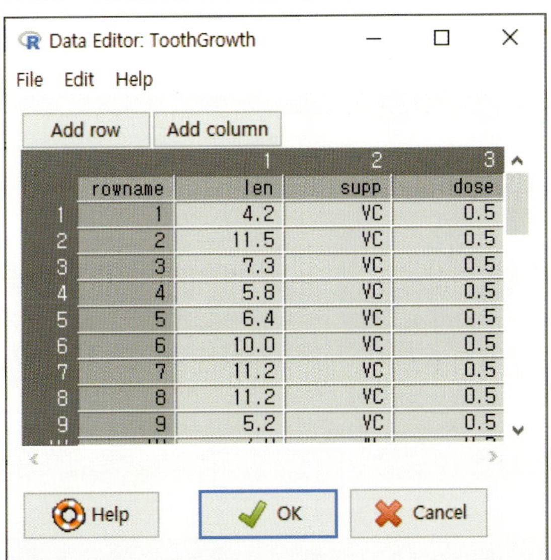

여기서 'Edit data set'을 클릭하면 간단한 편집 작업을 할 수 있습니다.

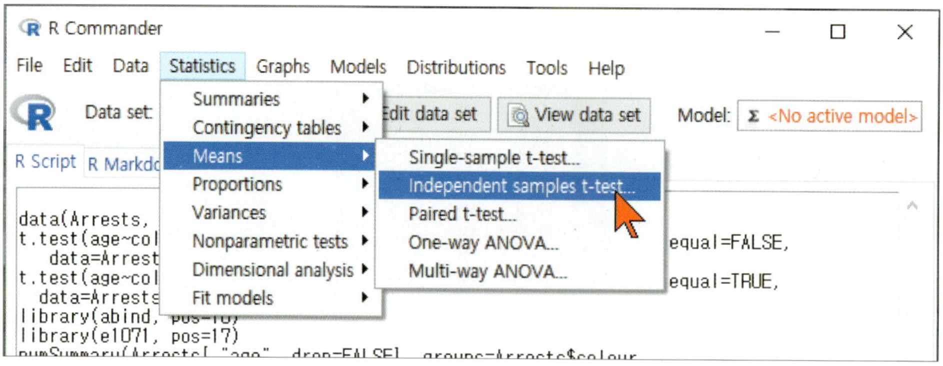

'Means'를 클릭한 후 'Independent samples t-test'를 클릭합니다.

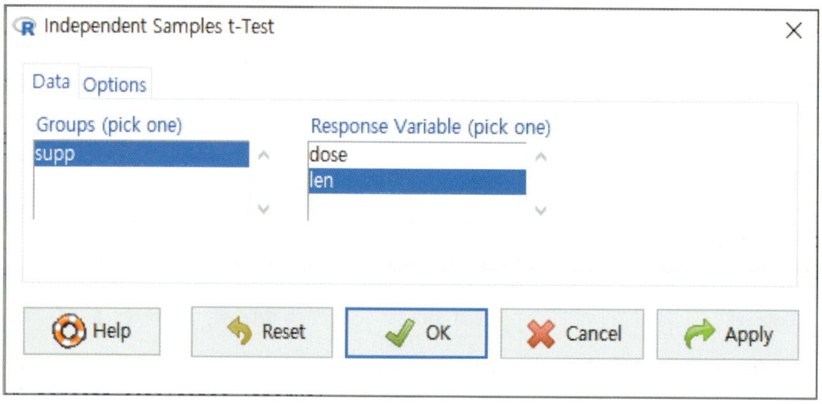

두 변수, 즉 집단에 해당하는 변수와 숫자로 된 결과변수를 선택합니다.

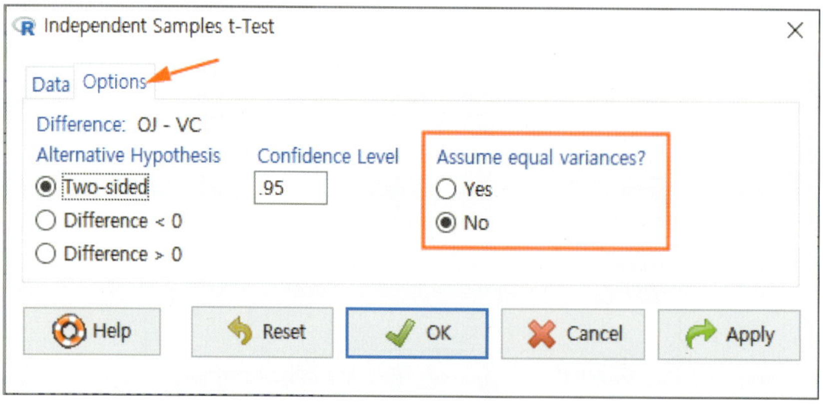

'Options'에서 분산이 같다고 가정할 것인지 아닌지 선택하는데, 둘 다 차례로 시행해봅시다.

Output

```
> t.test(len~supp, alternative='two.sided', conf.level=.95, var.equal=TRUE,
+    data=ToothGrowth)

        Two Sample t-test

data:  len by supp
t = 1.9153, df = 58, p-value = 0.06039
alternative hypothesis: true difference in means is not equal to 0
95 percent confidence interval:
 -0.1670064  7.5670064
sample estimates:
mean in group OJ mean in group VC
        20.66333         16.96333

> t.test(len~supp, alternative='two.sided', conf.level=.95, var.equal=FALSE,
+    data=ToothGrowth)

        Welch Two Sample t-test

data:  len by supp
t = 1.9153, df = 55.309, p-value = 0.06063
alternative hypothesis: true difference in means is not equal to 0
95 percent confidence interval:
 -0.1710156  7.5710156
sample estimates:
mean in group OJ mean in group VC
        20.66333         16.96333
```

선택에 따라 2가지 결과가 보입니다. 분산이 같다고 가정한 경우 'Two sample t-test'가 나옵니다. 반면 분산이 같지 않다고 가정한 경우에는 'Welch Two sample t-test'가 나옵니다. 둘 다 많이 사용되며 어떤 경우는 Welch Two sample t-test도 t-test라고 부르기도 합니다. 어떤 차이가 있는지는 다음 장에서 설명하겠습니다.

'Welch Two sample t-test'는 엄밀하게 보면 'Two sample t-test'와 다르지만, 그냥 통칭해서 Two sample t-test라고 할 수도 있습니다. 또 Two sample t-test를 Independent t-test, Student t-test, 혹은 그냥 t-test라고도 합니다. 비슷비슷한 이름이 정말 많아서 헷갈리지만, 그냥 문맥으로 파악합니다.

어쨌든 p값과 차이의 95% 신뢰구간 등의 정보를 기록해둡니다.

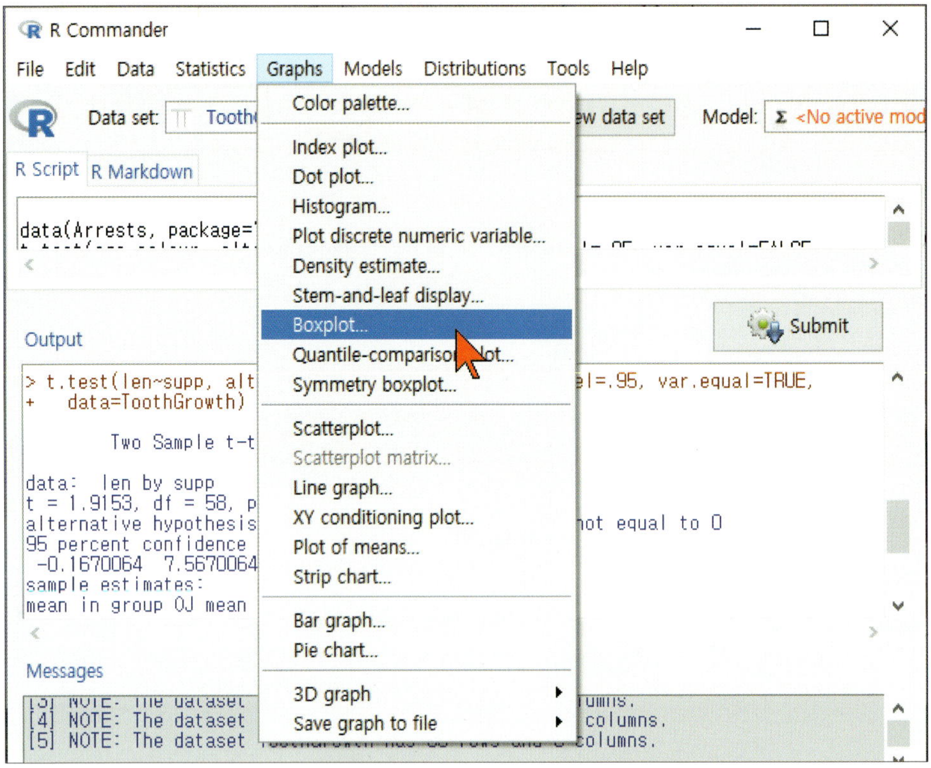

여러 그래프가 t-test에 사용될 수 있는데, 먼저 Boxplot을 보겠습니다.

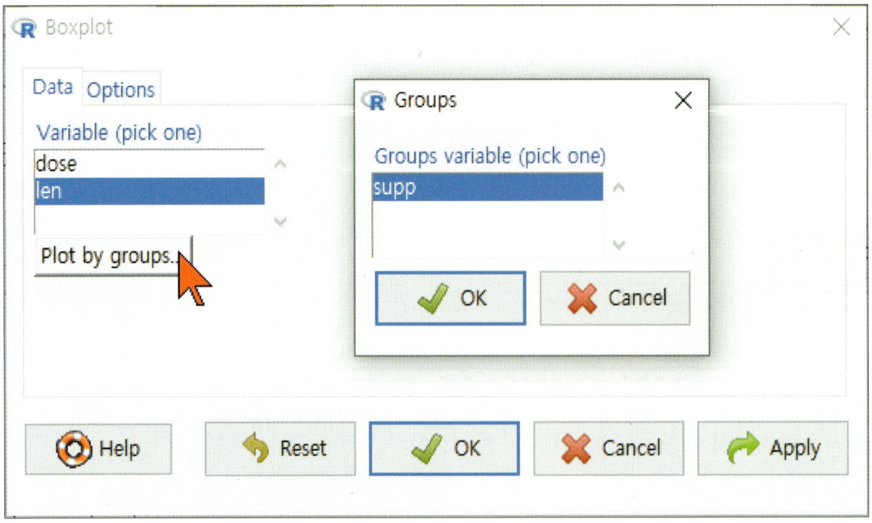

조금 전과 약간은 다른 방식이지만, 같은 변수들을 택해줍니다. 'Plot by groups…'를 클릭하여 집단변수를 입력할 수 있습니다.

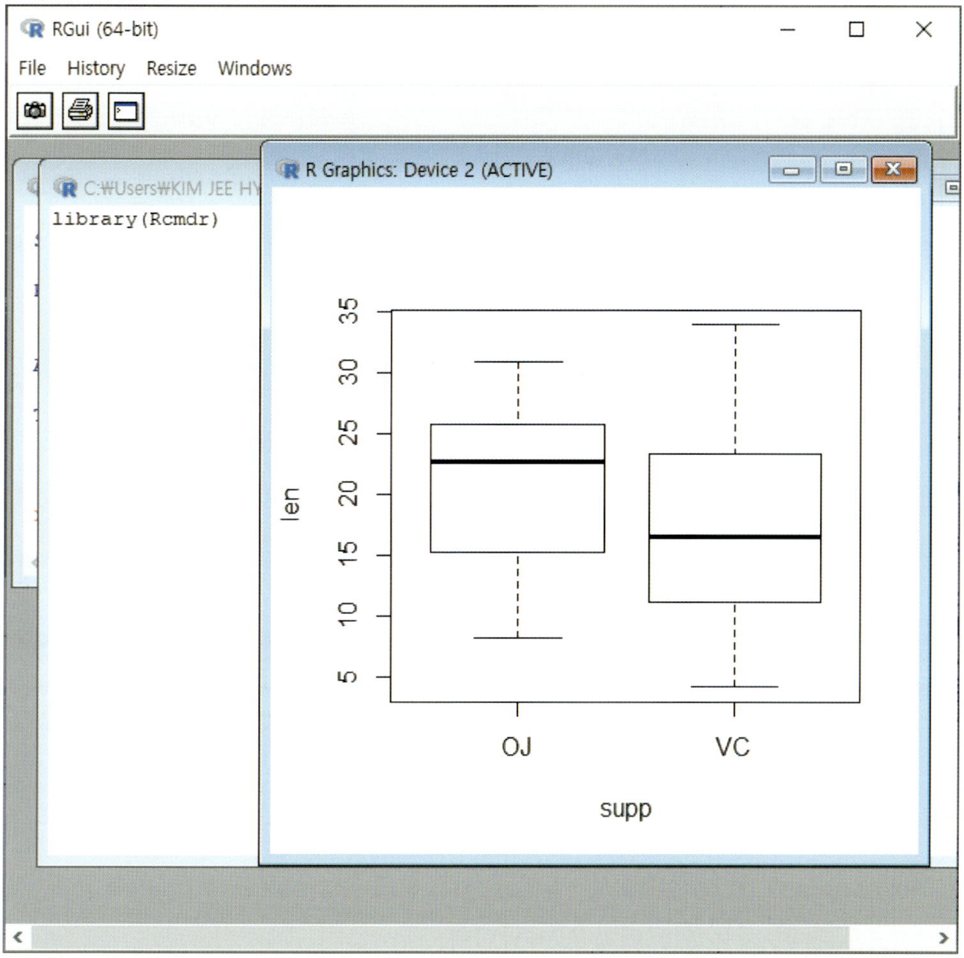

원래 있던 RGui 창에 'box plot'이 나타나는데 이를 'box and whisker plot'이라고도 부릅니다. 사각형의 가운데는 중앙값, 위아래는 사분위값, 수염의 위아래 가로선은 최댓값과 최솟값을 말해줍니다. 즉 5개의 대푯값을 하나의 그림으로 표현한 것입니다.

만일 정규분포를 이루는 자료라면 상하대칭으로 보일 것입니다.

(52쪽 예에서 볼 수 있듯이, RGui 창에서는 어떤 경우에 여러 그림이 한번에 그려지면서 겹쳐져 뒤의 그림이 보이지 않을 수도 있습니다. 그림이 그려지면 뒤에 어떤 그림이 숨어 있는지 살펴보는 것도 좋고, 글자와 그림의 균형이 맞지 않는 것 같으면 창의 크기를 조절해봅니다.)

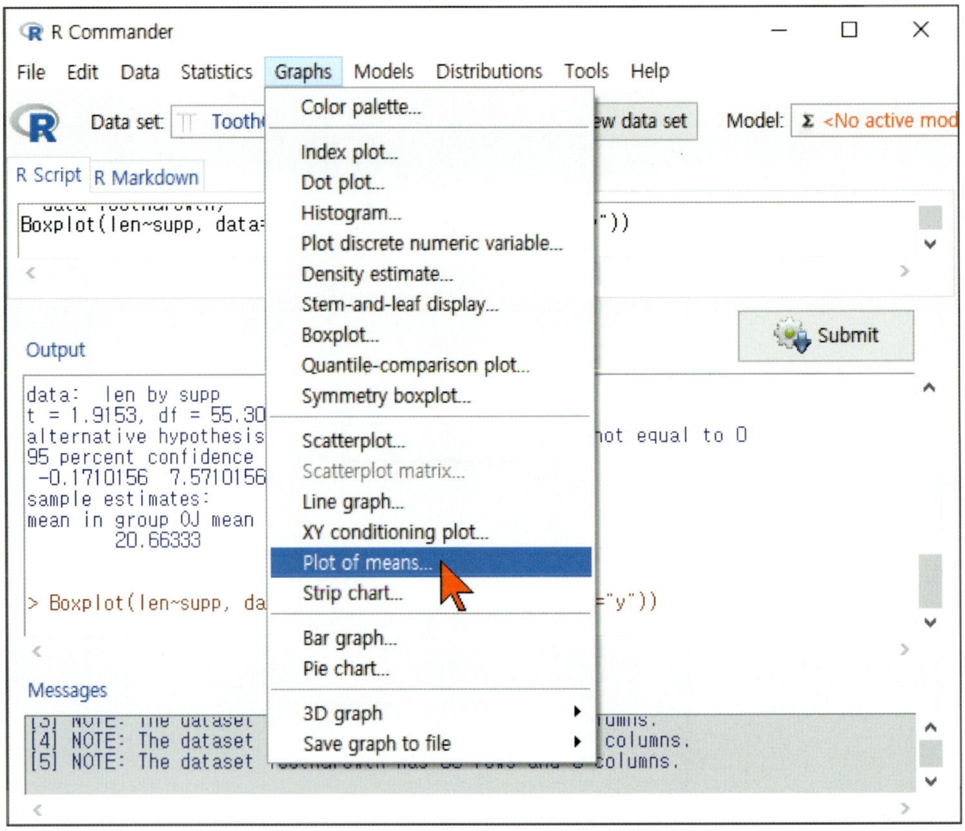

'Plot of means'를 선택해봅시다. 평균을 표현해주는 plot인 듯한 이름인데, 보편적으로 흔히 사용하는 이름은 아닙니다.

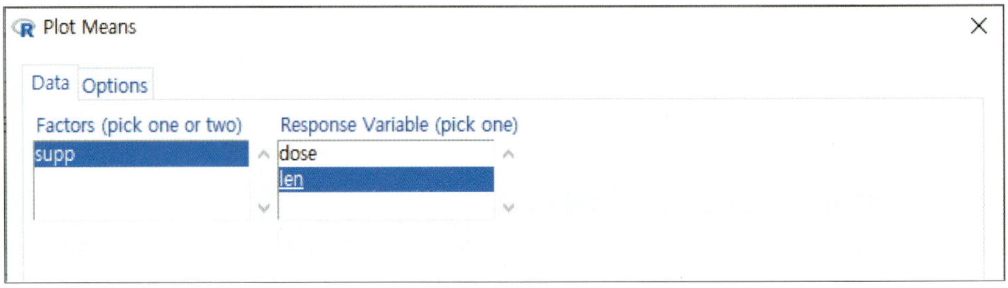

동일한 두 변수를 선택합니다.

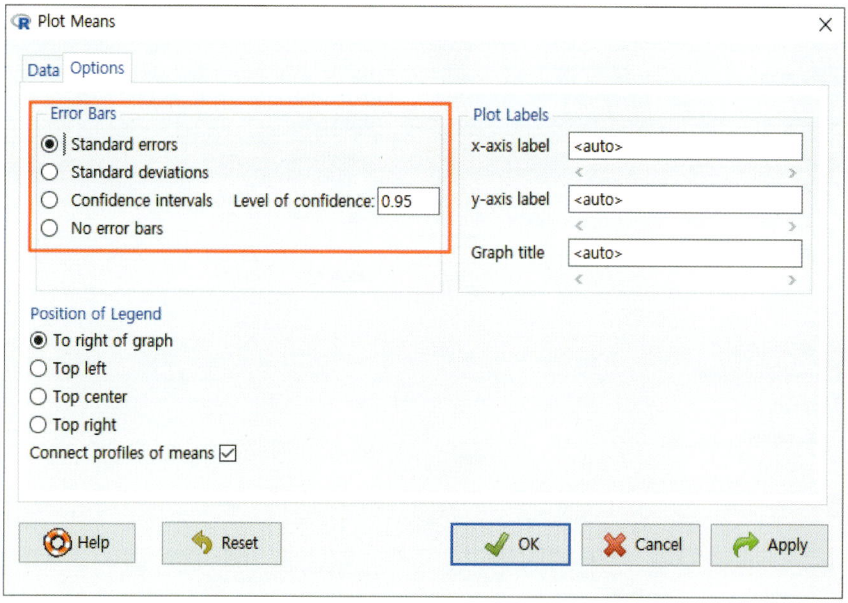

Default 'Error Bars'는 'Standard errors'이고 일반적으로 가장 흔히 사용하는 것입니다. 다른 옵션도 쉽게 이해할 수 있고 직접 시행해볼 수 있습니다.

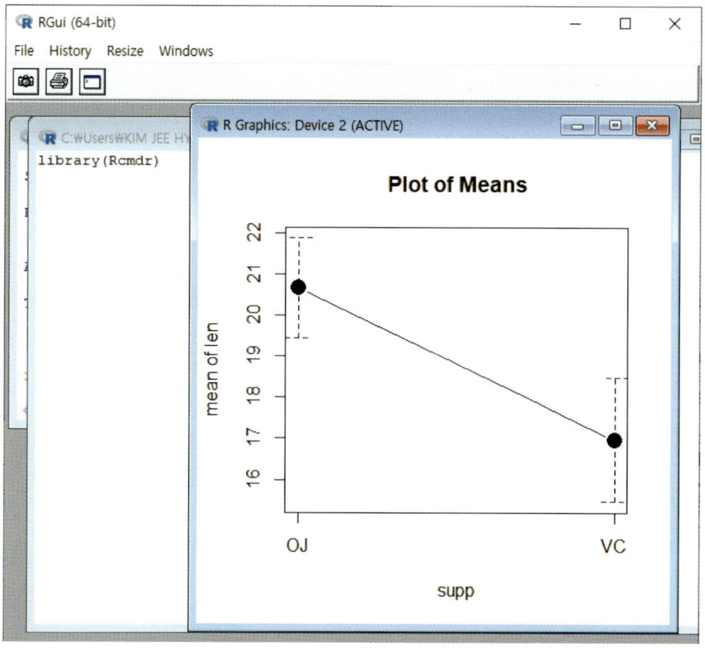

위 그래프에서 점은 두 집단의 평균이며, 오차막대는 표준오차(standard error)를 보여줍니다.

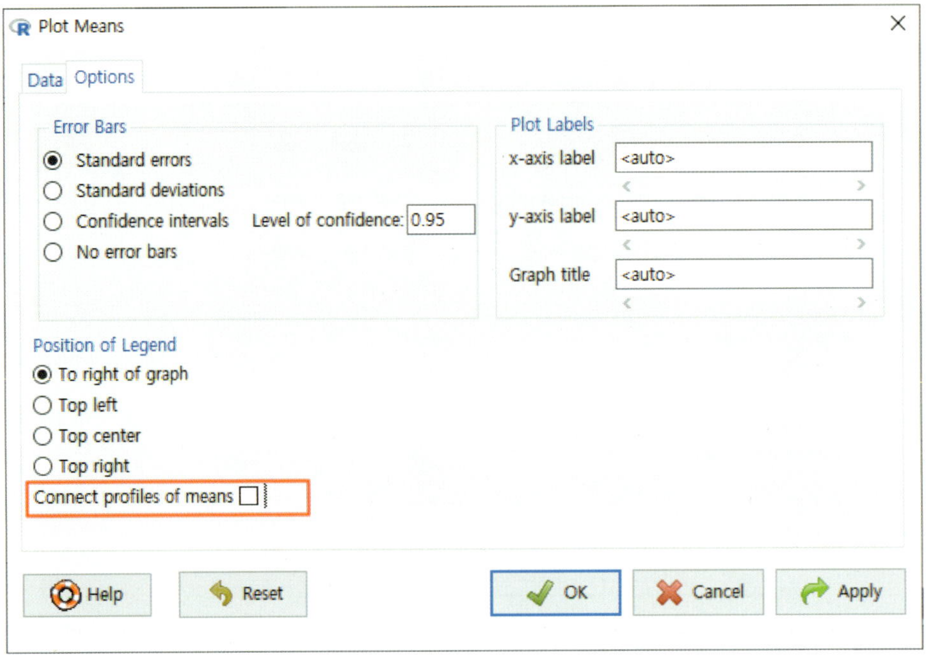

제일 아래에 있는 'Connect profiles of means' 체크를 해제하면,

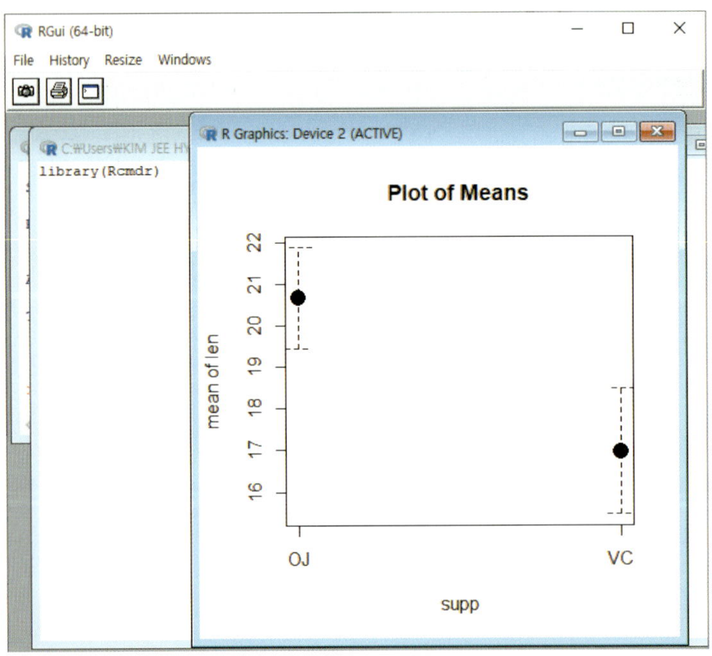

그래프에서 가로지르는 선이 없어지는데 이것이 t-test에 더 어울립니다. 가로선이 있는 것은 paired t-test에 적당합니다.

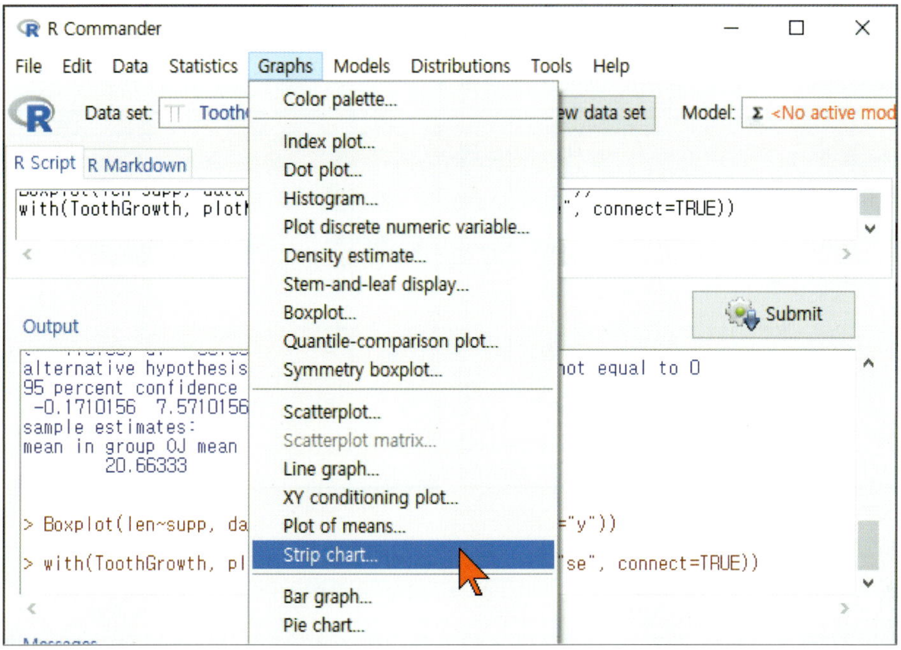

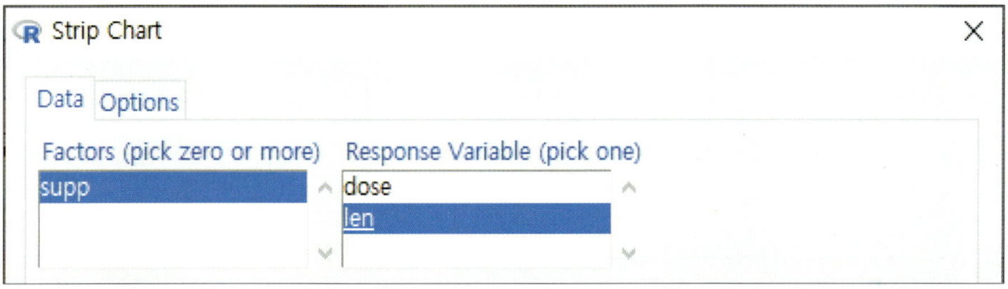

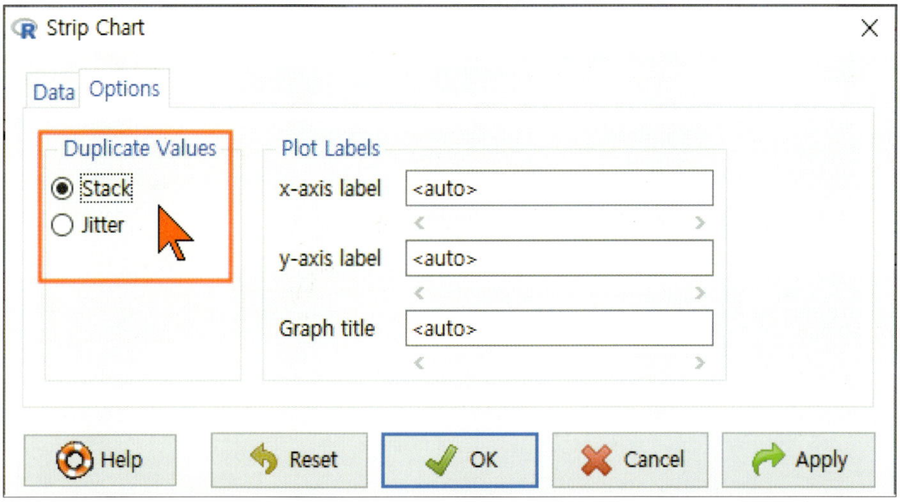

'Strip chart'도 선택하는 변수는 같습니다. 옵션에서 'Stack' 또는 'Jitter'를 번갈아 선택해봅시다.

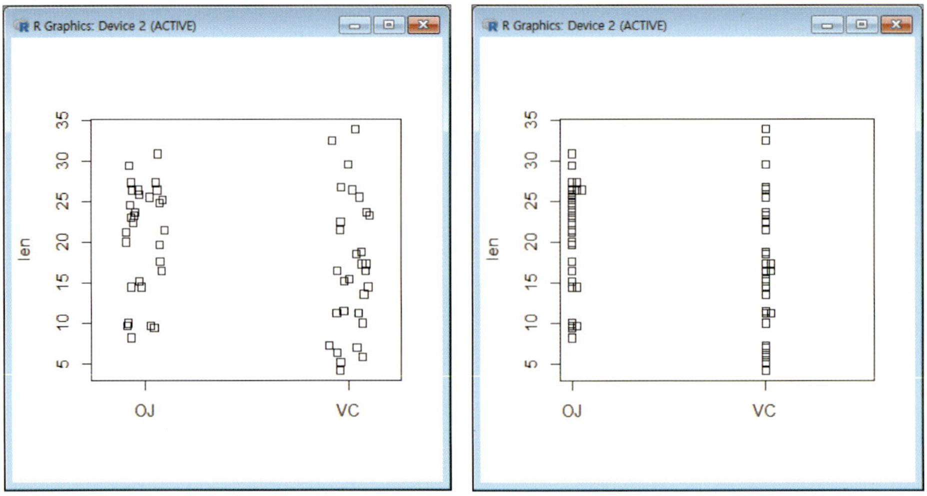

왼쪽이 'jitter', 오른쪽이 'stack'입니다. jitter는 흐트린다는 뜻이고, stack은 가지런히 쌓는다는 뜻입니다. 그림으로 이해가 되죠? 여러 점들이 겹치면 오히려 정보를 소실하므로 jitter가 더 좋은 경우가 있습니다. 둘 다 시행해본 후 더 잘 표현하는 것을 선택하면 됩니다.
지금 보았던 다양한 그림들이 t-test와 어울릴 수 있는데, 더 나은 것들을 나중에 보여드리겠습니다.

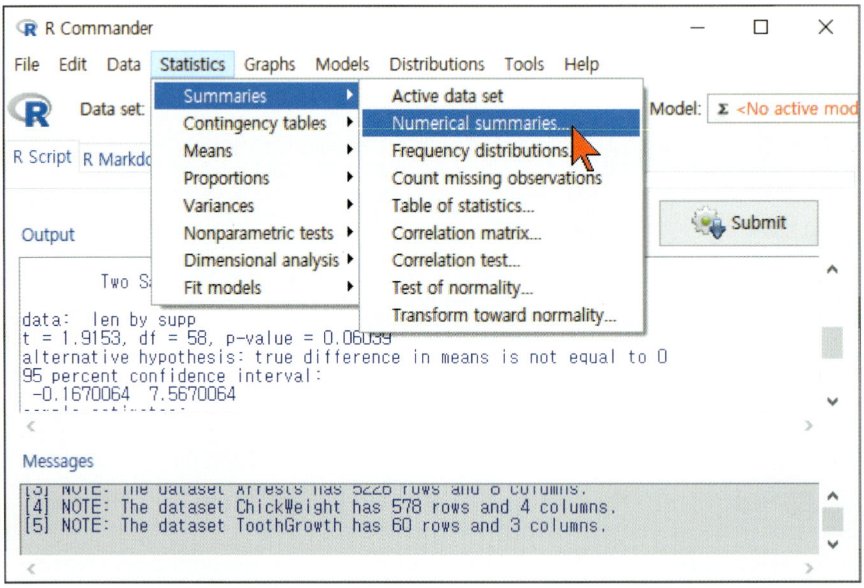

데이터를 요약해봅시다.

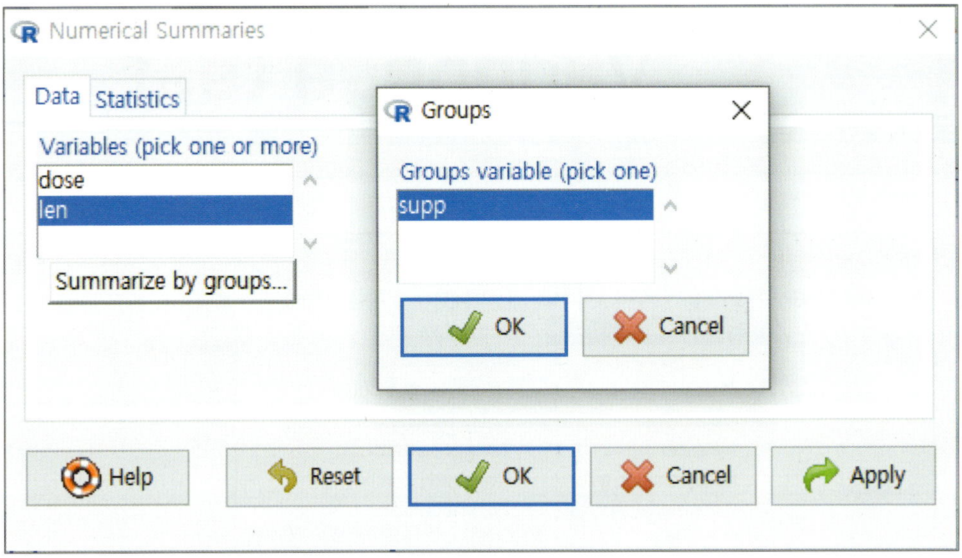

이전과 동일한 방법으로 두 변수를 선택합시다.

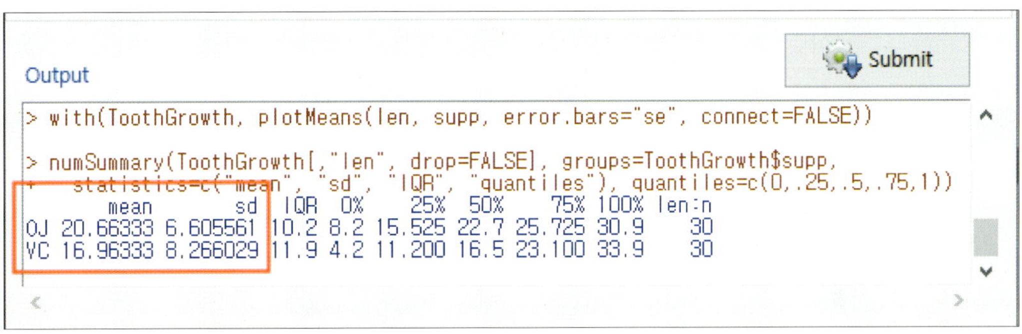

요약된 자료들 중 평균과 표준편차가 특히 중요합니다.

논문을 쓴다면 본문에 이렇게 쓸 수 있을 것입니다.
OJ(mean=20.7 SD=6.6) is higher than VC(mean=17.0, SD=8.3) but Two Sample t-test don't show statistical significance(t=1.9153, df=58, p-value =0.06039, 95% CI -0.1670064 to 7.5670064)

ch.3 Nomality test and Variances test

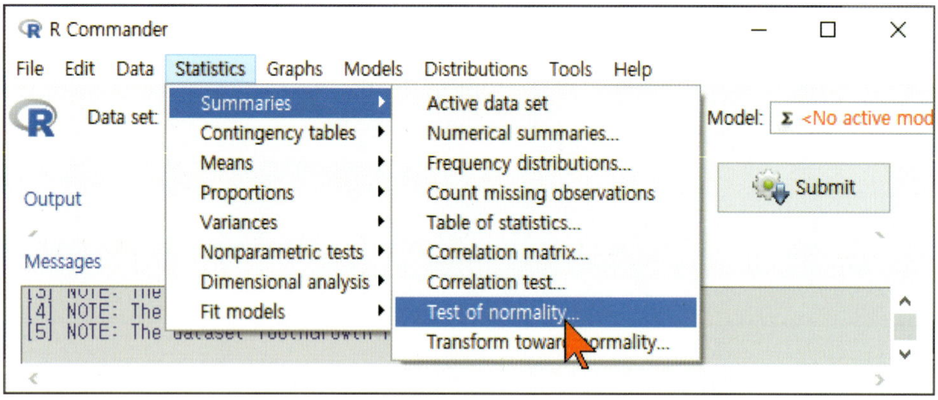

분포가 정규분포인가를 검정하는 것을 '정규성 검정(normality test)'이라고 합니다. 이는 지금의 샘플이 정규분포인지를 검토하는 것이 아니라, 지금의 샘플 집단이 정규집단인 모집단에서 나왔는지를 검토해보는 것입니다. 즉 모집단이 정규분포를 보이는지 추리해보는 것입니다.

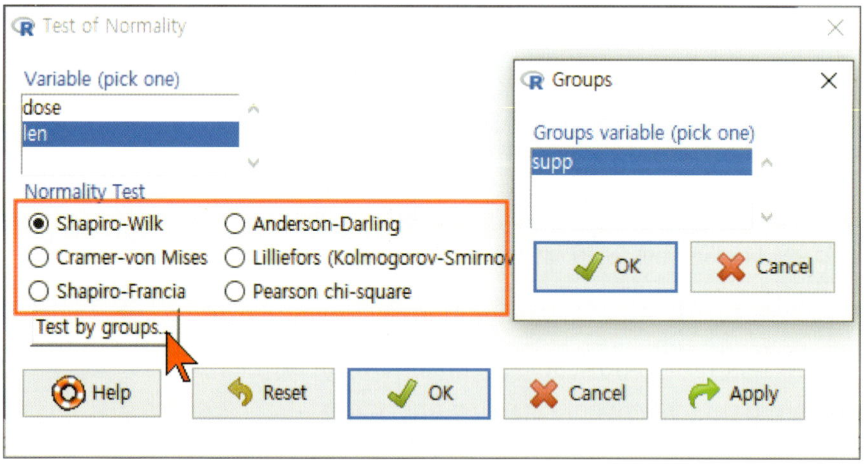

앞서와 같이 두 변수를 선택한 다음 6가지 정규성 검정(빨간색 사각형) 중에 원하는 것을 선택합니다. 저는 일반적으로 많이 쓰이는 'Shapiro-Wilk'를 선택했습니다.

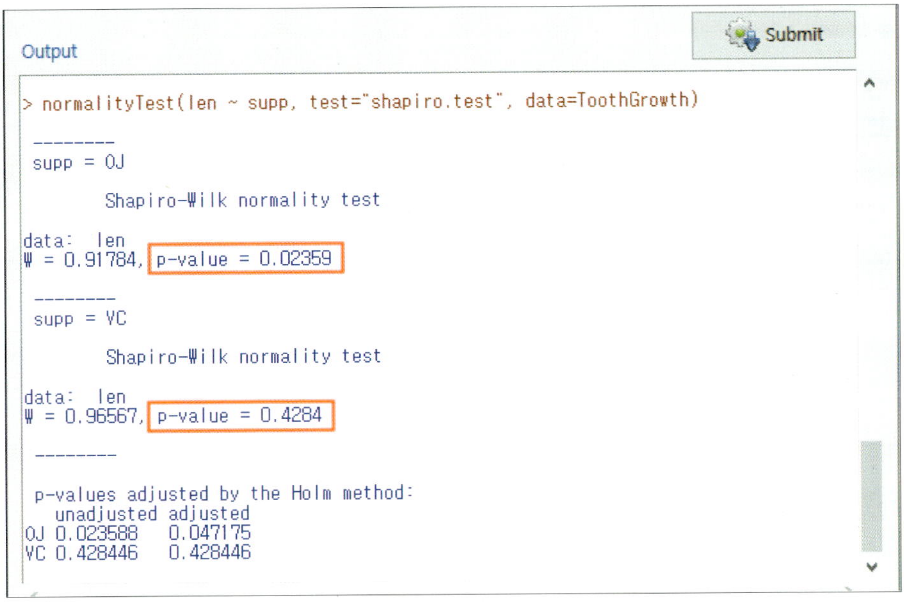

2개의 집단이므로 'Shapiro-Wilk normality test'를 2번 시행하였고, OJ는 $p<0.05$이므로 정규분포를 한다는 귀무가설을 기각합니다. 즉 'OJ의 모집단은 정규분포를 하지 않는다'고 결론 내립니다.

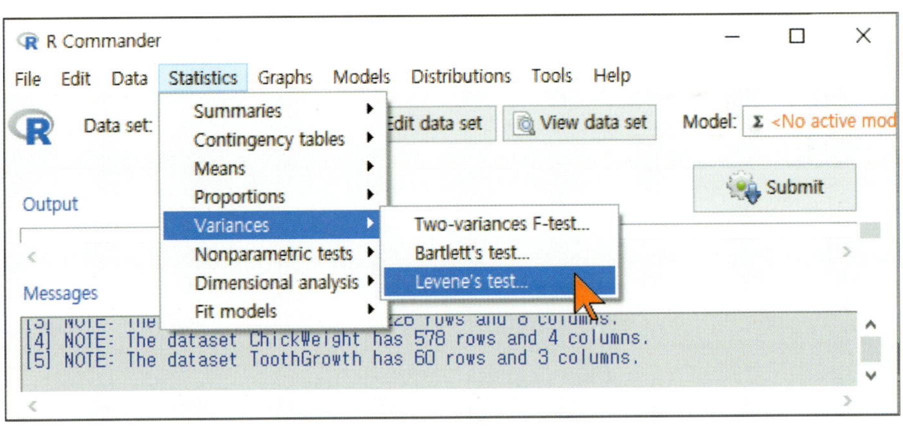

여러 집단의 분산이 같은지를 관찰하는 것을 '등분산 검정'이라고 합니다. 이것 역시 각각의 샘플 집단이 아니라, 모집단이 등분산인지 검토하는 것입니다. 등분산 검정의 3가지 방법 중 하나를 선택해봅시다. Levene's Test와 Bartlett's test가 보통 많이 사용됩니다. Levene's test와 Bartlett's test는 두 집단 이상에서 가능하고, F test는 두 집단에서만 가능합니다.

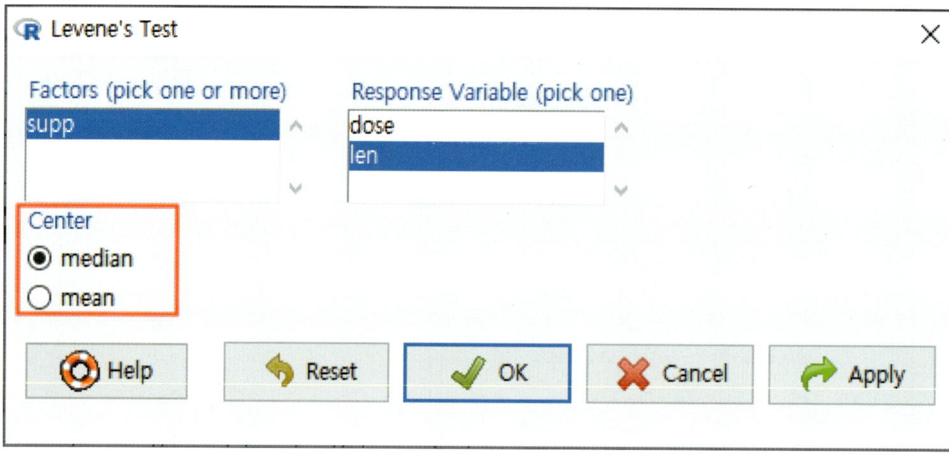

역시 앞에서와 같은 방법으로 두 변수를 선택합니다.

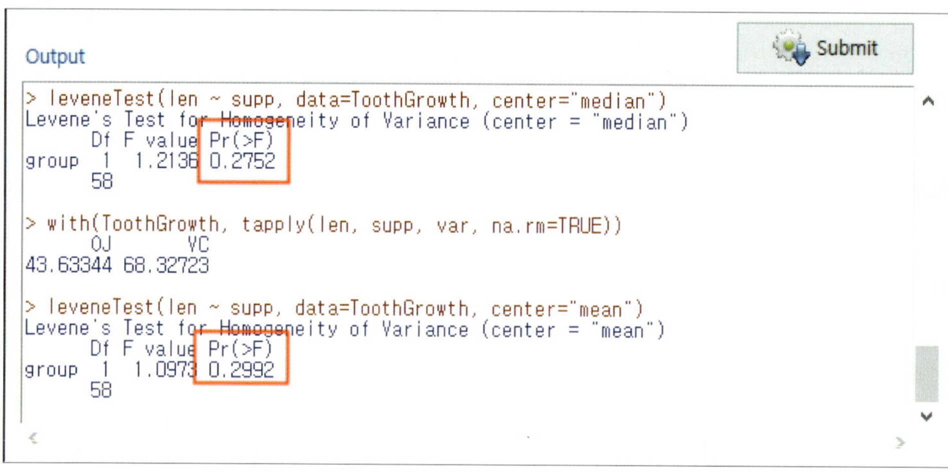

Levene's test는 mean과 median에 따라 2가지 방법이 있습니다.

Output

```
> bartlett.test(len ~ supp, data=ToothGrowth)

        Bartlett test of homogeneity of variances

data:  len by supp
Bartlett's K-squared = 1.4217, df = 1, p-value = 0.2331


> with(ToothGrowth, tapply(len, supp,  var, na.rm=TRUE))
      OJ       VC
43.63344 68.32723

> var.test(len ~ supp, alternative='two.sided', conf.level=.95,
+   data=ToothGrowth)

        F test to compare two variances

data:  len by supp
F = 0.6386, num df = 29, denom df = 29, p-value = 0.2331
alternative hypothesis: true ratio of variances is not equal to 1
95 percent confidence interval:
 0.3039488 1.3416857
sample estimates:
ratio of variances
         0.6385951
```

p<0.05이면 귀무가설을 기각합니다. 이 경우의 귀무가설은 '등분산이다'이므로 기각하면 '모집단이 등분산이 아니다'라고 판단하는 것입니다.

한편, p>0.05라고 해서 귀무가설을 채택하는 것은 아닙니다. 그렇게 생각하기 쉽지만, 오히려 '판단할 수 없다'라는 것이 더 맞는 말입니다. 너무 복잡하게 느껴질 수도 있기에 어떤 사람은 그냥 귀무가설을 채택하는 것으로, 즉 p>0.05인 경우는 등분산으로 판단한다고 단순히 설명하기도 합니다.

이제 정규성과 등분산성을 보는 plot들을 살펴보겠습니다.

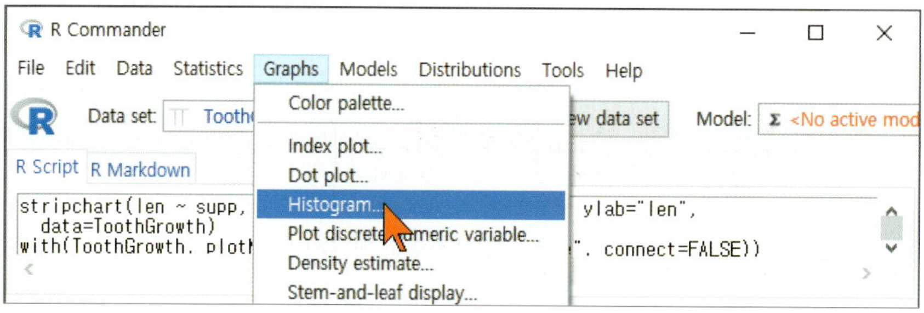

분포를 보기 위해 가장 흔히 쉽게 만들어보는 것이 histogram입니다.

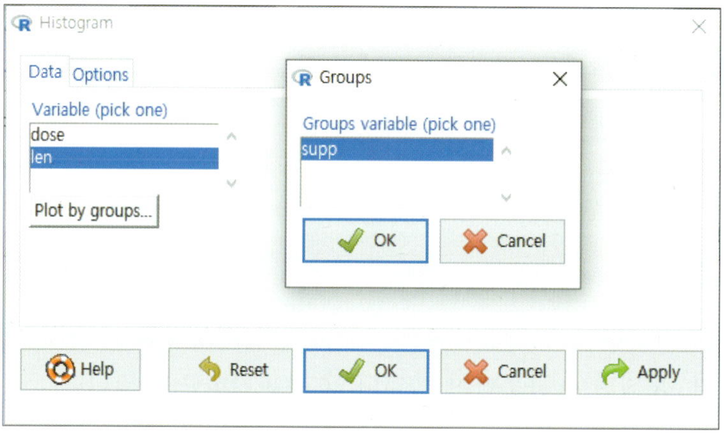

동일한 방법으로 두 변수를 지정합니다.

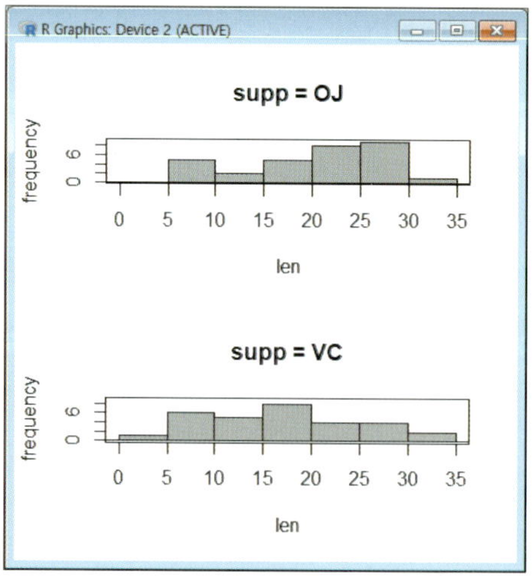

OJ는 비대칭적인 분포를 보여줍니다.

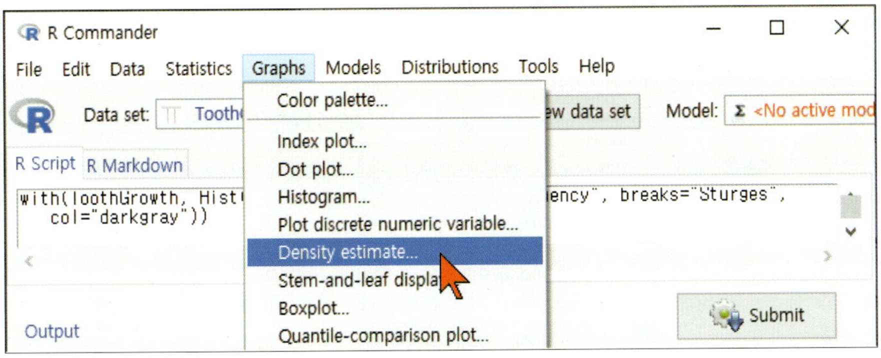

densitogram은 histogram과 함께 많이 사용됩니다.

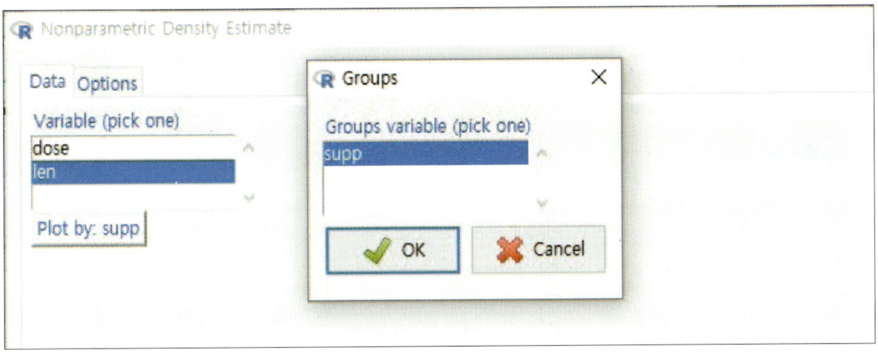

동일한 방법으로 두 변수를 선택합니다.

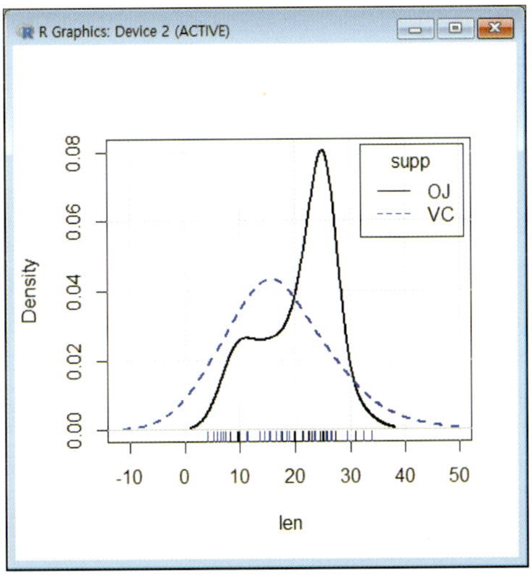

곡선으로 분포를 표현하는데, VC는 거의 종모양의 대칭성을 보여줍니다.

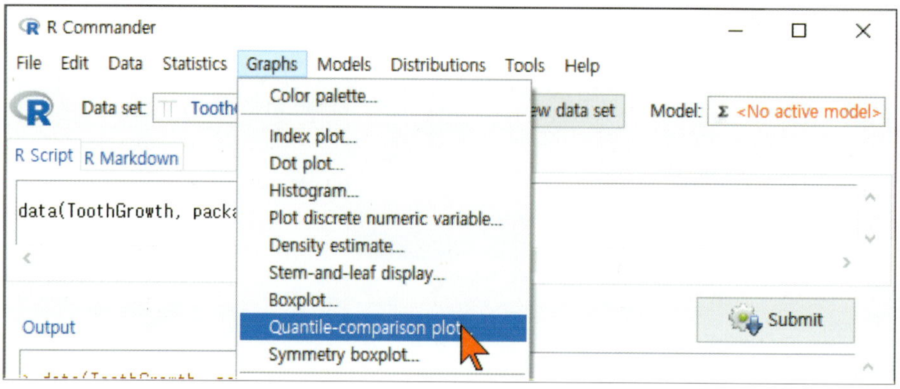

QQ plot은 normaly test를 위해서 특별히 고안된 것입니다.

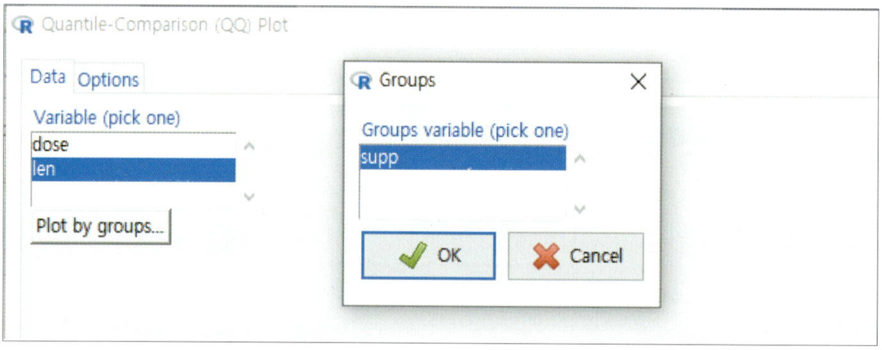

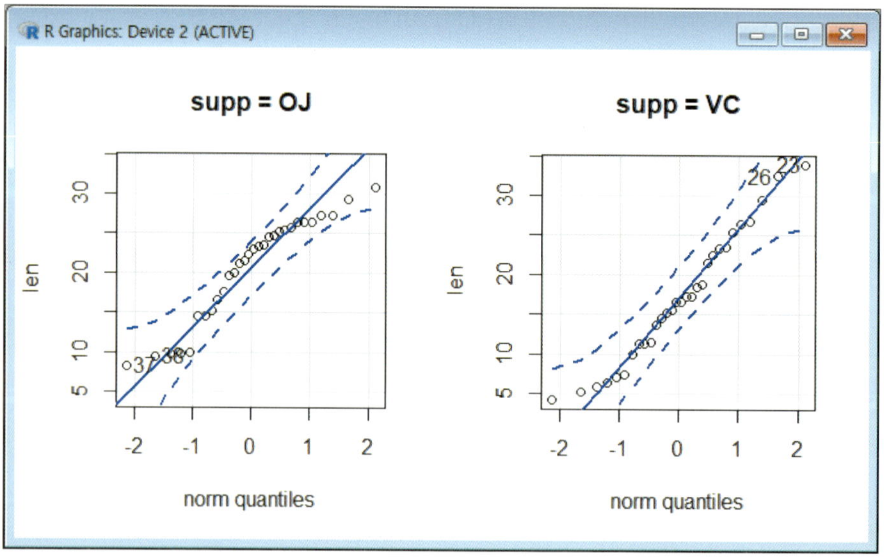

동일하게 변수를 설정합니다. 동그라미 점들이 직선 위에 있으면 정규분포를 한다고 판단합니다. 점선이 경계 역할을 해주기도 합니다.

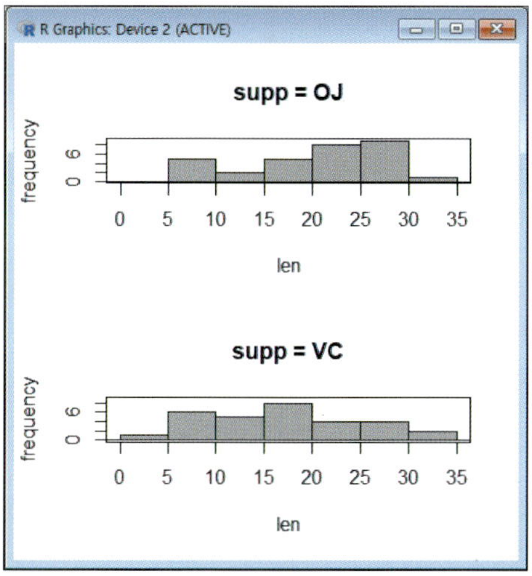

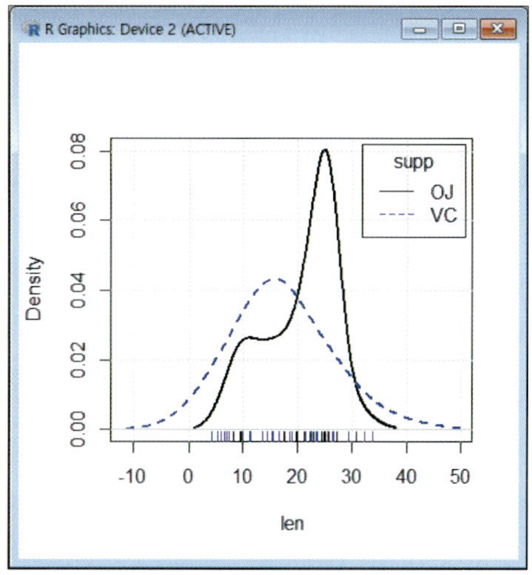

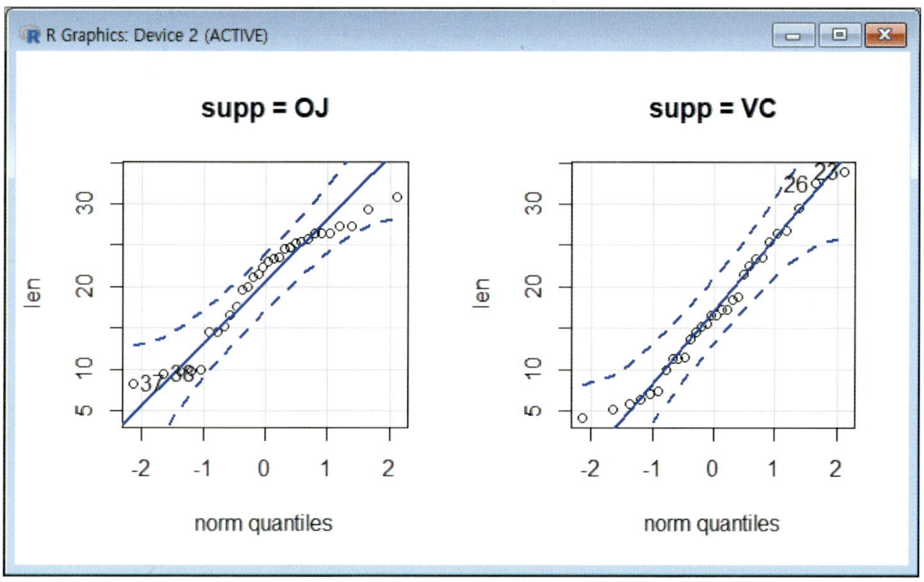

위쪽의 두 그림은 정규성을 판단하거나 등분산성을 판단할 때 사용될 수 있습니다. 또한 분포 자체를 보여주므로 논문이나 발표에 그 자체로 사용되기도 합니다.

아래의 QQ plot은 등분산성을 보기에 좋고, 적은 샘플의 집단을 볼 때 특히 도움이 됩니다. 보통 논문이나 발표에 사용되지는 않고, 연구 결과를 분석하는 중간 과정에서 많이 사용됩니다.

ch.4 Wilcoxon rank sum test

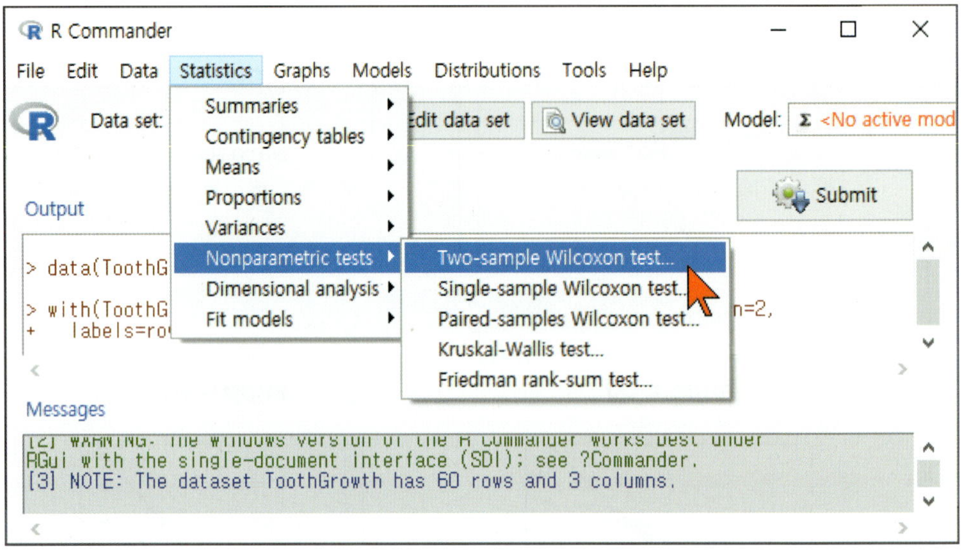

만일 정규성을 만족하지 않는 자료가 있다면 모수적 검정을 사용할 수 없고, 비모수적 검정인 Wilcoxon test가 t-test의 대안이 됩니다.

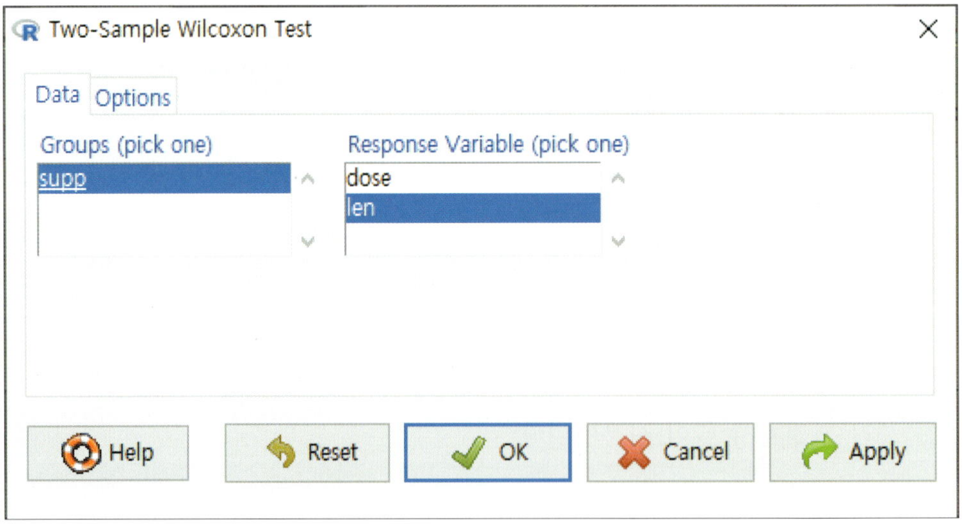

변수 선택은 앞서와 동일합니다.

Output

Submit

```
> wilcox.test(len ~ supp, alternative="two.sided", data=ToothGrowth)

        Wilcoxon rank sum test with continuity correction

data:  len by supp
W = 575.5, p-value = 0.06449
alternative hypothesis: true location shift is not equal to 0
```

'Wilcoxon rank sum test'는 귀무가설을 기각하지 않습니다. 즉 두 집단이 다르다고 말할 수 없습니다.

Parametric tests	Nonparametric tests
Student t-test	**Mann-Whitney U test**
t-test	Wilcoxon rank sum test
Two sample t-test	Mann-Whitney-Wilcoxon test
Independent t-test	Wilcoxon-Mann-Whitney test
Independent sample t-test	

'대한민국'을 '한국' 또는 '코리아'라고 부르는 것처럼 같은 것을 다른 이름으로 부르는 경우는 매우 흔합니다. 위 그림의 왼쪽 5개 검정은 모두 동일하고, 오른쪽 4개 검정 역시 동일합니다. 이 검정들은 매우 다양하게 사용되는데, 경우에 따라 다르게 표기되어 초심자들에게 혼돈을 줍니다. 많은 통계책들이 왜 이 점을 말해주지 않는지 모르겠습니다.

Parametric tests	Nonparametric tests
Usually for normal distribution	called distribution-free test

모수 검정은 어떤 특정한 분포를 가정하게 되는데, 보통 정규분포를 가정하므로 평균이나 표준편차와 같은 모수를 가진 분포일 때 시행하게 됩니다. 정규성 검정을 통해서 정규 검정을 한다면 모수적 검정을 시행하고, 그러지 않을 때는 비모수 검정을 시행하는 것이 일반적입니다.

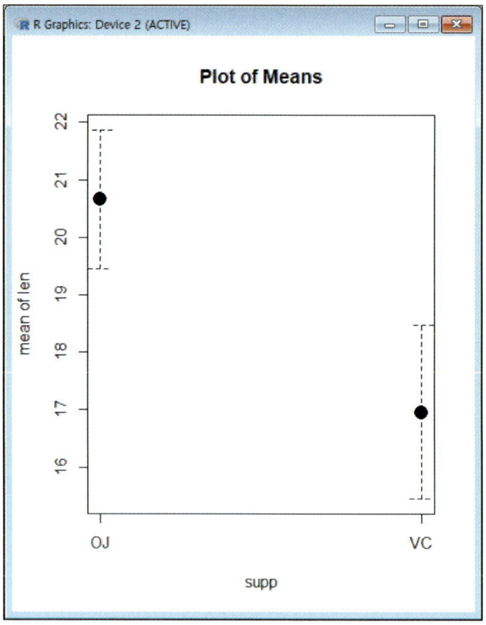

Wilcoxon rank sum test의 결과를 보여주는 plot은 t-test에서 사용되는 plot들과 거의 동일하지만, 이것은 정규분포일 때만 쓰는 것이 좋습니다.

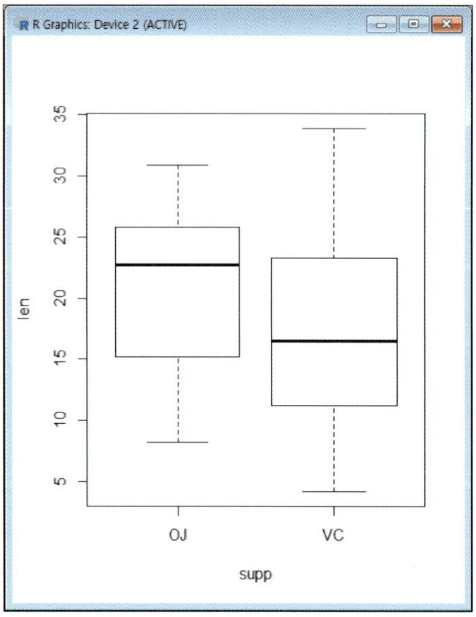

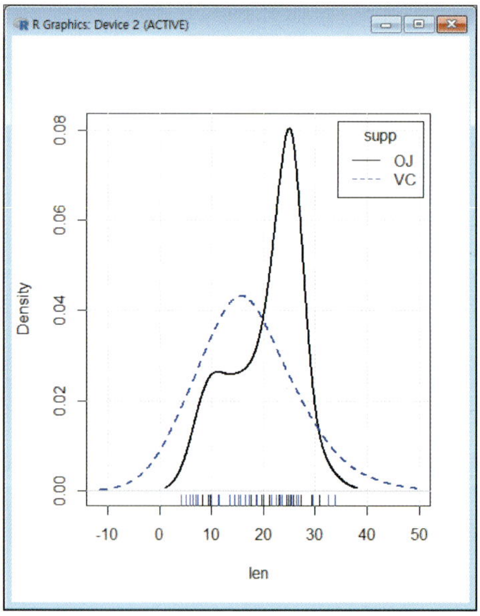

이 두 plot은 sample size를 숨길 수 있으므로 sample size가 충분히 큰 경우에만 사용할 것을 권합니다.

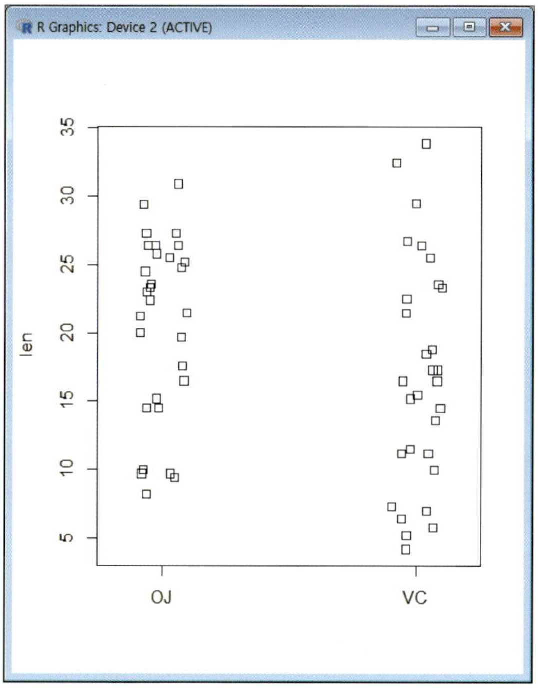

적은 샘플 수인 경우에는 이것이 더 좋을 수 있습니다.

지금까지의 통계 검정과 plot들은 모두 같은 변수들을 취급한다는 것이 공통점이었습니다. 즉 '두 집단에서 결과변수는 연속변수'인 것들만 취급한다는 공통점을 가지고 있습니다.

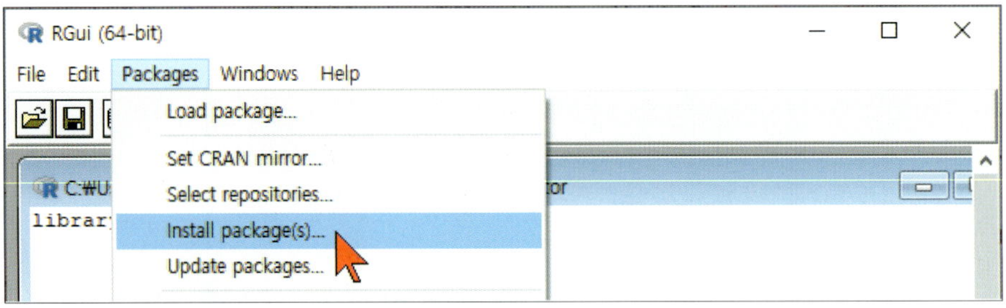

다른 패키지를 하나 더 추가해봅시다.

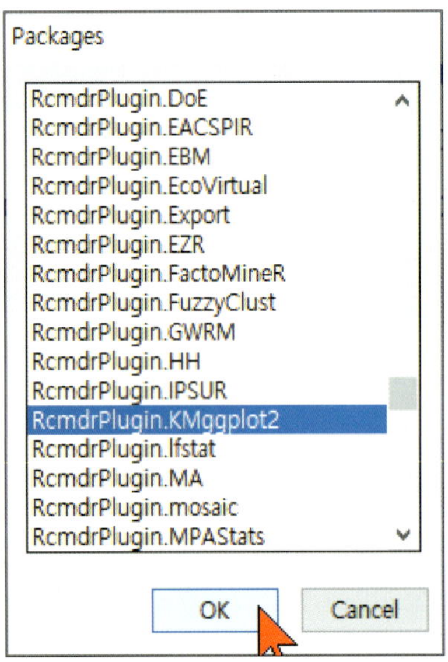

'RcmdrPlugin.Kmggplot2'라는 패키지를 추가해봅시다.
이처럼 R은 패키지를 추가할 때마다 새로운 기능들이 덧붙게 됩니다. Rcmdr라는 것을 추가했고, 다시 Rcmdr를 도와주는 또 다른 것을 설치하는 것입니다. Rcmdr를 도와주도록 만든 것이기 때문에 RcmdrPlugin이라는 이름이 공통적으로 있습니다.

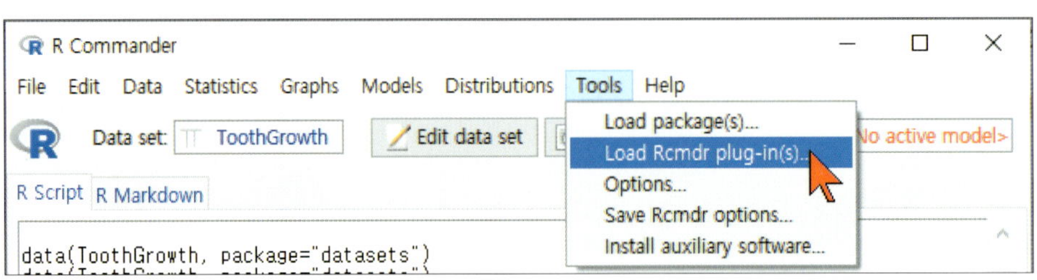

그림처럼 'Rcmdr Plug-in'을 클릭합니다.

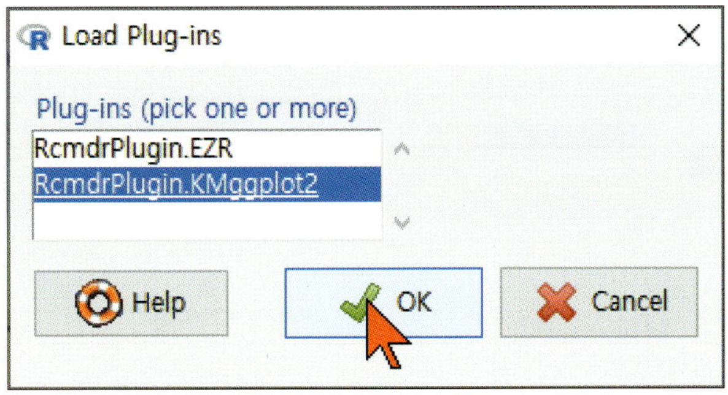

'RcmdrPlugin.Kmggplot2'를 실행합시다.

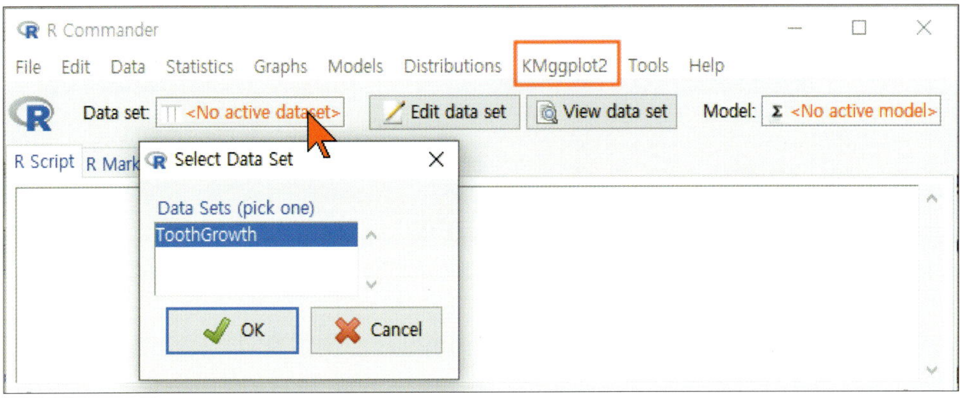

새로운 메뉴 'Kmggplot2'가 생겼습니다. 다시 이전의 dataset을 부릅니다.

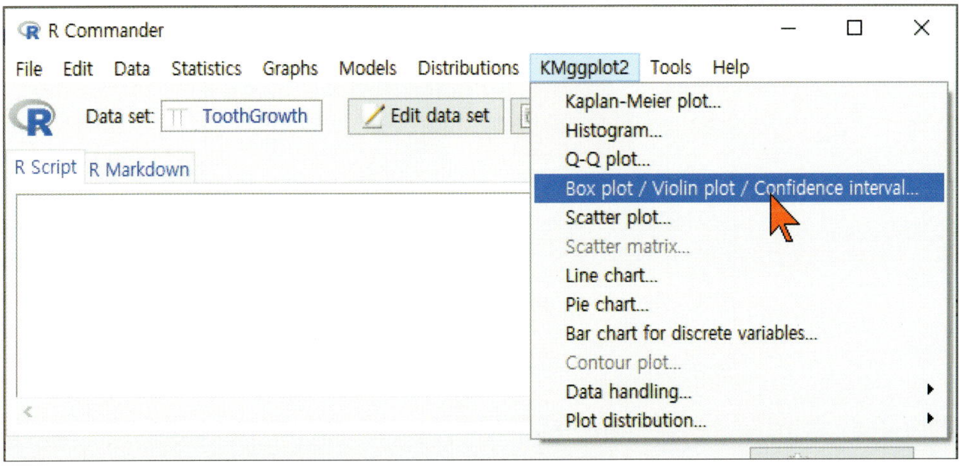

'Box plot—'이라고 된 메뉴를 불러봅시다.

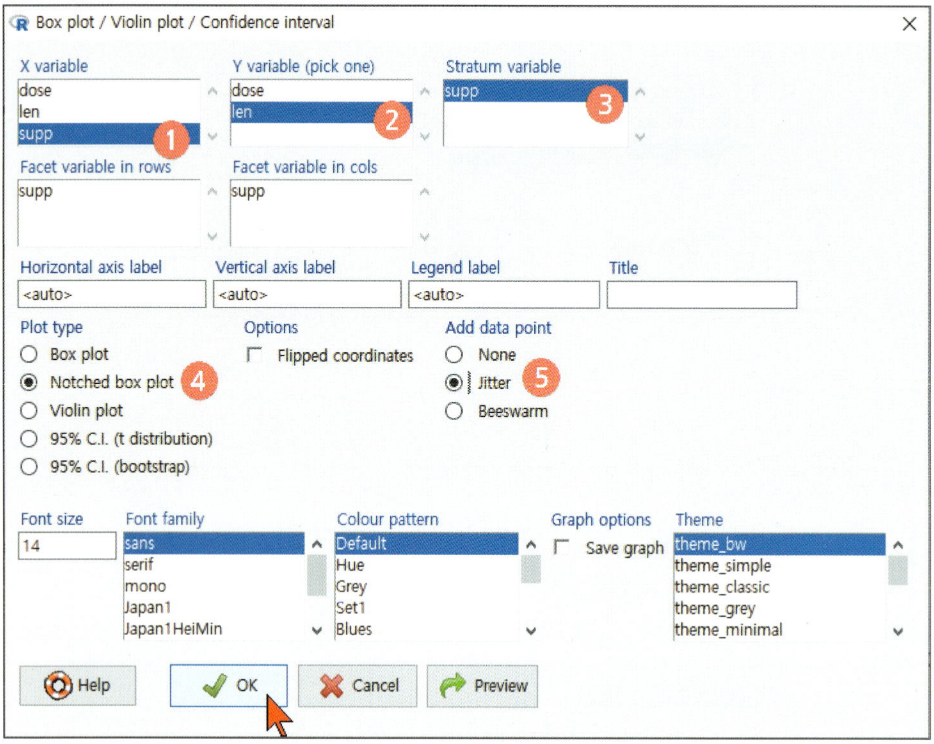

그림과 같이 차례대로 변수를 지정하고 plot도 지정해봅시다.

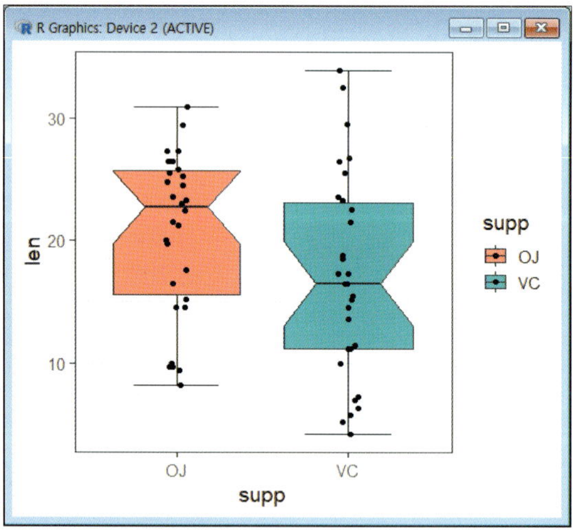

'Boxplot with notch'와 'Jitter plot'이 동시에 그려집니다. 이 notch는 중앙값의 95% 신뢰구간을 보여줍니다. 이것이 적은 수의 샘플을 가진 집단을 표현할 때 제가 추천하는 방법입니다.

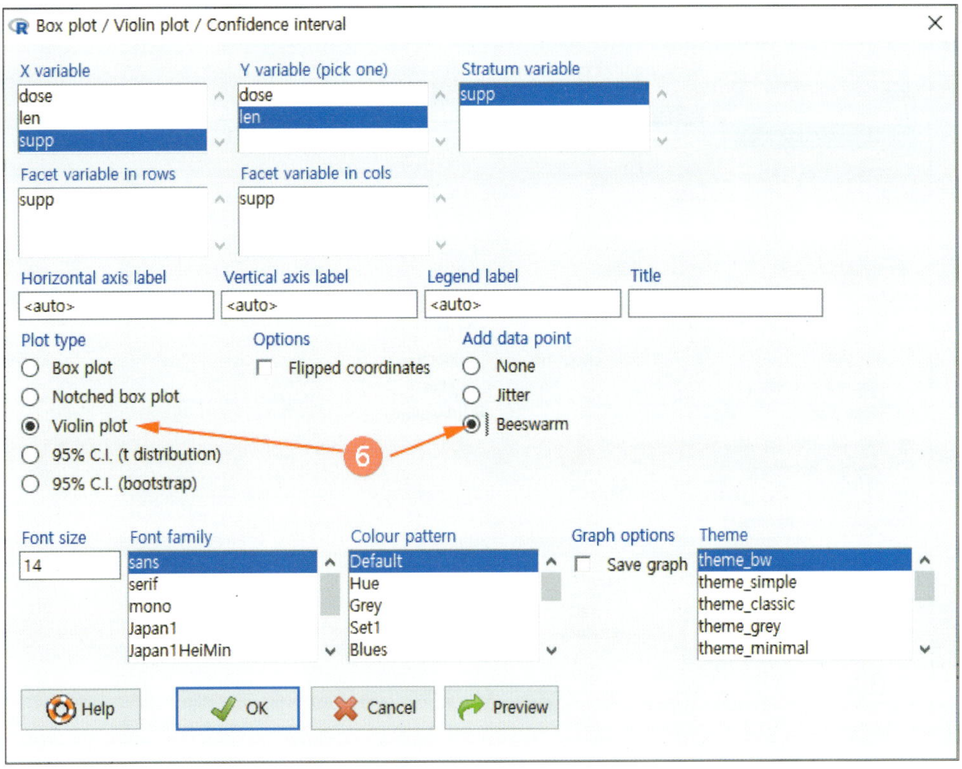

위 그림과 같이 옵션을 바꾸어봅시다.

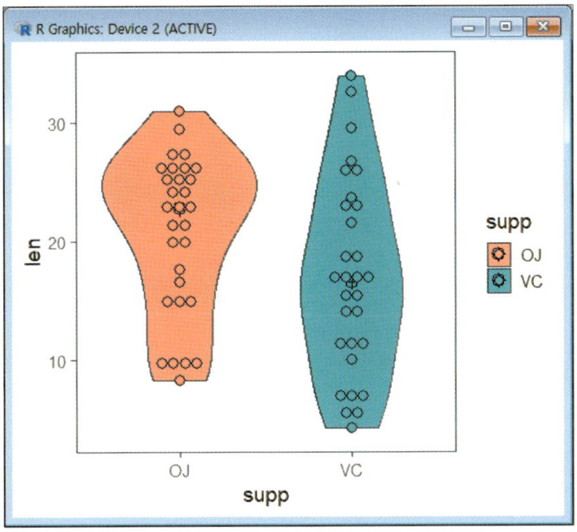

그러면 'violin plot'과 'dot plot(or Beeswarm plot)'이 나타납니다. 이것도 때로 적당한 경우가 있습니다.

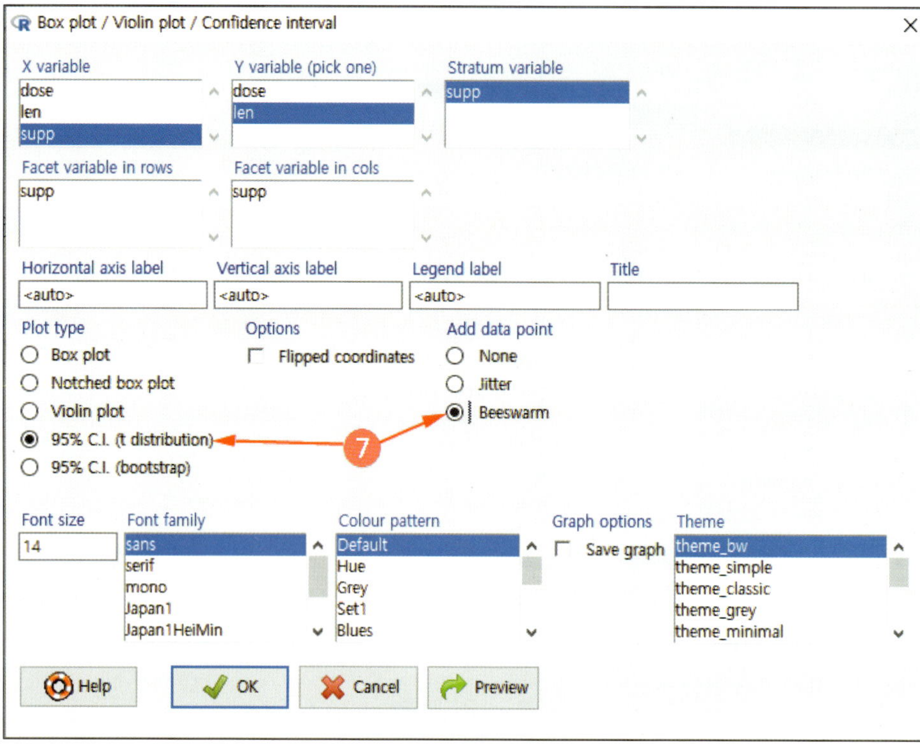

위와 같이 옵션을 선택해봅시다.

희미한 선으로 보이는 error bar가 표준오차의 95% 신뢰구간을 표현해줍니다.

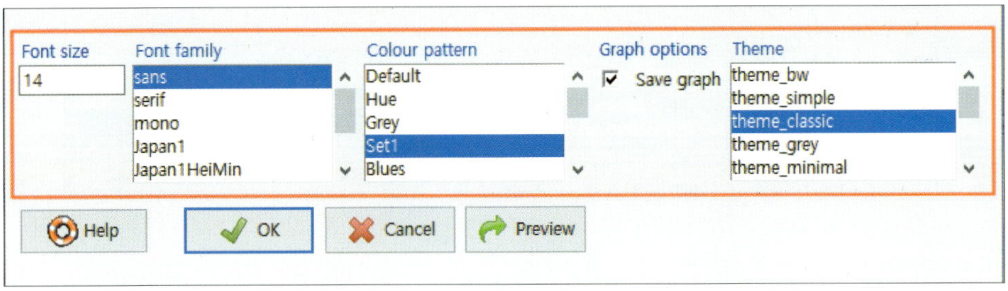

위 메뉴의 아래쪽에 있는 옵션들을 살펴봅시다.

'Font size'와 'Font family'는 쉽게 이해하실 것입니다.

'Colour pattern'은 색을 바꾸는 것인데, 하나의 색이 아니라 색의 묶음을 바꾸어주는 것입니다.

'Save graph'를 하면 그래프를 만든 뒤에 저장하기 위한 옵션이 생기지만, 저는 추천하지 않습니다(이유는 그래프를 저장하는 방법을 뒤에서 배우면 알게 될 것입니다).

'Theme'는 그래프의 테마를 바꾸어 배경색이나 분위기를 달리할 수 있는 옵션입니다. 논문에 낼 때는 classic이 적당하고, 파워포인트로 발표할 때는 grey가 적당한 것 같습니다. 나머지도 각각 해보면 분위기를 알 수 있습니다.

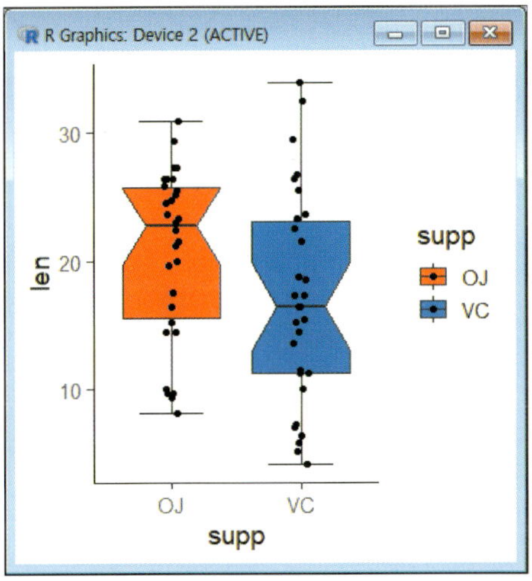

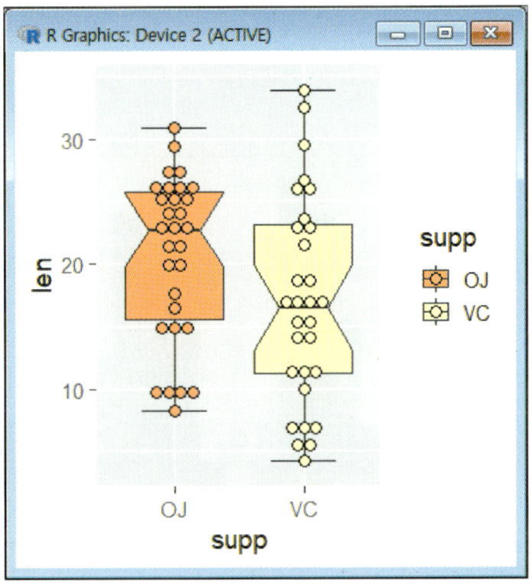

왼쪽이 classic 테마에 색은 Set1을 사용한 것입니다. 오른쪽은 grey 테마입니다. 이런 식으로 분위기를 바꾸어볼 수 있습니다. 자신만의 색과 테마를 정한 뒤 일관되게 사용하면 시간도 절약하고 통일성도 유지할 수 있습니다.

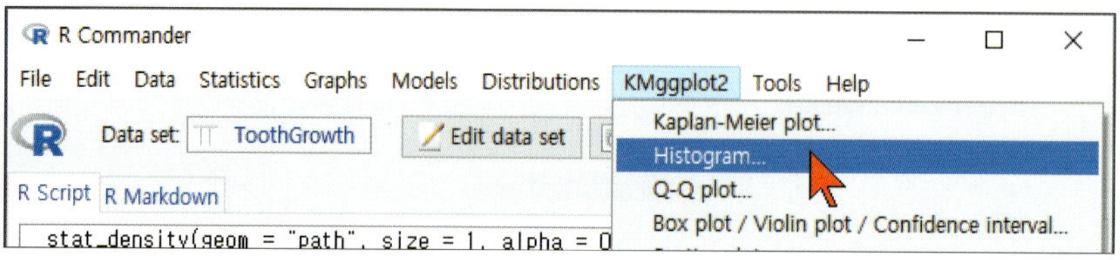

histogram(돗수분포표)을 선택합니다.

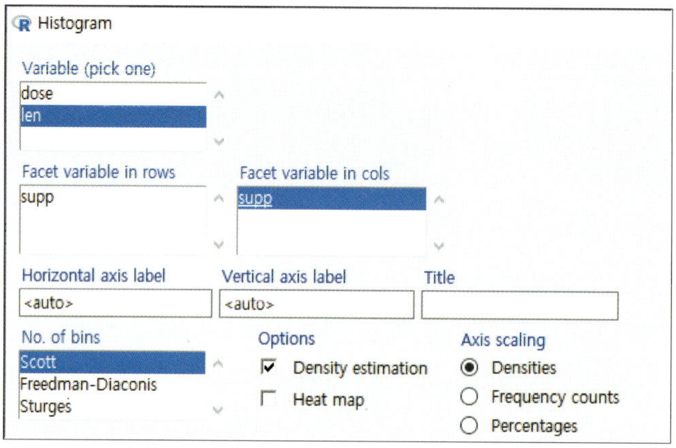

변수를 선택합니다. Facet를 옆으로(in cols) 또는 위아래로(in rows)로 배열할 수 있습니다.

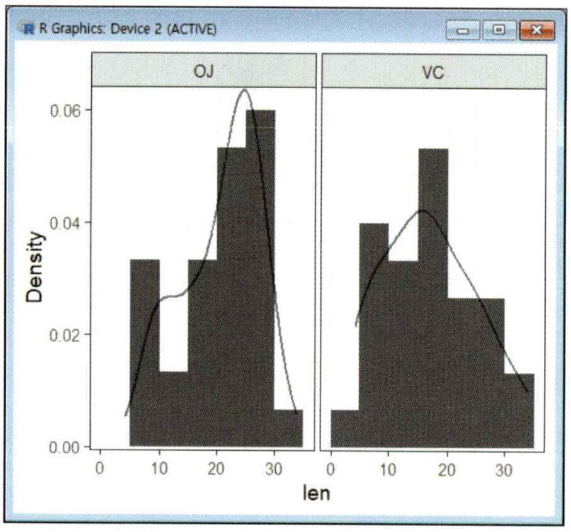

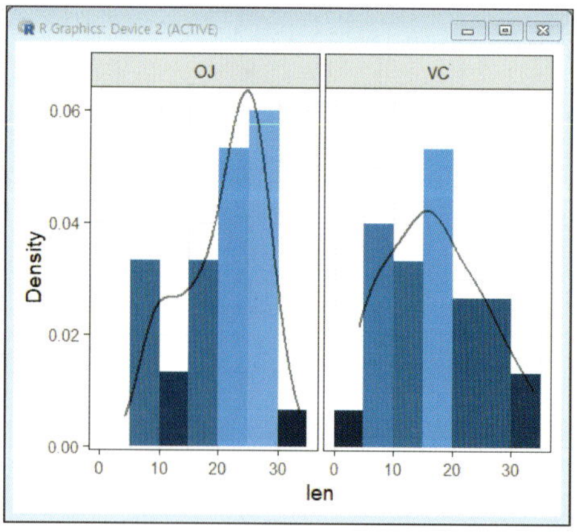

densitogram을 추가하거나 색을 입힐 수도 있습니다. 축은 밀도를 보여주거나, 개수 혹은 퍼센트값을 보여줄 수 있습니다. 막대기의 개수를 결정하는 3가지 방법을 하나씩 적용해보고 적절한 것을 선택하면 됩니다.

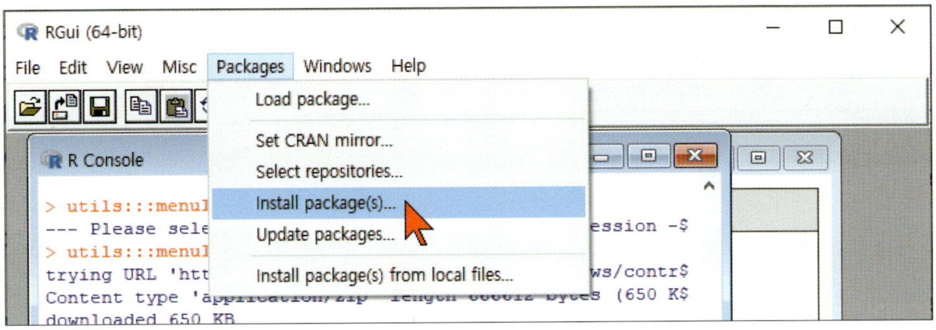

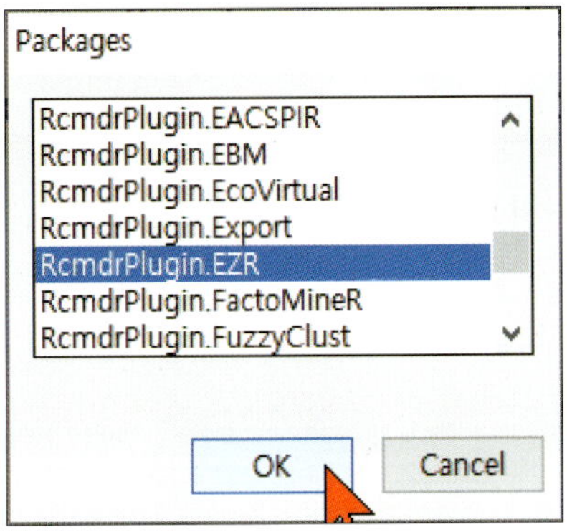

'RcmdrPlugin.EZR'이라는 새로운 패키지를 설치해봅시다.

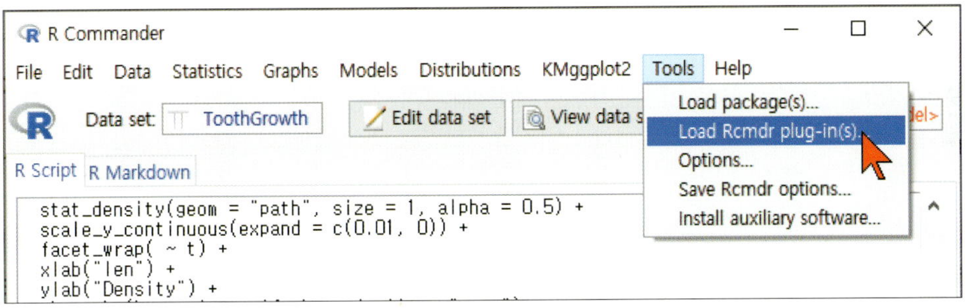

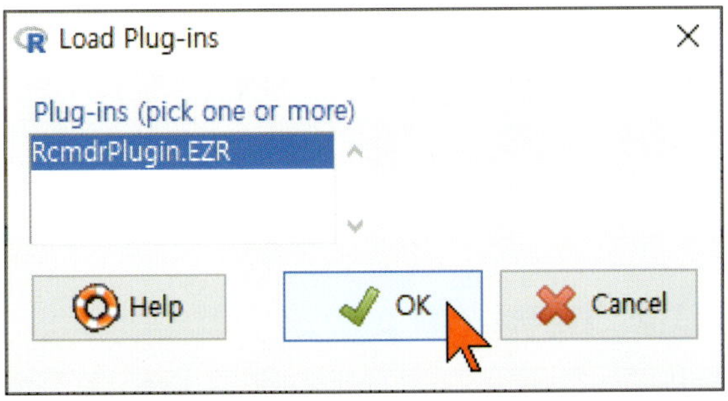

그리고 'RcmdrPlugin.EZR'을 불러봅시다.

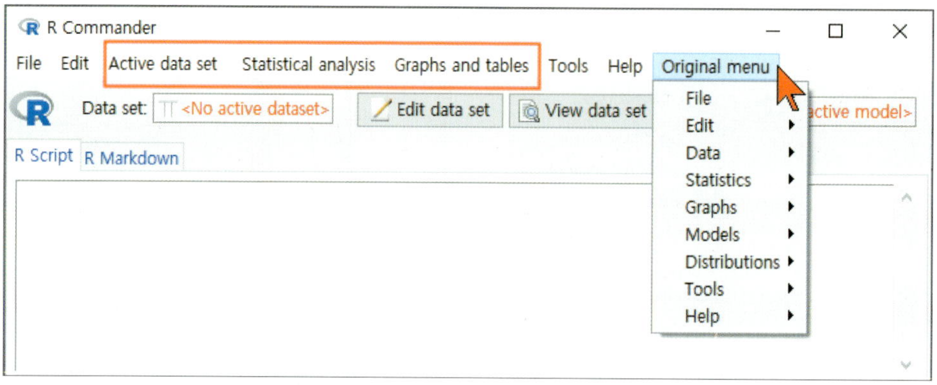

새로운 메뉴(빨간색 사각형)가 나타나고 원래 메뉴는 하나로 축약됩니다. 즉 어떤 Plug-in은 메뉴를 변경시키기도 한다는 것을 알 수 있습니다.

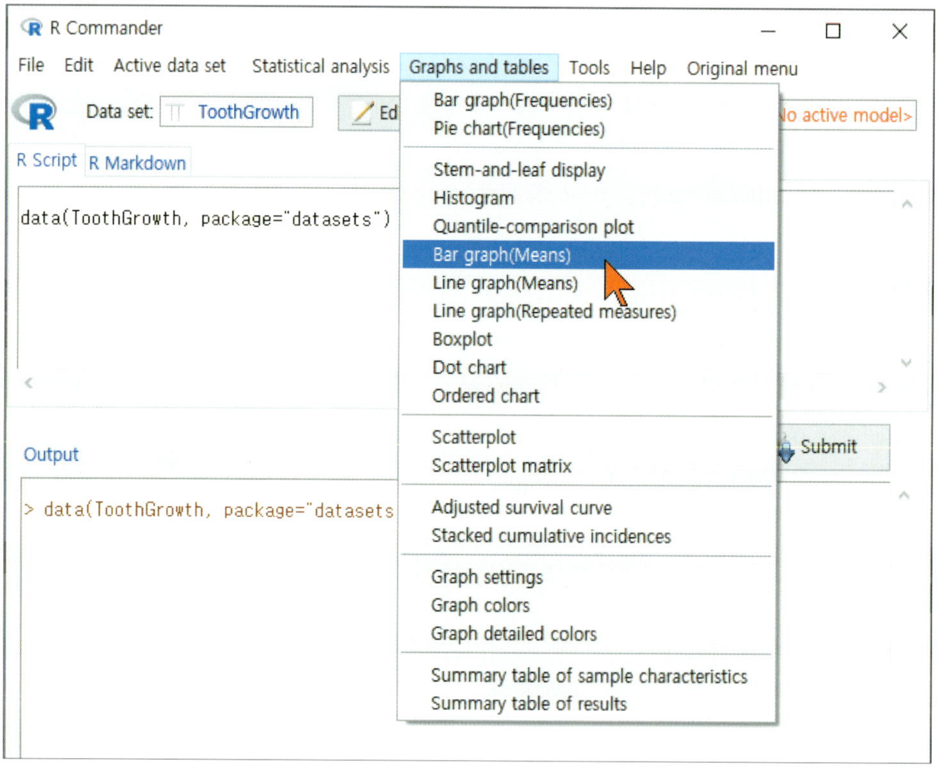

'Bar graph(Means)'를 선택해봅시다.

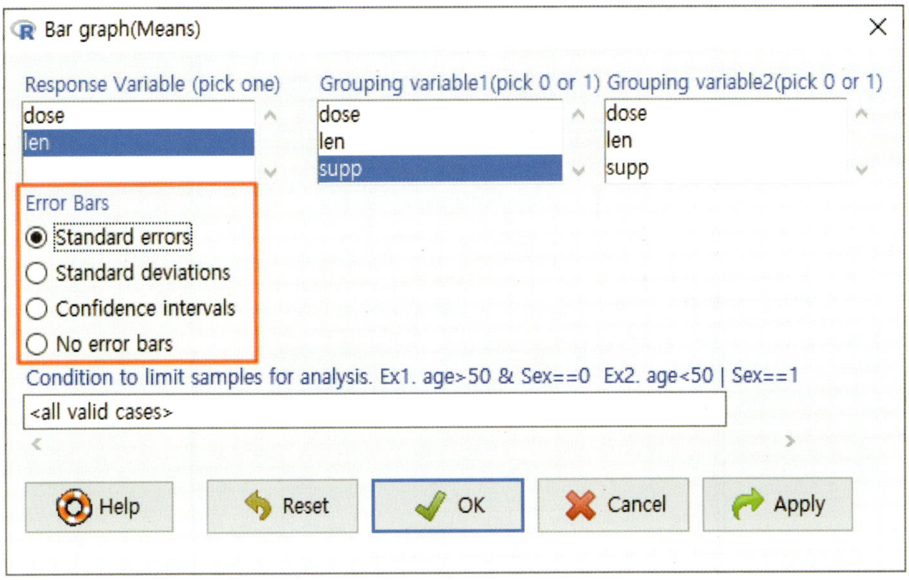

변수를 선택하고 'Error Bars'의 종류도 선택합니다. 아래쪽의 'Condition to limit~'는 데이터의 일부분만 뽑아서 그리고 싶을 때 사용합니다. 매우 편리한 기능이지만, 지금은 사용하지 않겠습니다.

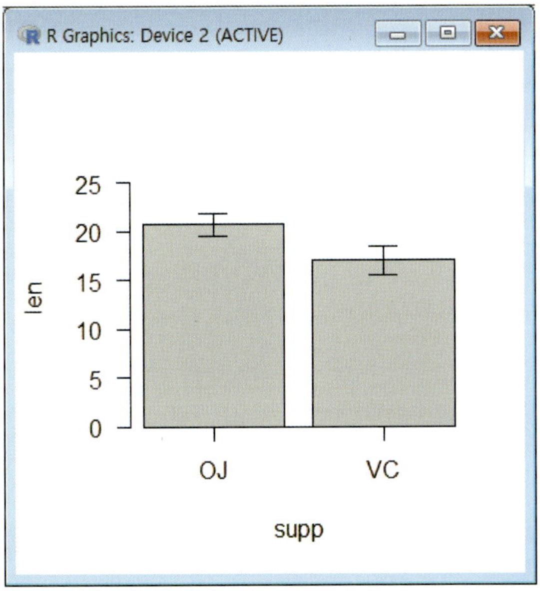

익숙한 그래프가 보입니다. 평균으로 막대를 표현하고 오차막대를 추가하였습니다.

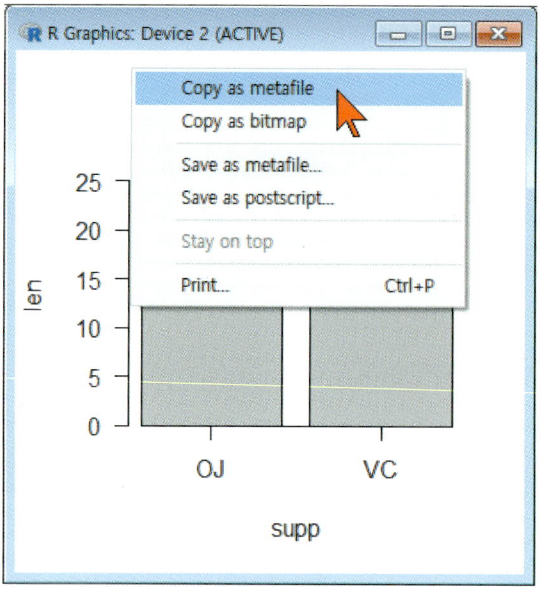

그림을 다운로드할 때 그냥 저장할 수도 있지만, 이런 방법도 고려해보세요. 마우스를 우클릭한 후 'Copy as metafile'을 선택합니다.(이 방법은 앞서 설명한, 혹은 앞으로 설명할 plot들에 공통되는 것으로 활용 범위가 큽니다.)

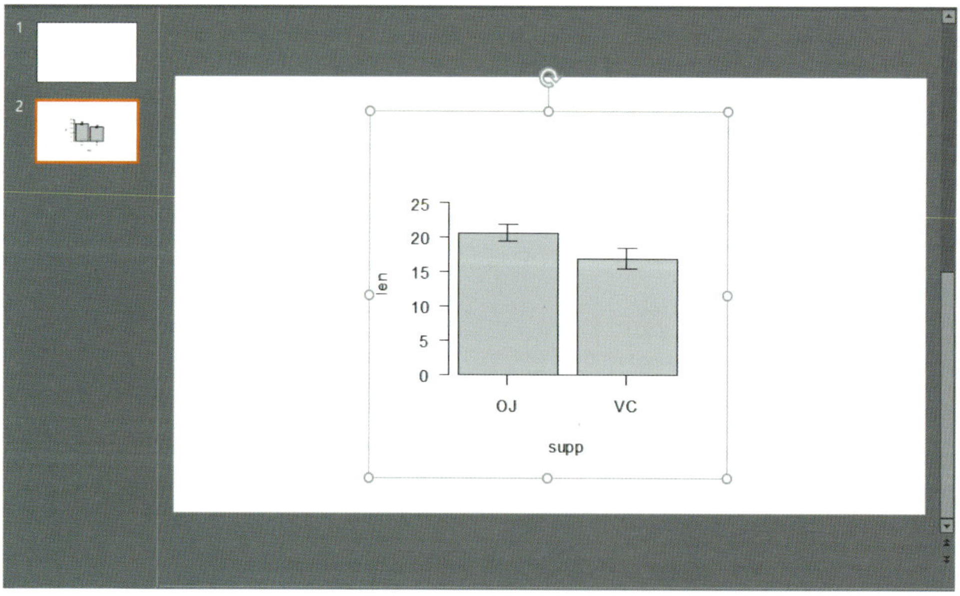

그런 다음 파워포인트에 붙여 넣습니다. 'Ctrl + Shift + G'를 2번 반복하면 '그룹 해제'를 2번 반복하게 됩니다.

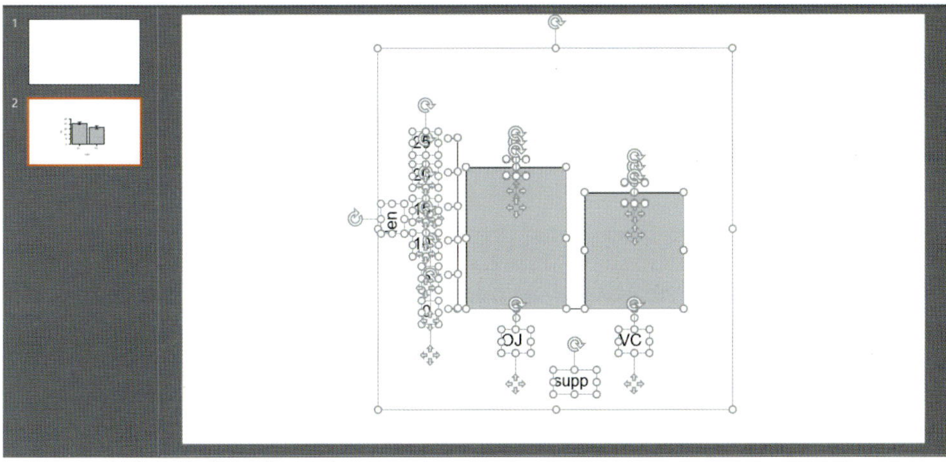

각 그림이 도형으로 분리되면서 편집이 가능한 형태가 됩니다.

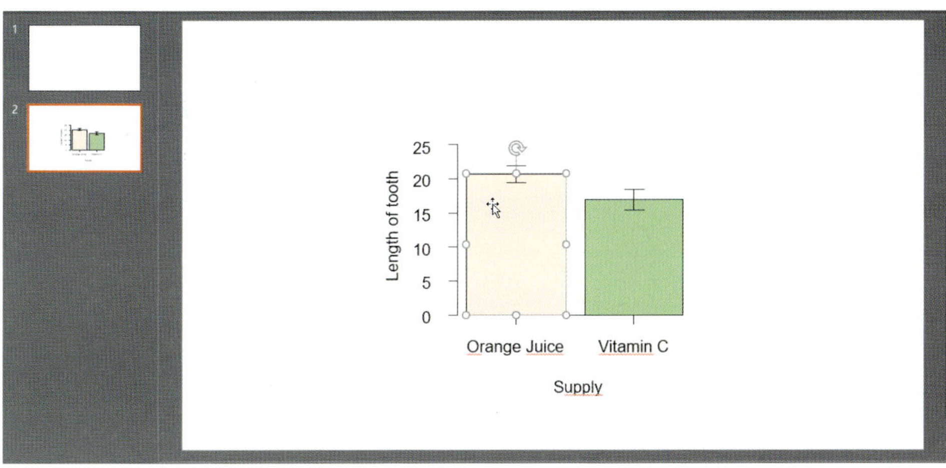

이제는 익숙한 방법으로 도형의 색을 편집하고 글씨를 바꿀 수 있습니다. 이렇게 한 다음 파워포인트에 저장해두고 그림파일이나 PDF로 전환하기를 권합니다. 크기를 줄이거나 늘릴 때는 다시 그룹으로 묶은(Ctrl + G) 뒤 해야 합니다.

파워포인트로 옮겨두면 한 연구에 사용된 그래프를 모두 한 파일에 정리하기도 좋고, 이후에 발표하기도 좋습니다. 특히 축의 제목에 변수명으로 된 것을 편집할 수 있어서 좋습니다. Supply라고 된 것을 the amount of supply 등으로 고칠 수 있는 것이지요.

ch.6 ANOVA

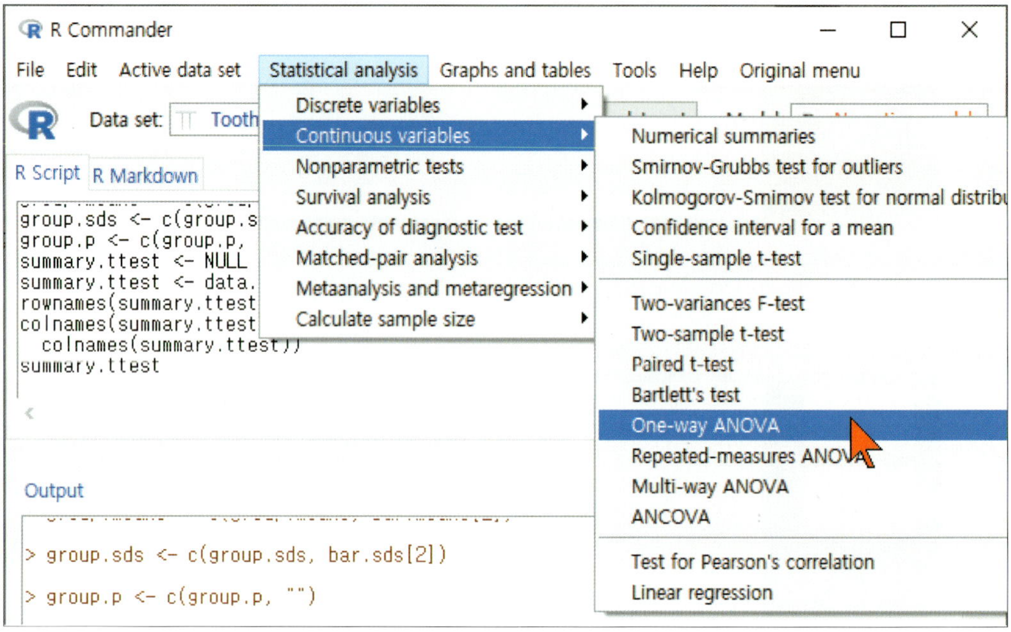

ANOVA(analysis of variance)는 t-test의 확장이라고 할 수 있습니다. t-test는 두 집단을 비교하는 데 사용하고, ANOVA는 세 집단 이상을 한꺼번에 비교할 때 사용합니다.

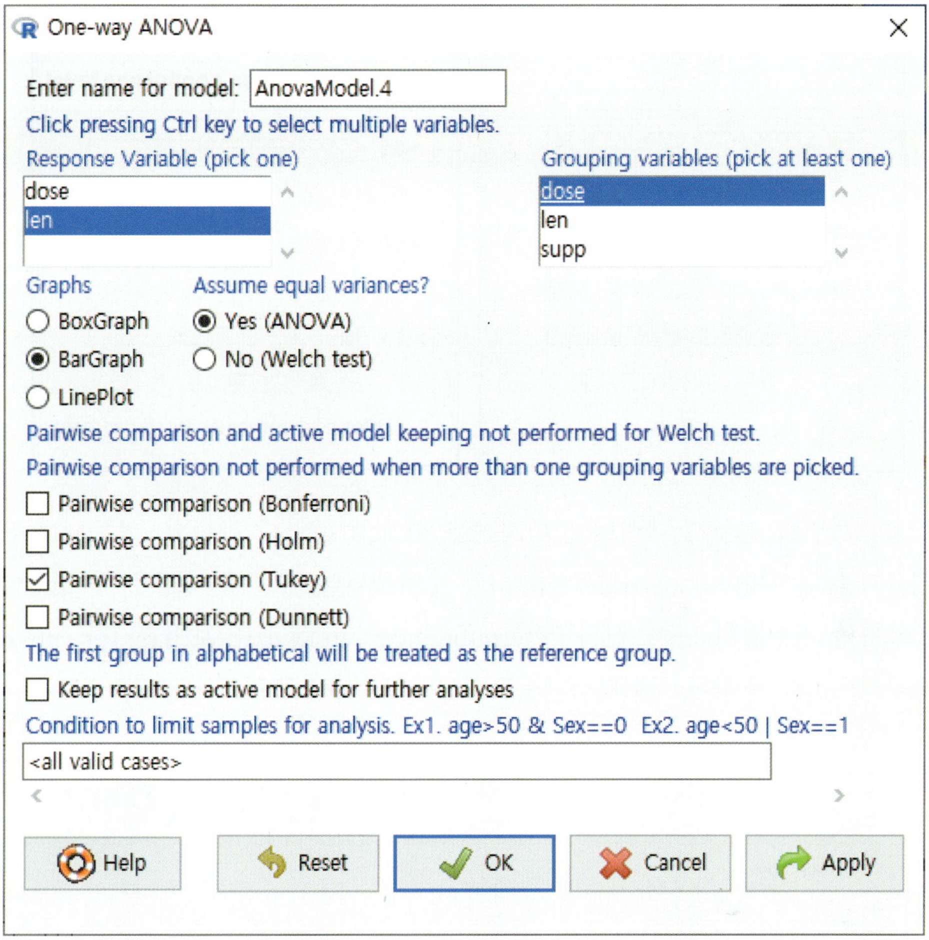

변수를 선택합니다. Group 변수에 3 이상의 값이 있는 dose를 선택합니다.
그래프에는 3가지 옵션이 있는데 그중에 하나를 선택합니다.
등분산을 가정하는지 여부도 선택해야 하는데 이것은 t-test에서도 보았던 것입니다.
Pairwise comparison(또는 post-hoc test라고도 부름)에는 4가지 방법이 있는데 그중에 하나를 선택합니다.

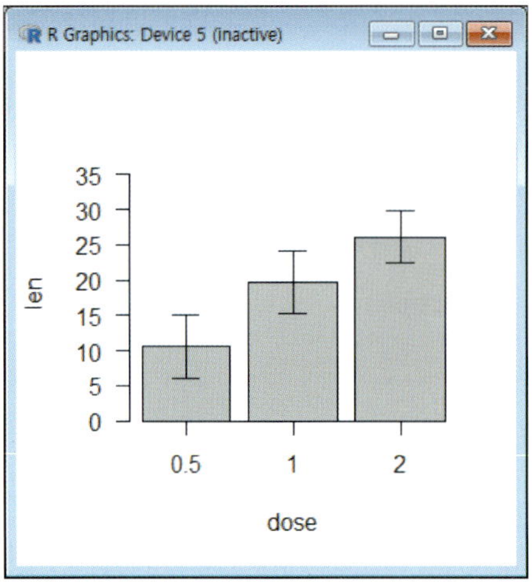

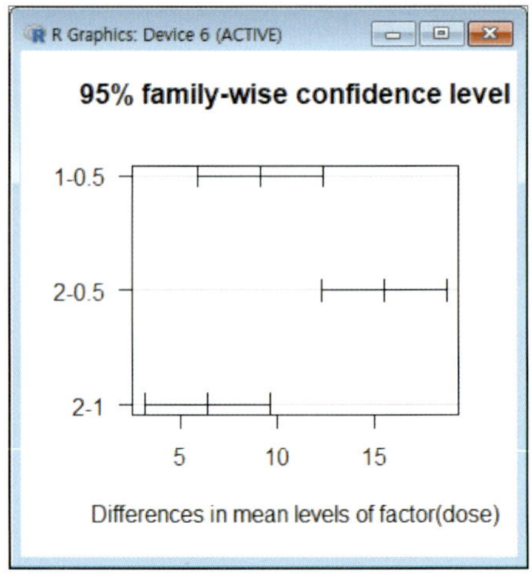

2개의 그림이 겹쳐서 나타나므로 하나를 옆으로 옮겨서 봅니다. 왼쪽 그림은 평균과 표준편차(standard deviation)를 보여줍니다. 오른쪽 그림은 두 집단씩 비교하여 차이값의 95% 신뢰구간(confidence interval)을 보여줍니다. 이 신뢰구간이 0을 포함하고 있다면 두 집단 간의 차이가 없다고 판단합니다.

Output Submit

```
> summary.anova
           mean       sd  p.value
dose=0.5 10.605 4.499763 9.53e-16
dose=1   19.735 4.415436
dose=2   26.100 3.774150

> TukeyHSD(AnovaModel.4, "factor(dose)")
  Tukey multiple comparisons of means
    95% family-wise confidence level

Fit: aov(formula = len ~ factor(dose), data = ToothGrowth, na.action = na.omit)

$`factor(dose)`
        diff       lwr       upr     p adj
1-0.5  9.130  5.901805 12.358195 0.0000000
2-0.5 15.495 12.266805 18.723195 0.0000000
2-1    6.365  3.136805  9.593195 0.0000425
```

'summary.anova'는 보통 세 집단의 평균과 표준편차, p값을 보여줍니다. 0.05보다 작은 p값이므로 세 집단의 평균은 동일하지 않다고 판단하고, 아래의 TukeyHSD를 보여줍니다. 모든 짝의 p값이 0.05보다 작으므로 모든 집단에 차이가 있다고 판단합니다. 여러 번 검정을 반복하기 때문에 발생하는 다중검정의 문제를 해결하기 위해 p adj값을 사용하였습니다. 논문에도 adjusted p<0.001 등으로 쓰면 됩니다.

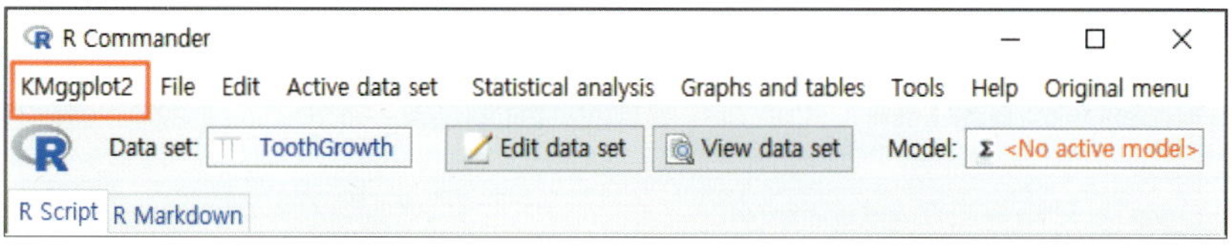

먼저 'RcmdrPlugin.EZR'를 실행한 후 'RcmdrPlugin.Kmggplot2'를 실행하거나, 둘을 동시에 실행해야 'Kmggplot2' 메뉴가 보이게 됩니다.

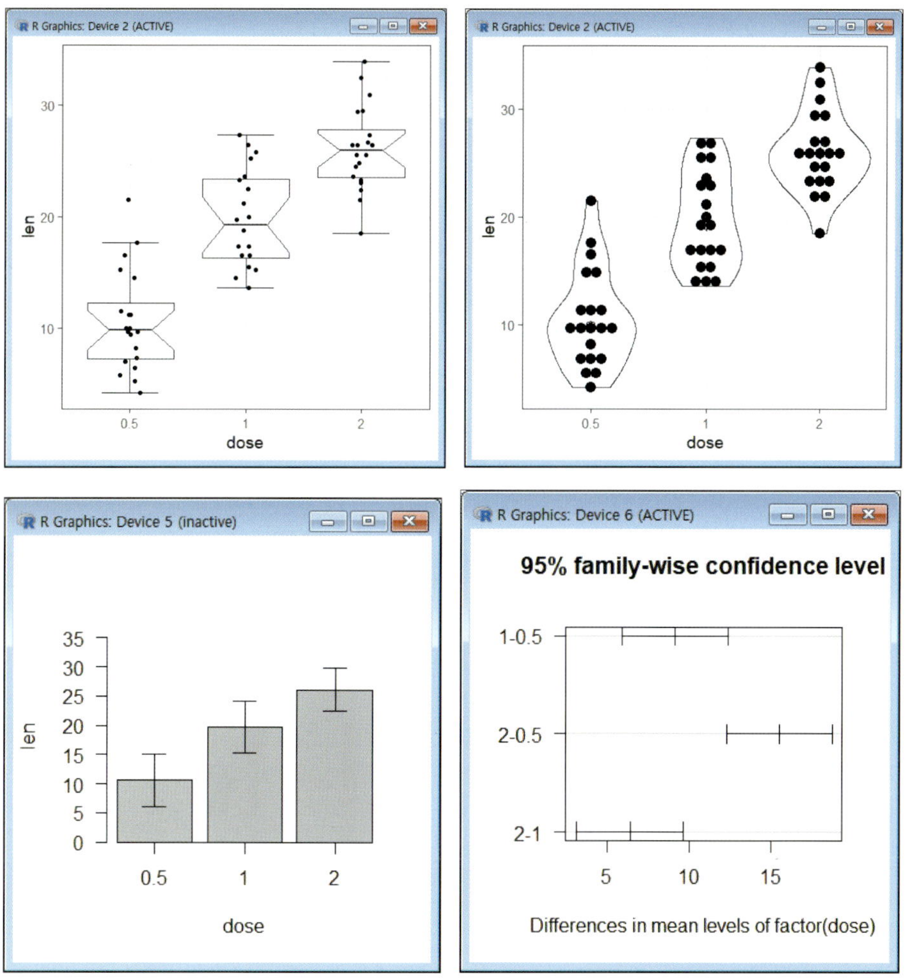

'Kmggplot2'를 이용해서 만든 위의 두 그래프는 점들의 개수가 적거나 정규분포를 하지 않은 경우에 적합하고, 아래쪽 막대그래프는 정규분포를 할 때 적합합니다. 평균이나 표준편차는 정규분포에서 더 중요한 정보를 주기 때문입니다.

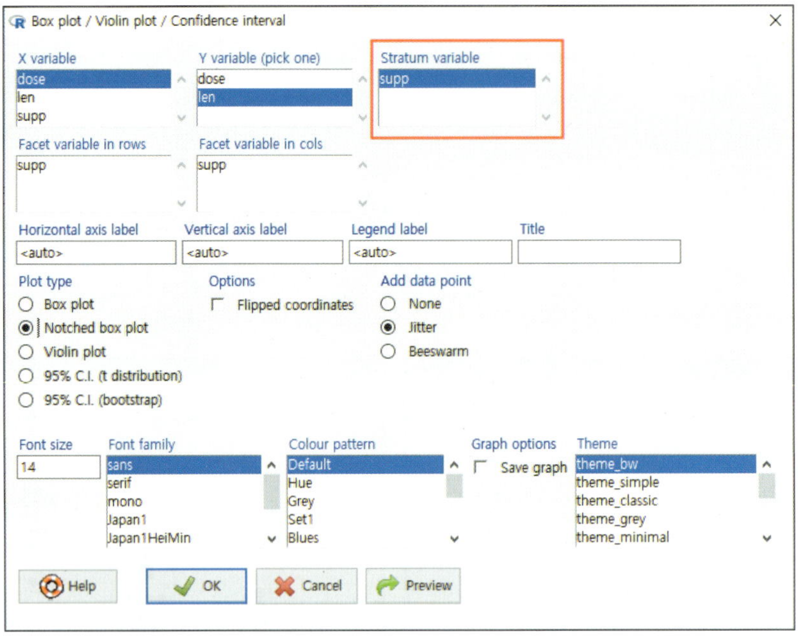

한편 'Kmggplot2'에서 오른쪽과 같이 Stratum variable에 X variable과 다른 것을, 즉 Stratum variable에 dose를 사용하고 X variable에 supp를 사용하면 아래와 같은 그래프 모양이 만들어집니다.

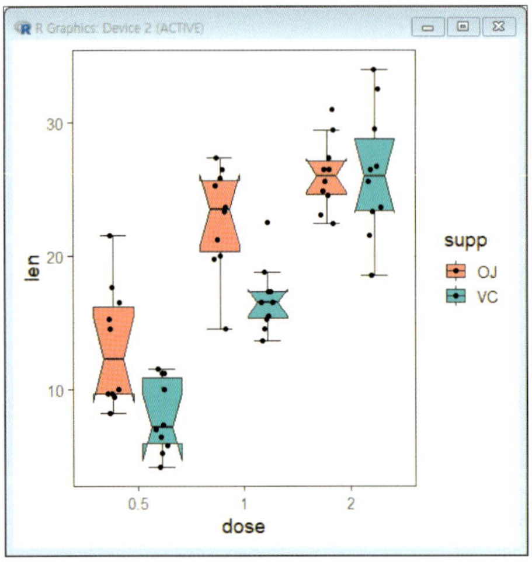

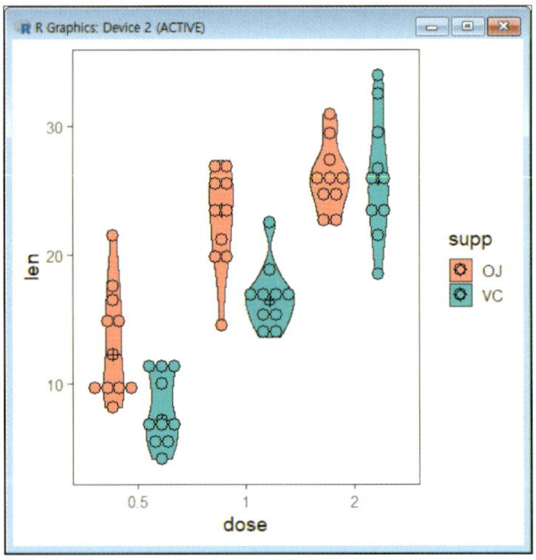

이 그래프들은 2-way ANOVA에 적당한데, 다음 장에서 2-way ANOVA에 대해 살펴보겠습니다. 초보자들의 경우 2-way ANOVA의 개념이 다소 어려울 수 있으므로 이 부분을 생략해도 됩니다.

ch.7 2-way ANOVA

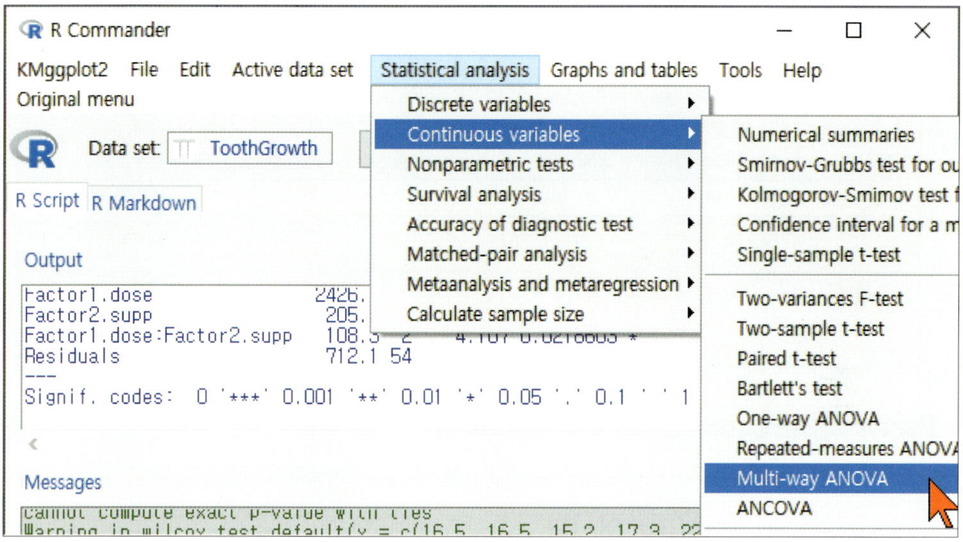

2-way ANOVA에서는 2개의 요인이 한 개인에게 적용됩니다. 만일 2개의 약물과 3개의 운동 프로그램에 대한 연구를 한다면, 한 개인의 입장에서는 그중에 하나의 약물과 하나의 운동 프로그램이 주어지게 되고(즉 한 개인에게 2개의 원인이 주어지게 되어서 2-way입니다), 총 6개의 집단으로 나누어지게 됩니다.

2개의 약물을 세 종류의 용량으로 적용하게 되어도 비슷한 상황입니다. (이 경우는 조금 다르게 판단할 수도 있지만, 일단 초보자 입장에서는 같은 경우라고 생각합시다.)

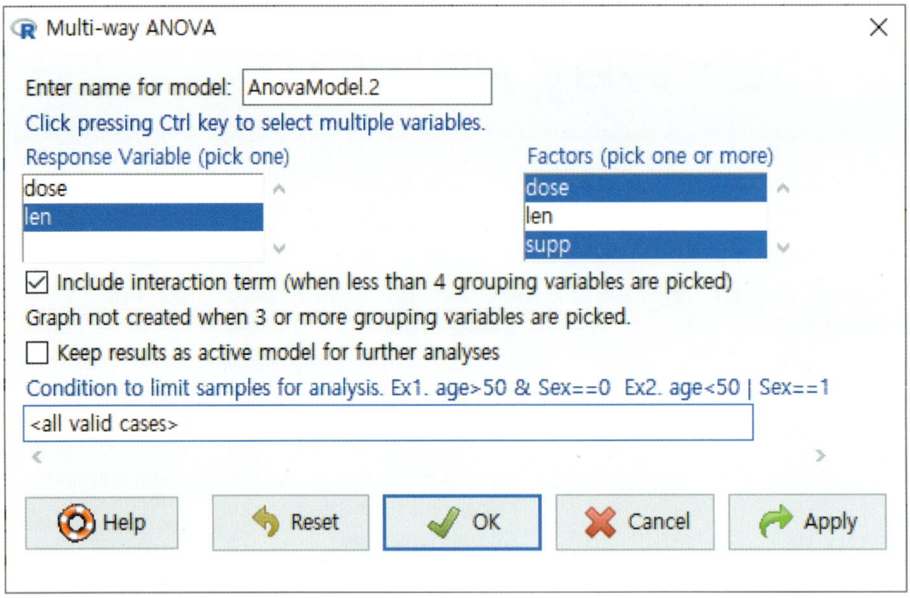

Factor 영역에 하나를 선택하면 1-way ANOVA, 둘을 선택하면 2-way ANOVA가 됩니다. 'Include interaction ~'은 두 변수의 상호작용이 있을 수도 있으니 검토해보라는 의미입니다.

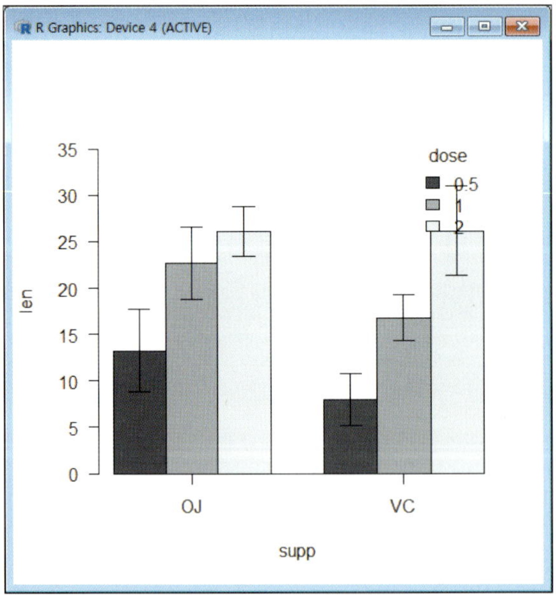

어울리는 그림을 자동으로 만들어줍니다. 역시 평균과 표준편차를 표현해주는 것입니다.

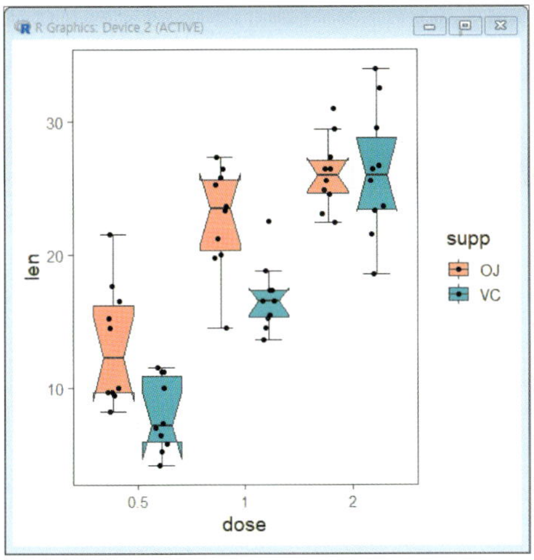

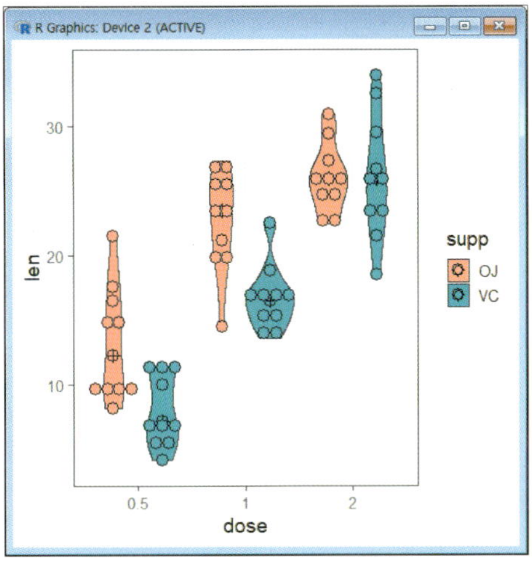

앞서 보았던 이 그래프들은 비슷한 정보를 보여주는 그래프이며 모두 2-way ANOVA에 어울립니다.

```
Anova Table (Type III tests)

Response: len
                          Sum Sq Df  F value    Pr(>F)
(Intercept)              21236.5  1 1610.393 < 2.2e-16 ***
Factor1.dose              2426.4  2   92.000 < 2.2e-16 ***
Factor2.supp               205.4  1   15.572 0.0002312 ***
Factor1.dose:Factor2.supp  108.3  2    4.107 0.0218603 *
Residuals                  712.1 54
---
Signif. codes:  0 '***' 0.001 '**' 0.01 '*' 0.05 '.' 0.1 ' ' 1
```

통계 결과는 'Anova Table'로 표현됩니다. 3개의 관심 있는 p값, 즉 dose와 supp와 dose:supp(상호작용)의 p값이 모두 0.05보다 작기 때문에 통계적 의미가 있다고 판단할 수 있습니다.

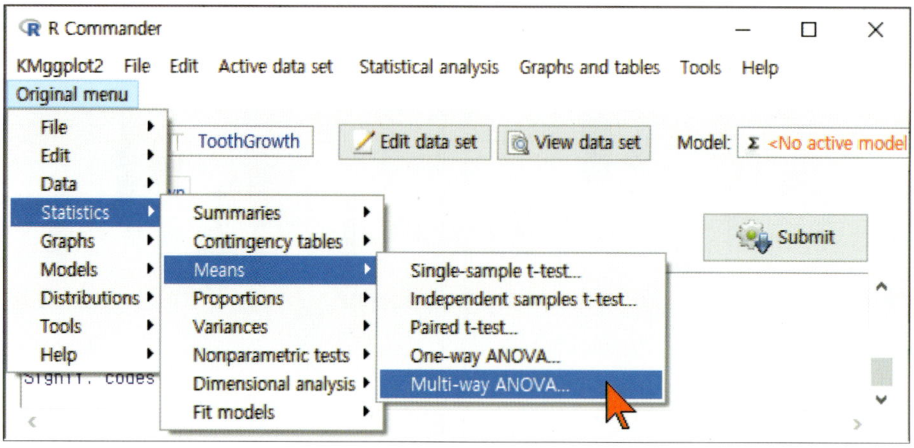

'Original menu'에서도 2-way ANOVA를 시행해봅시다.

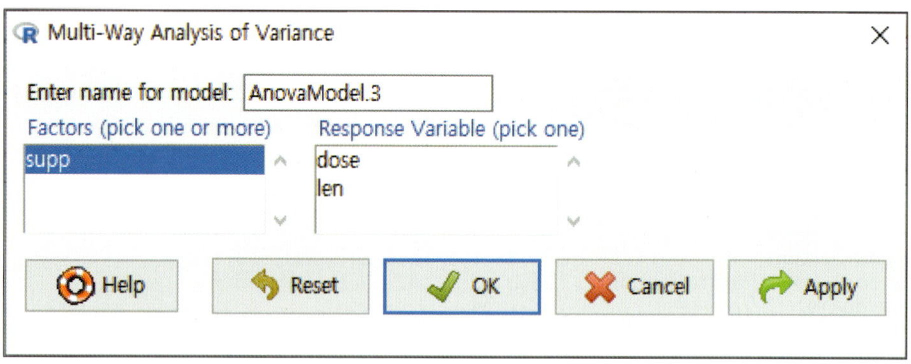

그런데 'dose'는 숫자로 된 변수라서 factor로 간주할 수 없습니다.

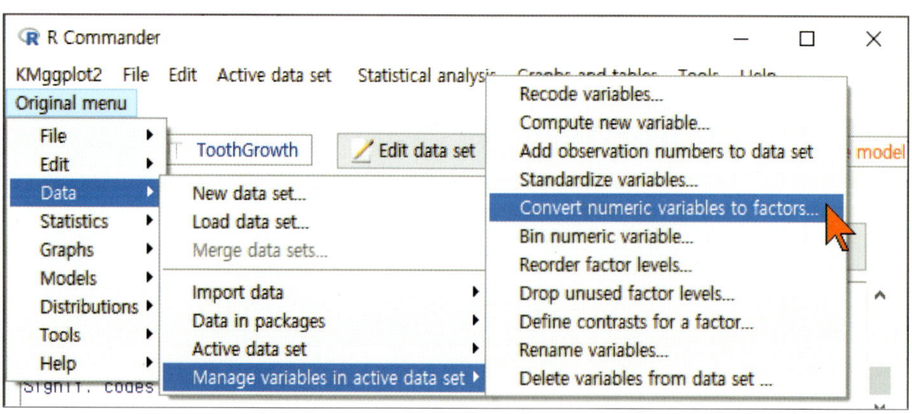

그래서 factor 변수로 바꾸어봅니다. 이런 일은 매우 흔히 발생하는 일입니다.

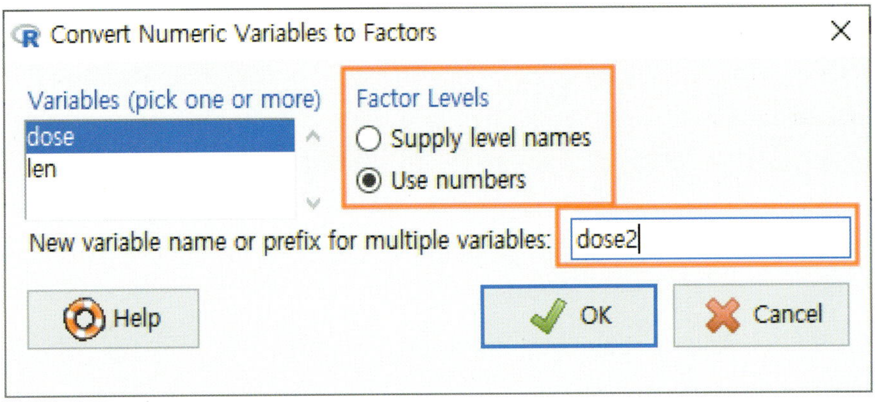

새롭게 코딩을 할 수도 있고, 그냥 숫자 형태를 지닌 factor로 선택할 수도 있습니다. 변수명은 'dose2'라고 정했습니다.

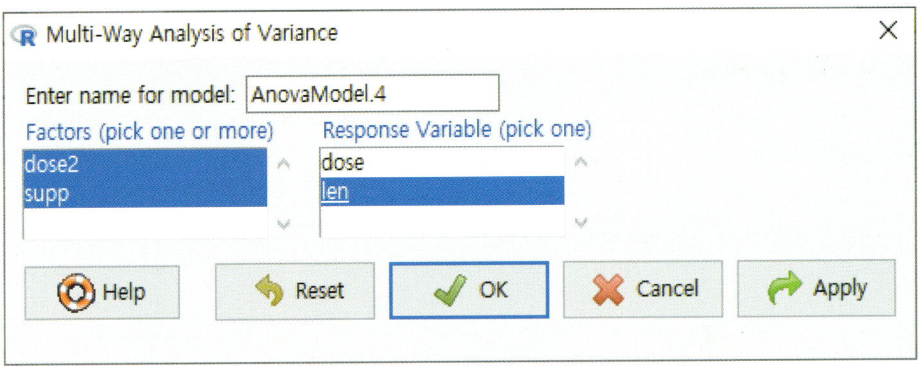

이제 fatcor화된 변수 'dose2'가 생겼으므로 이것을 factor로 지정하여 2개의 factor를 지정할 수 있습니다.

```
> Anova(AnovaModel.4)
Anova Table (Type II tests)

Response: len
           Sum Sq Df F value    Pr(>F)    
dose2     2426.43  2  92.000 < 2.2e-16 ***
supp       205.35  1  15.572 0.0002312 ***
dose2:supp 108.32  2   4.107 0.0218603 *  
Residuals  712.11 54                      
---
Signif. codes:  0 '***' 0.001 '**' 0.01 '*' 0.05 '.' 0.1 ' ' 1
```

결과는 ANOVA table로 정리됩니다. 'dose2'라고 이름 붙은 것에 주목합니다.

```
Anova Table (Type III tests)

Response: len
                          Sum Sq Df  F value    Pr(>F)
(Intercept)              21236.5  1 1610.393 < 2.2e-16 ***
Factor1.dose              2426.4  2   92.000 < 2.2e-16 ***
Factor2.supp               205.4  1   15.572 0.0002312 ***
Factor1.dose:Factor2.supp  108.3  2    4.107 0.0218603 *
Residuals                  712.1 54
---
Signif. codes:  0 '***' 0.001 '**' 0.01 '*' 0.05 '.' 0.1 ' ' 1
```

앞서 보았던 Anova table에는 (intercept)가 있었고 형식도 조금 달랐지만, 결과적으로는 같은 내용입니다.

```
> with(ToothGrowth, (tapply(len, list(dose2, supp), mean, na.rm=TRUE))) # means
       OJ    VC
0.5 13.23  7.98
1   22.70 16.77
2   26.06 26.14

> with(ToothGrowth, (tapply(len, list(dose2, supp), sd, na.rm=TRUE)))
+   # std. deviations
          OJ       VC
0.5 4.459709 2.746634
1   3.910953 2.515309
2   2.655058 4.797731
```

각 집단의 평균과 표준편차도 표시해줍니다.

```
> tapply(TempDF$len, list(dose=TempDF$dose, supp=TempDF$supp), sd, na.rm=TRUE)
+   # std. deviations
     supp
dose        OJ       VC
  0.5 4.459709 2.746634
  1   3.910953 2.515309
  2   2.655058 4.797731

> tapply(TempDF$len, list(dose=TempDF$dose, supp=TempDF$supp), function(x)
+   sum(!is.na(x))) # counts
     supp
dose  OJ VC
  0.5 10 10
  1   10 10
  2   10 10
```

앞서 시행했던 명령을 다시 살펴보면 TempDF라는 데이터를 사용했습니다.

```
> TempDF <-  ToothGrowth
> TempDF$Factor1.dose <- factor(TempDF$dose)
> contrasts(TempDF$Factor1.dose) <- "contr.Sum"
> TempDF$Factor2.supp <- factor(TempDF$supp)
> contrasts(TempDF$Factor2.supp) <- "contr.Sum"
```

임시 데이터 TempDF를 만들고, dose와 supp를 factor로 만들어주는 방식을 사용했던 것입니다.
즉 어떤 명령어는 숫자로 된 변수를 factor로 만들어주고 임시로 데이터를 만들어서 분석해주기 때문에 편리하게 수행할 수 있습니다. 또 필요에 따라서 어떤 경우에는 사용자가 숫자로 된 변수를 factor로 만들어주는 작업을 해야 합니다.

이런 작업을 일괄하여 시행하도록 명령을 만들어두면 한꺼번에 여러 작업을 수행할 수 있습니다. 스크립트 방식이 메뉴를 클릭하는 방식보다 편리할 수도 있겠다는 생각이 들 것입니다.

ch. 8 ANCOVA

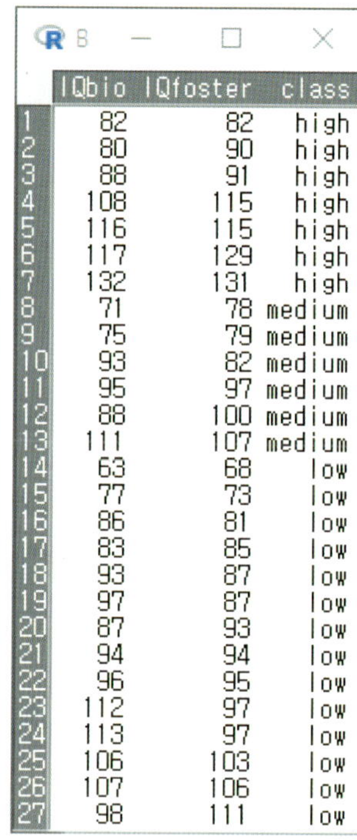

	IQbio	IQfoster	class
1	82	82	high
2	80	90	high
3	88	91	high
4	108	115	high
5	116	115	high
6	117	129	high
7	132	131	high
8	71	78	medium
9	75	79	medium
10	93	82	medium
11	95	97	medium
12	88	100	medium
13	111	107	medium
14	63	68	low
15	77	73	low
16	86	81	low
17	83	85	low
18	93	87	low
19	97	87	low
20	87	93	low
21	94	94	low
22	96	95	low
23	112	97	low
24	113	97	low
25	106	103	low
26	107	106	low
27	98	111	low

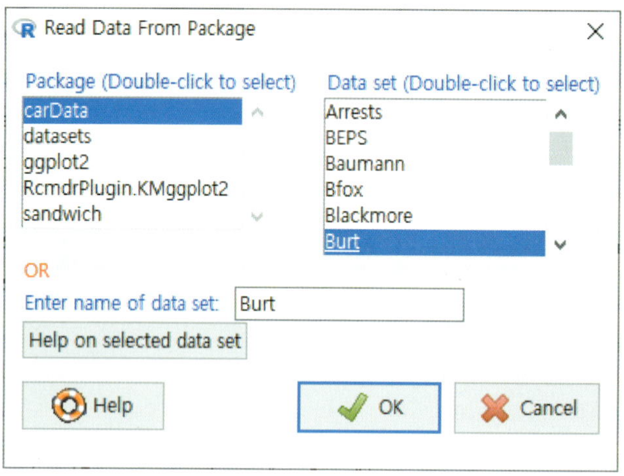

carData 패키지에 있는 Burt 데이터를 불러봅시다. (원래의 실험과는 상관없이) 3가지 종류의 처치를 시행한 세 집단에서 IQfoster라는 결과를 비교하는 실험을 한다고 합시다. 그렇다면 앞에서 배운 ANOVA가 먼저 떠오를 것입니다. 그런데 IQfoster라는 점수는 원래 각 개인이 그전부터 가지고 있던 IQbio 점수와 높은 관련이 있을 것으로 예상됩니다. 그러므로 만일 이 세 집단이 처음부터 IQbio 점수가 다른 집단이었다면 그 결과가 IQfoster 점수에 영향을 줄 수 있을 것입니다. 따라서 IQbio 점수의 차이를 통제한(고려한, 교정한, adjust) 방법으로 ANCOVA를 해보겠습니다.

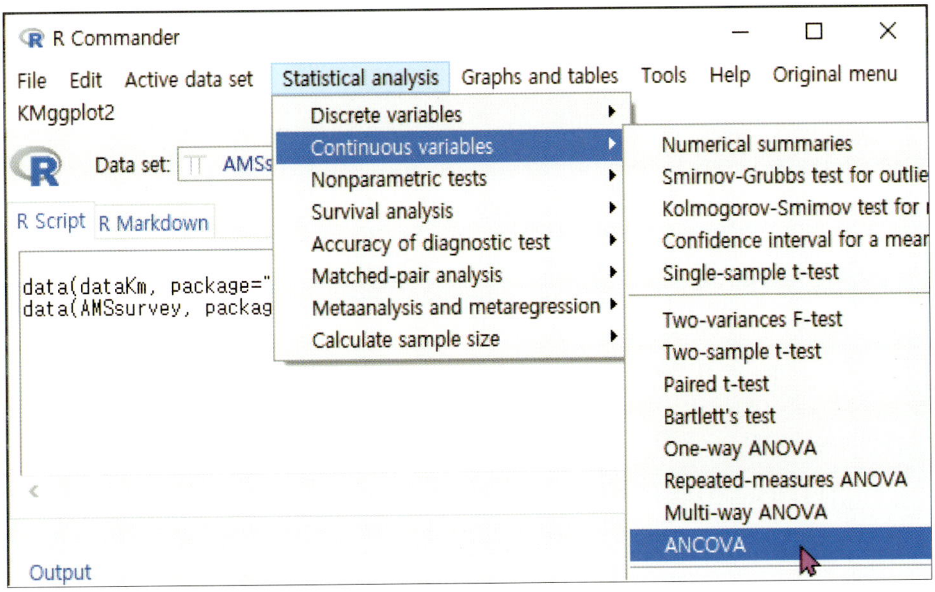

ANCOVA를 선택합니다.

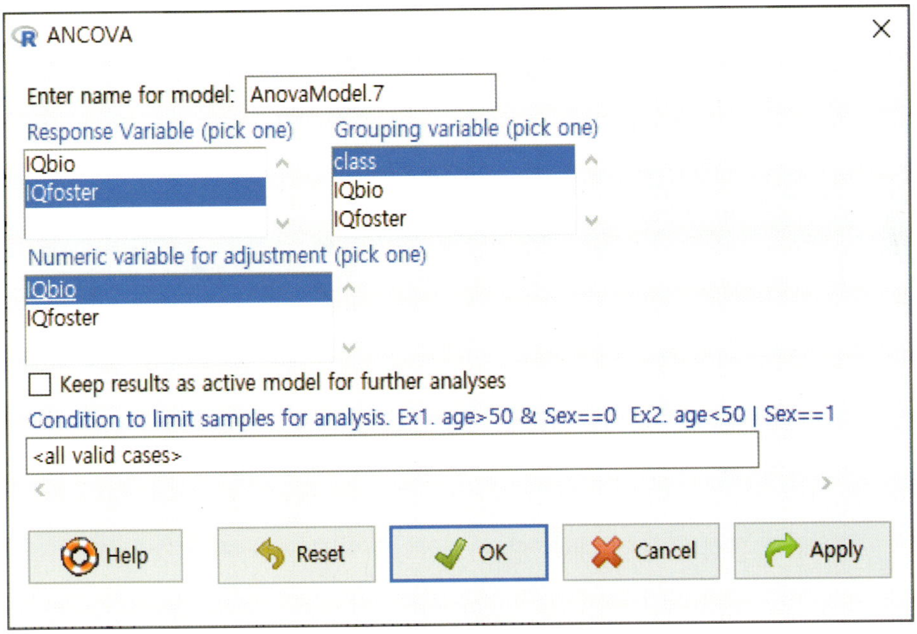

이렇게 각각의 변수를 지정합니다. 위의 두 변수만 지정한다면 ANOVA가 될 것입니다.

```
P value for interaction between grouping variable and covariate is 0.444

> AnovaModel.7 <- AnovaModel.7 <- lm(IQfoster ~ 1 + factor(class) +
+   IQbio, data=TempDF, na.action=na.omit)

> Anova(AnovaModel.7, type="III")
Anova Table (Type III tests)

Response: IQfoster
              Sum Sq Df F value         Pr(>F)
(Intercept)    303.4  1  6.3302       0.01930 *
factor(class)  327.3  2  3.4142       0.05031 .
IQbio         3909.1  1 81.5521 0.000000005047 ***
Residuals     1102.5 23
---
Signif. codes:  0 '***' 0.001 '**' 0.01 '*' 0.05 '.' 0.1 ' ' 1
```

결과변수인 IQfoster 점수와 class의 관계는 통계적으로 유의하지 않습니다(p =0.05031). IQbio 점수와 IQfoster 점수는 통계적으로 유의한 관계이지만 이것은 이미 알고 있는 것이고, ANCOVA에서는 관심 있는 주제가 아닙니다.

상호작용 혹은 교호작용의 p값도 0.444로 통계적인 의의는 없습니다.

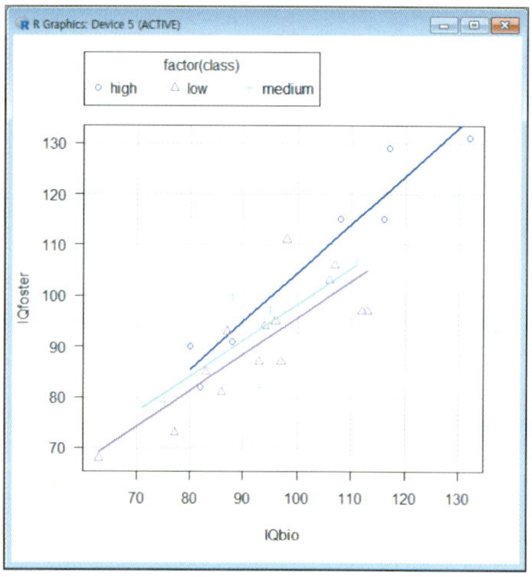

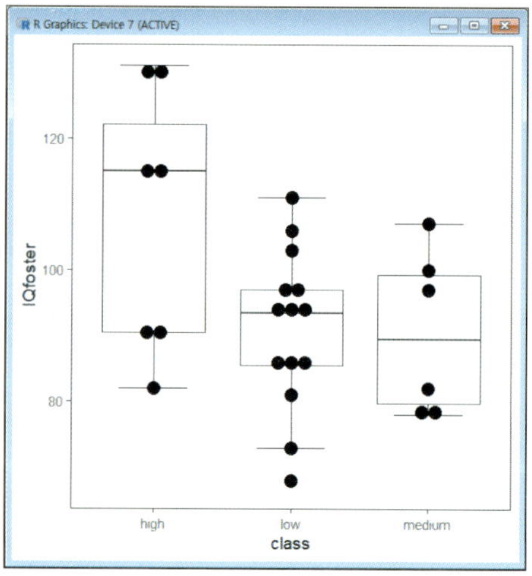

그림을 보면 해석해볼 수 있는 것이 많습니다. 전체적으로 파란색의 중심(대충 평균)이 분홍색의 중심(대충 평균)보다 더 높은 위치에 있습니다. 따라서 그냥 ANOVA로 했더라면 파란색이 분홍색보다 많이 높게 평가될 것입니다. 그러나 파란색의 IQbio가 이미 높은 위치이고 이에 따른 효과이므로, 그 효과를 감안하여 이 직선의 연장선을 그어본다면(이것이 ANOVA의 기하학적인 의미) 두 직선의 차이는 미미해집니다.

그리고 이 직선들이 모두 평행인가에 대한 질문의 답이 교호작용이라고 할 수 있습니다.

교란변수인 IQbio의 효과를 무시해버린 것이 오른쪽의 그림이며 그냥 ANOVA가 됩니다. 연구에서는 'IQbio를 adjust했다'거나 'IQbio를 covariate로 했다'는 등의 표현을 합니다.

ch.9 Kruskal-Wallis test

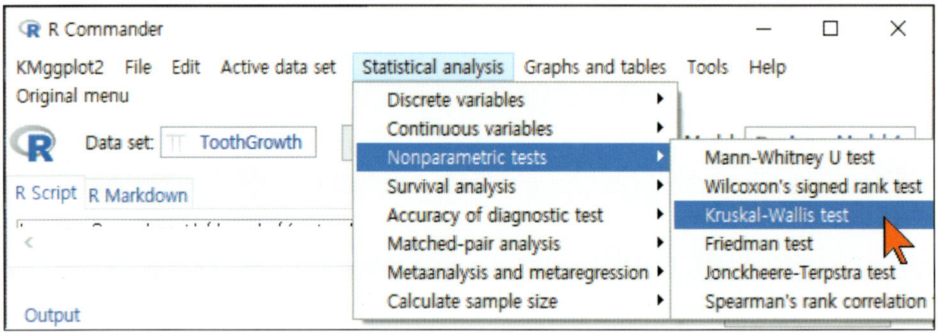

'Kruskal-Wallis test'를 선택합니다.

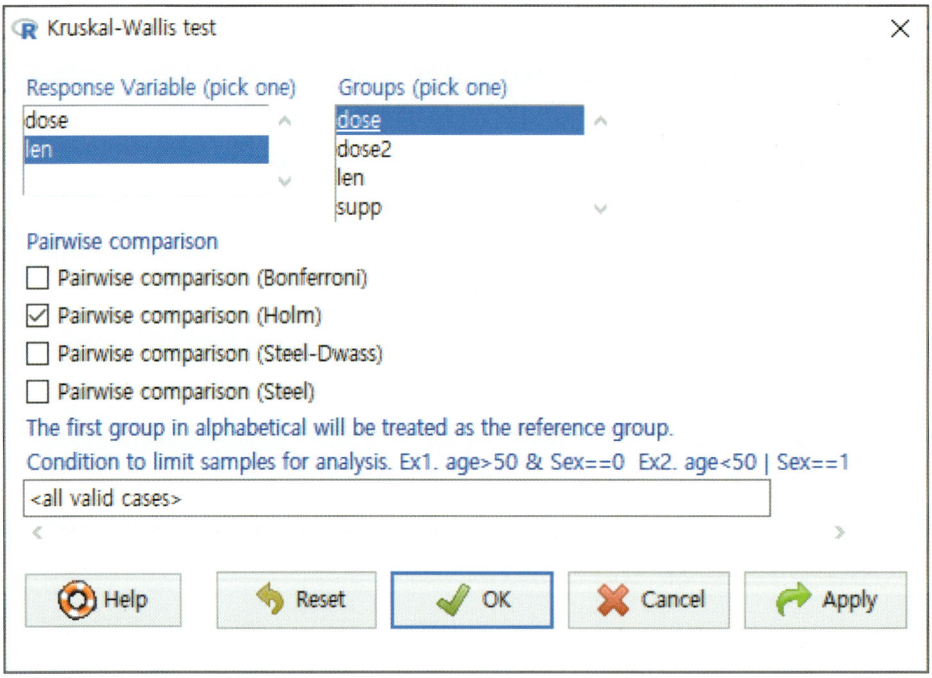

ANOVA와 동일한 변수를 선택합니다.

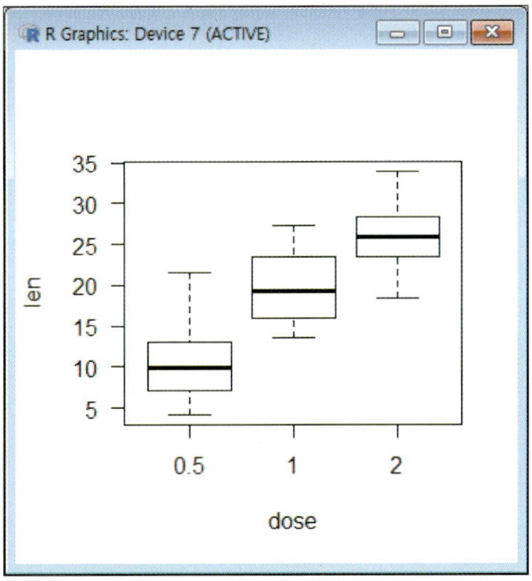

먼저 plot을 자동으로 만들어줍니다. 앞서 만들었던 ANOVA의 다른 plot들도 사용할 수 있습니다.

```
        Kruskal-Wallis rank sum test

data:  len by factor(dose)
Kruskal-Wallis chi-squared = 40.669, df = 2, p-value = 0.000000001475
```

```
        Pairwise comparisons using Mann-Whitney U test

data:  ToothGrowth

  0.5        1
1 0.00001404 -
2 0.00000025 0.00018

P value adjustment method: holm
```

'Kruskal-Wallis rank sum test'를 실행한 결과 p<0.05이므로 세 집단은 동일하다는 가설을 기각합니다. 그래서 두 집단씩 차례로 비교하여 3번의 검사를 했고, 모두 p<0.05로 나타났습니다. 이 경우에 다중검정의 문제를 해결하기 위해 p값을 교정한 방법은 Holm 방법입니다.

'Kruskal-Wallis test'와 'Kruskal-Wallis rank sum test'는 같은 이름입니다. Kruskal-Wallis test by ranks, Kruskal-Wallis H test, one-way ANOVA on ranks, Kruskal-Wallis one-way analysis of variance 등으로 불립니다.

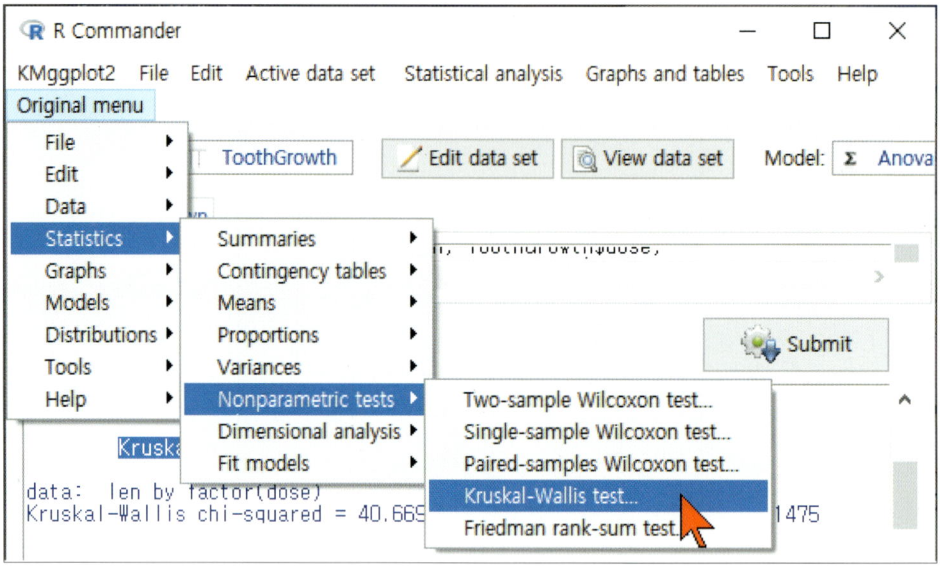

원래 메뉴의 'Kruskal-Wallis test'를 선택해봅시다.

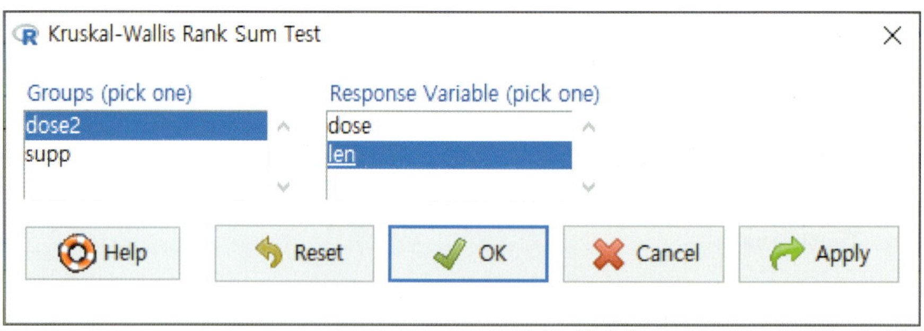

factor로 바뀐 dose2를 선택해봅시다.

```
> with(ToothGrowth, tapply(len, dose2, median, na.rm=TRUE))
  0.5     1     2
 9.85 19.25 25.95

> kruskal.test(len ~ dose2, data=ToothGrowth)

        Kruskal-Wallis rank sum test

data:  len by dose2
Kruskal-Wallis chi-squared = 40.669, df = 2, p-value =
0.000000001475
```

중앙값이 계산되어 나타나며 동일한 p값이 계산됩니다.

ch.10 Chi-squared test

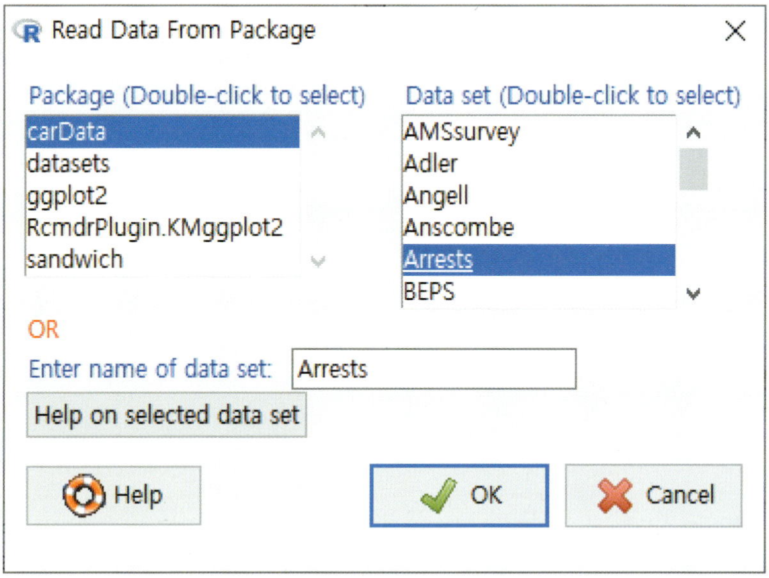

'Arrests'라는 데이터를 불러봅시다.

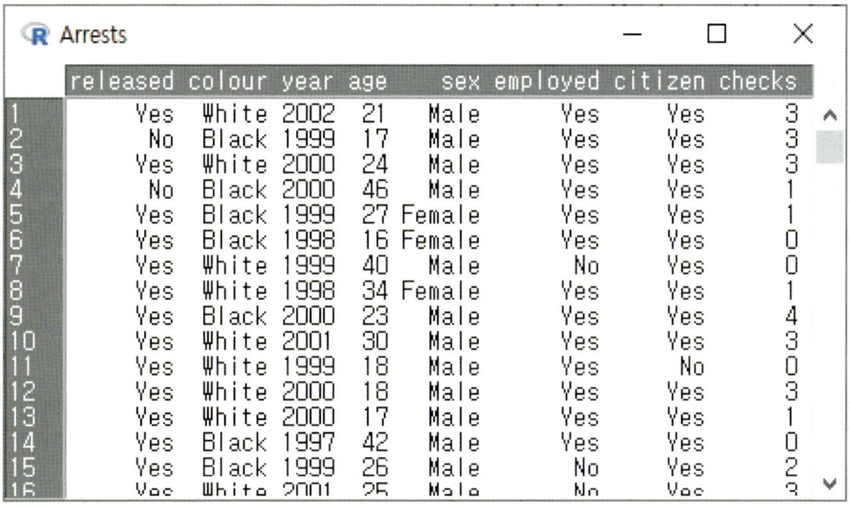

	released	colour	year	age	sex	employed	citizen	checks
1	Yes	White	2002	21	Male	Yes	Yes	3
2	No	Black	1999	17	Male	Yes	Yes	3
3	Yes	White	2000	24	Male	Yes	Yes	3
4	No	Black	2000	46	Male	Yes	Yes	1
5	Yes	Black	1999	27	Female	Yes	Yes	1
6	Yes	Black	1998	16	Female	Yes	Yes	0
7	Yes	White	1999	40	Male	No	Yes	0
8	Yes	White	1998	34	Female	Yes	Yes	1
9	Yes	Black	2000	23	Male	Yes	Yes	4
10	Yes	White	2001	30	Male	Yes	Yes	3
11	Yes	White	1999	18	Male	Yes	No	0
12	Yes	White	2000	18	Male	Yes	Yes	3
13	Yes	White	2000	17	Male	Yes	Yes	1
14	Yes	Black	1997	42	Male	Yes	Yes	0
15	Yes	Black	1999	26	Male	No	Yes	2
16	Yes	White	2001	25	Male	No	Yes	3

많은 변수들이 있습니다. 일부는 숫자변수, 일부는 문자변수입니다.

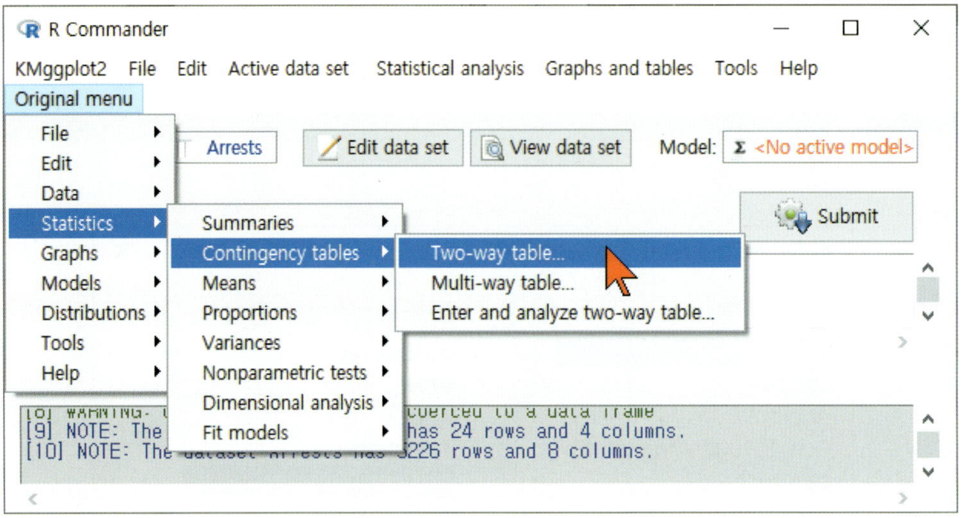

'Original menu'에서 'Two-way table'을 선택합니다.

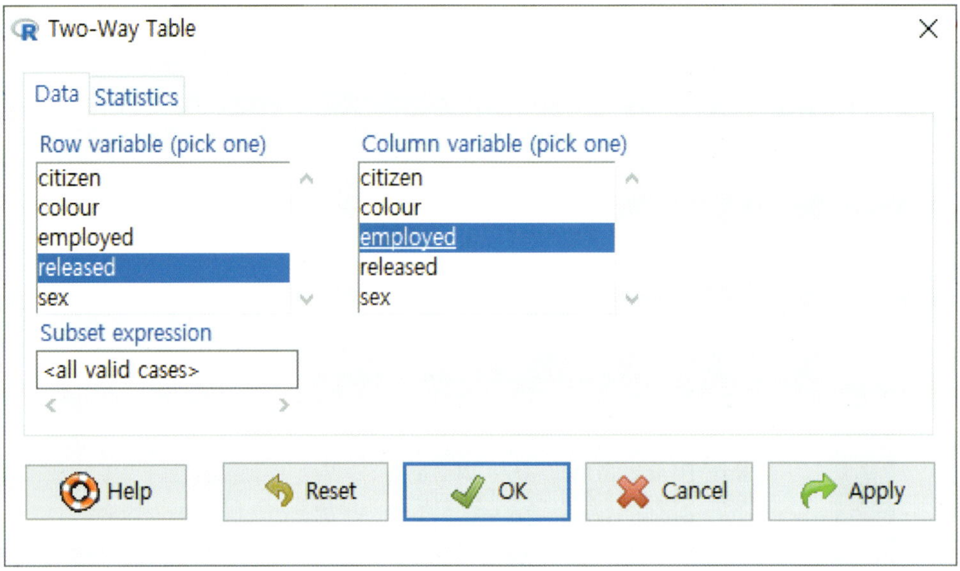

명목변수인 'employed'와 'released'를 선택합니다.

앞서 t-test와 ANOVA와 이것들의 비모수 검정을 다루었고, 이제는 전혀 다른 명목변수에 관한 카이제곱 검정에 관해서 배웁니다. 't-test와 ANOVA와 이것들의 비모수 검정'은 하나의 명목변수(집단변수)와 하나의 연속변수(숫자변수)로 되어 있었고, 이번에는 카이제곱 검정에 둘 다 명목변수라는 것이 매우 다른 점입니다.

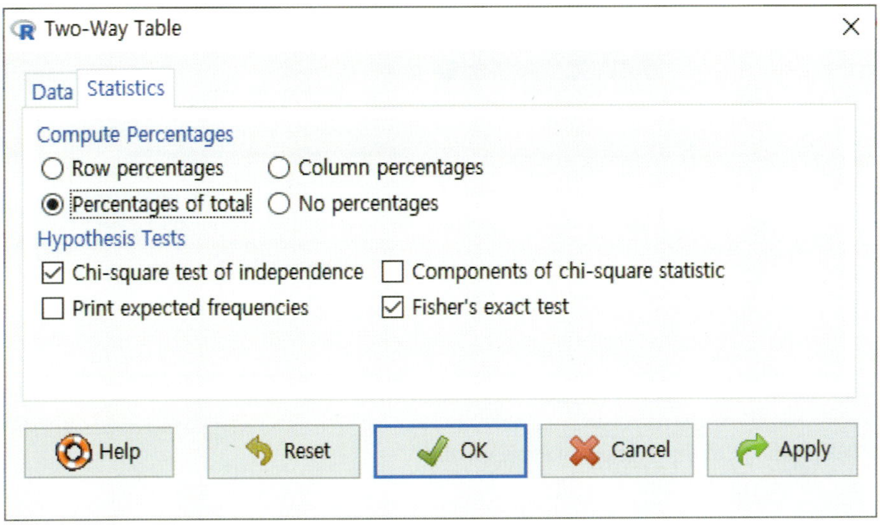

'Statistics' 탭에서 'Chi-square test~'와 'Fisher's exact test'를 선택합니다.

```
Frequency table:
        employed
released   No  Yes
     No   349  543
     Yes  766 3568

Total percentages:
        No  Yes Total
No     6.7 10.4  17.1
Yes   14.7 68.3  82.9
Total 21.3 78.7 100.0

        Pearson's Chi-squared test

data:  .Table
X-squared = 202.82, df = 1, p-value < 2.2e-16


        Fisher's Exact Test for Count Data

data:  .Table
p-value < 2.2e-16
alternative hypothesis: true odds ratio is not equal to 1
95 percent confidence interval:
 2.553479 3.506467
sample estimates:
odds ratio
  2.993031
```

Frequency table은 자료를 요약해 보여줍니다. 'Chi-squared test'와 'Fisher's exact test'의 결과가 보이고, 아래에는 odds ratio와 그것의 95% confidence interval(신뢰구간)이 표시됩니다. p값과 함께 이것들도 중요합니다.

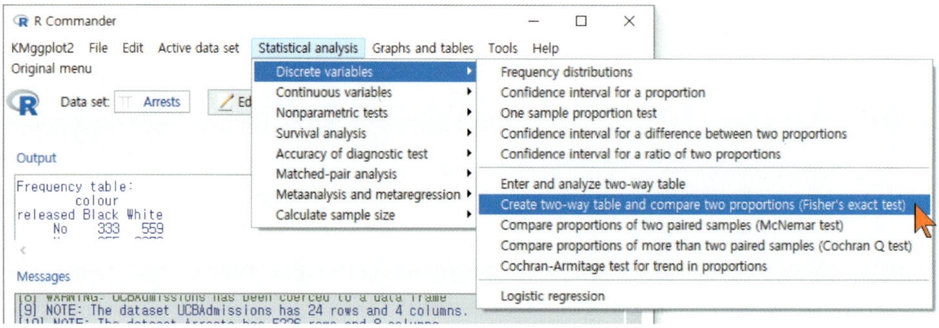

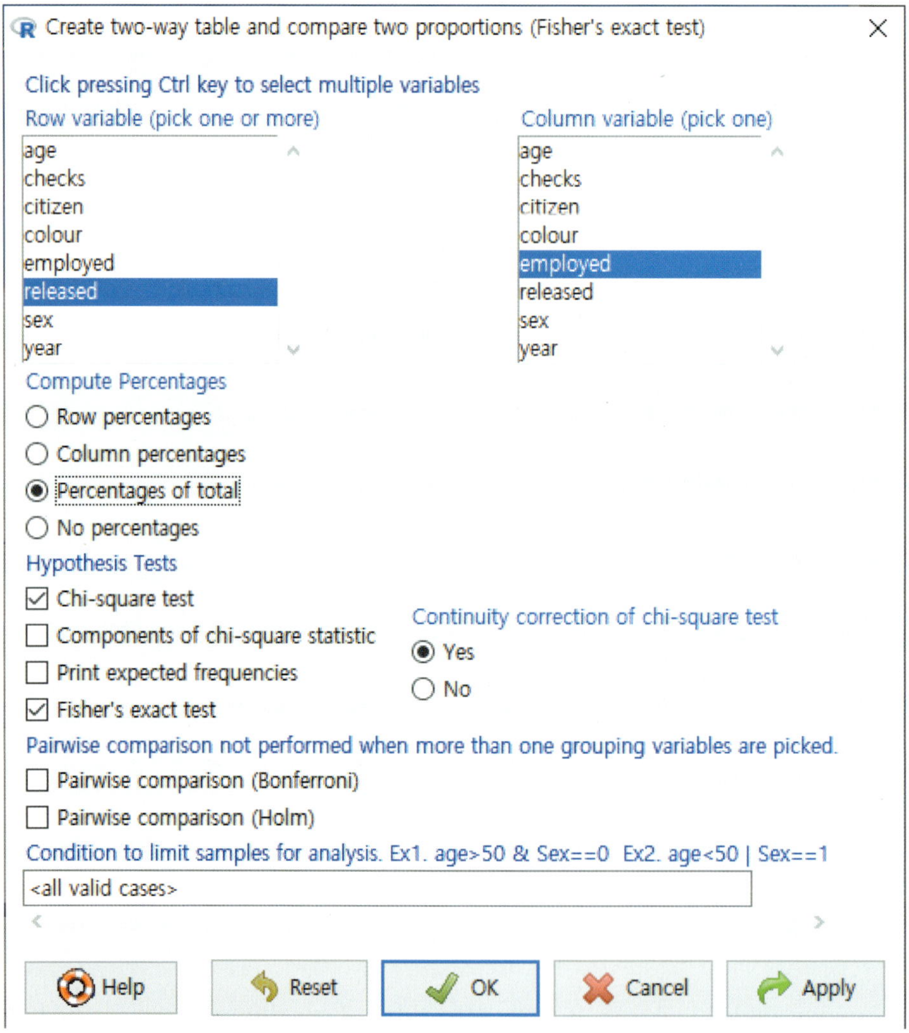

다른 메뉴의 것도 해봅시다. 더 많아 보이지만 본질적으로 'Original menu'와 동일한 것들을 선택하는 메뉴입니다.

```
        Pearson's Chi-squared test with Yates' continuity correction

data:  .Table
X-squared = 201.54, df = 1, p-value < 2.2e-16


> remove(.Test)

> fisher.test(.Table)

        Fisher's Exact Test for Count Data

data:  .Table
p-value < 2.2e-16
alternative hypothesis: true odds ratio is not equal to 1
95 percent confidence interval:
 2.553479 3.506467
sample estimates:
odds ratio
  2.993031
```

'Pearson's Chi-squared test with Yates' continuity correction'이라고 되어 있고 X-squared = 201.54입니다. 이전 메뉴에서는 X-squared = 202.82이었는데 조금 다릅니다. 'Yates' continuity correction', 즉 예이츠라는 사람이 만든 연속성 수정을 하게 되면, X-squared는 항상 조금 작고 p값은 항상 조금 더 크게 됩니다. 그리고 샘플의 숫자가 점점 많아지면, 그 차이는 매우 작아집니다.

'Chi-squared test'는 기본적으로 대표본을 가정하고 만들어진 것입니다. 'Fisher's exact test'는 소표본과 대표본 모두에서 쓸 수 있으나, 대표본이 될수록 계산이 매우 복잡해져서 소표본에 더 적합합니다. 연속성 수정은 'Chi-squared test'의 값이 가능한 'Fisher's exact test'에 근접하도록 해줍니다. 어쨌든 대표본이 되면 결국 p값은 모두 같아지게 됩니다.

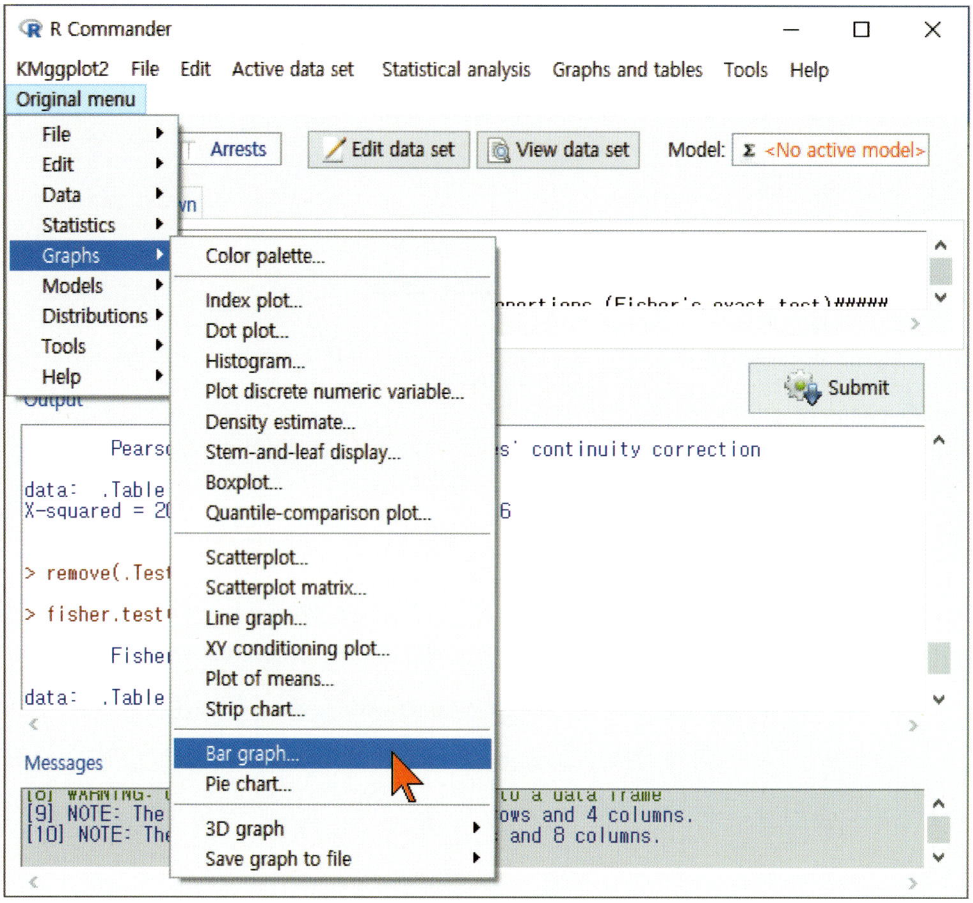

'Chi-squared test'에 어울리는 그래프는 막대그래프입니다.

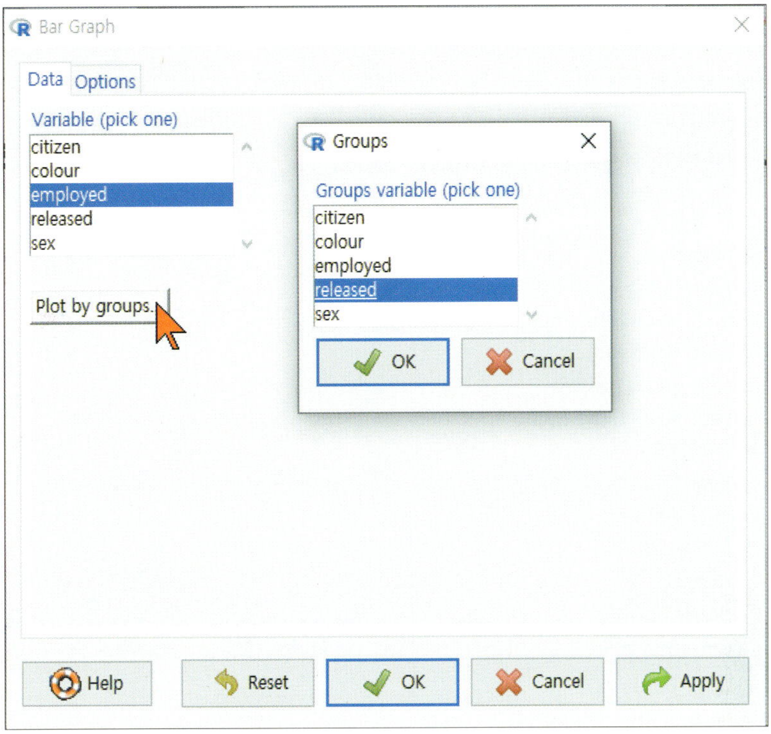

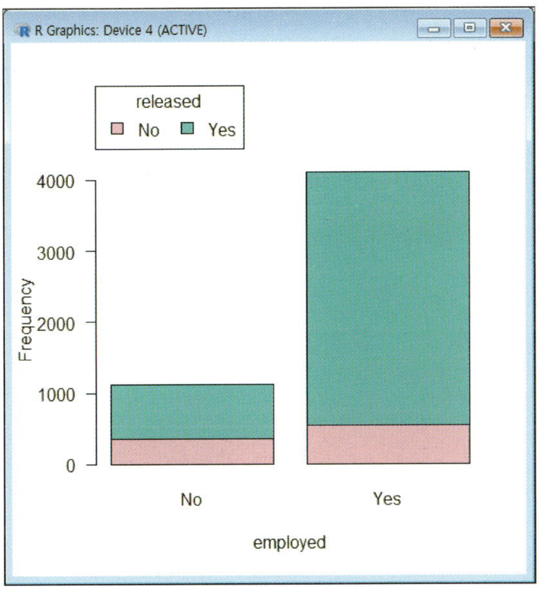

비슷한 방식으로 두 변수를 선택합니다. 원인이 되는 변수를 먼저 선택하고, 결과변수를 나중에 선택하는 것을 추천합니다. 그래프를 보니 employed가 Yes인 군에서 released가 더 많다는 것을 알 수 있습니다.

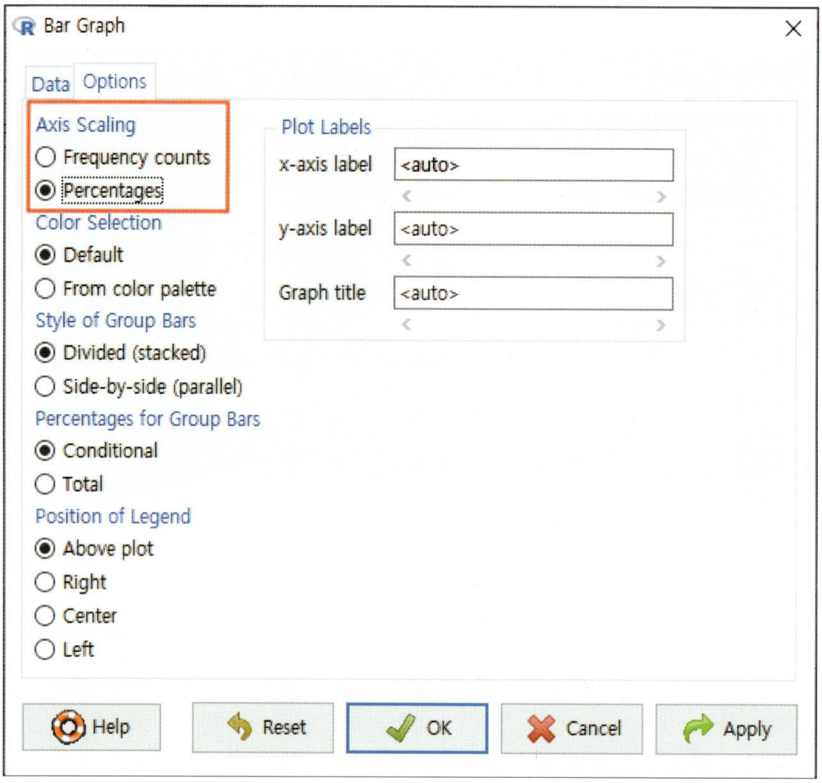

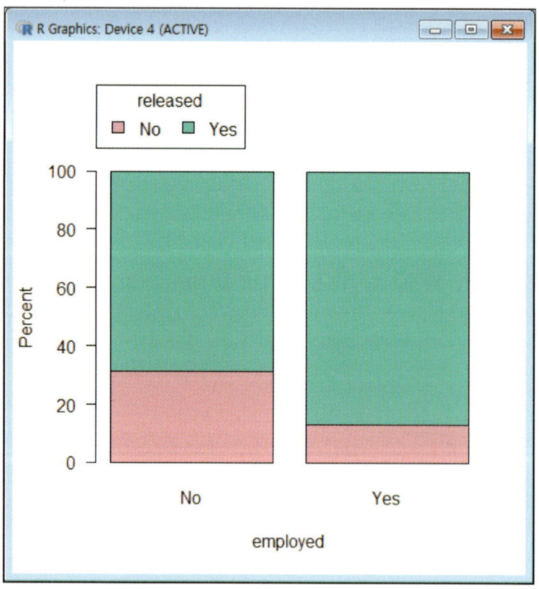

Percentage로 바꾸어주면 employed가 Yes인 군에서 Yes가 거의 90%에 가깝고, No인 군에서는 70% 정도라는 것이 비율적으로 보여집니다.

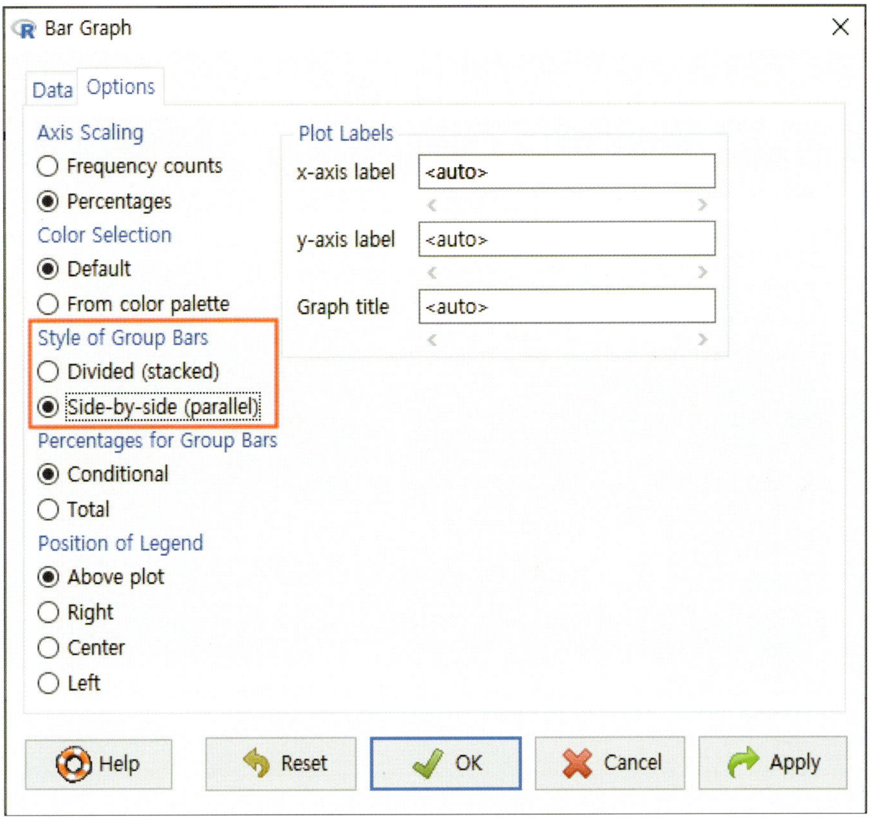

'side by side'를 선택하면 막대기가 옆으로 나란히 생깁니다.

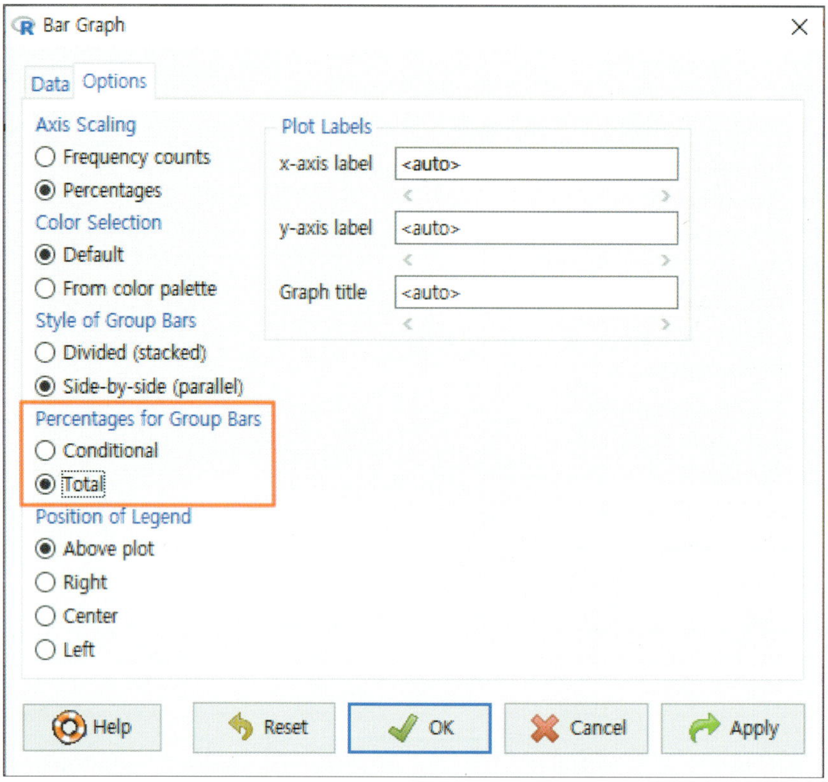

'total'을 선택하면 막대 면적이 전체 숫자와 비례하게 됩니다. 여러 옵션을 직접 시행하면서 익혀보세요.

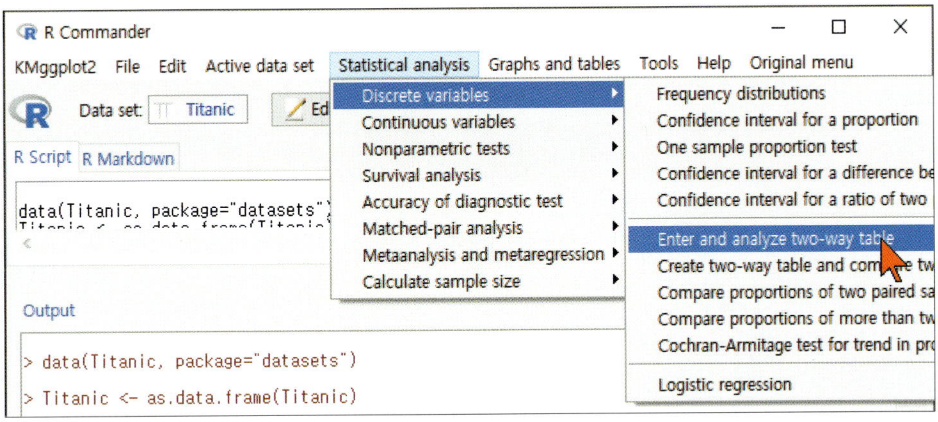

이미 요약된 자료가 있다면 다른 방식을 선택할 수 있습니다.

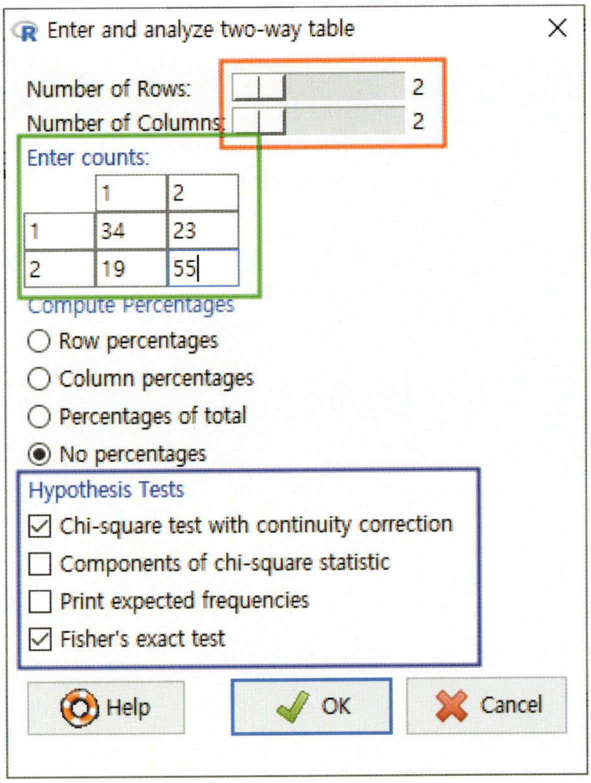

먼저 가로와 세로의 빈칸을 몇 개씩 만들 것인지 결정한 뒤(빨간색 사각형) 숫자를 입력합니다(초록색 사각형). 이어서 통계 검정 방법을 선택합니다(파란색 사각형). 매우 단순합니다.

```
        Pearson's Chi-squared test with Yates' continuity correction

data:  .Table
X-squared = 14.049, df = 1, p-value = 0.0001781
```

```
        Fisher's Exact Test for Count Data

data:  .Table
p-value = 0.0001402
alternative hypothesis: true odds ratio is not equal to 1
95 percent confidence interval:
 1.912918 9.638491
sample estimates:
odds ratio
  4.227275
```

앞서 우리가 보았던 것과 같은 결과를 얻을 수 있습니다.

ch.11 Correlations

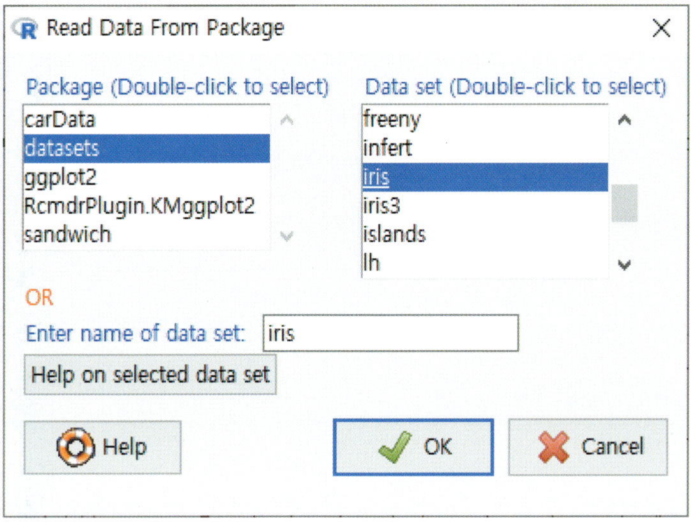

이제 'iris' 데이터를 불러봅시다.

iris

	Sepal.Length	Sepal.Width	Petal.Length	Petal.Width	Species
1	5.1	3.5	1.4	0.2	setosa
2	4.9	3.0	1.4	0.2	setosa
3	4.7	3.2	1.3	0.2	setosa
4	4.6	3.1	1.5	0.2	setosa
5	5.0	3.6	1.4	0.2	setosa
6	5.4	3.9	1.7	0.4	setosa
7	4.6	3.4	1.4	0.3	setosa
8	5.0	3.4	1.5	0.2	setosa
9	4.4	2.9	1.4	0.2	setosa
10	4.9	3.1	1.5	0.1	setosa
11	5.4	3.7	1.5	0.2	setosa
12	4.8	3.4	1.6	0.2	setosa
13	4.8	3.0	1.4	0.1	setosa
14	4.3	3.0	1.1	0.1	setosa
15	5.8	4.0	1.2	0.2	setosa
16	5.7	4.4	1.5	0.4	setosa
17	5.4	3.9	1.3	0.4	setosa
18	5.1	3.5	1.4	0.3	setosa
19	5.7	3.8	1.7	0.3	setosa

4개의 숫자열과 1개의 문자열로 구성된 데이터입니다.

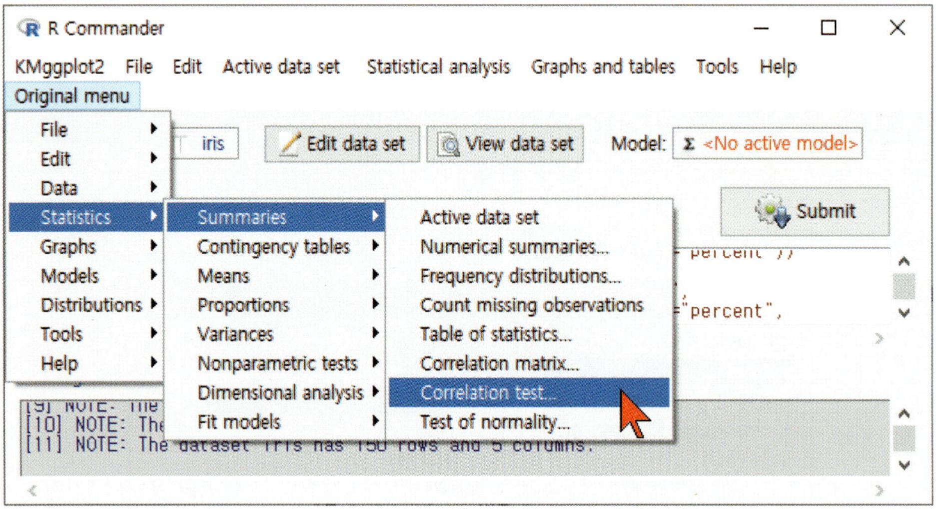

'Correlation test'를 선택합니다.

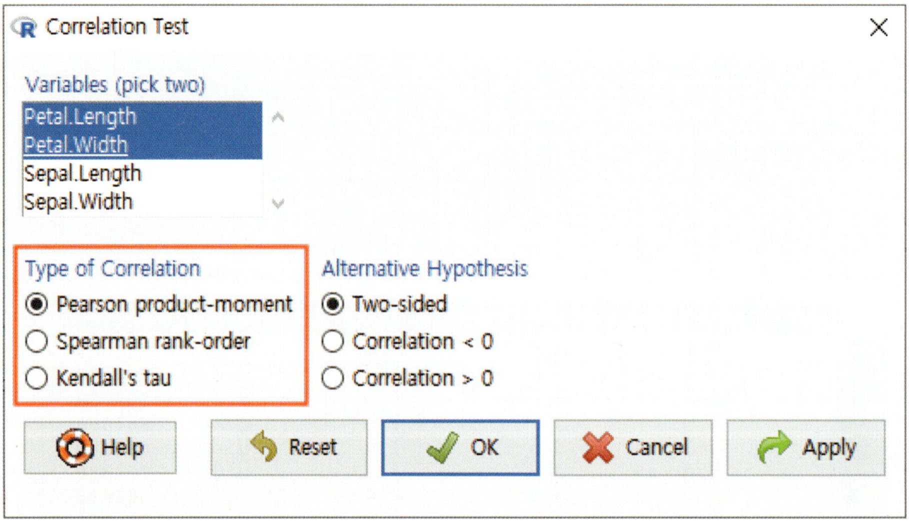

2개의 연속변수를 선택합니다. 앞서 배운 t-test와 ANOVA는 명목변수+연속변수이고, 카이제곱 검정은 명목변수+명목변수입니다. 그리고 이제 배우는 상관분석은 연속변수+연속변수입니다. 뭔가 쉽게 이해가 되죠?

빨간색 사각형의 3가지 검정 방법 중 하나를 선택합니다. 가장 흔히 사용되는 Pearson's product-moment는 그냥 '피어슨 상관분석'이라고 부릅니다. 상관분석의 대표선수라고 할 수 있는 피어슨 상관분석에서는 두 연속변수가 정규분포를 한다고 가정합니다.

```
        Pearson's product-moment correlation

data:  Petal.Length and Petal.Width
t = 43.387, df = 148, p-value < 2.2e-16
alternative hypothesis: true correlation is not equal to 0
95 percent confidence interval:
 0.9490525 0.9729853
sample estimates:
      cor
0.9628654
```

p값도 중요하지만 상관계수도 중요합니다. 위의 결과를 보면 상관계수가 0.96으로 매우 큽니다. 상관계수의 95% 신뢰구간도 계산되어 표시됩니다.

```
        Spearman's rank correlation rho

data:  Petal.Length and Petal.Width
S = 35061, p-value < 2.2e-16
alternative hypothesis: true rho is not equal to 0
sample estimates:
      rho
0.9376668
```

```
        Kendall's rank correlation tau

data:  Petal.Length and Petal.Width
z = 13.968, p-value < 2.2e-16
alternative hypothesis: true tau is not equal to 0
sample estimates:
      tau
0.8068907
```

나머지 두 검정 방법, Spearman's rank correlation과 Kendall's rank correlation은 정규분포를 하지 않을 때도 사용할 수 있습니다. 이름에서 보듯이 rank를 사용합니다. 각각 rho와 tau라는 값을 계산해줍니다.

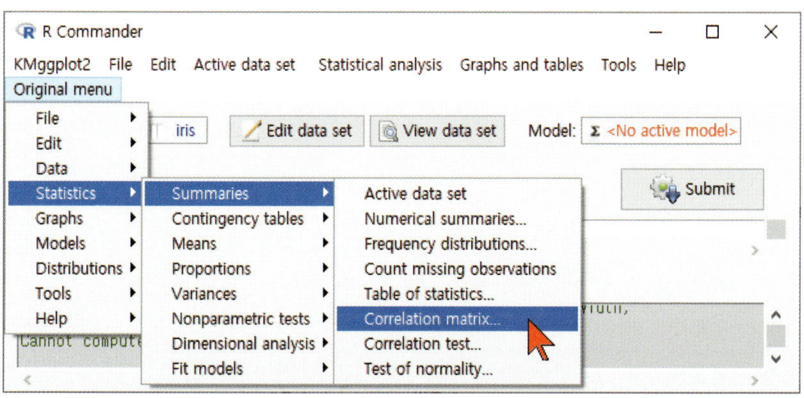

비슷한 이름의 'Correlation matrix'를 선택해봅시다.

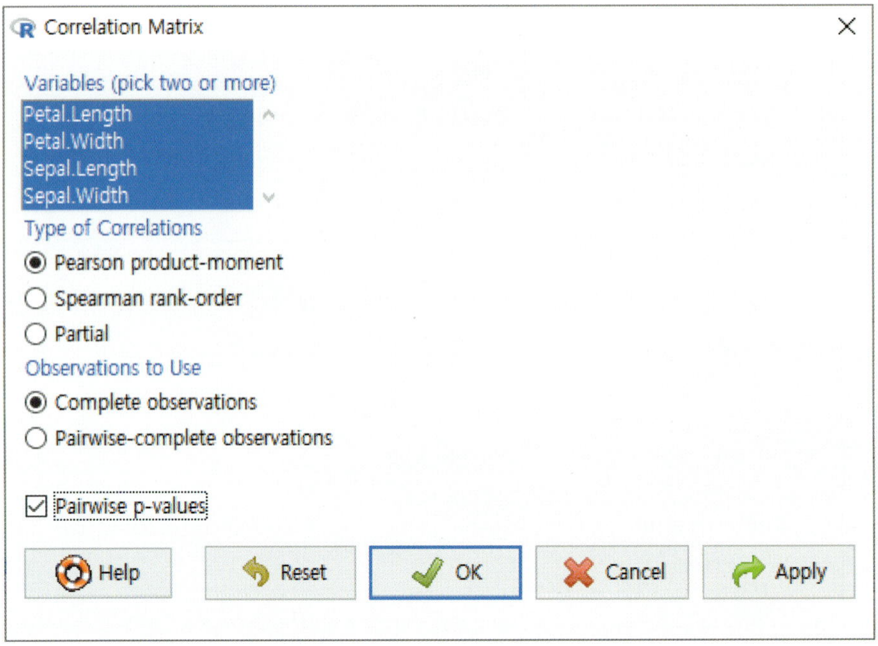


```
 Pearson correlations:
             Petal.Length Petal.Width Sepal.Length Sepal.Width
Petal.Length       1.0000      0.9629       0.8718     -0.4284
Petal.Width        0.9629      1.0000       0.8179     -0.3661
Sepal.Length       0.8718      0.8179       1.0000     -0.1176
Sepal.Width       -0.4284     -0.3661      -0.1176      1.0000

 Number of observations: 150

 Pairwise two-sided p-values:
             Petal.Length Petal.Width Sepal.Length Sepal.Width
Petal.Length              <.0001      <.0001       <.0001
Petal.Width  <.0001                   <.0001       <.0001
Sepal.Length <.0001       <.0001                   0.1519
Sepal.Width  <.0001       <.0001      0.1519

 Adjusted p-values (Holm's method)
             Petal.Length Petal.Width Sepal.Length Sepal.Width
Petal.Length              <.0001      <.0001       <.0001
Petal.Width  <.0001                   <.0001       <.0001
Sepal.Length <.0001       <.0001                   0.1519
Sepal.Width  <.0001       <.0001      0.1519
```

'Correlation matrix'는 여러 변수를 동시에 선택할 수 있습니다. 여러 변수들을 둘씩 짝지어서 각각 상관분석을 하고, 그 값을 matrix 형태로 보여줍니다. 'Complete observation'은 결측치가 하나라도 있는 행은 모두 삭제하는 것이며, 'Pairwise complete observation'은 결측치가 있더라도 각 쌍에서만 결측치가 없다면 그 자료를 사용하는 방법입니다.

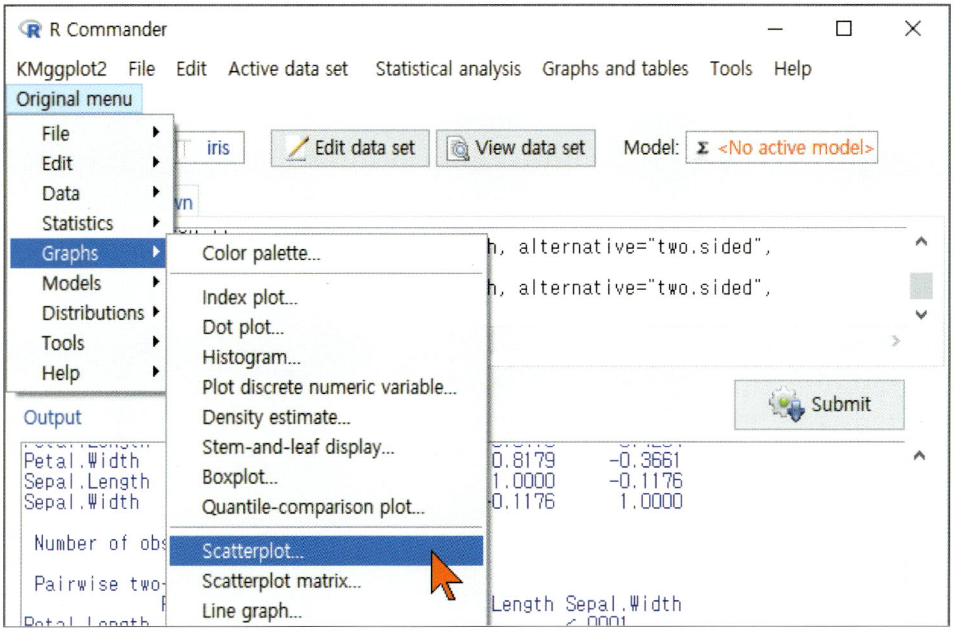

Correlations과 어울리는 plot은 Scatterplot입니다.

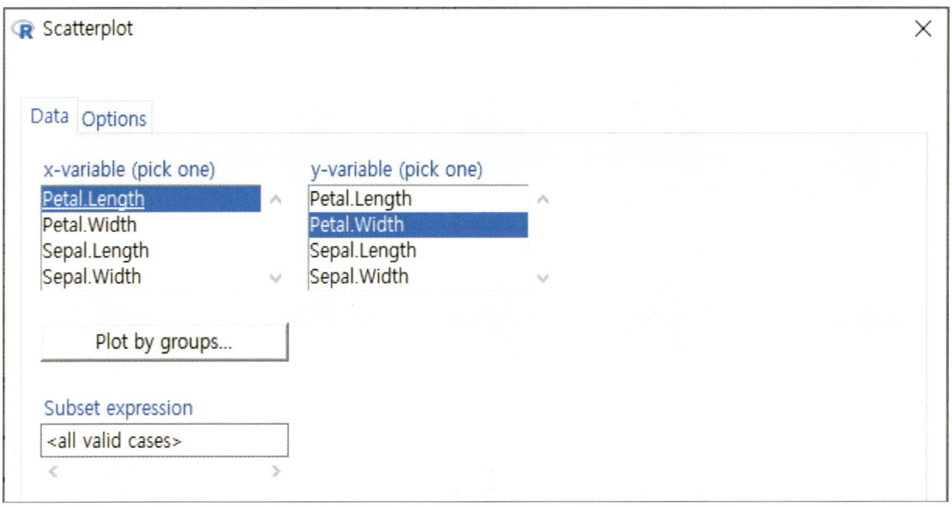

당연히 연속변수인 두 변수를 선택합니다.

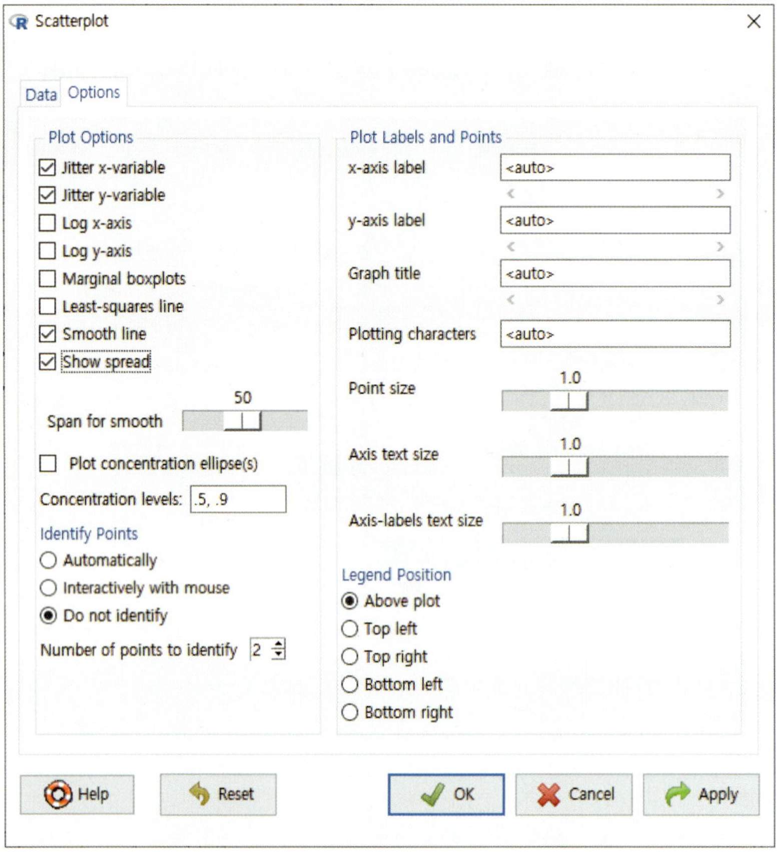

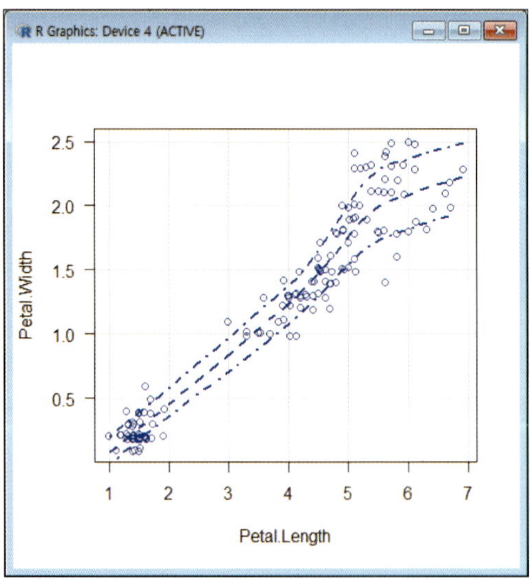

동일한 위치에 점들이 위치하면 마치 하나의 점처럼 보이기 때문에 약간 흩트려둘 필요가 있는데, 이때 jitter를 사용할 수 있습니다. 회귀선을 직선으로

그어주는 것은 'Least-square line'이며 곡선은 'Smooth line'입니다. 회귀선 주위에 오차막대의 역할을 하는 범위를 표현하는 것을 spread라고 합니다. 간혹 점들이 낮은 값 쪽으로 몰려 있는 경우(그런 경우가 많습니다)에는 log 단위로 축을 변화시켜서 봅니다.

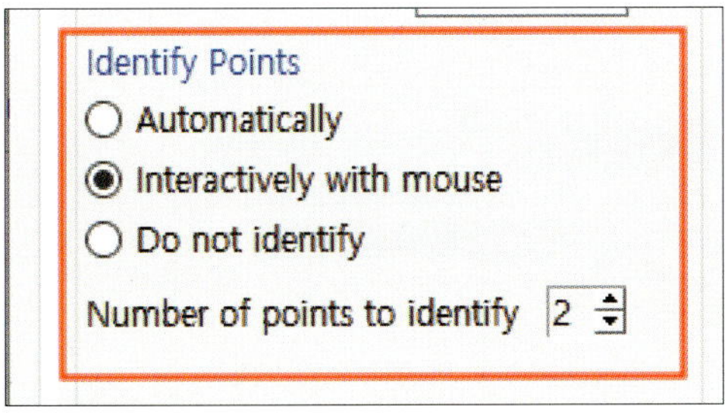

점을 표시할 수 있는 옵션입니다.

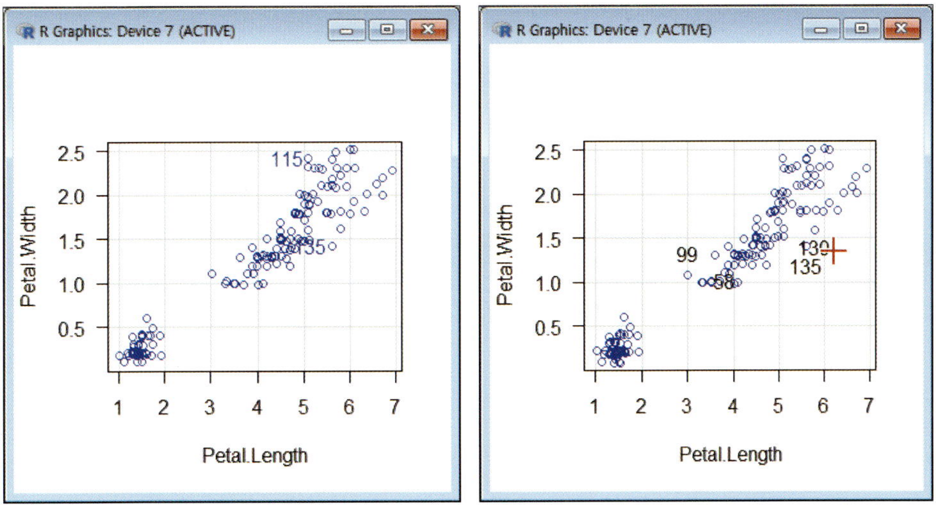

outlier에 해당하는 점을 자동으로 보여주거나, 마우스로 찍어 보여줄 수 있습니다. 마우스로 찍다가 우클릭하여 멈출 수 있습니다. 나타나는 숫자는 행이름입니다.

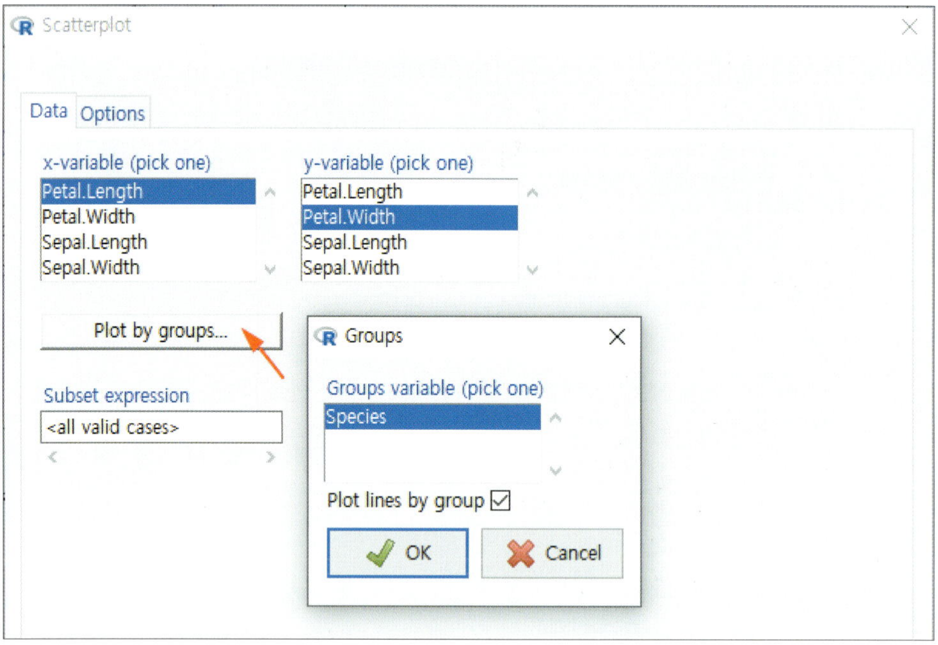

이제 group을 지정해봅시다.

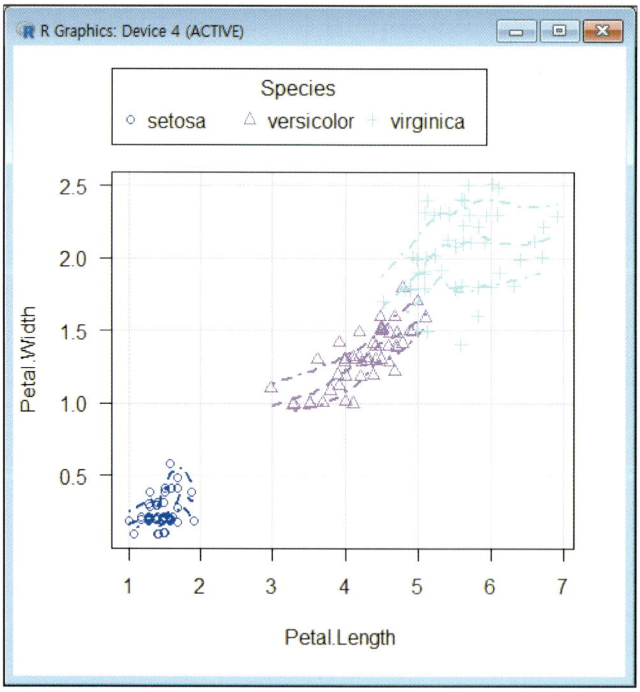

Groups 변수의 내용에 따라서 다른 색과 모양으로 표현됩니다.

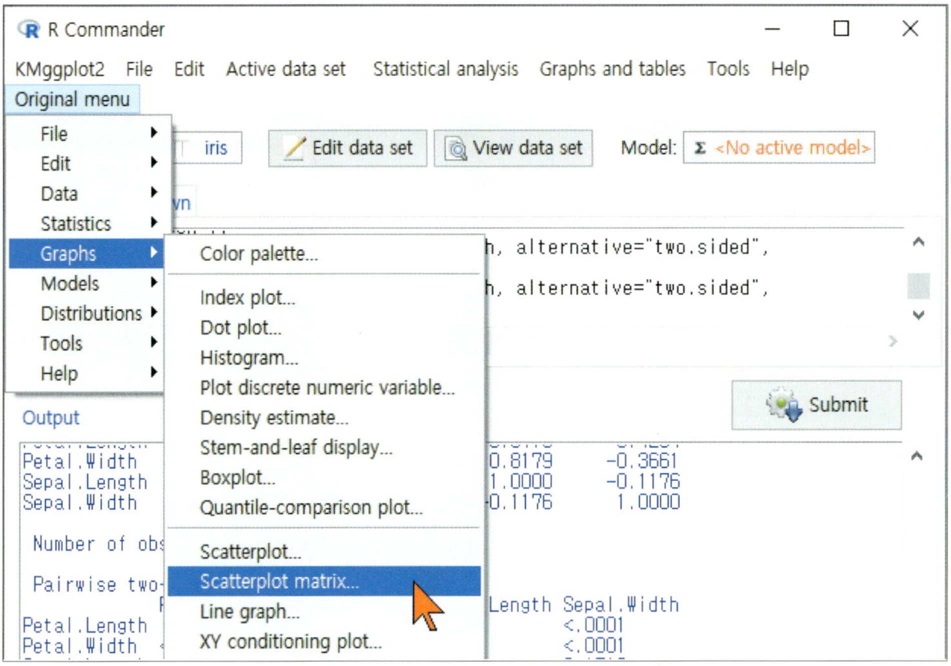

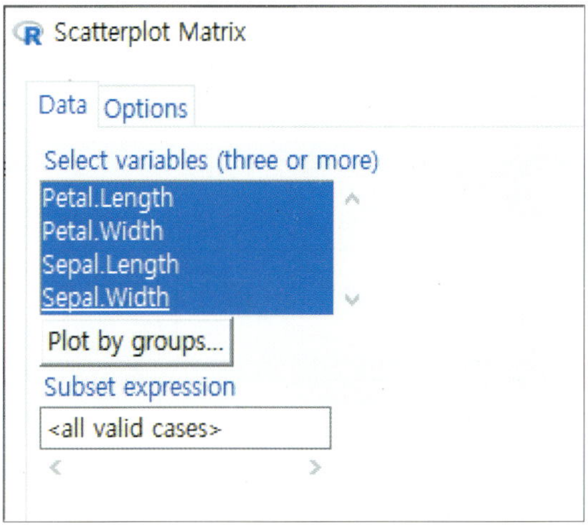

'Scatterplot matrix'는 여러 변수를 선택할 수 있으며 'Correlation matrix'와 어울리는 plot입니다.

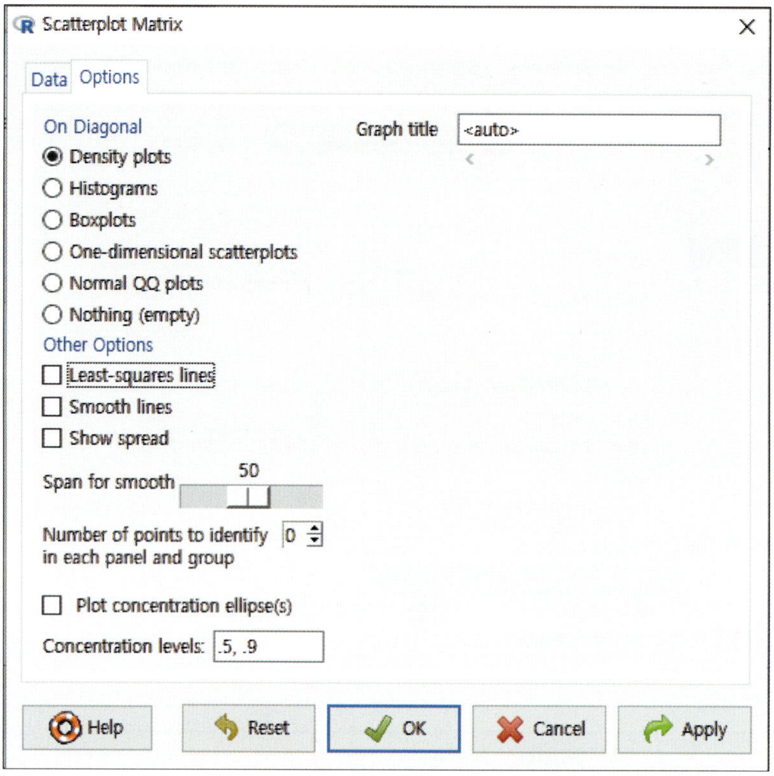

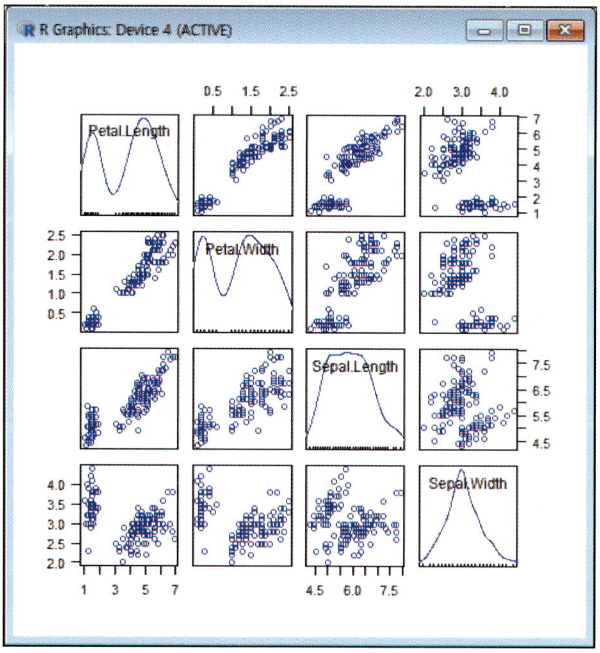

많은 옵션들이 있는데 직접 해보며 확인할 것을 추천합니다.

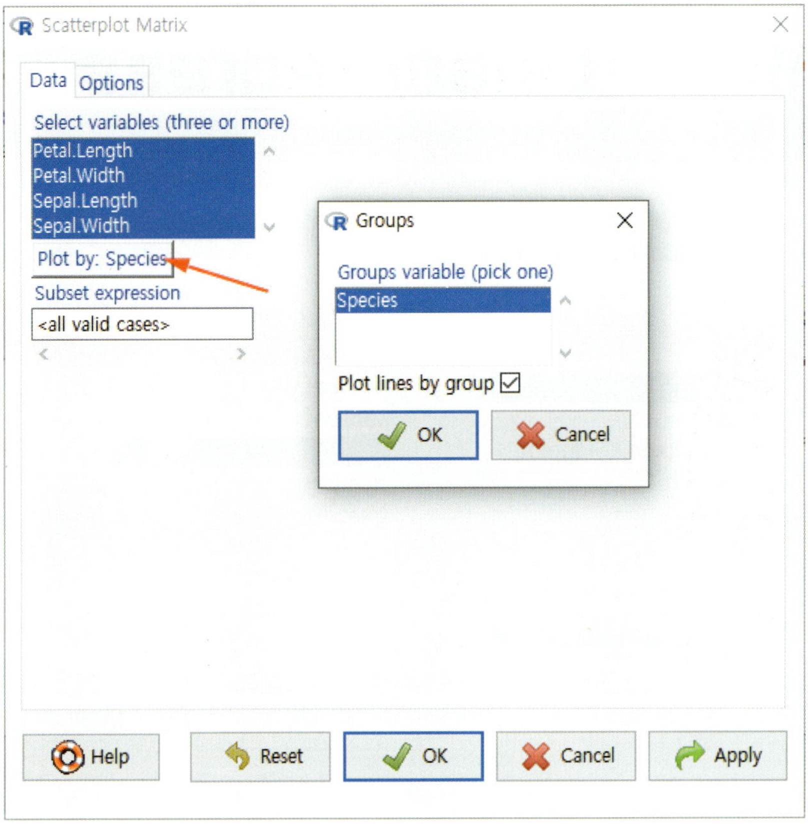

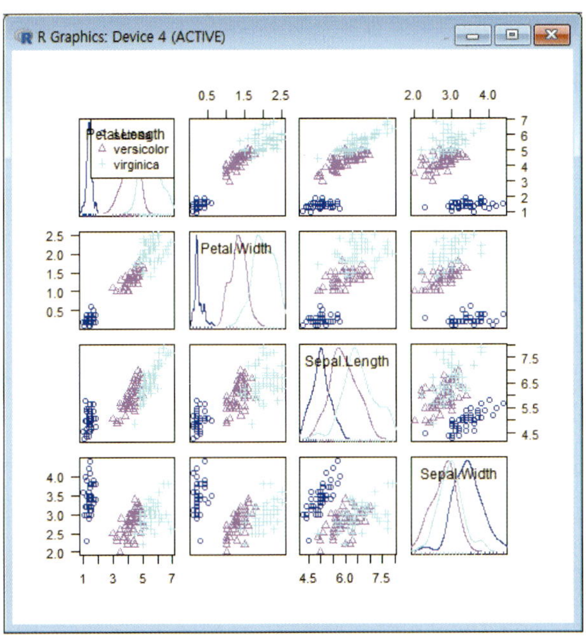

Groups를 지정해주어 group에 따라 색을 달리 할 수 있습니다.

연구 초기 단계에 여러 연속변수들의 상호관계를 알아볼 수도 있고, 연구의 마지막 단계에서 선택된 몇몇 변수들의 관계를 보고하기에도 좋은 훌륭한 plot입니다.

ch.12 Linear regression

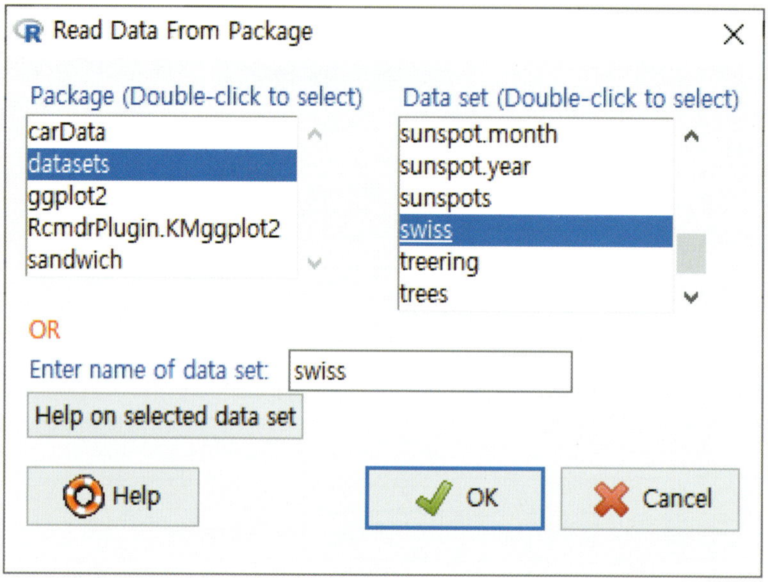

데이터 ‘swiss’를 부릅니다.

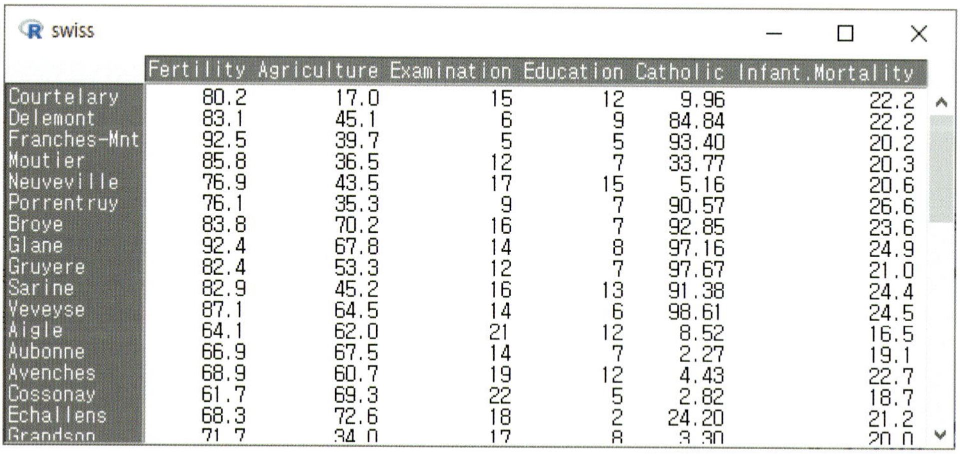

	Fertility	Agriculture	Examination	Education	Catholic	Infant.Mortality
Courtelary	80.2	17.0	15	12	9.96	22.2
Delemont	83.1	45.1	6	9	84.84	22.2
Franches-Mnt	92.5	39.7	5	5	93.40	20.2
Moutier	85.8	36.5	12	7	33.77	20.3
Neuveville	76.9	43.5	17	15	5.16	20.6
Porrentruy	76.1	35.3	9	7	90.57	26.6
Broye	83.8	70.2	16	7	92.85	23.6
Glane	92.4	67.8	14	8	97.16	24.9
Gruyere	82.4	53.3	12	7	97.67	21.0
Sarine	82.9	45.2	16	13	91.38	24.4
Veveyse	87.1	64.5	14	6	98.61	24.5
Aigle	64.1	62.0	21	12	8.52	16.5
Aubonne	66.9	67.5	14	7	2.27	19.1
Avenches	68.9	60.7	19	12	4.43	22.7
Cossonay	61.7	69.3	22	5	2.82	18.7
Echallens	68.3	72.6	18	2	24.20	21.2
Grandson	71.7	34.0	17	8	3.30	20.0

47개 지방의 신생아 사망률을 조사하고 혹시 이것과 관련이 있을 수도 있는 다른 변수들을 조사하였습니다. (이 데이터는 독특하게 데이터의 위쪽에 열이름, 왼쪽에 행이름이 각각 있습니다.)

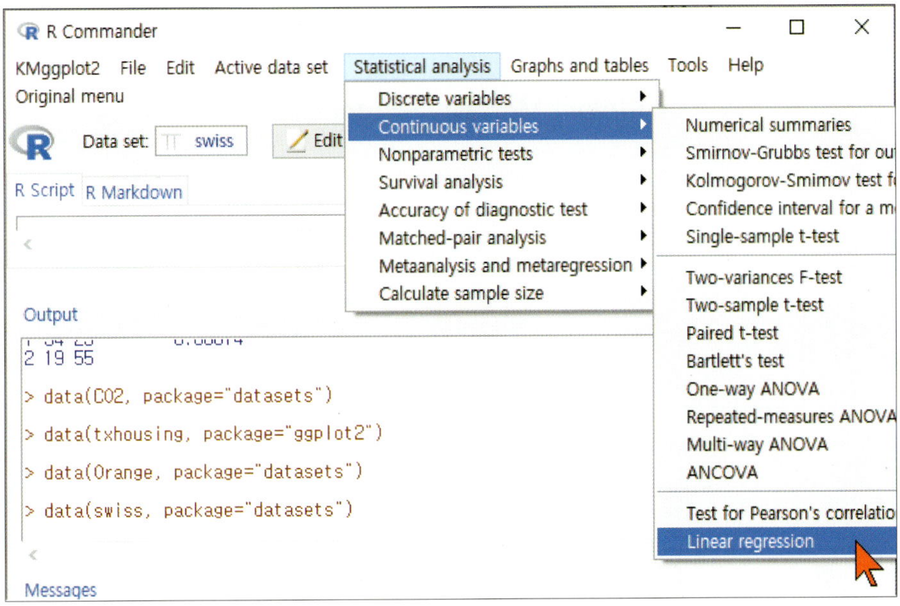

종속변수가 연속변수인 경우에는 linear regression을 사용할 수 있습니다.

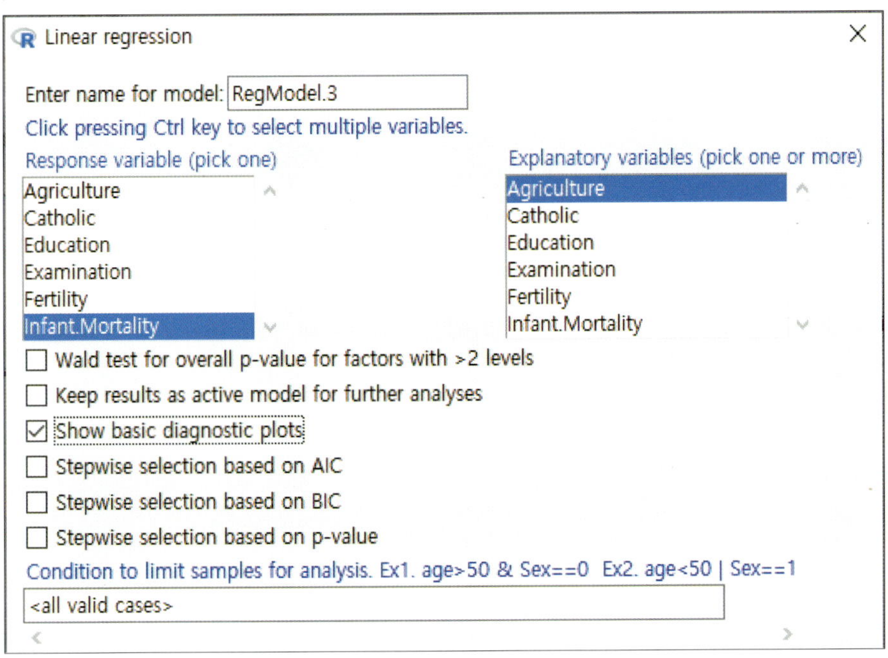

이 종속변수에 영향을 미칠 수 있는, 혹은 설명해줄 수 있는 변수를 설명변수라고 하는데, 지금은 하나만 선택해봅시다. 가장 간단하게 변수 둘만 택할 수 있습니다. 농사를 많이 짓는 비율이 신생아 사망률에 어떤 영향을 미칠까요?

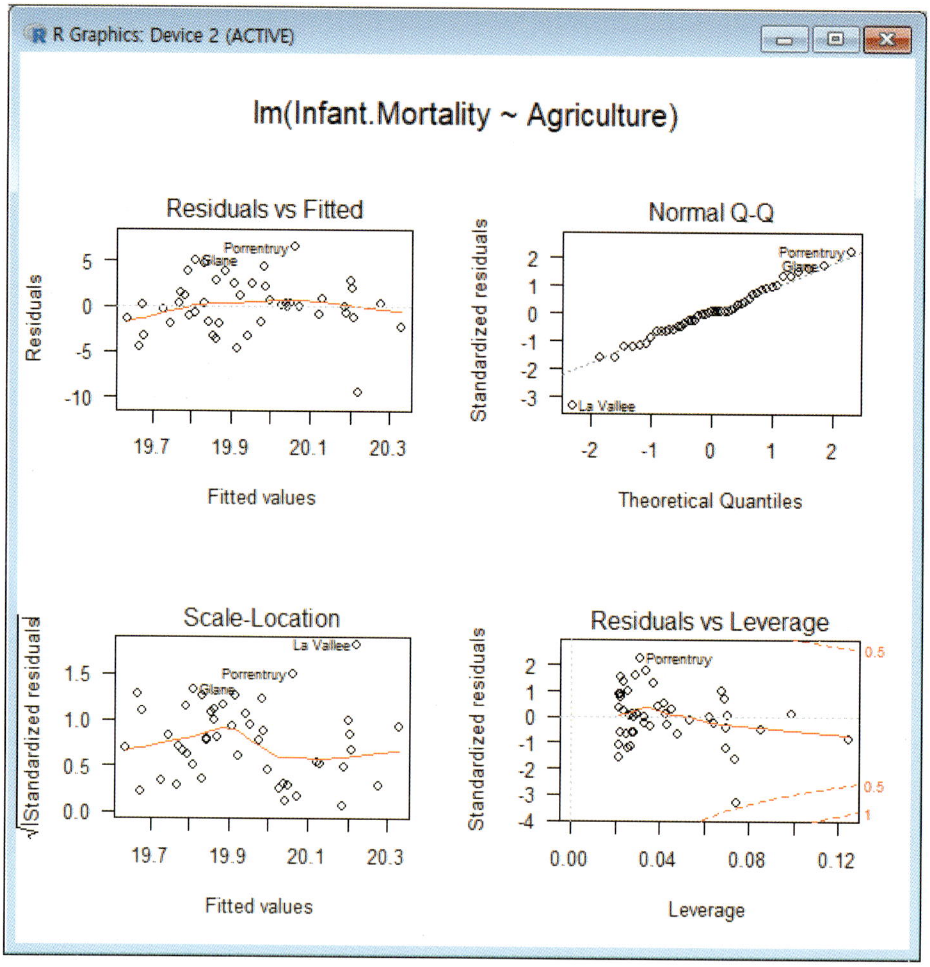

먼저 진단적(diagnostic) plot들을 보여줍니다.

첫 번째 'Residuals vs Fitted'은 회귀분석에 의해 예상된 값을 x축에, 잔차(residuals)를 y축에 그립니다. 잔차들의 정규성, 등분산성, 선형성을 보여줍니다.

두 번째 'Normal Q-Q'는 잔차(residuals)의 정규성을 보여줍니다. 직선에 가까울수록 정규분포를 이룬다고 판단합니다.

세 번째 'Scale-Location'은 예측값을 x축에, 표준화 잔차(standardized residuals)를 y축에 그립니다. 첫 번째 그림과 비슷합니다.

네 번째 'Residuals vs Leverage'는 x축에 Leverage를 그립니다. 빨간 점선인 Cook's Distance는 영향점을 보여줍니다. 회귀분석에 큰 영향을 주는 점을 영향점이라고 합니다.

선형 회귀분석(linear regression)을 위해서는 여러 가정이 필요한데, 그 가정이 합당한지 점검해보는 것이 진단적(diagnostic) plot들입니다.

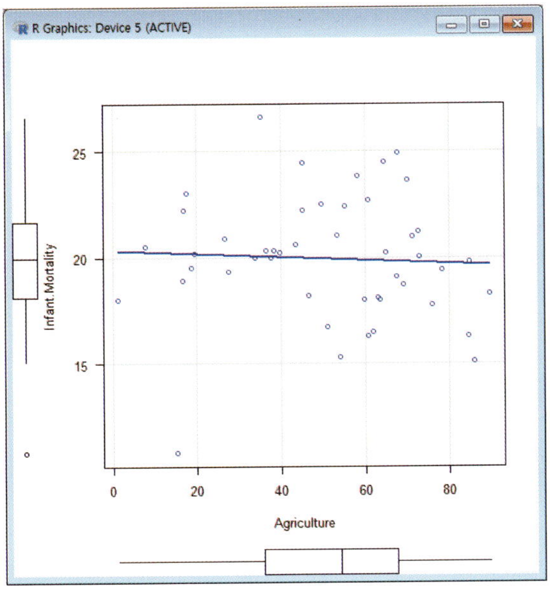

두 변수만 있을 때는 직선이 있는 산점도가 어울립니다. 둘 사이에 별로 관련이 없어 보입니다.

```
Call:
lm(formula = Infant.Mortality ~ Agriculture, data = swiss)

Residuals:
    Min      1Q  Median      3Q     Max 
-9.4193 -1.7598  0.1247  1.7117  6.5376 

Coefficients:
             Estimate Std. Error t value Pr(>|t|)    
(Intercept) 20.337955   1.057543  19.231   <2e-16 ***
Agriculture -0.007805   0.019083  -0.409    0.684    
---
Signif. codes:  0 '***' 0.001 '**' 0.01 '*' 0.05 '.' 0.1 ' ' 1

Residual standard error: 2.939 on 45 degrees of freedom
Multiple R-squared:  0.003704,	Adjusted R-squared:  -0.01844 
F-statistic: 0.1673 on 1 and 45 DF,  p-value: 0.6845
```

이 직선의 기울기가 Estimate입니다. 기울기가 -0.0078로 거의 zero이며, p 값도 큽니다. 그래서 Agriculture와 Infant.Mortality는 거의 관계가 없다는 것을 숫자와 그래프로 알 수 있습니다. 그러나 변수가 여럿일 때는 그래프로 파악하기가 쉽지 않습니다.

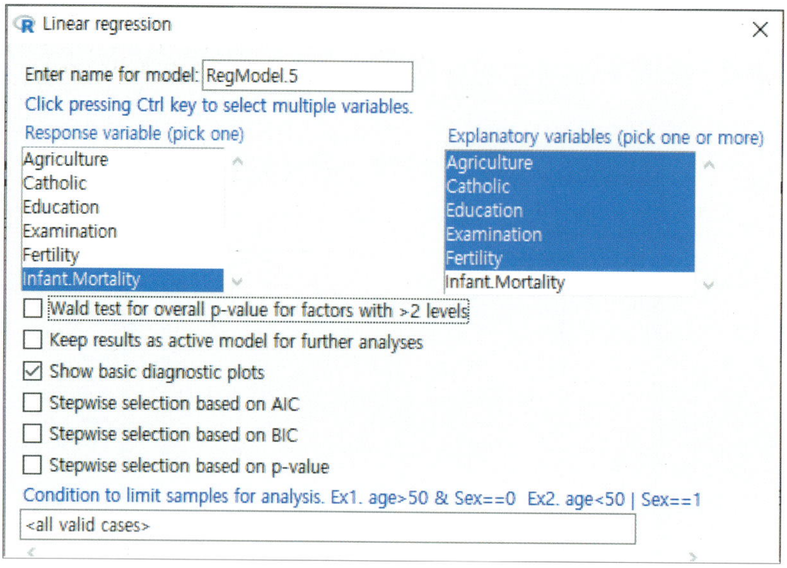

이제 남아 있는 변수를 모두 설명변수에 넣어봅시다.

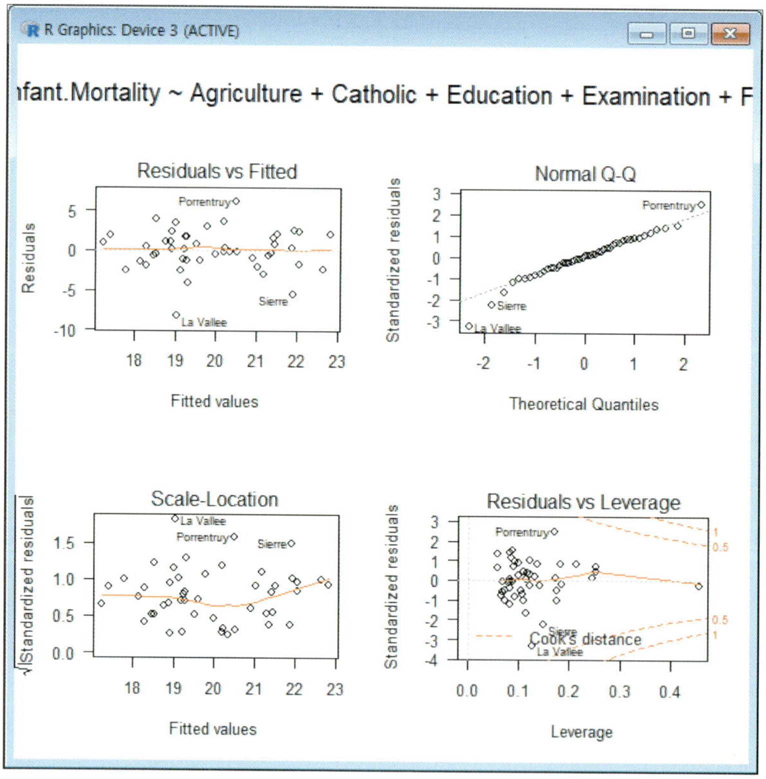

동일한 진단 plot이 나타났습니다. 해석 역시 동일하게 하면 됩니다.

```
Call:
lm(formula = Infant.Mortality ~ Agriculture + Catholic + Education +
    Examination + Fertility, data = swiss)

Residuals:
    Min      1Q  Median      3Q     Max
-8.2512 -1.2860  0.1821  1.6914  6.0937

Coefficients:
               Estimate  Std. Error t value Pr(>|t|)
(Intercept)  8.66660598  5.43530549   1.595  0.11850
Agriculture -0.01174869  0.02811983  -0.418  0.67827
Catholic     0.00006711  0.01453646   0.005  0.99634
Education    0.06098965  0.08484234   0.719  0.47631
Examination  0.03695038  0.09606712   0.385  0.70250
Fertility    0.15097102  0.05350606   2.822  0.00734 **
---
Signif. codes:  0 '***' 0.001 '**' 0.01 '*' 0.05 '.' 0.1 ' ' 1

Residual standard error: 2.683 on 41 degrees of freedom
Multiple R-squared:  0.2439, Adjusted R-squared:  0.1517
F-statistic: 2.645 on 5 and 41 DF,  p-value: 0.03665
```

제일 아래의 $p<0.05$이므로 이 회귀식은 일단 통계적으로 유의미하다고 판단하며, 그중에서 **가 되어 있는 변수 Fertility가 통계적으로 유의미합니다. Fertility가 1 증가하면 Infant.Mortality가 0.15097102 증가합니다.

앞서 진단적(diagnostic) plot의 이름에서도 그렇고, 지금 이 결과의 위쪽에도 다음과 같은 수식 형태가 보입니다.

'결과변수 ~ 설명변수1 + 설명변수2 + 설명변수3 + ……'

이런 수식은 앞으로 자주 나오므로 익숙해지면 좋습니다.

```
                  Estimate       2.5 %      97.5 % Std. Error      t value
(Intercept)  8.66660597850 -2.31021615 19.64342811 5.43530549  1.594502092
Agriculture -0.01174869007 -0.06853784  0.04504046 0.02811983 -0.417807974
Catholic     0.00006711242 -0.02928987  0.02942409 0.01453646  0.004616833
Education    0.06098965327 -0.11035293  0.23233223 0.08484234  0.718858696
Examination  0.03695037843 -0.15706110  0.23096186 0.09606712  0.384630865
Fertility    0.15097102144  0.04291334  0.25902871 0.05350606  2.821568495
               Pr(>|t|)
(Intercept) 0.118504431
Agriculture 0.678267621
Catholic    0.996338704
Education   0.476305225
Examination 0.702498865
Fertility   0.007335715
```

각각의 Estimate들과 그 신뢰구간을 보여줍니다. 각 Estimate는 기울기로서, 설명변수가 1 증가할 때 결과변수가 얼마나 변화되는지를 보여줍니다. Catholic은 0.000067 정도로 거의 0에 가깝고 Fetilility는 그나마 0.15로 큰 편입니다.

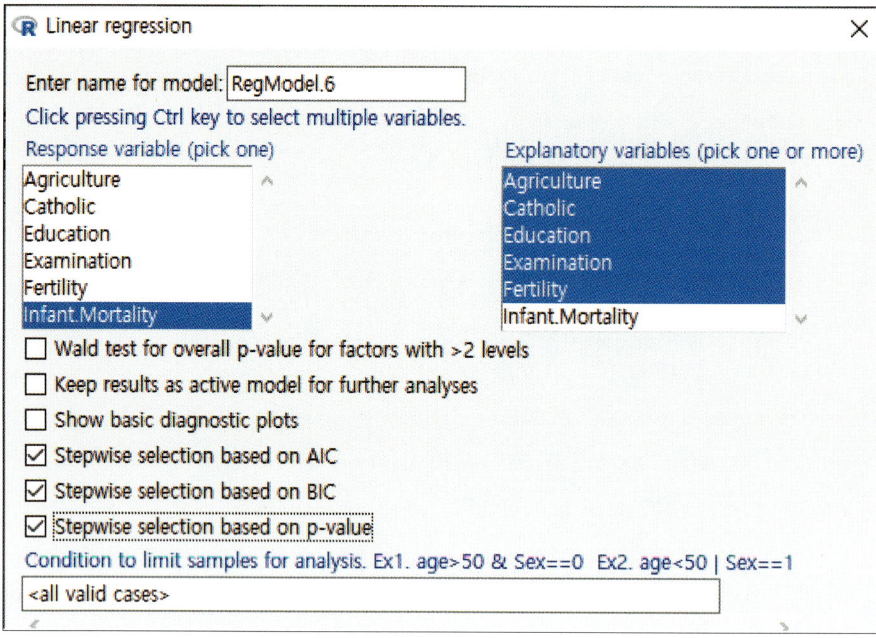

아래쪽에 있는 'Stepwise selection~'을 체크하고 실행해봅시다.

```
> res <- stepwise(RegModel.6, direction="backward/forward", criterion="AIC")

Direction:  backward/forward
Criterion:  AIC

Start:  AIC=98.34
Infant.Mortality ~ Agriculture + Catholic + Education + Examination +
    Fertility

              Df Sum of Sq    RSS     AIC
- Catholic     1     0.000 295.07  96.341
- Examination  1     1.065 296.13  96.511
- Agriculture  1     1.256 296.32  96.541
- Education    1     3.719 298.79  96.930
<none>                     295.07  98.341
- Fertility    1    57.295 352.36 104.682

Step:  AIC=96.34
Infant.Mortality ~ Agriculture + Education + Examination + Fertility

              Df Sum of Sq    RSS     AIC
- Examination  1     1.320 296.39  94.551
- Agriculture  1     1.395 296.46  94.563
- Education    1     5.774 300.84  95.252
<none>                     295.07  96.341
+ Catholic     1     0.000 295.07  98.341
- Fertility    1    72.609 367.68 104.681
```

처음에는 모든 변수를 사용하여 식을 만들고, 그다음에는 AIC를 이용해서 하나의 변수를 빼고 실행합니다.

```
Step:  AIC=94.55
Infant.Mortality ~ Agriculture + Education + Fertility

              Df Sum of Sq    RSS     AIC
- Agriculture  1     4.250 300.64  93.220
- Education    1     6.875 303.26  93.629
<none>                     296.39  94.551
+ Examination  1     1.320 295.07  96.341
+ Catholic     1     0.255 296.13  96.511
- Fertility    1    79.804 376.19 103.758

Step:  AIC=93.22
Infant.Mortality ~ Education + Fertility

              Df Sum of Sq    RSS     AIC
<none>                     300.64  93.220
- Education    1    21.902 322.54  94.525
+ Agriculture  1     4.250 296.39  94.551
+ Examination  1     4.175 296.46  94.563
+ Catholic     1     2.318 298.32  94.857
- Fertility    1    85.769 386.41 103.017
```

계속 하나씩 뺍니다.

```
Call:
lm(formula = Infant.Mortality ~ Education + Fertility, data = TempDF)

Residuals:
    Min      1Q  Median      3Q     Max 
-7.6927 -1.4049  0.2218  1.7751  6.1685 

Coefficients:
            Estimate Std. Error t value Pr(>|t|)    
(Intercept)  8.63758    3.33524   2.590 0.012973 *  
Education    0.09595    0.05359   1.790 0.080273 .  
Fertility    0.14615    0.04125   3.543 0.000951 ***
---
Signif. codes:  0 '***' 0.001 '**' 0.01 '*' 0.05 '.' 0.1 ' ' 1

Residual standard error: 2.614 on 44 degrees of freedom
Multiple R-squared:  0.2296,	Adjusted R-squared:  0.1946 
F-statistic: 6.558 on 2 and 44 DF,  p-value: 0.003215
```

결국 Education과 Fertility 두 변수만 남게 됩니다.

AIC(Akaike's Information Criteria)는 일본 통계학자 히로츠구 아카이케(Hirotugu Akaike)의 이름을 딴 것으로, 변수를 하나 더 추가하면 penalty를 주게 됩니다. AIC가 낮을수록 더 좋은 모델이 됩니다. BIC(Bayesian information criteria)도 AIC의 변형으로, 변수를 추가하면 더 큰 penalty를 줍니다. 그 외 AICc도 AIC의 변형으로, 적은 수의 샘플이 있는 경우를 고려합니다. Mallows Cp도 AIC의 변형으로, Colin Mallows가 만들었습니다. 우리는 여기서 대표적인 AIC와 BIC를 사용할 예정입니다.

```
> res <- stepwise(RegModel.6, direction="backward/forward", criterion="BIC")

Direction:  backward/forward
Criterion:  BIC

Start:  AIC=109.44
Infant.Mortality ~ Agriculture + Catholic + Education + Examination +
    Fertility

              Df Sum of Sq    RSS    AIC
- Catholic     1     0.000 295.07 105.59
- Examination  1     1.065 296.13 105.76
- Agriculture  1     1.256 296.32 105.79
- Education    1     3.719 298.79 106.18
<none>                     295.07 109.44
- Fertility    1    57.295 352.36 113.93

Step:  AIC=105.59
Infant.Mortality ~ Agriculture + Education + Examination + Fertility

              Df Sum of Sq    RSS    AIC
- Examination  1     1.320 296.39 101.95
- Agriculture  1     1.395 296.46 101.96
- Education    1     5.774 300.84 102.65
<none>                     295.07 105.59
+ Catholic     1     0.000 295.07 109.44
- Fertility    1    72.609 367.68 112.08
```

```
Step:  AIC=98.23
Infant.Mortality ~ Fertility

              Df Sum of Sq    RSS     AIC
<none>                     322.54  98.226
+ Education    1    21.902 300.64  98.771
+ Agriculture  1    19.277 303.26  99.180
+ Examination  1    16.092 306.45  99.671
+ Catholic     1     0.155 322.38 102.053
- Fertility    1    67.717 390.25 103.333

> summary(res)

Call:
lm(formula = Infant.Mortality ~ Fertility, data = TempDF)

Residuals:
    Min      1Q  Median      3Q     Max
-7.6038 -1.5673 -0.0607  1.8367  6.0788

Coefficients:
            Estimate Std. Error t value    Pr(>|t|)
(Intercept) 13.12970    2.25063   5.834 0.000000551 ***
Fertility    0.09713    0.03160   3.074     0.00359 **
---
Signif. codes:  0 '***' 0.001 '**' 0.01 '*' 0.05 '.' 0.1 ' ' 1

Residual standard error: 2.677 on 45 degrees of freedom
Multiple R-squared:  0.1735, Adjusted R-squared:  0.1552
F-statistic: 9.448 on 1 and 45 DF,  p-value: 0.003585
```

이제는 BIC를 이용해서 같은 방식으로 하나씩 제거합니다. 'Fertility' 하나만 남게 됩니다.

```
> step.p.lm(RegModel.6, "TempDF", wald=0)
                 Estimate Std. Error      t value     Pr(>|t|)
(Intercept)  8.66660597850 5.43530549  1.594502092 0.118504431
Agriculture -0.01174869007 0.02811983 -0.417807974 0.678267621
Catholic     0.00006711242 0.01453646  0.004616833 0.996338704
Education    0.06098965327 0.08484234  0.718858698 0.476305225
Examination  0.03695037843 0.09606712  0.384630865 0.702498865
Fertility    0.15097102144 0.05350606  2.821568495 0.007335715

-----Remove Catholic from the model. (p=0.9963)

              Estimate Std. Error    t value    Pr(>|t|)
(Intercept)  8.66003324 5.18272628  1.6709417 0.102169570
Agriculture -0.01170648 0.02627333 -0.4455650 0.658199856
Education    0.06122172 0.06753089  0.9065736 0.369804334
Examination  0.03675101 0.08478656  0.4334532 0.666903732
Fertility    0.15108415 0.04699574  3.2148479 0.002510814

-----Remove Examination from the model. (p=0.6669)

              Estimate Std. Error    t value    Pr(>|t|)
(Intercept) 10.14162835 3.85881674  2.6281705 0.011854845
Agriculture -0.01754503 0.02234370 -0.7852339 0.436621706
Education    0.06593420 0.06601760  0.9987367 0.323509615
Fertility    0.14208030 0.04175578  3.4026501 0.001453701
```

이어서 p값을 사용해서 제거하는데, p값이 가장 큰 것을 제거합니다.

```
              Estimate Std. Error    t value    Pr(>|t|)
(Intercept) 10.14162835 3.85881674  2.6281705 0.011854845
Agriculture -0.01754503 0.02234370 -0.7852339 0.436621706
Education    0.06593420 0.06601760  0.9987367 0.323509615
Fertility    0.14208030 0.04175578  3.4026501 0.001453701

-----Remove Agriculture from the model. (p=0.4366)

             Estimate Std. Error  t value    Pr(>|t|)
(Intercept) 8.63757624 3.33524407 2.589788 0.012973041
Education   0.09594897 0.05359109 1.790390 0.080273306
Fertility   0.14615350 0.04125141 3.542994 0.000950701

-----Remove Education from the model. (p=0.08027)


-----Final model

              Estimate Std. Error t value        Pr(>|t|)
(Intercept) 13.12970340 2.25062746 5.833797 0.0000005507489
Fertility    0.09712863 0.03159978 3.073712 0.0035852380540
```

결국 ‘Fertility’만 남게 됩니다.

소개한 세 방법 중 적당한 한 가지를 사용하기도 하고, 임상적으로 중요하다고 생각되는 변수를 포함시켜서 가장 적당한 최종 모델을 결정하기도 합니다.

ch.13 Logistic regression

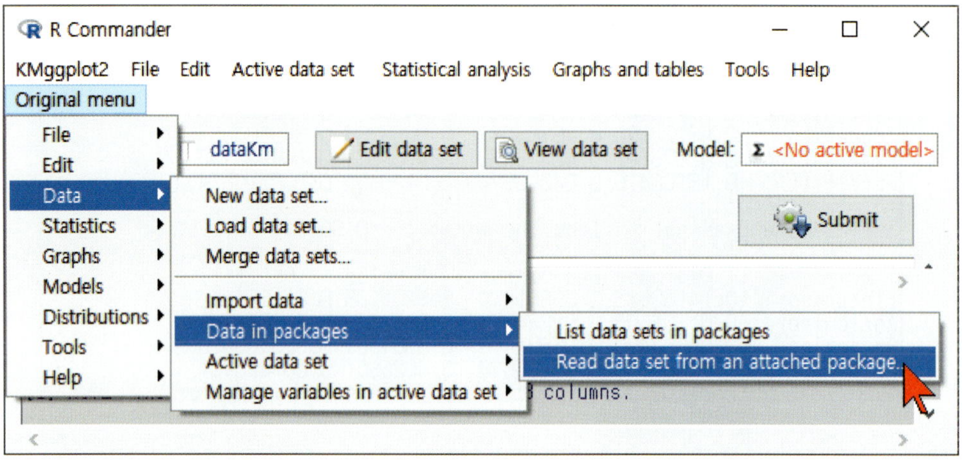

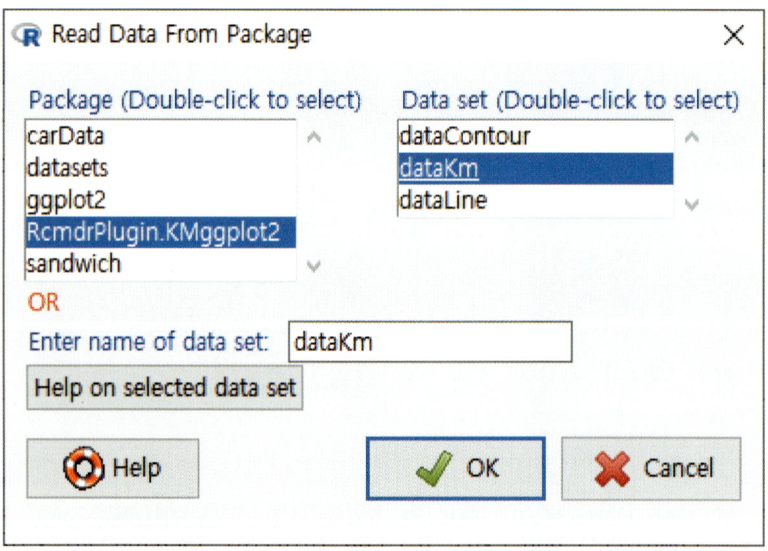

'dataKm' 데이터를 엽니다.

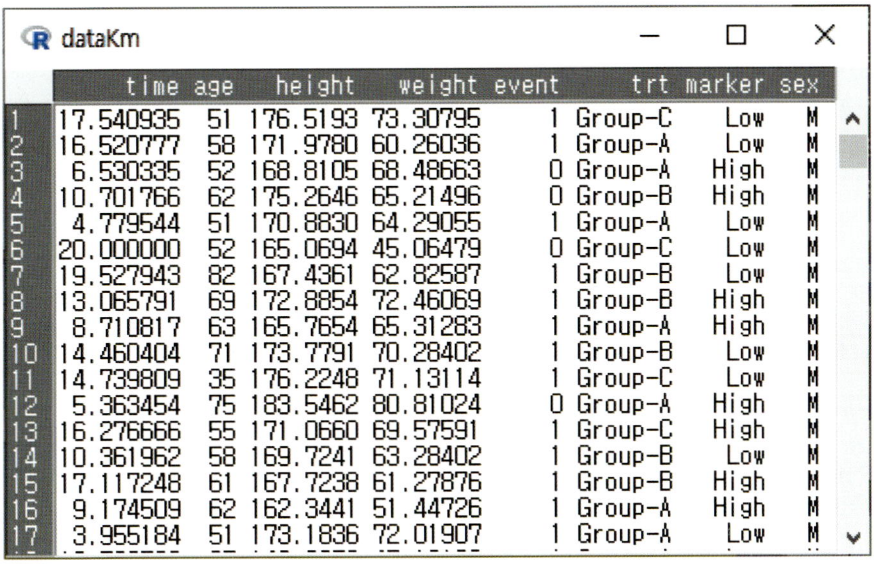
dataKm

	time	age	height	weight	event	trt	marker	sex
1	17.540935	51	176.5193	73.30795	1	Group-C	Low	M
2	16.520777	58	171.9780	60.26036	1	Group-A	Low	M
3	6.530335	52	168.8105	68.48663	0	Group-A	High	M
4	10.701766	62	175.2646	65.21496	0	Group-B	High	M
5	4.779544	51	170.8830	64.29055	1	Group-A	Low	M
6	20.000000	52	165.0694	45.06479	0	Group-C	Low	M
7	19.527943	82	167.4361	62.82587	1	Group-B	Low	M
8	13.065791	69	172.8854	72.46069	1	Group-B	High	M
9	8.710817	63	165.7654	65.31283	1	Group-A	High	M
10	14.460404	71	173.7791	70.28402	1	Group-B	Low	M
11	14.739809	35	176.2248	71.13114	1	Group-C	Low	M
12	5.363454	75	183.5462	80.81024	0	Group-A	High	M
13	16.276666	55	171.0660	69.57591	1	Group-C	High	M
14	10.361962	58	169.7241	63.28402	1	Group-B	Low	M
15	17.117248	61	167.7238	61.27876	1	Group-B	High	M
16	9.174509	62	162.3441	51.44726	1	Group-A	High	M
17	3.955184	51	173.1836	72.01907	1	Group-A	Low	M

'event' 변수가 0과 1로 되어 있는데, 1은 event가 발생했다는 뜻입니다. logistic regression을 위해서는 이렇게 데이터가 준비되어야 합니다.

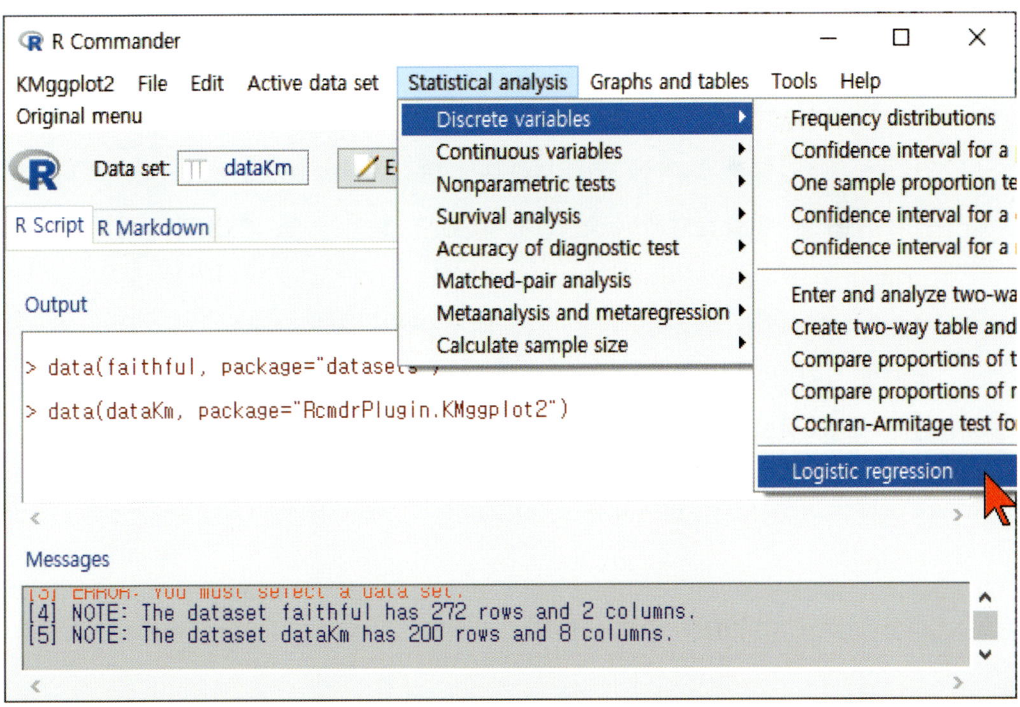

'logistic regression'을 선택합니다.

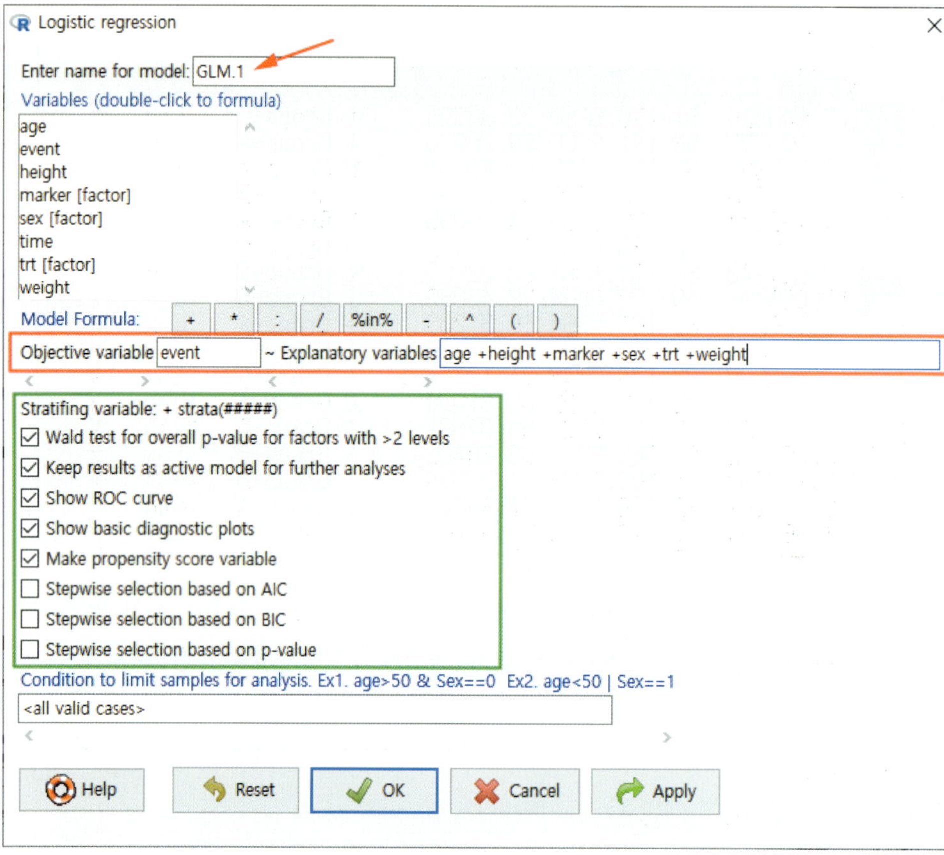

여기서 좀 어렵게 느껴질 수 있습니다. 빨간색 사각형에 직접 타이핑하거나 위의 변수를 더블클릭해도 되는데, 그림과 같이 +를 이용해서 연결되도록 formula를 써 넣습니다. 이때 time 변수는 넣지 않고 나머지는 모두 넣어봅시다. 나중에라도 이용할 수 있도록 메모장에 복사해두어도 좋습니다. 옵션을 초록색 사각형 부분과 같이 선택하고 진행합니다.

이때 제일 위의 model 이름이 GLM.1이라고 된 것을 기억해둡시다. 나중에 사용될 수도 있습니다.

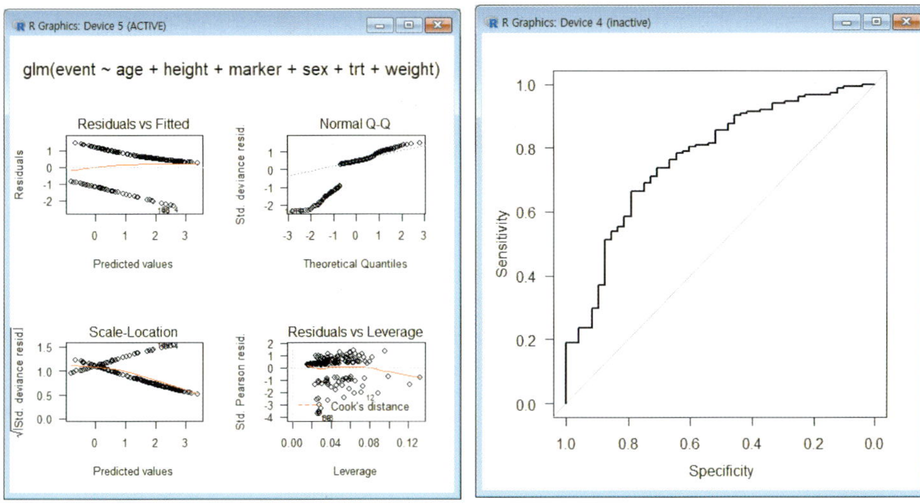

두 그림이 겹쳐 보입니다. 'diagnostic plots'은 이전과 동일하게 해석합니다. ROC plot은 event가 발생할 확률(계산된)과 실제 일어난 것과의 관계를 보여줍니다.

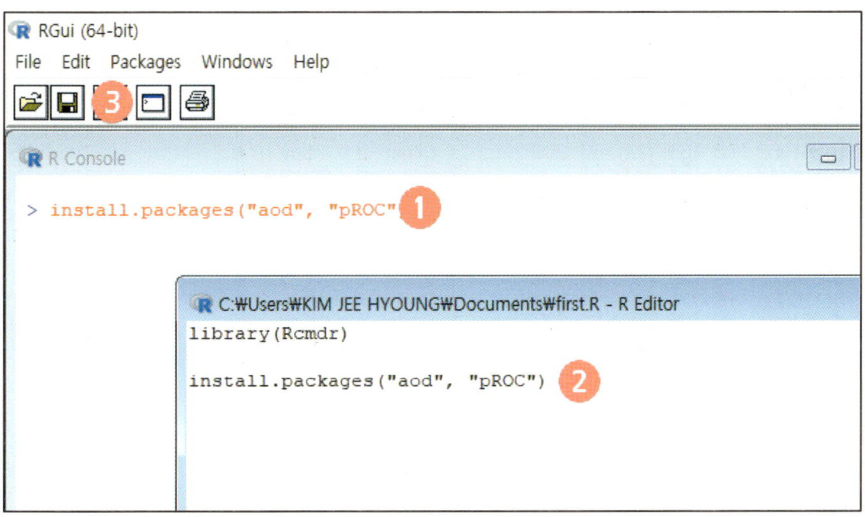

이때 ROC plot이 보이지 않는다면 필요한 패키지를 설치해야 합니다. 앞서 1장에서 배운 방법대로, 혹은 좀 더 간편한 방법으로 install.packages("aod", "pROC")라는 명령어를 실행하면 두 패키지 "aod"와 "pROC"를 설치할 수 있습니다.

즉 R console에서 이 명령을 쓰고 엔터키를 치거나❶, script에 써둔 문구에 커서를 두고❷ 3번째 아이콘을 클릭하여❸ 실행할 수 있습니다. 이렇게 문장으로 쓰는 방식에서는 철자를 하나라도 빠뜨리거나 대소문자를 틀리면 실행되지 않으므로 조심해야 합니다. 보통 script에 써두고 따옴표 부분만 변경하면서 사용하는 것이 편리합니다. ROC는 17장에서 본격적으로 배우게 됩니다.

패키지를 설치한 후 앞서 명령을 다시 실행하여 ROC plot이 잘 만들어지는지 확인해봅시다. Rcmdr 및 RGui를 모두 껐다가 다시 실행해야 할 수도 있습니다.

dataKm

	time	age	height	weight	event	trt	marker	sex	PropensityScore.GLM.1
1	17.540935	51	176.5193	73.30795	1	Group-C	Low	M	0.7114988
2	16.520777	58	171.9780	60.26036	1	Group-A	Low	M	0.9378333
3	6.530335	52	168.8105	68.48663	0	Group-A	High	M	0.9132277
4	10.701766	62	175.2646	65.21496	0	Group-B	High	M	0.9252482
5	4.779544	51	170.8830	64.29055	1	Group-A	Low	M	0.9456751
6	20.000000	52	165.0694	45.06479	0	Group-C	Low	M	0.8039746
7	19.527943	82	167.4361	62.82587	1	Group-B	Low	M	0.8566600
8	13.065791	69	172.8854	72.46069	1	Group-B	High	M	0.8727862
9	8.710817	63	165.7654	65.31283	1	Group-A	High	M	0.8695076
10	14.460404	71	173.7791	70.28402	1	Group-B	Low	M	0.9007225
11	14.739809	35	176.2248	71.13114	1	Group-C	Low	M	0.8381621
12	5.363454	75	183.5462	80.81024	0	Group-A	High	M	0.8031415
13	16.276666	55	171.0660	69.57591	1	Group-C	High	M	0.6038380
14	10.361962	58	169.7241	63.28402	1	Group-B	Low	M	0.9459584
15	17.117248	61	167.7238	61.27876	1	Group-B	High	M	0.9218552
16	9.174509	62	162.3441	51.44726	1	Group-A	High	M	0.9065286
17	3.955184	51	173.1836	72.01907	1	Group-A	Low	M	0.9359909
18	10.506760	67	146.3259	47.16182	1	Group-A	Low	M	0.8820443
19	14.890305	71	167.9414	56.84621	1	Group-B	Low	M	0.9210428
20	14.886262	49	168.2852	56.58406	1	Group-C	Low	M	0.7813424
21	10.125966	69	171.9925	64.99320	1	Group-A	High	M	0.8612792
22	4.961584	66	176.5663	64.92573	1	Group-A	High	M	0.8894377
23	9.070904	73	158.3905	50.97697	1	Group-B	High	M	0.8819894
24	11.891217	68	166.4972	71.83873	1	Group-A	Low	M	0.8549710
25	7.902993	71	170.0854	64.10655	1	Group-B	High	M	0.8828895
26	18.915075	73	170.6164	67.84523	0	Group-A	Low	M	0.8582027
27	20.000000	74	166.4835	73.84052	0	Group-C	Low	M	0.4065308
28	7.115303	55	165.6686	53.38233	1	Group-A	Low	M	0.9466878
29	15.448346	57	164.3602	63.89192	1	Group-B	High	M	0.9214966
30	11.483535	62	171.0464	64.87472	1	Group-A	Low	M	0.9148206

명령 후에는 원래의 데이터 오른쪽에 새로운 열(propensityscore)이 생기는데, 이것이 event가 발생할 확률(계산된)입니다.

```
> #####Logistic regression#####

> library(aod, pos=21)

> GLM.1 <- glm(event ~ age +height +marker +sex +trt +weight,
+   family=binomial(logit), data=dataKm)

> summary(GLM.1)

Call:
glm(formula = event ~ age + height + marker + sex + trt + weight,
    family = binomial(logit), data = dataKm)

Deviance Residuals:
    Min       1Q   Median       3Q      Max
-2.3169   0.2886   0.4479   0.6652   1.4640

Coefficients:
                Estimate Std. Error z value  Pr(>|z|)
(Intercept)      1.80095    6.37237   0.283    0.7775
age             -0.04268    0.01825  -2.339    0.0194 *
height           0.02819    0.04534   0.622    0.5341
marker[T.Low]    0.27226    0.43606   0.624    0.5324
sex[T.M]         0.13320    0.49781   0.268    0.7890
trt[T.Group-B]   0.30580    0.63807   0.479    0.6318
trt[T.Group-C] -1.83404    0.46742  -3.924 0.0000872 ***
weight          -0.03095    0.03061  -1.011    0.3120
---
Signif. codes:  0 '***' 0.001 '**' 0.01 '*' 0.05 '.' 0.1 ' ' 1
```

해석하는 방식은 linear regression과 유사한 점이 있습니다. p값은 여전히 중요합니다. 그런데 Estimate는 우리가 이해하기가 좀 힘듭니다.

```
> odds
               odds ratio Lower 95%CI Upper 95%CI   p.value
(Intercept)         6.060   0.0000228 1610000.000 0.7770000
age                 0.958   0.9250000       0.993 0.0194000
height              1.030   0.9410000       1.120 0.5340000
marker[T.Low]       1.310   0.5590000       3.090 0.5320000
sex[T.M]            1.140   0.4310000       3.030 0.7890000
trt[T.Group-B]      1.360   0.3890000       4.740 0.6320000
trt[T.Group-C]      0.160   0.0639000       0.399 0.0000872
weight              0.970   0.9130000       1.030 0.3120000
```

아래쪽에 odds 부분을 봅시다. Exp(Estimate)=odds ratio의 식이 성립합니다. Age가 1 증가할 때 event는 0.958배 더 증가합니다. 이 값이 1보다 작기 때문에 실제로는 조금 감소합니다.

키가 1 증가할 때는 1.03배 증가합니다. 만일 키가 10 증가하게 되면 1.03 ^ 10=1.34배 더 증가합니다. 1.03 * 10=10.3배가 아닙니다.

sex [T.M]=1.14라는 것은 M이 아닌, 즉 F를 기준 삼았을 때 F에 비해 M이 1.14배 event가 더 많이 발생한다는 뜻입니다.

trt [T.Group-B]=1.360과 trt [T.Group-C]=0.160이라는 뜻은 Group A를 기준으로 삼았을 때 B는 1.36배, C는 0.16배 더 많이 발생한다는 겁니다. 그러니까 C가 가장 적고, B가 가장 많이 발생하는 것입니다.

```
> vif(GLM.1)
           GVIF Df GVIF^(1/(2*Df))
age    1.038202  1        1.018922
height 3.387936  1        1.840635
marker 1.042817  1        1.021184
sex    1.845577  1        1.358520
trt    1.080797  2        1.019614
weight 3.329359  1        1.824653
```

VIF는 다중공선성(multicollinearity)의 문제를 측정하기 위한 것입니다. 이것은 logistic regression뿐만 아니라 linear regression에서도 마찬가지인데, 결과를 보면 알 수 있듯이 독립변수들끼리만 계산합니다. 그 수가 10 이상이라면 공선성이 매우 높고, 그 변수는 다른 변수들에 의해 거의 설명이 된다는 뜻입니다.

```
Area under the curve 0.773 95% CI 0.696 - 0.85
```

이 curve는 ROC이며, 이 ROC curve의 아래쪽 면적이 0.773이라는 뜻입니다. 이것은 최댓값 1, 최솟값 0.5로 1에 가까울수록 좋습니다.

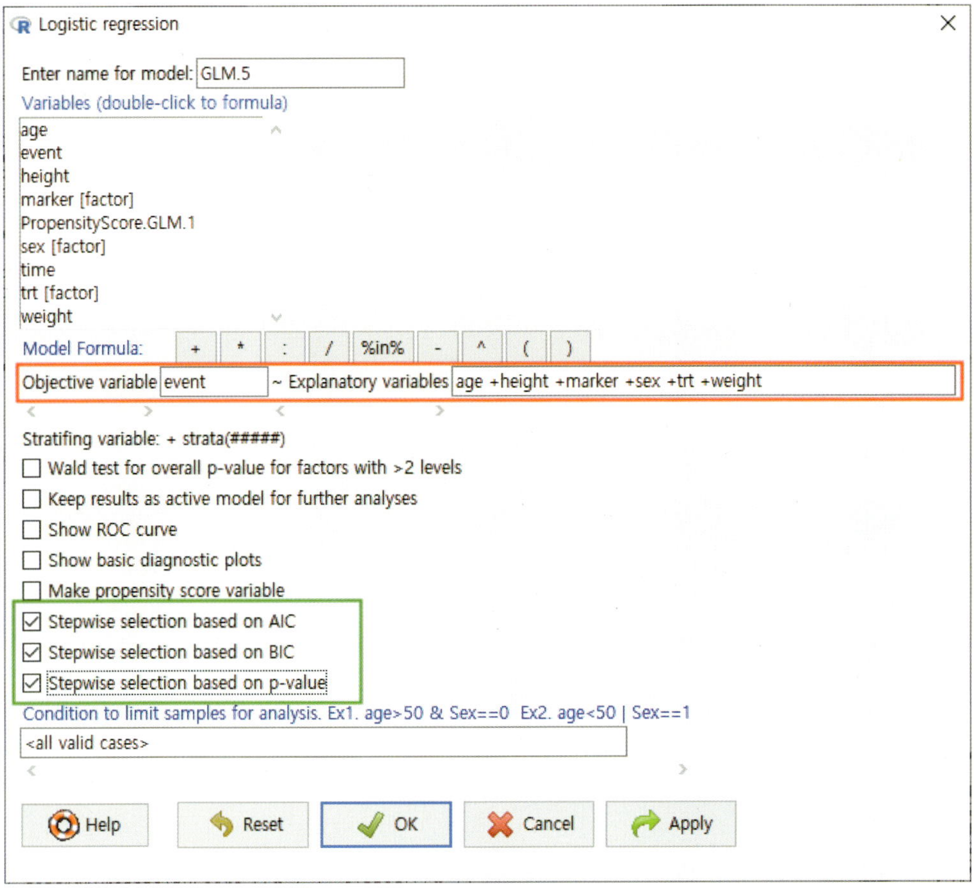

초록색 사각형에 있는 것을 체크해봅시다. 앞서 linear regression에서도 해보았던 것입니다.

```
> res <- stepwise(GLM.6, direction="backward/forward", criterion="AIC")

Direction:  backward/forward
Criterion:  AIC

Start:  AIC=200.1
event ~ age + height + marker + sex + trt + weight

         Df Deviance    AIC
- sex     1   184.17 198.17
- marker  1   184.49 198.49
- height  1   184.49 198.49
- weight  1   185.13 199.13
<none>        184.10 200.10
- age     1   189.92 203.92
- trt     2   213.97 225.97

Step:  AIC=198.17
event ~ age + height + marker + trt + weight

         Df Deviance    AIC
- marker  1   184.54 196.54
- height  1   184.70 196.70
- weight  1   185.13 197.13
<none>        184.17 198.17
+ sex     1   184.10 200.10
- age     1   190.09 202.09
- trt     2   214.47 224.47
```

앞서 보았던 것처럼 변수를 하나씩 줄여갑니다.

```
Call:
glm(formula = event ~ age + trt, family = binomial(logit), data = TempDF)

Deviance Residuals:
    Min       1Q   Median       3Q      Max
-2.3832   0.2913   0.4558   0.6238   1.4127

Coefficients:
                Estimate Std. Error z value  Pr(>|z|)
(Intercept)      4.97664    1.27522   3.903 0.0000952 ***
age             -0.04394    0.01814  -2.422    0.0154 *
trt[T.Group-B]   0.27114    0.62872   0.431    0.6663
trt[T.Group-C]  -1.82366    0.46290  -3.940 0.0000816 ***
---
Signif. codes:  0 '***' 0.001 '**' 0.01 '*' 0.05 '.' 0.1 ' ' 1
```

```
> odds
               odds ratio lower .95 upper .95   p.value
(Intercept)       145.000   11.9000  1770.000 0.0000952
age                 0.957    0.9240     0.992 0.0154000
trt[T.Group-B]      1.310    0.3820     4.500 0.6660000
trt[T.Group-C]      0.161    0.0652     0.400 0.0000816
```

결국 'age'와 'trt'가 남게 되었습니다.

```
> res <- stepwise(GLM.6, direction="backward/forward", criterion="BIC")

Direction:  backward/forward
Criterion:  BIC

Start:  AIC=226.49
event ~ age + height + marker + sex + trt + weight

         Df Deviance    AIC
- sex     1   184.17 221.26
- marker  1   184.49 221.57
- height  1   184.49 221.57
- weight  1   185.13 222.22
<none>        184.10 226.49
- age     1   189.92 227.01
- trt     2   213.97 245.75

Step:  AIC=221.26
event ~ age + height + marker + trt + weight

         Df Deviance    AIC
- marker  1   184.54 216.33
- height  1   184.70 216.49
- weight  1   185.13 216.92
<none>        184.17 221.26
- age     1   190.09 221.88
+ sex     1   184.10 226.49
- trt     2   214.47 240.97
```

첫 줄을 보면 criterion="BIC"로 바뀌었습니다.

```
Call:
glm(formula = event ~ age + trt, family = binomial(logit), data = TempDF)

Deviance Residuals:
    Min       1Q   Median       3Q      Max
-2.3832   0.2913   0.4558   0.6238   1.4127

Coefficients:
                Estimate Std. Error z value  Pr(>|z|)
(Intercept)      4.97664    1.27522   3.903 0.0000952 ***
age             -0.04394    0.01814  -2.422    0.0154 *
trt[T.Group-B]   0.27114    0.62872   0.431    0.6663
trt[T.Group-C]  -1.82366    0.46290  -3.940 0.0000816 ***
---
Signif. codes:  0 '***' 0.001 '**' 0.01 '*' 0.05 '.' 0.1 ' ' 1
```

```
> odds
               odds ratio lower .95 upper .95   p.value
(Intercept)       145.000   11.9000  1770.000 0.0000952
age                 0.957    0.9240     0.992 0.0154000
trt[T.Group-B]      1.310    0.3820     4.500 0.6660000
trt[T.Group-C]      0.161    0.0652     0.400 0.0000816
```

결과적으로 같은 변수들이 남게 되었습니다.

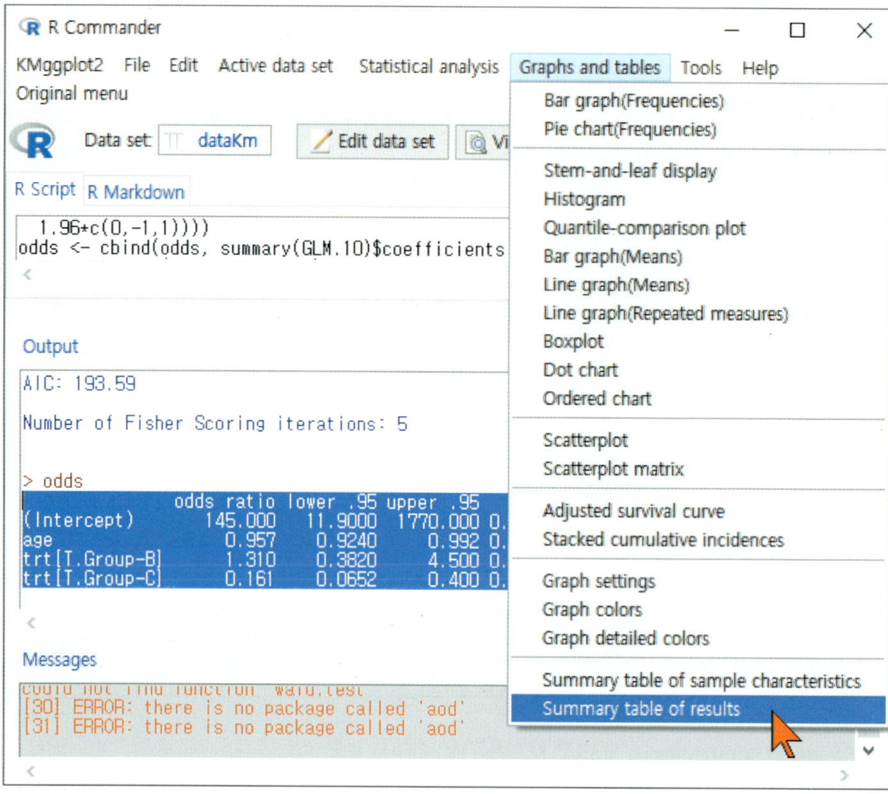

이와 같은 결과들을 표로 만드는 방법을 배워봅시다.

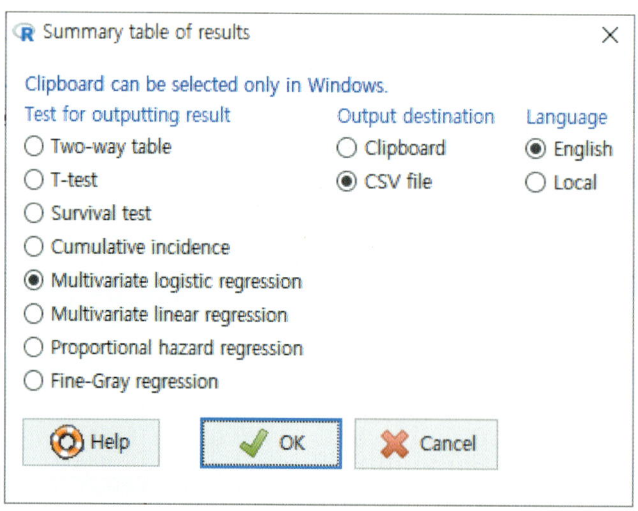

현재 logistic regression을 했기에 이것을 선택하지만, 경우에 따라 다양한 것을 선택할 수 있습니다.

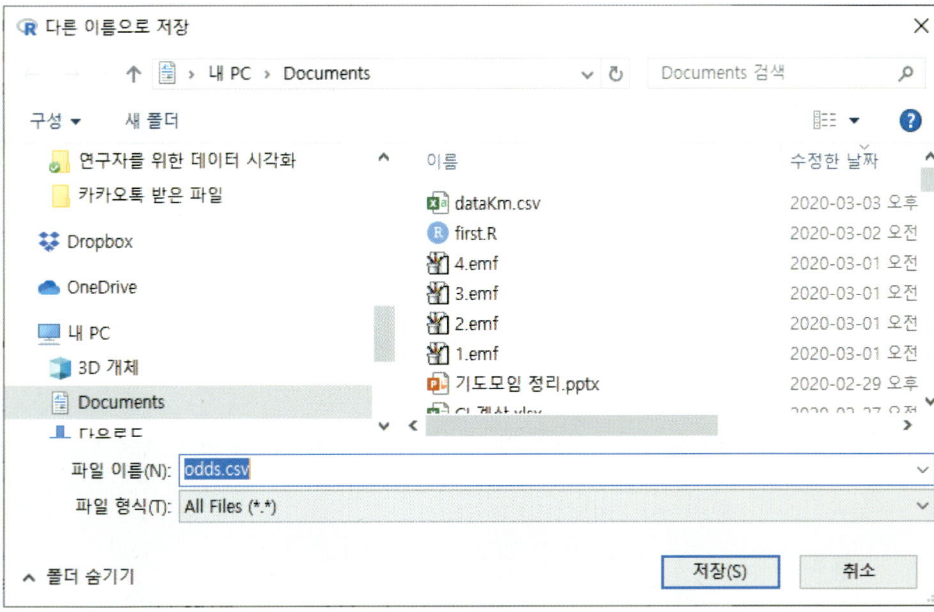

이름을 적절히 정하고 csv 파일로 저장합니다.

	A	B	C
1	Factor	Odds.ratio	p.value
2	(Intercept)	145.00 (11.90-1770.00)	0.000095
3	age	0.96 (0.92-0.99)	0.015
4	trt[T.Group-B]	1.31 (0.38-4.50)	0.67
5	trt[T.Group-C]	0.16 (0.07-0.40)	0.000082

	A	B	C
1	Factor	Odds.ratio	p.value
2	(Intercept)	6.06 (0.00-1610000.00)	0.78
3	age	0.96 (0.93-0.99)	0.019
4	height	1.03 (0.94-1.12)	0.53
5	marker[T.Low]	1.31 (0.56-3.09)	0.53
6	sex[T.M]	1.14 (0.43-3.03)	0.79
7	trt[T.Group-B]	1.36 (0.39-4.74)	0.63
8	trt[T.Group-C]	0.16 (0.06-0.40)	0.000087
9	weight	0.97 (0.91-1.03)	0.31

엑셀로 파일을 열어 볼 수 있고, 복사하여 붙여 넣으면 워드나 파워포인트에 표로 나타낼 수 있습니다. 모델은 어떤 모델을 선택했느냐에 따라 달라집니다.

Part 2
생존분석

ch.14 KM curve and log-rank test

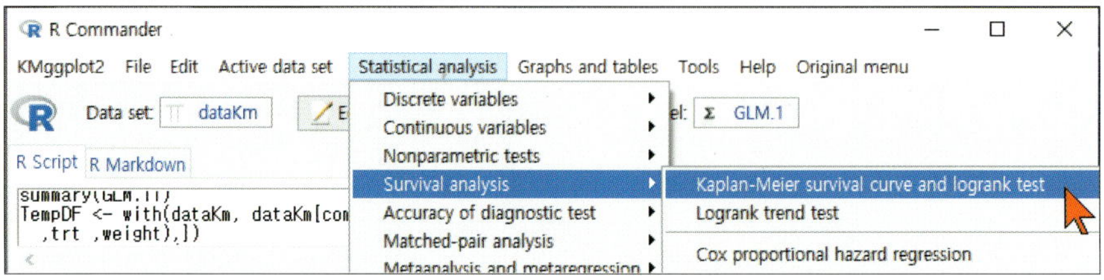

'Kaplan-Meier survival curve and logrank test'를 선택합니다.

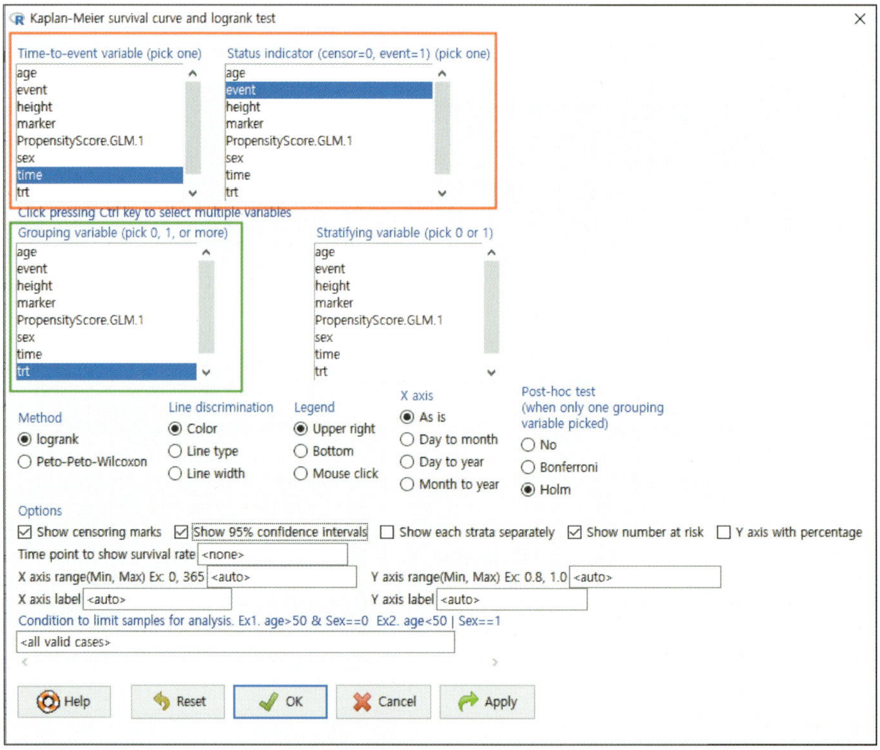

'time'과 'event'를 각각 선택하고(빨간색 사각형) 치료법에 해당하는 변수, 즉 차이점을 보기 위한 명목변수를 group 변수에 넣습니다(초록색 사각형). 나머지 옵션들은 그림처럼 설정합니다. 초록색 사각형 부분에 명목변수를 0개, 1개, 또는 그 이상을 넣을 수 있지만 지금은 1개만 선택한 것입니다.

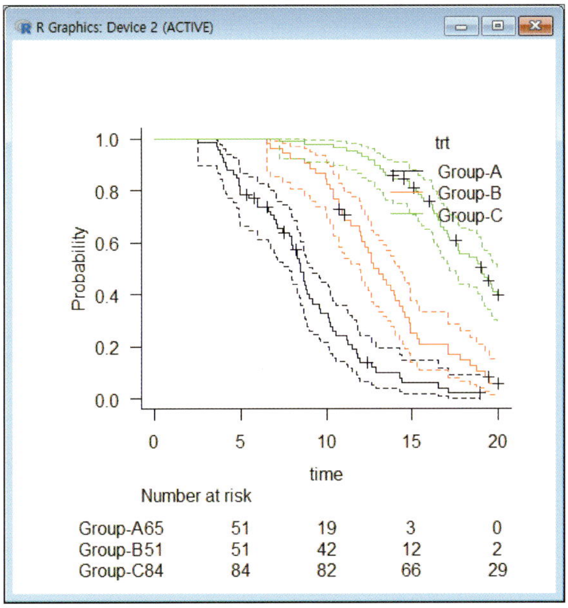

세 집단의 생존곡선이 그려집니다. 아래에는 Number at risk가 그려집니다.

```
                trt=Group-A
 time n.risk n.event survival std.err lower 95% CI upper 95% CI
 2.54     65       1   0.9846  0.0153      0.89577       0.9978
 3.63     64       1   0.9692  0.0214      0.88252       0.9922
 3.67     63       1   0.9538  0.0260      0.86370       0.9849
 3.80     62       1   0.9385  0.0298      0.84429       0.9764
 3.96     61       1   0.9231  0.0331      0.82502       0.9672
 4.04     60       1   0.9077  0.0359      0.80602       0.9574
 4.17     59       1   0.8923  0.0384      0.78733       0.9471
 4.19     58       1   0.8769  0.0407      0.76893       0.9365
 4.61     57       1   0.8615  0.0428      0.75081       0.9254
 4.78     56       1   0.8462  0.0448      0.73293       0.9141
 4.87     55       1   0.8308  0.0465      0.71529       0.9025
 4.92     54       1   0.8154  0.0481      0.69786       0.8907
```

각 집단의 Survival tables이 있고 생존율의 95% confidence interval도 있습니다.

```
             N Observed Expected (O-E)^2/E (O-E)^2/V
trt=Group-A 65       58     16.8     100.6    124.46
trt=Group-B 51       46     34.0       4.2      5.56
trt=Group-C 84       48    101.1      27.9     92.93

 Chisq= 151  on 2 degrees of freedom, p= <2e-16
```

각 집단의 실제 event 발생건수가 보여지고, 세 집단을 비교한 전체의 p값이 계산되어 나타납니다. 이것이 logrank test의 결과입니다.

```
        Pairwise comparisons using logrank test

data:  dataKm

        Group-A Group-B
Group-B 4.8e-08 -
Group-C < 2e-16 3.6e-11

P value adjustment method: holm

> km.summary.table
             n median survival                              95% CI  p.value
trt=Group-A 65         8.493568  7.8568415120707-9.17450876340552 1.41e-33
trt=Group-B 51        12.720256 11.9462557599995-14.2752298414796
trt=Group-C 84        19.068359                17.1715519755384-NA
```

두 집단씩 각각 사후 검정을 시행하여 p값을 보여주는데, p값은 Holm 방법으로 adjusted되어 있습니다. 세 집단의 median survival과 95% CI도 보입니다. 이 median survival과 95% CI는 논문의 본문에 표기합니다.

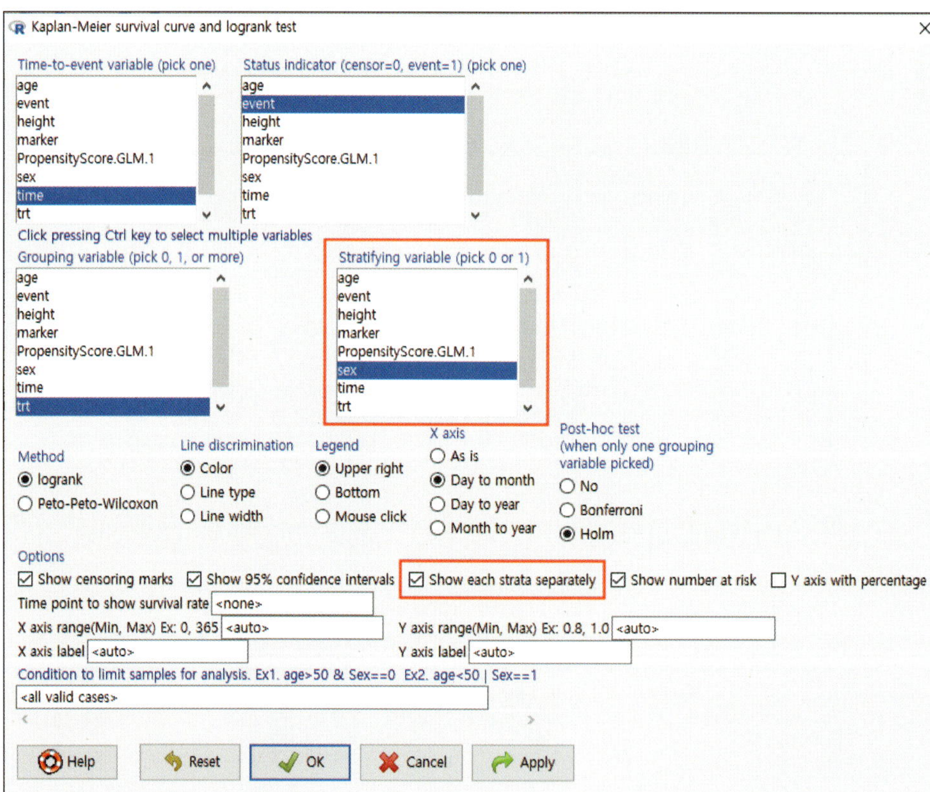

이제는 sex를 strata에 추가해보겠습니다. 아래쪽에는 strata를 분리해서 그릴 수 있도록 plot이 있습니다.

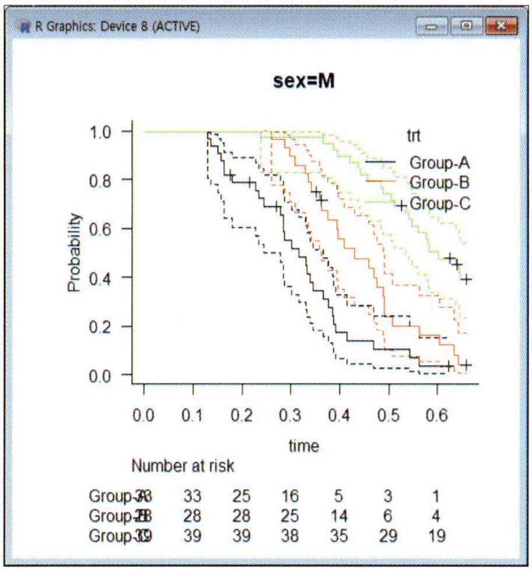

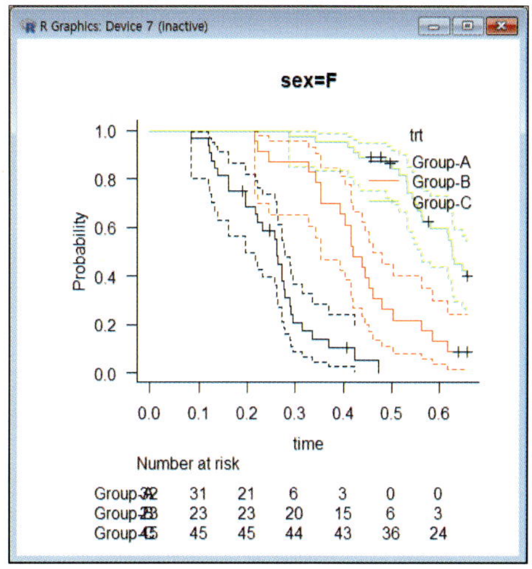

strata가 분리되어 그림을 그렸습니다. 때로 이 기능이 필요할 수 있습니다. strata는 subgroup 분석으로, 전체 집단을 몇 개로 나누어 분석해보는 것입니다.

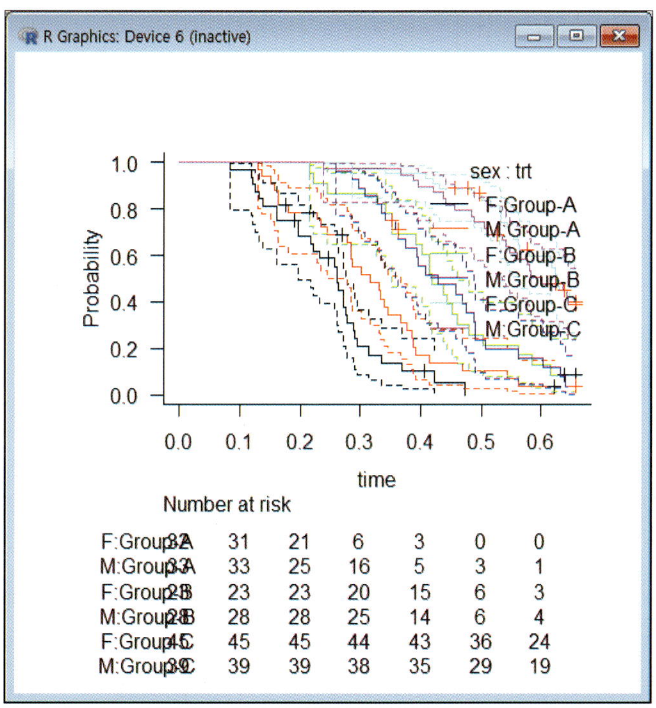

분리하지 않고 그렸더니 상당히 복잡합니다.

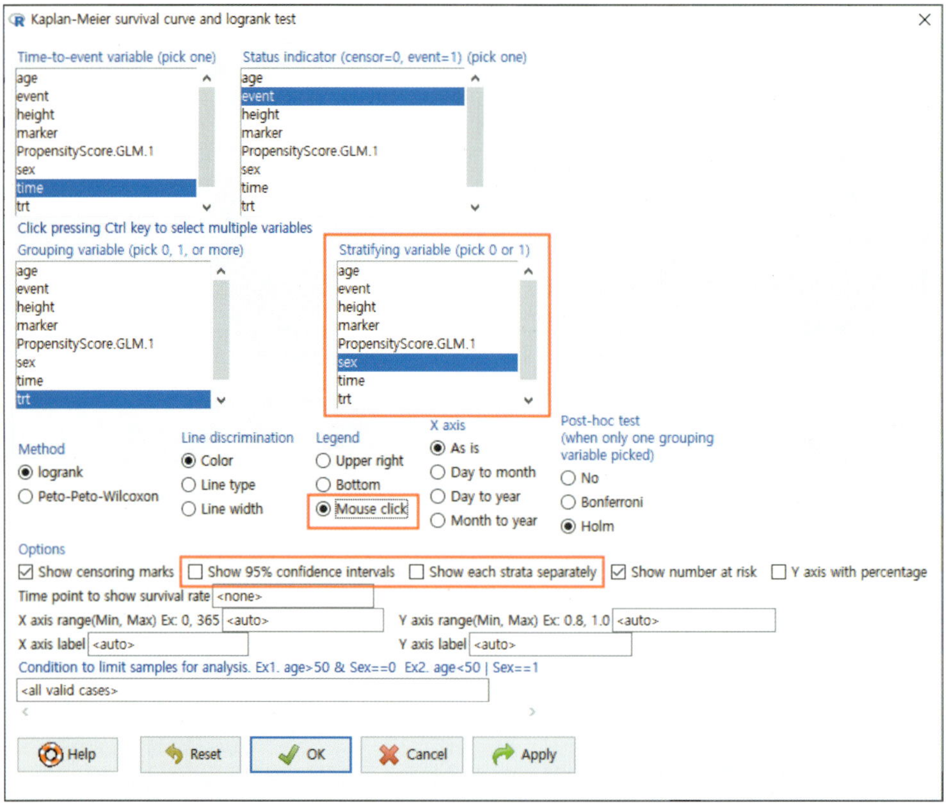

그림이 복잡한 경우에는 95% CI를 그리지 않게 선택할 수 있습니다. 또 legend의 위치를 'mouse click'으로 바꿀 수도 있습니다.

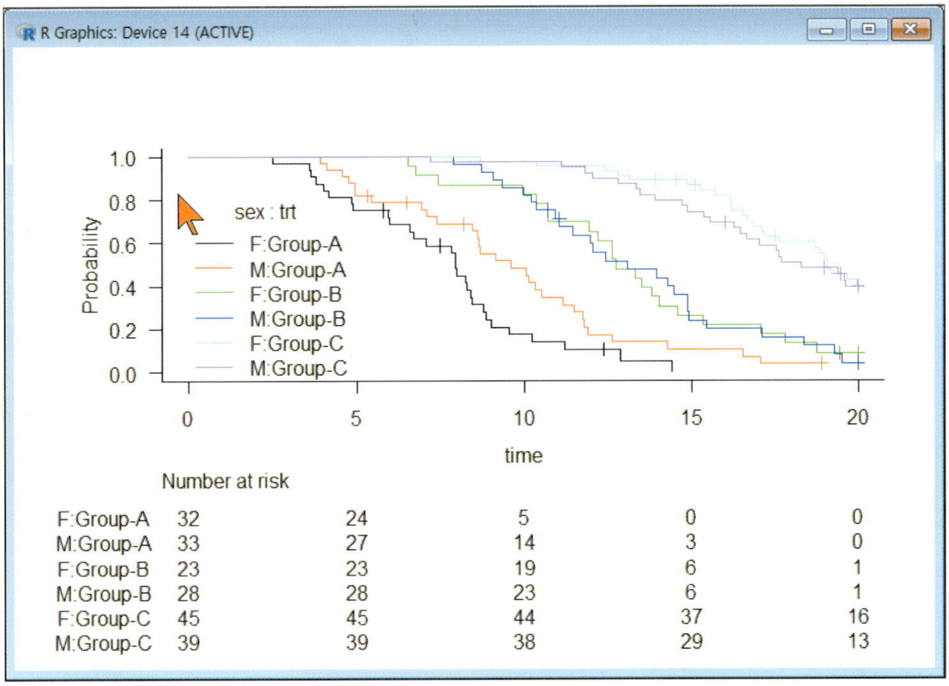

그림이 그려진 후에는 크기를 적당히 조절하고, 빈 곳에 마우스를 클릭하여 legend를 완성합니다.

ch.15 Logrank trend test

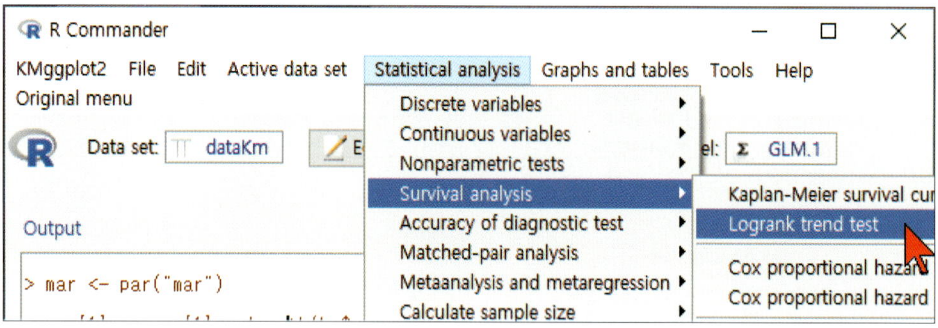

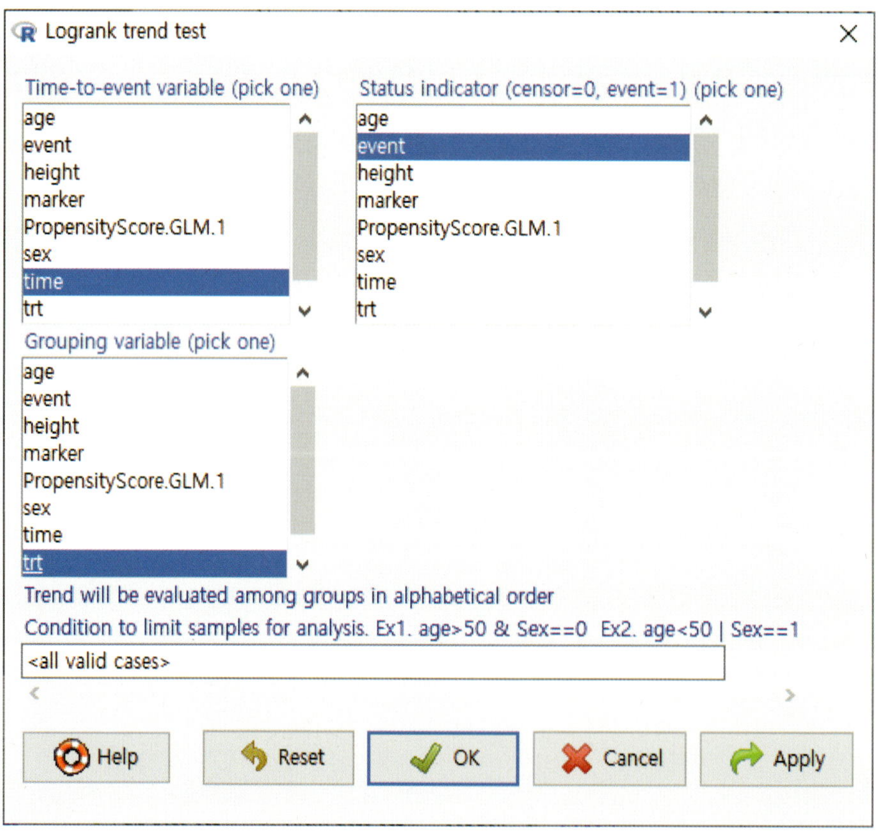

동일한 변수의 선택이지만, trend test를 하려면 집단 변수가 최소 3 이상으로 구성되어야 합니다.

```
> #####Logrank trend test#####

> res <- NULL

> (res <- survdiff(Surv(time,event==1)~trt, data=dataKm, na.action = na.omit))
Call:
survdiff(formula = Surv(time, event == 1) ~ trt, data = dataKm,
    na.action = na.omit)

             N Observed Expected (O-E)^2/E (O-E)^2/V
trt=Group-A 65       58     16.8     100.6    124.46
trt=Group-B 51       46     34.0       4.2      5.56
trt=Group-C 84       48    101.1      27.9     92.93

 Chisq= 151  on 2 degrees of freedom, p= <2e-16

> logrank.trend(res)
           Logrank trend test
Chi square                125
DF                          1
p-value               5.6e-29
```

생존곡선은 그려주지 않기에 앞에서 만든 것을 활용합니다. 먼저 그림을 본 후 그림에 따라서 p값을 보고 group의 이름을 알파벳 순서에 따라 적어주어야 합니다. 즉, 결과가 작은 그룹부터 큰 그룹 순으로 A, B, C라고 이름을 붙여주어야 그 순서로 trend가 있는지 검정해줍니다. 이것은 차이가 있는 것을 검정하는 것이 아니라, 증가하는지 감소하는지만 검정하는 것입니다.

ch.16 Cox regression

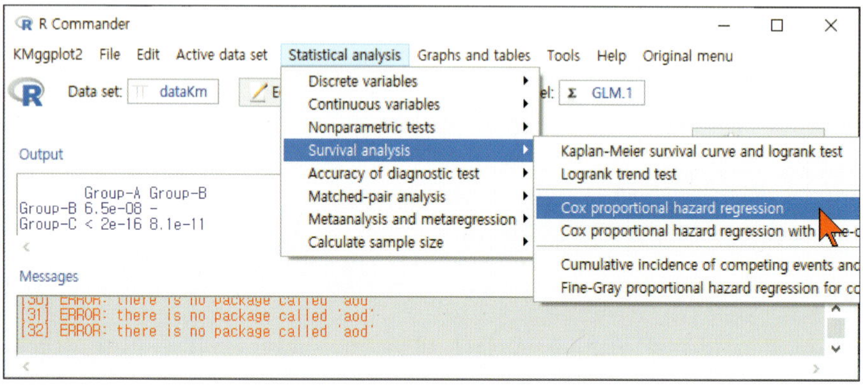

Cox proportional hazard regression은 Cox regression으로 줄여서 부릅니다.

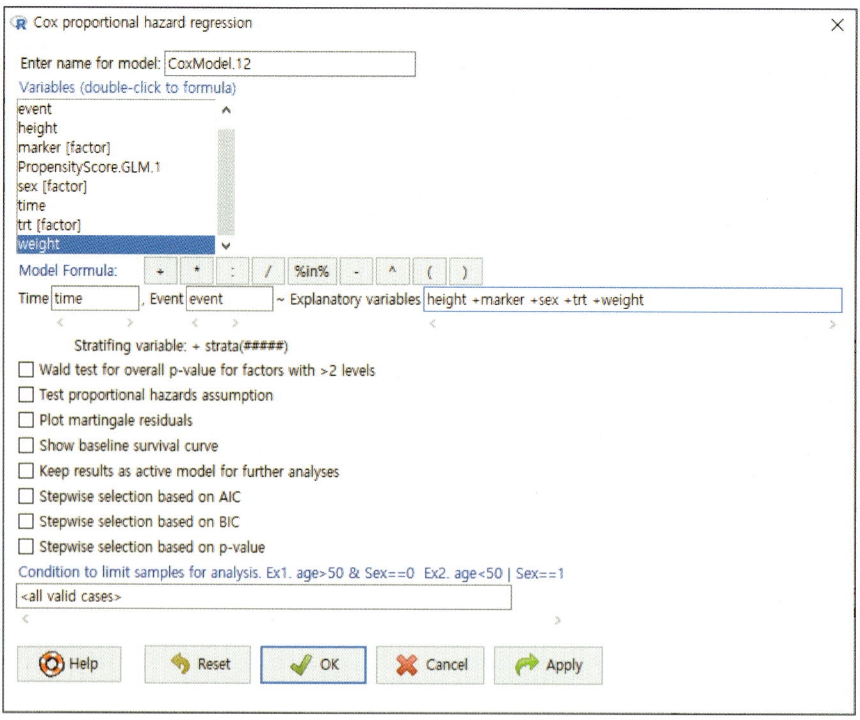

logistic regression과 매우 유사한데, time이라는 변수가 하나 더 추가됩니다.

```
Call:
coxph(formula = Surv(time, event == 1) ~ height + marker + sex +
    trt + weight, data = dataKm, method = "breslow")

  n= 200, number of events= 152

                    coef exp(coef) se(coef)       z Pr(>|z|)
height           0.03807   1.03880  0.02177   1.748  0.08043 .
marker[T.Low]   -0.51676   0.59645  0.19938  -2.592  0.00955 **
sex[T.M]        -0.27421   0.76017  0.24405  -1.124  0.26120
trt[T.Group-B]  -1.34559   0.26039  0.21744  -6.188 6.08e-10 ***
trt[T.Group-C]  -2.65618   0.07022  0.23804 -11.159  < 2e-16 ***
weight          -0.03057   0.96989  0.01513  -2.021  0.04327 *
---
Signif. codes:  0 '***' 0.001 '**' 0.01 '*' 0.05 '.' 0.1 ' ' 1

               exp(coef) exp(-coef) lower .95 upper .95
height           1.03880     0.9626   0.99540    1.0841
marker[T.Low]    0.59645     1.6766   0.40351    0.8816
sex[T.M]         0.76017     1.3155   0.47117    1.2265
trt[T.Group-B]   0.26039     3.8405   0.17003    0.3988
trt[T.Group-C]   0.07022    14.2418   0.04404    0.1120
weight           0.96989     1.0310   0.94155    0.9991

Concordance= 0.776  (se = 0.016 )
Likelihood ratio test= 132.2  on 6 df,   p=<2e-16
Wald test            = 127.1  on 6 df,   p=<2e-16
Score (logrank) test = 159.7  on 6 df,   p=<2e-16
```

다른 옵션이 하나도 없이 선택하면 logistic regression과 거의 유사한 결과를 보여줍니다.

```
> cox.table
               Hazard ratio Lower 95%CI Upper 95%CI   p.value
height              1.03900     0.99540      1.0840 8.043e-02
marker[T.Low]       0.59640     0.40350      0.8816 9.548e-03
sex[T.M]            0.76020     0.47120      1.2260 2.612e-01
trt[T.Group-B]      0.26040     0.17000      0.3988 6.081e-10
trt[T.Group-C]      0.07022     0.04404      0.1120 6.490e-29
weight              0.96990     0.94160      0.9991 4.327e-02
```

logistic regression에서는 exp (coef)를 odds ratio라고 했는데, Cox regression에서는 hazard ratio라고 표기합니다. 이름만 약간 바뀌었지 해석하는 방법은 거의 비슷합니다.

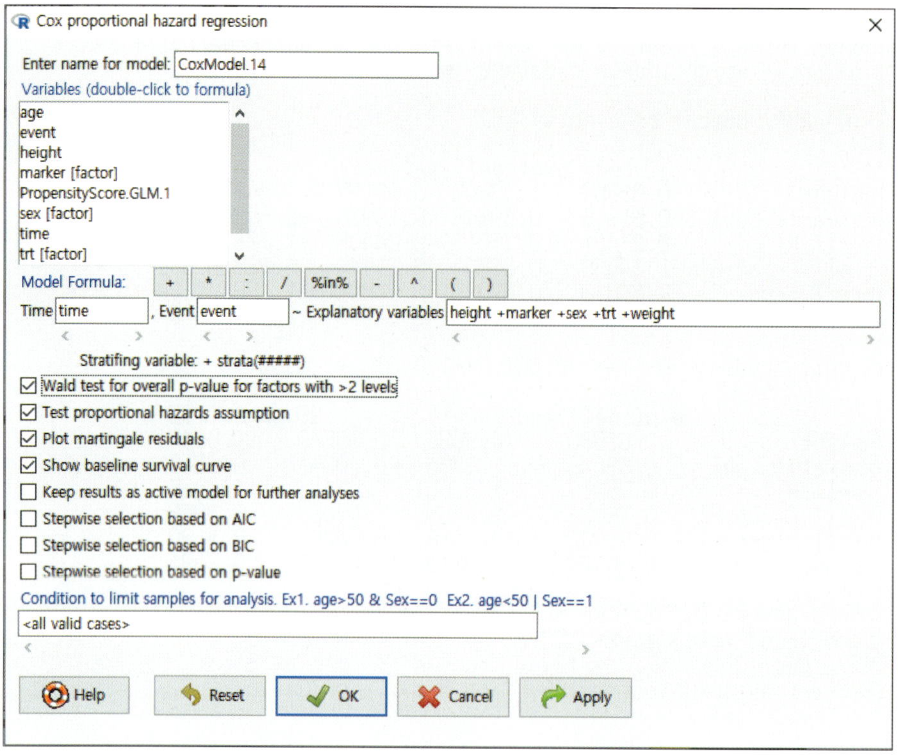

이제 몇 가지 옵션을 추가해보았습니다.

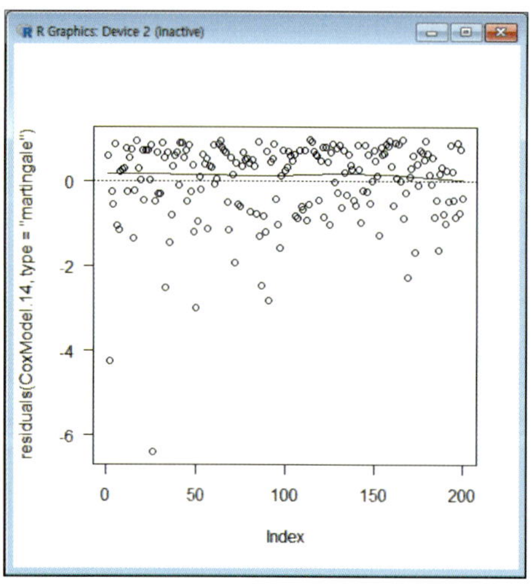

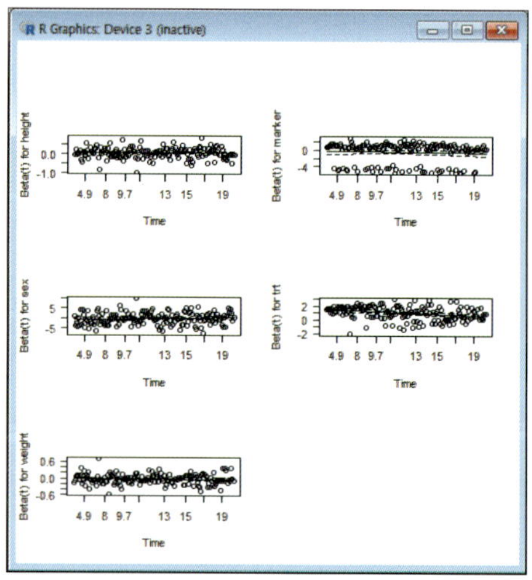

진단을 위한 plot인데, 왼쪽은 residuals을 보여주며, 오른쪽은 각 독립변수들의 비례위험가정(proportional hazard assumption)을 검토해보고 있습니다. 시간에 상관없이 일정해야 가정을 만족합니다.

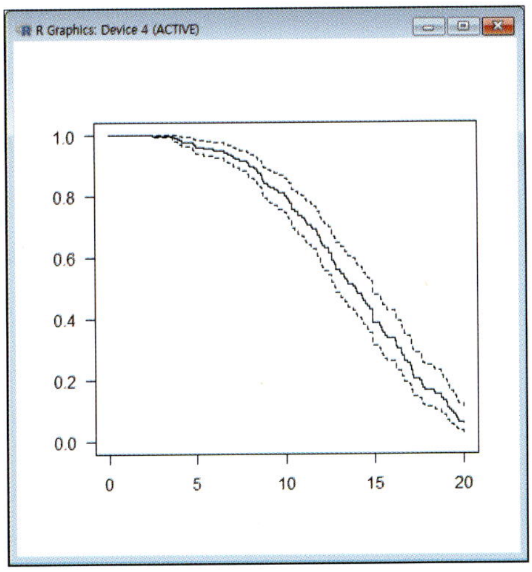

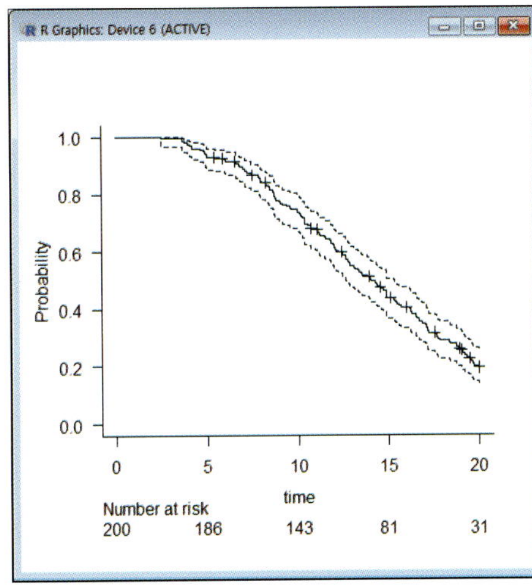

왼쪽은 baseline survival curve이며, 오른쪽은 Kaplan Meier curve입니다. 여기서 만들어주지는 않지만 비교해보기 위해 그렸습니다.

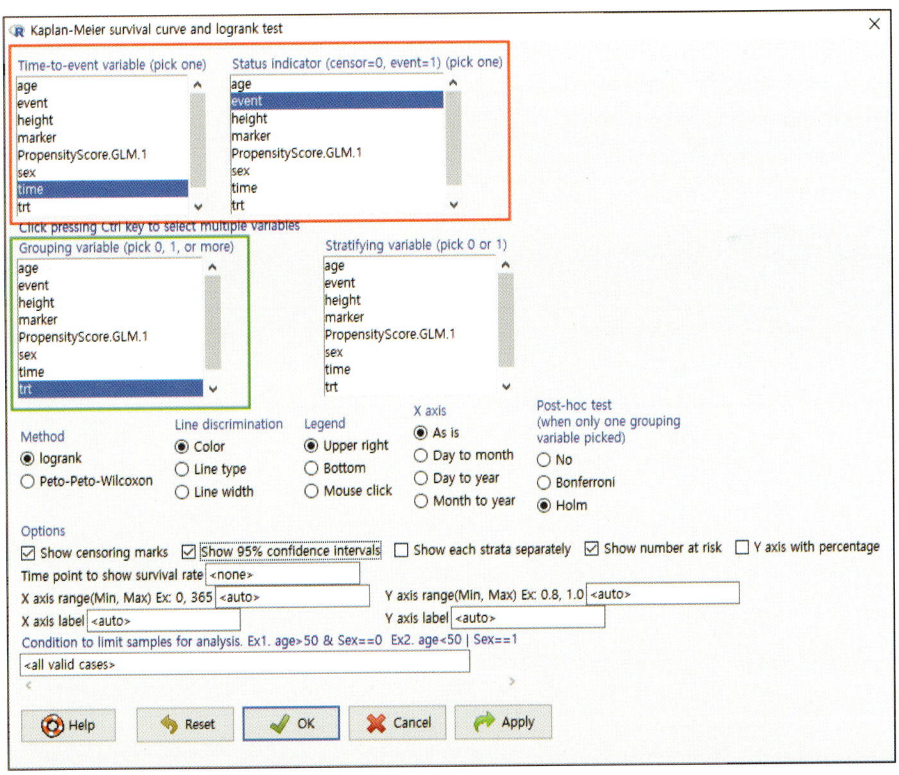

Kaplan Meier curve는 앞서 logrank test를 하면서 초록색 사각형 부분에 명목변수를 입력하지 않고 비워두면 됩니다.

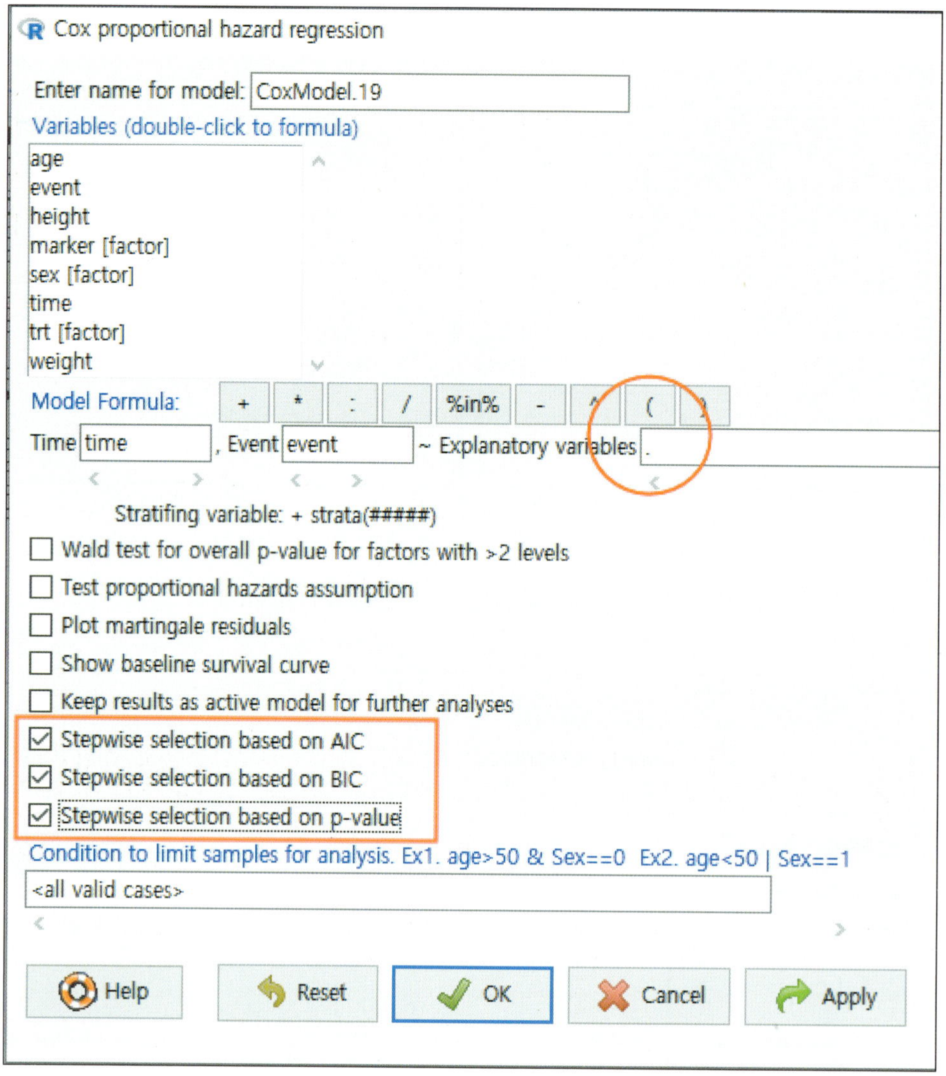

빨간색 동그라미 부분에 마침표를 찍으면 'time과 event를 제외한 모든 변수'라는 의미입니다. 어떤 변수(예를 들어 sex)를 제외하고 싶을 때는 ". - sex"라고 입력하면 됩니다. 이 약속은 logistic regression에서도 동일합니다.

빨간색 사각형 안의 작업은 변수를 하나씩 제거하면서 선택해가는 과정을 보여줍니다. 앞서 linear regrssion과 logistic regression에서 본 것과 같습니다.

```
> summary(res)
Call:
coxph(formula = Surv(time, event == 1) ~ age + trt + marker +
    sex, data = TempDF, method = "breslow")

  n= 200, number of events= 152

                    coef exp(coef)  se(coef)       z       Pr(>|z|)
age            -0.033465  0.967089  0.008419  -3.975 0.00007035817 ***
trt[T.Group-B] -1.292987  0.274450  0.217016  -5.958 0.00000000255 ***
trt[T.Group-C] -2.687095  0.068078  0.237425 -11.318       < 2e-16 ***
marker[T.Low]  -0.436816  0.646091  0.198607  -2.199        0.0278 *
sex[T.M]       -0.242776  0.784447  0.167269  -1.451        0.1467
---
Signif. codes:  0 '***' 0.001 '**' 0.01 '*' 0.05 '.' 0.1 ' ' 1

               exp(coef) exp(-coef) lower .95 upper .95
age              0.96709      1.034   0.95126    0.9832
trt[T.Group-B]   0.27445      3.644   0.17937    0.4199
trt[T.Group-C]   0.06808     14.689   0.04275    0.1084
marker[T.Low]    0.64609      1.548   0.43776    0.9536
sex[T.M]         0.78445      1.275   0.56518    1.0888

Concordance= 0.793  (se = 0.015 )
Likelihood ratio test= 143.6  on 5 df,   p=<2e-16
Wald test            = 136.5  on 5 df,   p=<2e-16
Score (logrank) test = 170.6  on 5 df,   p=<2e-16
```

```
> cox.table
               Hazard ratio Lower 95%CI Upper 95%CI   p.value
age                 0.96710     0.95130      0.9832 7.036e-05
trt[T.Group-B]      0.27440     0.17940      0.4199 2.553e-09
trt[T.Group-C]      0.06808     0.04275      0.1084 1.073e-29
marker[T.Low]       0.64610     0.43780      0.9536 2.785e-02
sex[T.M]            0.78440     0.56520      1.0890 1.467e-01
```

최종적으로 AIC를 이용해서 이렇게 모델이 정해졌습니다.

```
> cox.table
               Hazard ratio Lower 95%CI Upper 95%CI   p.value
age                 0.96560     0.94990      0.9814 2.474e-05
trt[T.Group-B]      0.31700     0.21130      0.4755 2.804e-08
trt[T.Group-C]      0.07772     0.04976      0.1214 3.058e-29
```

이것은 BIC의 결과입니다.

이렇게 방법에 따라 최종 모델의 결과가 다를 수 있습니다.

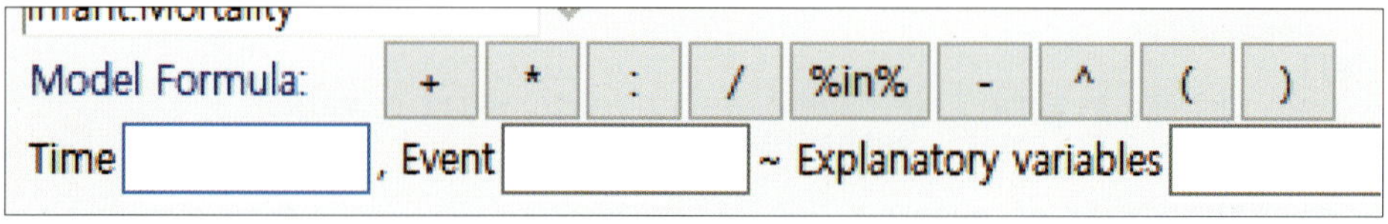

여기 공식의 의미를 조금 살펴볼 필요가 있습니다.

+ 와 .과 -는 이미 설명한 것과 같습니다.

:는 '변수 사이의 상호작용을 test하라'는 뜻입니다.

*는 '세 변수 이상의 모든 상호작용을 test하라'는 뜻입니다.

예를 들어

Education * Catholic * Examination은

Education + Catholic + Examination + Education : Catholic + Catholic : Examination + Education : Examination + Education : Catholic : Examination

과 같은 뜻이 됩니다.

나머지 기호들은 알 필요가 없고, 위의 연산자들로 모두 표현할 수 있습니다.

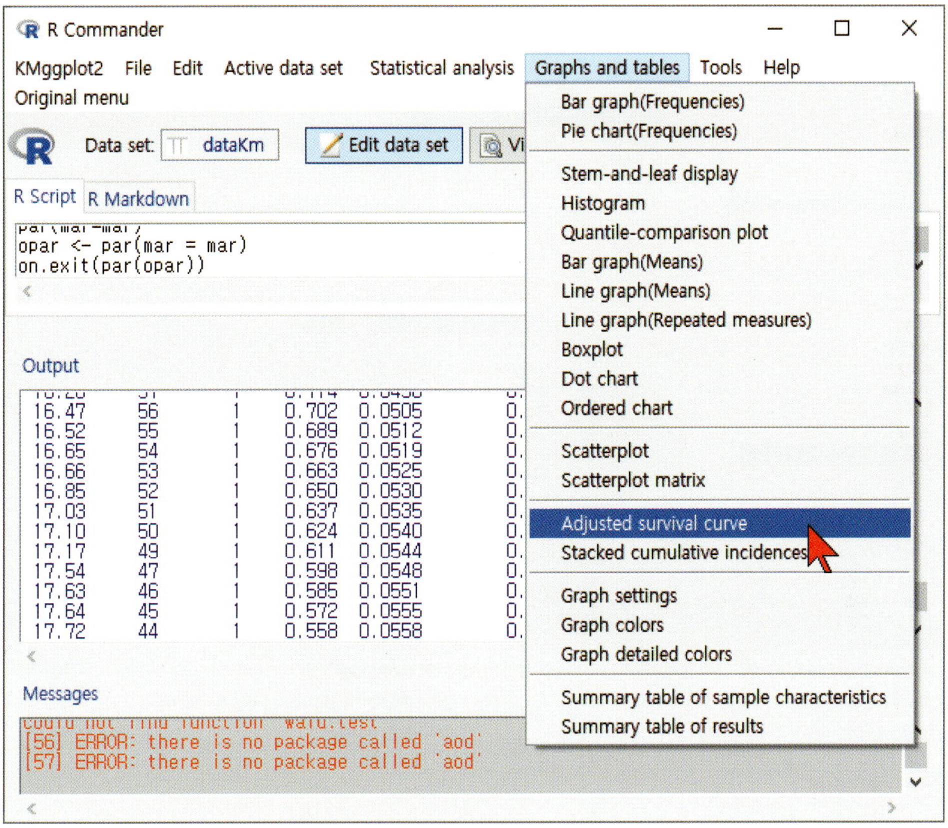

'Adjusted survival curve'를 선택해봅시다.

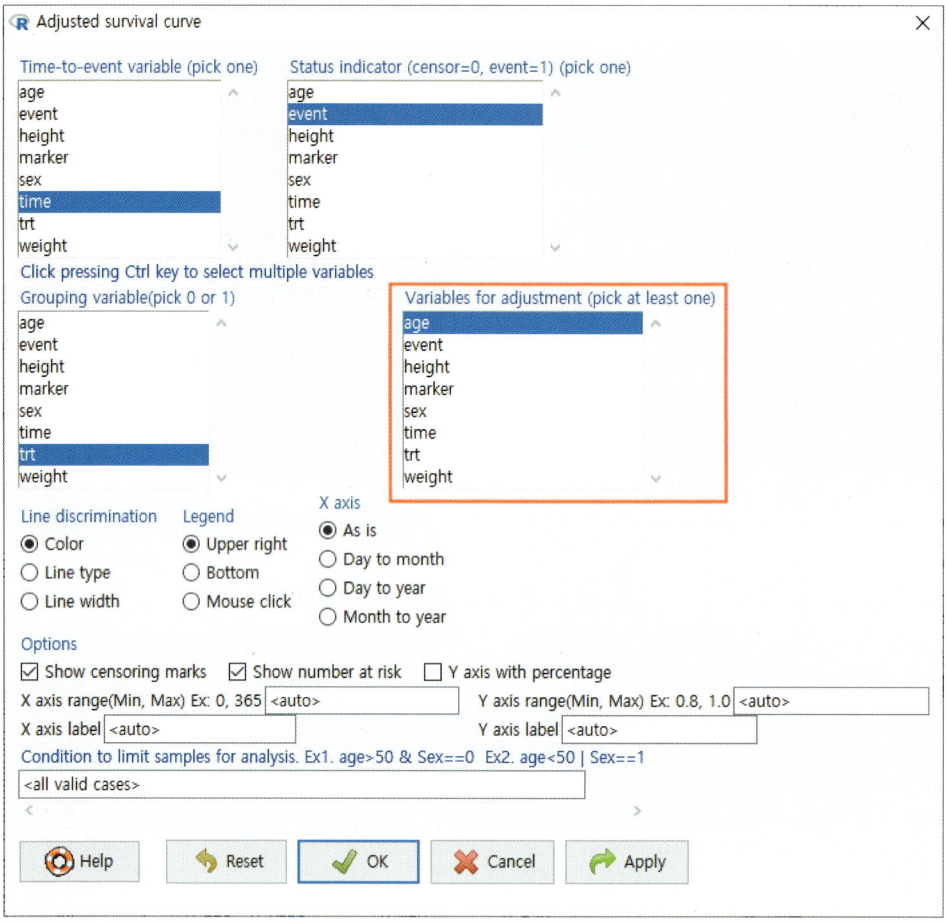

이것은 앞서 Kaplan-Meier curve를 그리는 것과 거의 같으면서 adjust할 하나의 변수를 추가하는 것입니다. trt 집단의 나이가 다르다고 할 때 나이의 영향을 고려하여 그림을 그려줍니다. Cox regression에서 최종 모델이 결정되면, 그 변수들을 넣어서 KM curve를 그려볼 수 있을 것입니다.

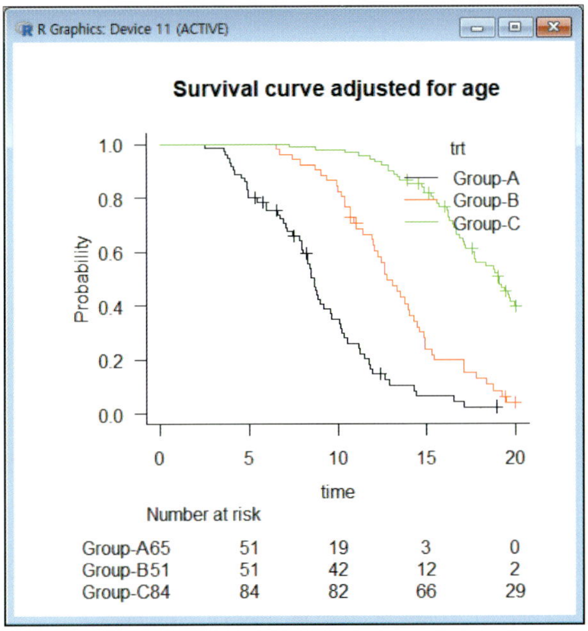

'Survival curve adjusted for age'가 그려졌습니다. trt의 세 집단의 나이가 같다고 할 때(=나이의 효과를 adjust할 때) 어떻게 생존곡선이 될 것인지 수학적으로 계산해서 그린 것입니다.

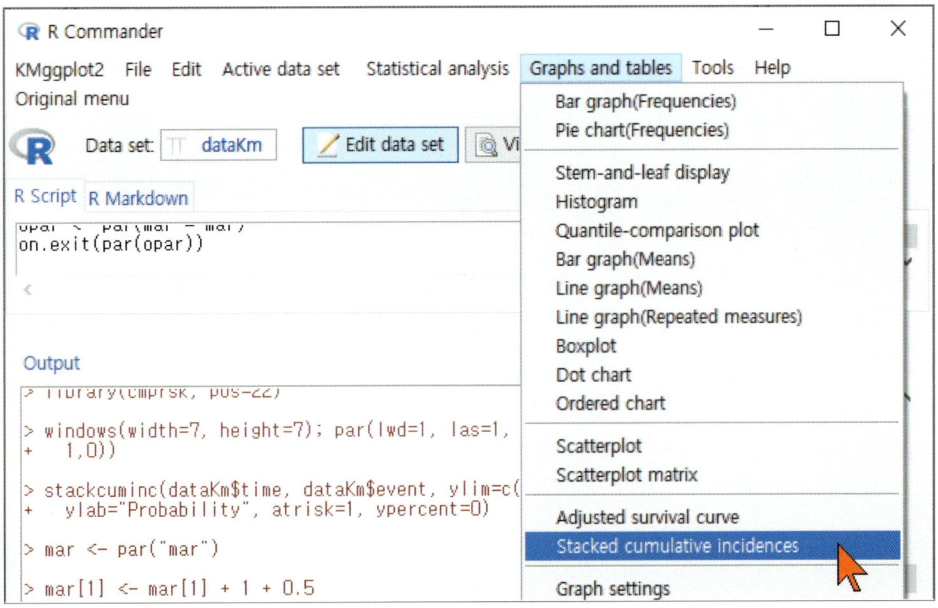

'Stacked cumulative incidences'를 선택해봅시다.

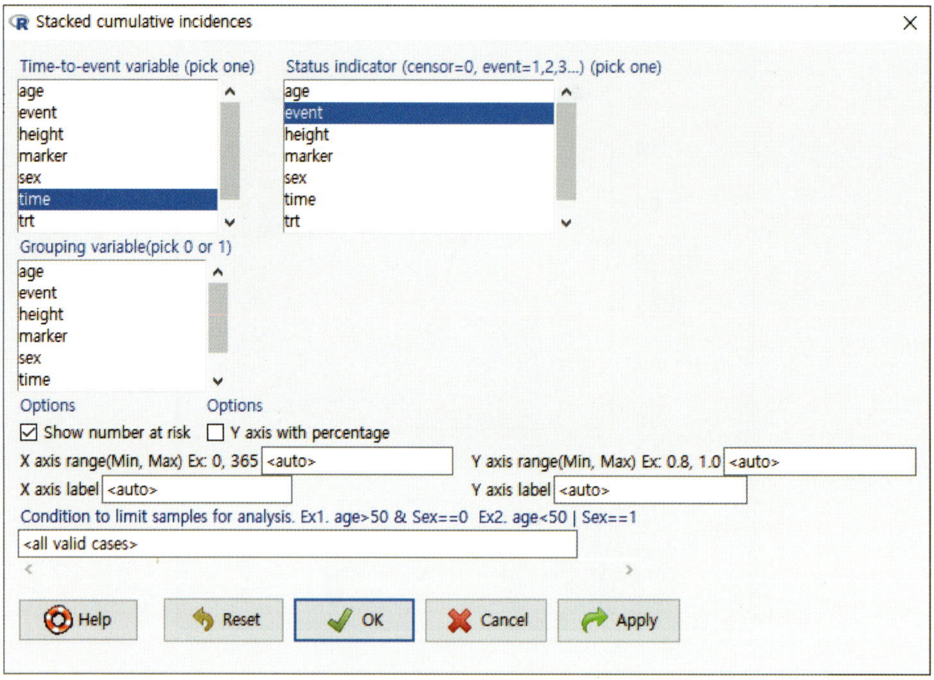

먼저 'time'과 'event'만 선택합니다.

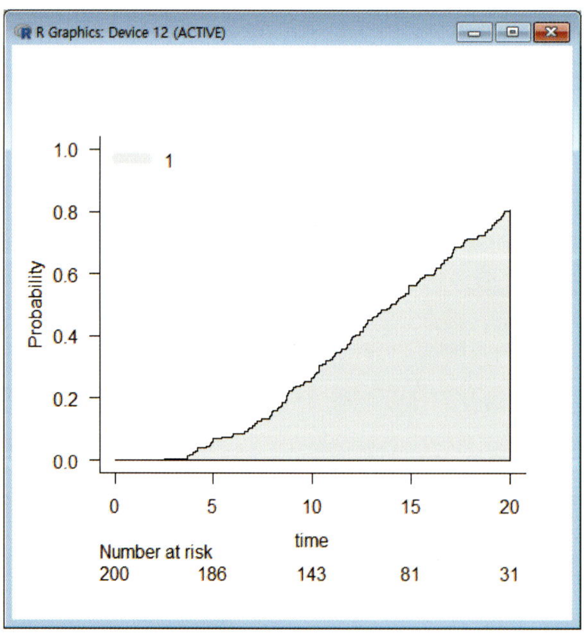

그러면 전체적인 'Stacked cumulative incidences'를 그려줍니다.

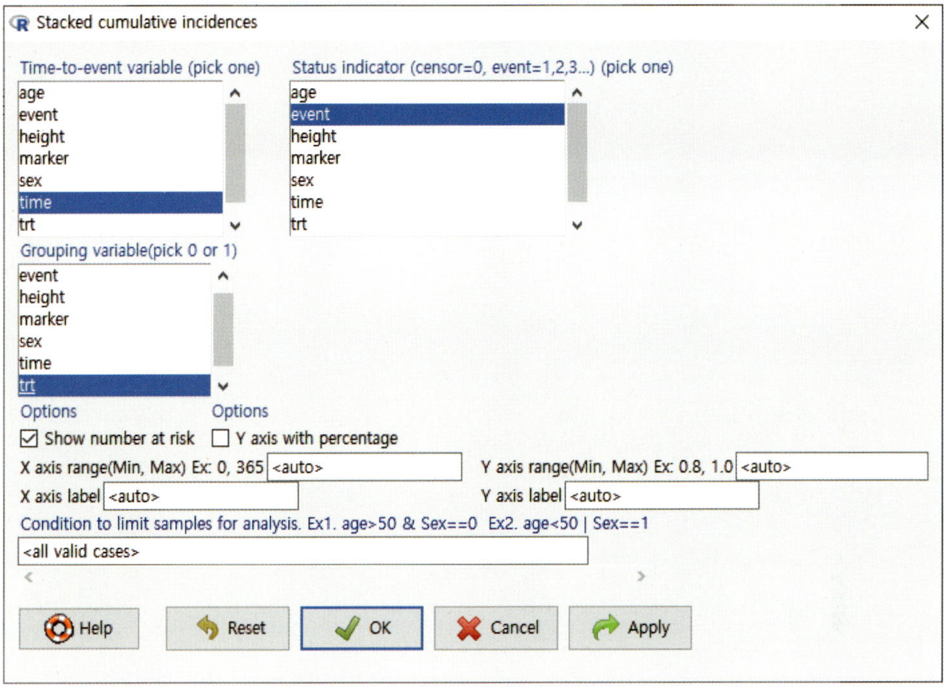

이제 group 변수를 지정합니다.

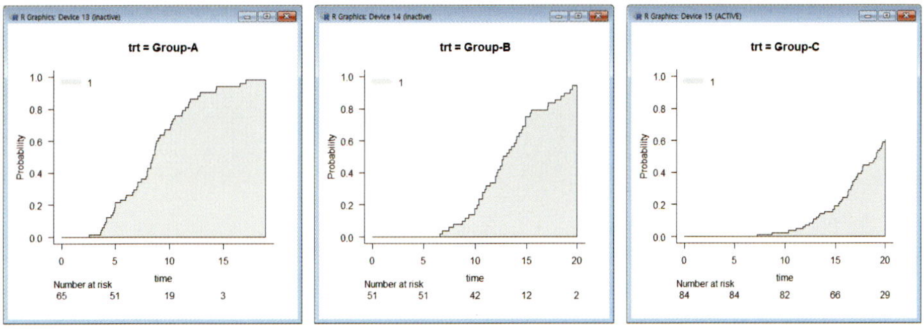

그러면 세 집단의 것을 각각 보게 됩니다.

Part 3

진단 관련 통계

ch.17 ROC

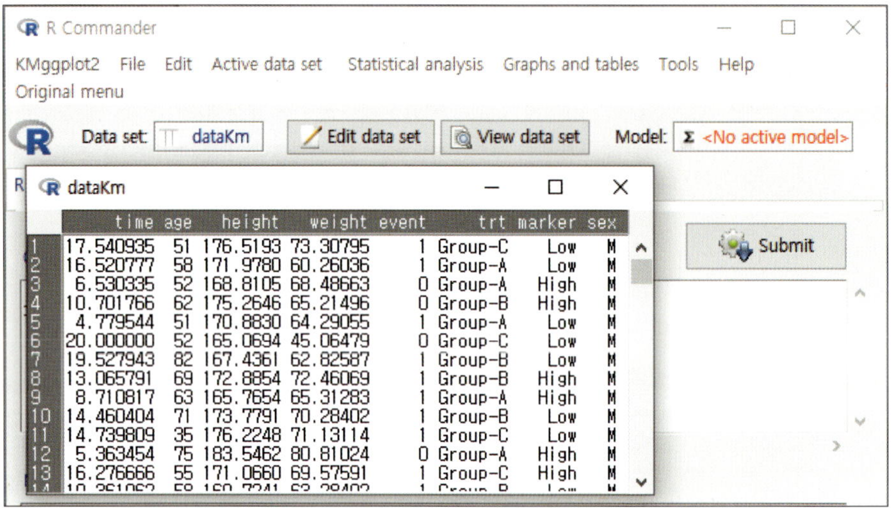

이전에 사용했던 'dataKM' 데이터를 다시 사용하겠습니다.

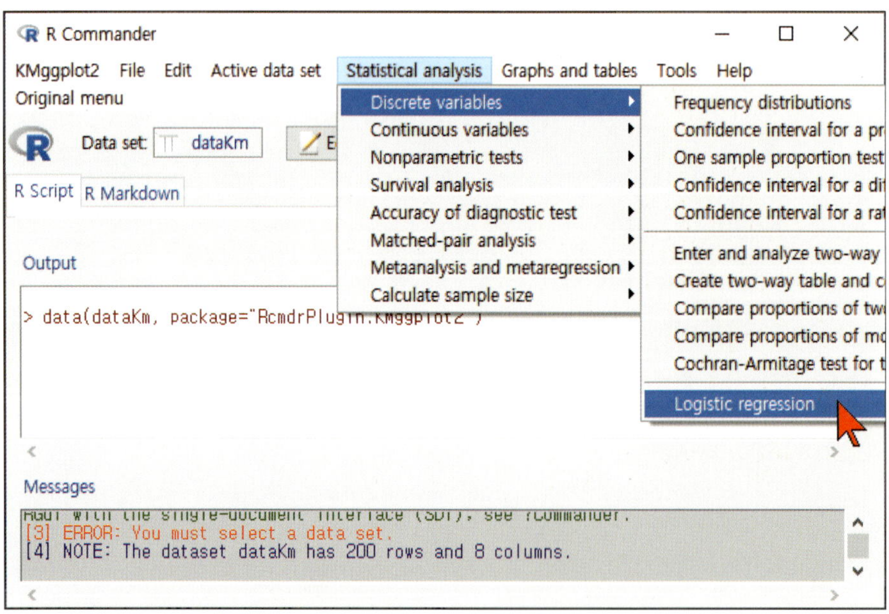

logistic regression을 이용합니다.

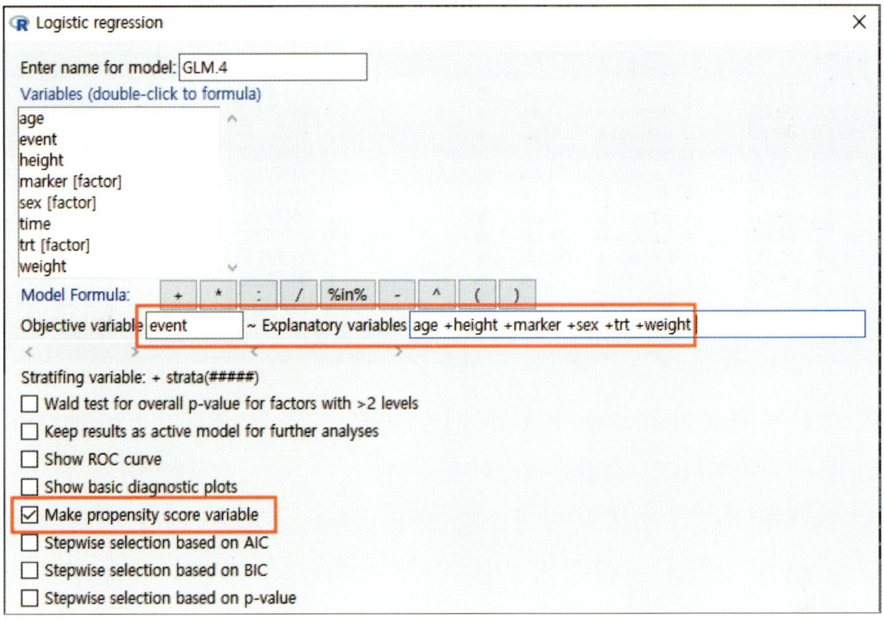

그림과 같이 6개의 변수 'Make propensity score variable'을 이용합니다.

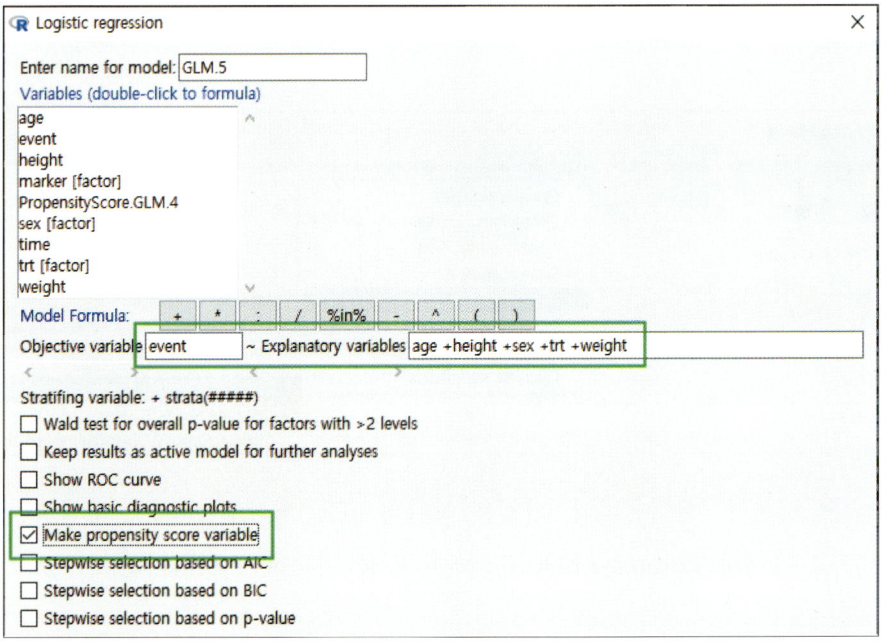

이제는 5개의 변수를 이용해서 같은 작업을 반복합니다. 즉 'marker'를 변수가 있는 것과 없는 것으로 구분해 각각 확률 모델을 만든 것입니다.

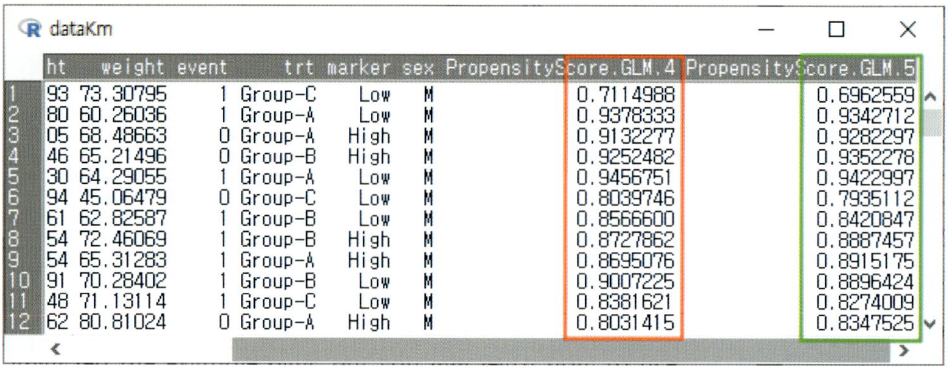
dataKm

	ht	weight	event	trt	marker	sex	PropensityScore.GLM.4	PropensityScore.GLM.5
1	93	73.30795	1	Group-C	Low	M	0.7114988	0.6962559
2	80	60.26036	1	Group-A	Low	M	0.9378333	0.9342712
3	05	68.48663	0	Group-A	High	M	0.9132277	0.9282297
4	46	65.21496	0	Group-B	High	M	0.9252482	0.9352278
5	30	64.29055	1	Group-A	Low	M	0.9456751	0.9422997
6	94	45.06479	0	Group-C	Low	M	0.8039746	0.7935112
7	61	62.82587	1	Group-B	Low	M	0.8566600	0.8420847
8	54	72.46069	1	Group-B	High	M	0.8727862	0.8887457
9	54	65.31283	1	Group-A	High	M	0.8695076	0.8915175
10	91	70.28402	1	Group-B	Low	M	0.9007225	0.8896424
11	48	71.13114	1	Group-C	Low	M	0.8381621	0.8274009
12	62	80.81024	0	Group-A	High	M	0.8031415	0.8347525

왼쪽 빨간색 부분이 maker가 있을 때, 오른쪽 초록색 부분이 maker가 없을 때입니다. 이제 자료가 준비되었습니다.

ROC 커브를 그리기 위해 이렇게 logistic regression을 꼭 해야 하는 것은 아닙니다. 어떤 것이든 진단의 참값(0과 1로 코딩된)과 진단을 예측하는 값(서열변수 혹은 연속변수)의 자료가 있다면 ROC 커브를 그릴 수 있습니다. logistic regression을 시행한 경우 그 모형의 진단 정확도를 알아보기 위해 이렇게 만들어볼 수 있으며, logistic regression 말고 다른 진단 모형 역시 이렇게 ROC를 그려볼 수 있습니다.

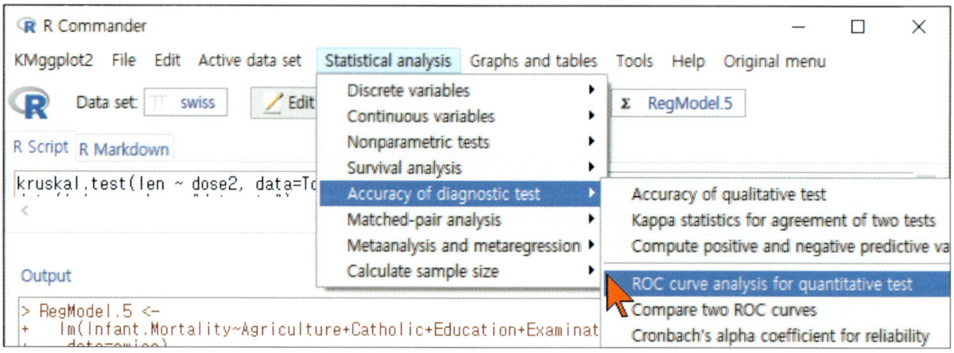

먼저 'ROC ~'를 선택합니다. 이것은 하나의 ROC 커브를 그리고 분석하는 것이며, 그 아래의 'compare ROC'는 두 ROC를 비교하는 것입니다.

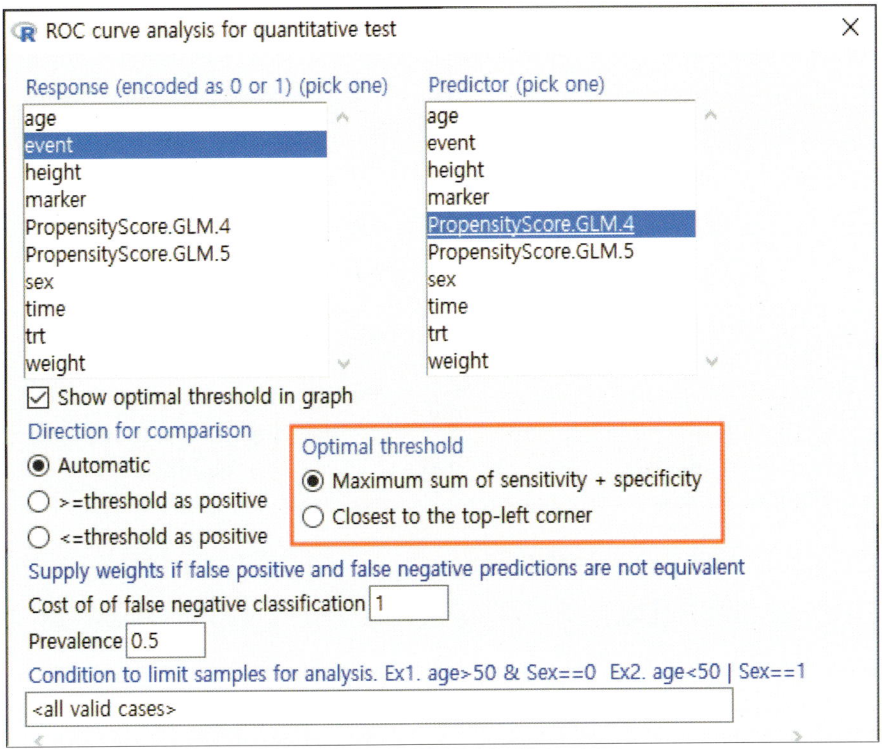

실제 값인 event와 모형에 의한 예측 확률인 변수 하나를 선택합니다.

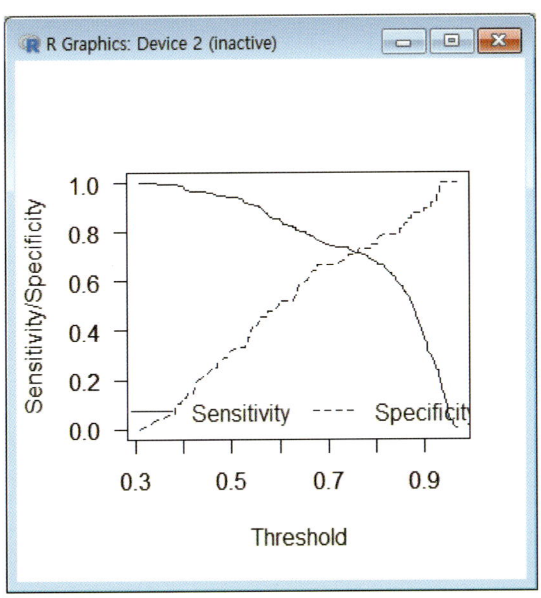

Threshold에 따라 sensitivity와 specificity를 그려줍니다.

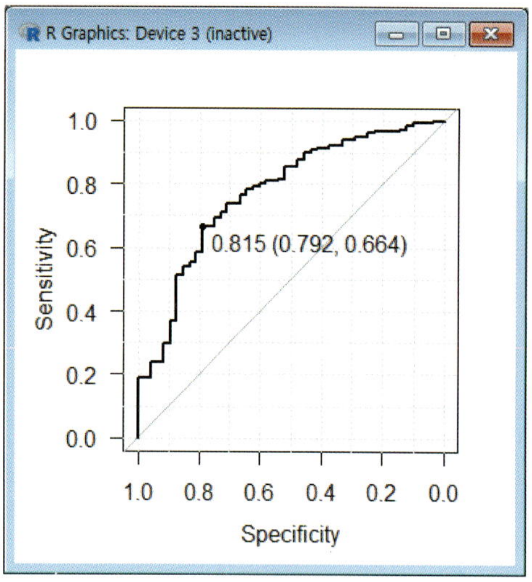

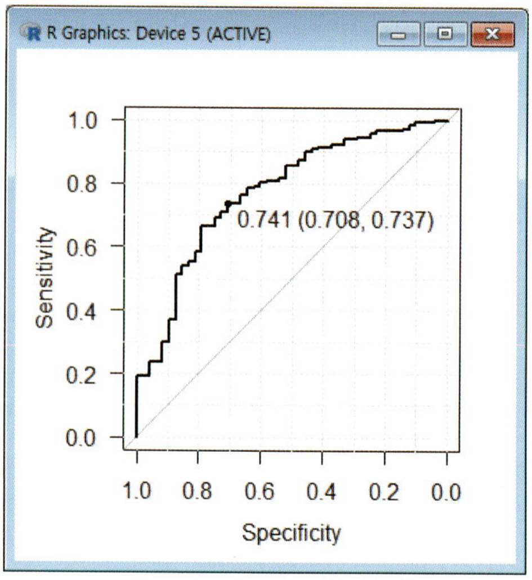

ROC도 그려줍니다. ROC의 점은 optimal threshold 혹은 cutoff value라고 불리는 것으로 2가지 선택(앞 페이지 빨간색 사각형) 중에 하나를 보여줍니다.

```
Area under the curve 0.773 95% CI 0.696 - 0.85
```

Area under the curve(줄여서 AUC 또는 C-statics라고 함)는 ROC 곡선 아래의 면적인데, 이것의 95% confidence intervals를 구해줍니다.

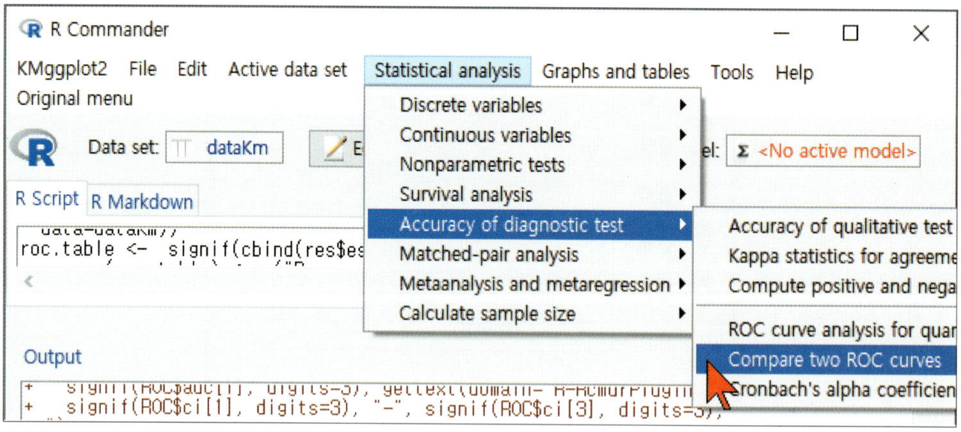

이제 2개의 ROC를 비교해봅시다.

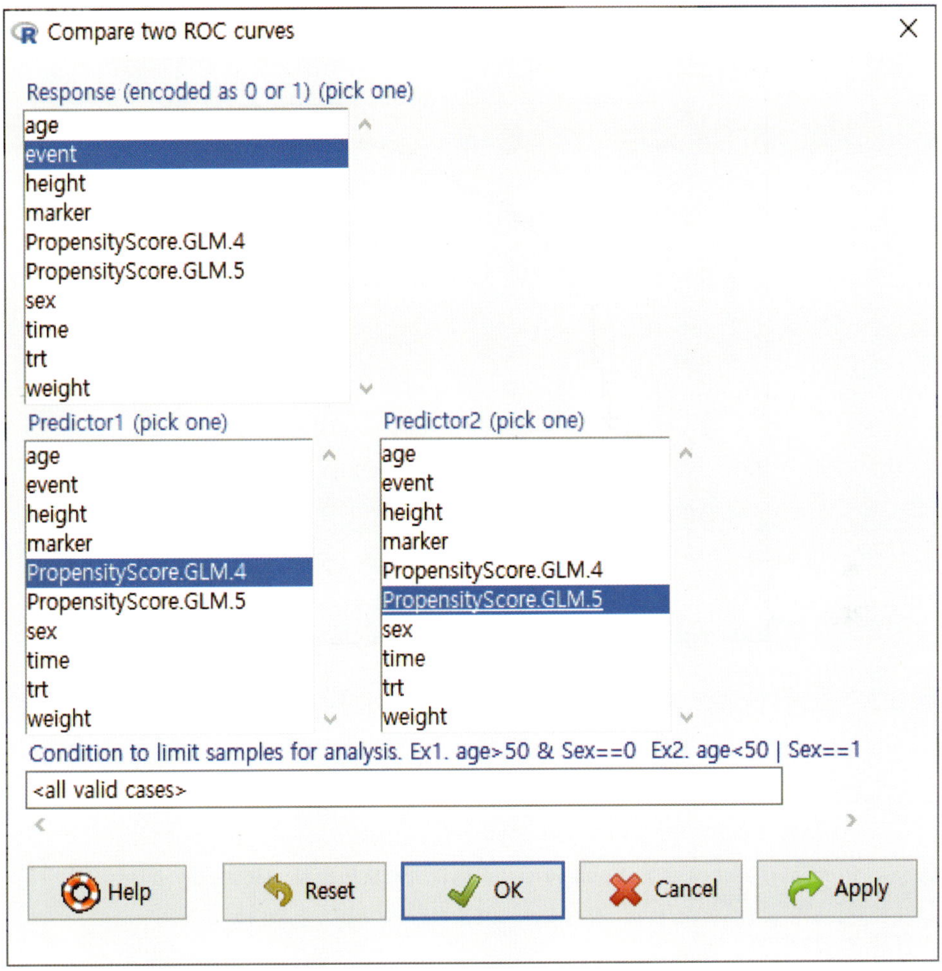

event와 2개의 예측변수를 선택합니다.

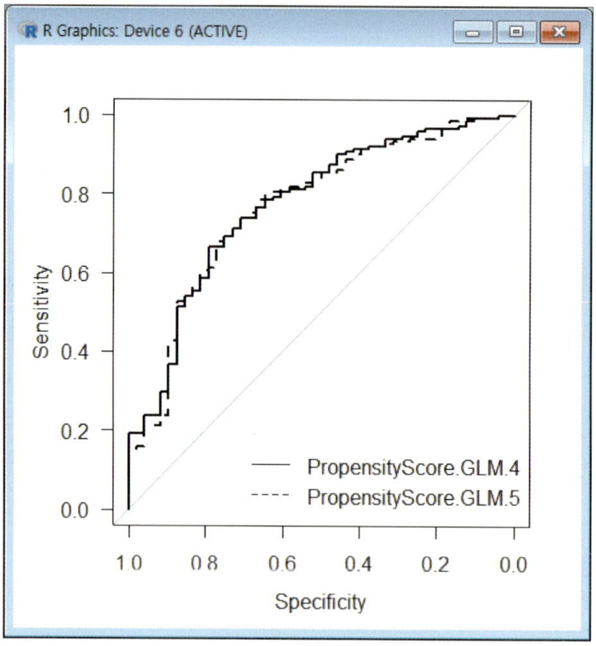

두 ROC 곡선이 그려졌는데 육안으로 별로 차이가 없어 보입니다.

```
        DeLong's test for two correlated ROC curves

data:  PropensityScore.GLM.4 and PropensityScore.GLM.5 in dataKm by event (0, 1)
Z = 0.75663, p-value = 0.4493
alternative hypothesis: true difference in AUC is not equal to 0
sample estimates:
AUC of roc1 AUC of roc2
  0.7728893   0.7687774
```

'DeLong's test for two ROC curves'에서도 역시 통계적인 차이가 없다고 말해줍니다(p=0.4493).

한편, 이 자료는 marker라는 변수가 있고 없고에 따라서 예측에 차이가 없다는 뜻입니다. 그러므로 marker는 예후의 예측 인자로서는 가치가 없다고 생각됩니다.

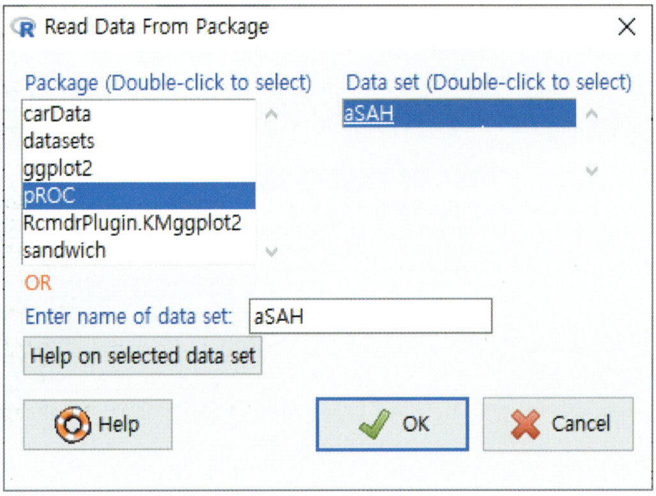

진단에 좀 더 관련된 예제를 위해서 aSAH 데이터를 열어봅시다.

	gos6	outcome	gender	age	wfns	s100b	ndka
29	5	Good	Female	42	1	0.13	3.01
30	5	Good	Female	37	1	0.14	8.54
31	5	Good	Female	42	1	0.10	8.09
32	5	Good	Female	27	1	0.04	10.42
33	1	Poor	Female	42	3	0.13	17.40
34	1	Poor	Male	48	2	0.10	12.75
35	4	Good	Male	57	5	0.47	6.00
36	1	Poor	Male	41	4	0.16	13.20
37	5	Good	Female	49	1	0.18	15.54
38	4	Good	Female	75	2	0.10	6.01
39	1	Poor	Male	37	5	0.12	15.96
40	5	Good	Female	49	2	0.10	17.86
41	3	Poor	Male	49	5	0.44	5.18
42	1	Poor	Male	71	5	0.71	8.90
43	5	Good	Female	64	1	0.04	13.41
44	5	Good	Female	49	2	0.08	20.75
45	1	Poor	Male	63	5	0.49	11.60
46	5	Good	Female	33	2	0.04	16.11

가장 바람직한 outcome은 0과 1로 표현된 것인데, 지금처럼 Good/Poor로 되거나 Yes/No로 된 것도 가끔 있습니다. 이때는 해석에 매우 주의해야 합니다. 알파벳 순서가 뒤인 것은 1이 되고, 앞인 것은 0이 된다고 생각하면 됩니다. Good/Poor 중에서는 Poor가 1이 되고, Yes/No 중에서는 Yes가 1이 되는 셈입니다. 즉 이 경우는 outcome이 Poor인 것을 진단하기 위한 데이터라고 생각하면 됩니다.

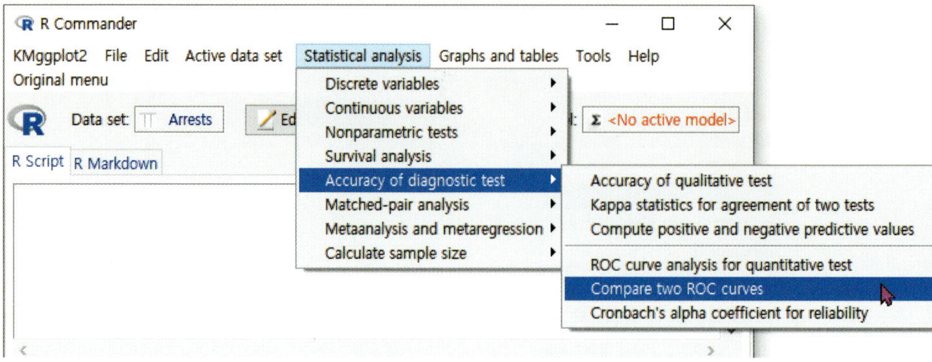

2개의 ROC curve를 비교하도록 메뉴를 지정합니다.

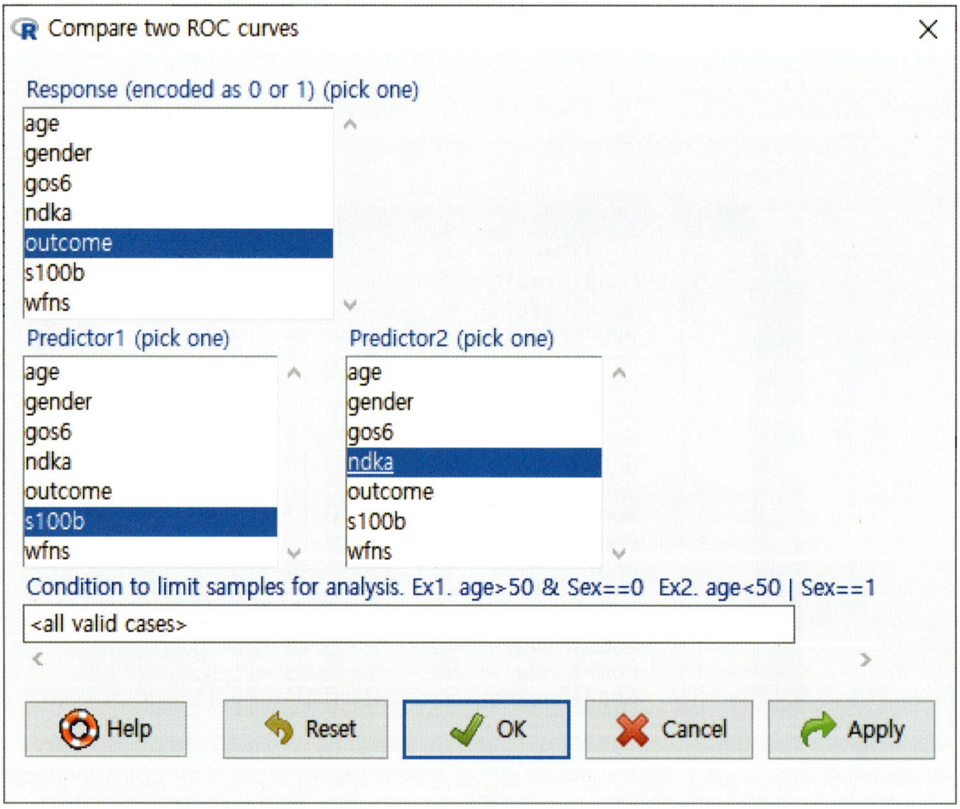

결과변수를 지정하고, 비교하고자 하는 두 진단변수를 지정합니다. 즉 세 변수를 지정합니다.

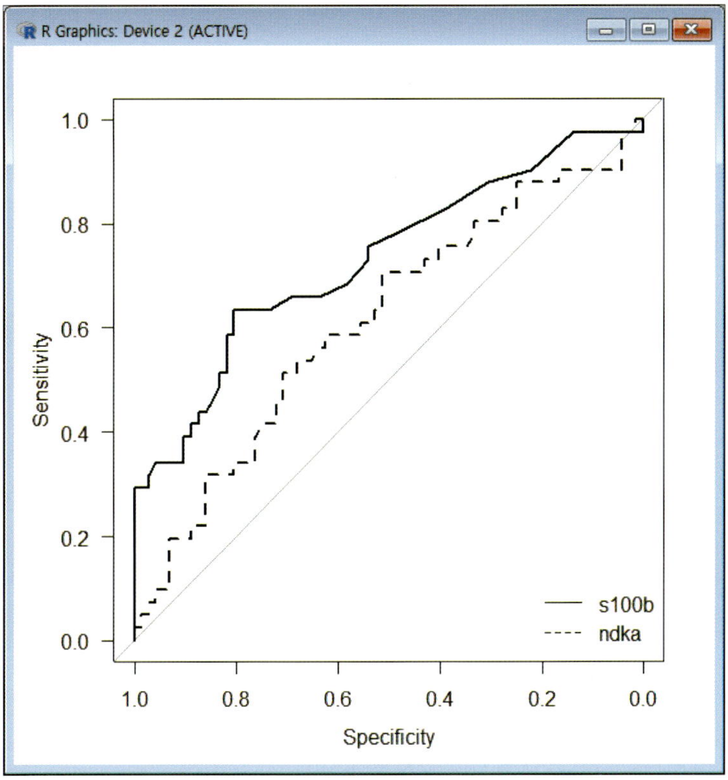

두 ROC curve를 그래프로 표현해줍니다.

```
> (res <- roc.test(outcome~s100b+ndka, data=aSAH))

        DeLong's test for two correlated ROC curves

data:  s100b and ndka in aSAH by outcome (Good, Poor)
Z = 1.3908, p-value = 0.1643
alternative hypothesis: true difference in AUC is not equal to 0
sample estimates:
AUC of roc1 AUC of roc2
  0.7313686   0.6119580
```

두 ROC를 DeLong's test로 비교하여 검정하였을 때 p=0.1643으로 통계적 의의가 없음을 말해줍니다. 가각의 AUC도 구해줍니다.

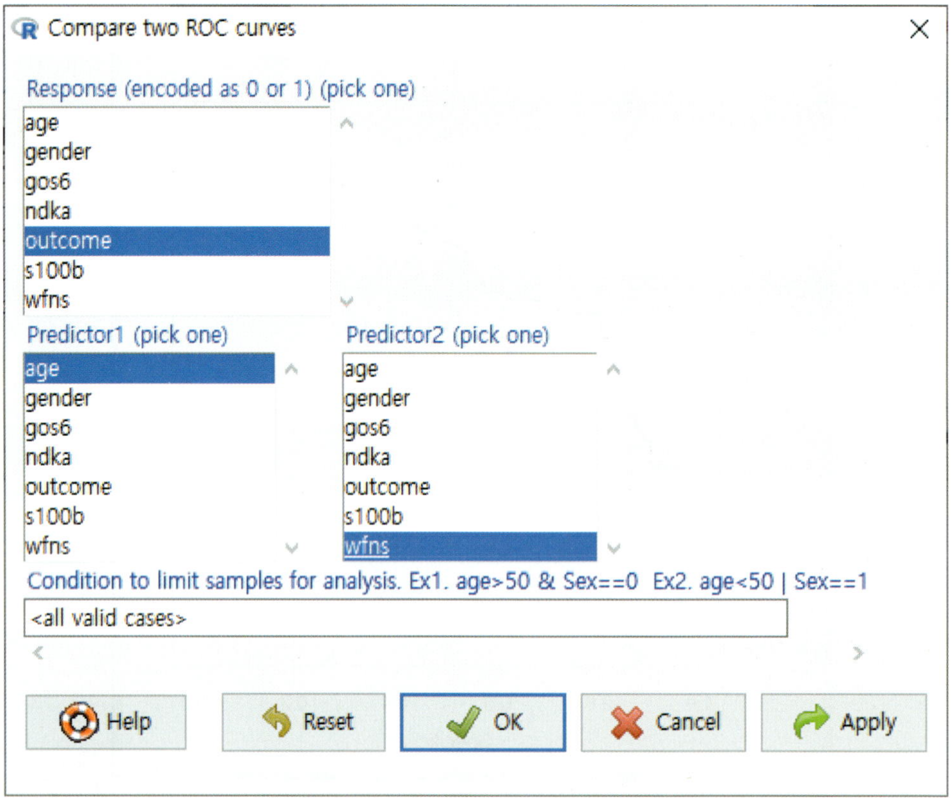

다른 2개의 변수를 지정해봅시다.

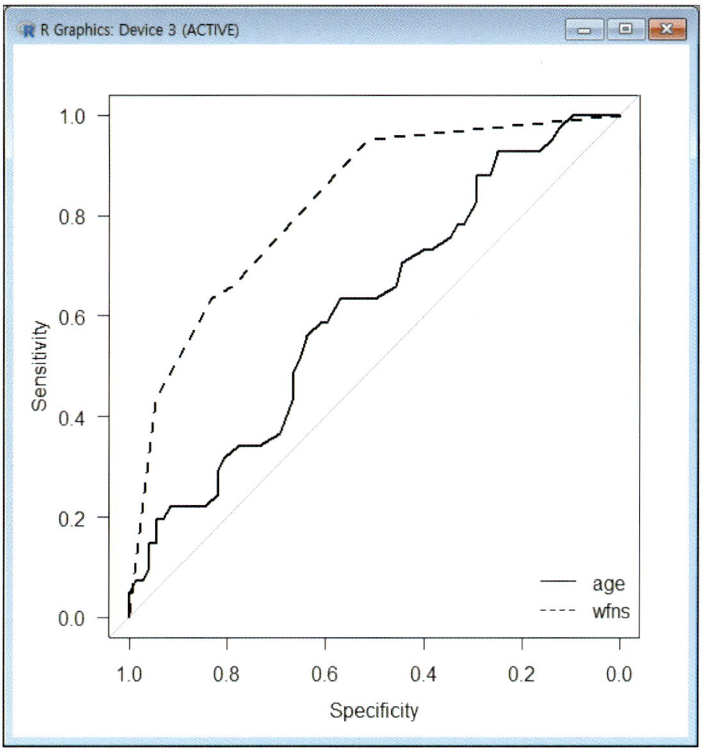

그림으로 볼 때 "wfns"는 곡선이 더 위쪽으로 위치하는 것을 알 수 있습니다.

```
> (res <- roc.test(outcome~age+wfns, data=aSAH))

        DeLong's test for two correlated ROC curves

data:  age and wfns in aSAH by outcome (Good, Poor)
Z = -3.1391, p-value = 0.001694
alternative hypothesis: true difference in AUC is not equal to 0
sample estimates:
AUC of roc1 AUC of roc2
  0.6150068   0.8236789
```

두 변수를 비교해볼 때 p=0.001694로 통계적 의의도 있는 것이 확인됩니다.

지금까지 ROC를 통해 하나의 진단법을 자세히 기술하거나, 두 진단법을 비교해보았습니다. 혹은 두 logistic regression 모델을 비교해보았습니다.

ch.18 Sensitivity and Specificity

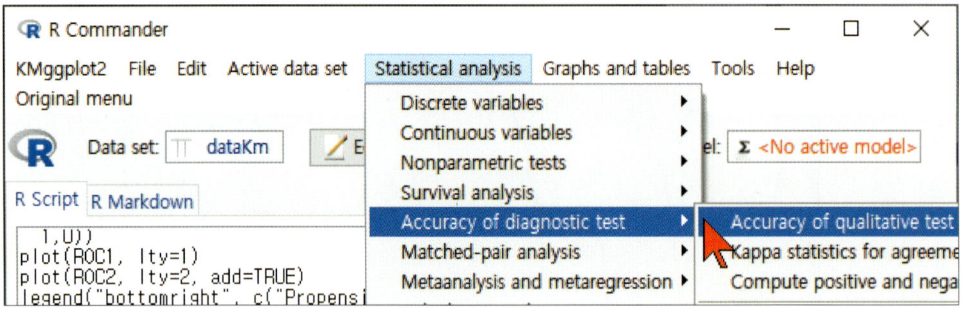

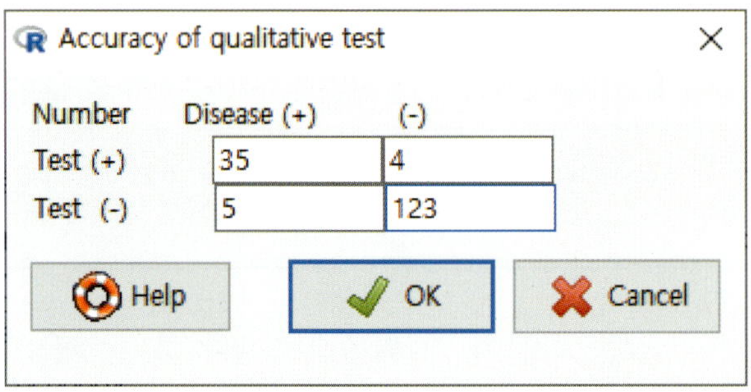

민감도(sensitivity)와 특이도(specificity)를 계산하기 위해 미리 정리된 자료를 2 by 2 tables에 입력합니다.

```
              Disease positive Disease negative Total
Test positive               35                4    39
Test negative                5              123   128
Total                       40              127   167

 Point estimates and 95 % CIs:
---------------------------------------------------------
                                Estimation Lower CI Upper CI
Apparent prevalence                  0.234    0.172    0.305
True prevalence                      0.240    0.177    0.312
Sensitivity                          0.875    0.732    0.958
Specificity                          0.969    0.921    0.991
Positive predictive value            0.897    0.758    0.971
Negative predictive value            0.961    0.911    0.987
Diagnstic accuracy                   0.946    0.900    0.975
Likelihood ratio of a positive test 27.781   10.515   73.396
Likelihood ratio of a negative test  0.129    0.057    0.293
---------------------------------------------------------
```

민감도, 특이도, 양성예측도, 음성예측도 등의 값과 신뢰구간을 계산해줍니다.

ch.19 Kappa statistics for agreement

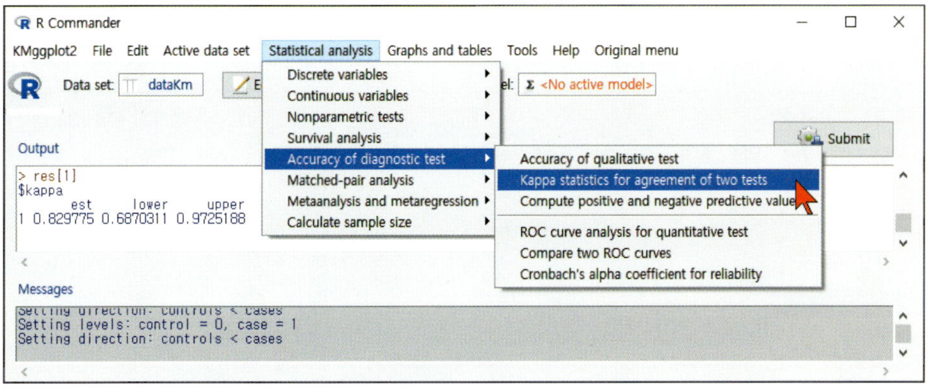

Kappa statistics는 두 진단법의 일치도를 분석해줍니다.

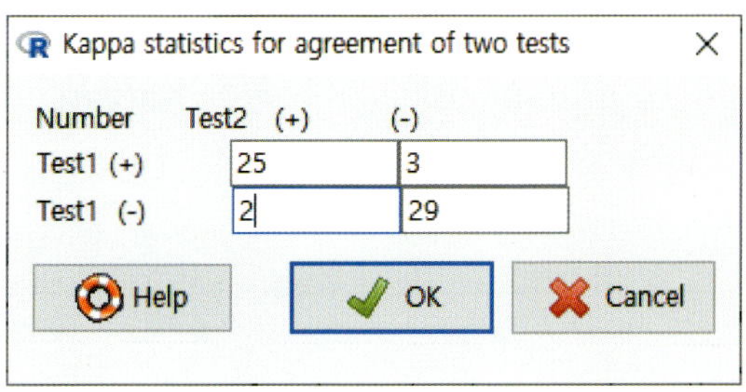

이때의 두 진단법은 모두 양성/음성으로 나오는 진단법을 말합니다. 두 진단법 모두 양성으로 나온 경우, 모두 음성으로 나온 경우, 한쪽만 양성으로 나온 경우, 한쪽만 음성으로 나온 경우를 모아서 총 4개의 값을 계산할 수 있습니다. 그 값을 각각의 셀에 입력합니다.

```
> res[1]
$kappa
        est     lower     upper
1 0.829775 0.6870311 0.9725188
```

그 결과 Kappa값과 그것의 95% 신뢰구간을 보여줍니다. 이것은 p값으로 판단하지 않습니다.

이 결과를 해석하는 것은 Landis and Koch의 해석(The Measurement of Observer Agreement for Categorical Data, 1977년)을 보통 많이 사용합니다. 이는 0~0.2: Slight (약간 일치), 0.2~0.4: Fair (어느 정도 일치), 0.4~0.6: Moderate (적당한 정도로 일치), 0.6~0.8: Substantial (상당히 일치), 0.8~1: Almost perfect (거의 완벽히 일치)로 말합니다.

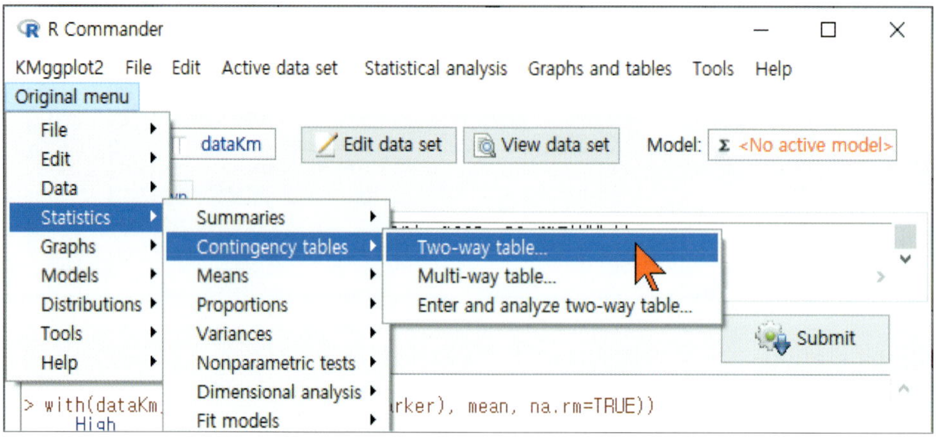

민감도(sensitivity)와 특이도(specificity)나 혹은 Kappa값을 계산하기 위해서는 표로 정리된 데이터가 필요합니다. 이 메뉴가 그것을 매우 쉽게 해줍니다.

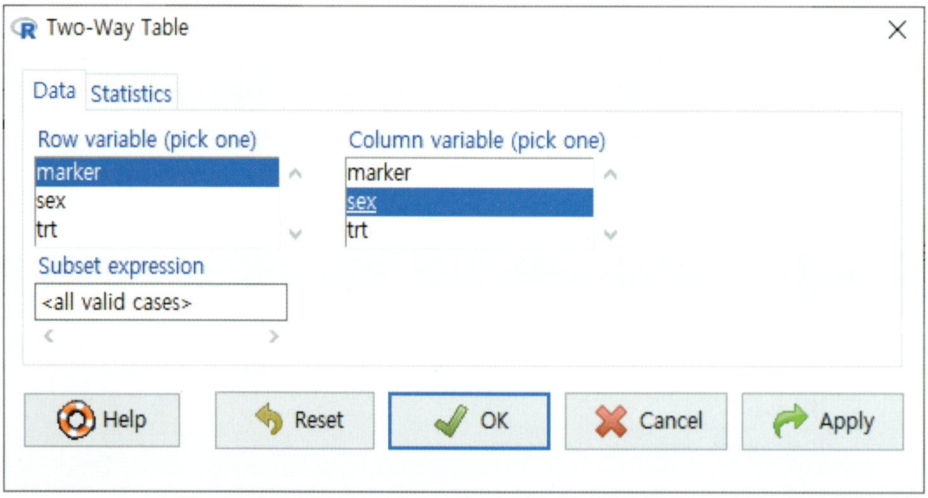

먼저, 명목변수인 두 변수를 선택합니다.

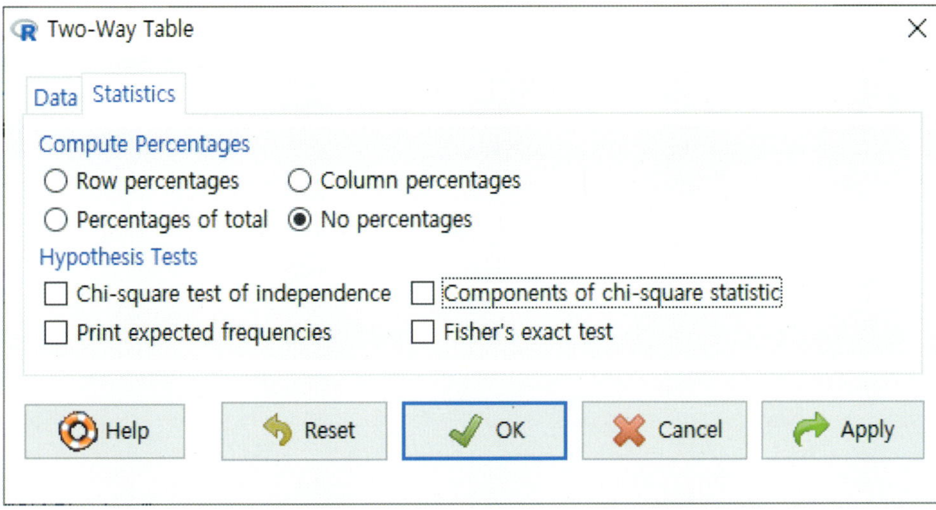

이어서 몇 가지 옵션을 선택합니다.

```
Frequency table:
      sex
marker  F  M
  High 20 29
  Low  80 71
```

그러면 이렇게 표 형식으로 정리해주는데, 이것을 'frequency table' 또는 'contigency table'이라고 부릅니다. 그냥 table이라고도 부릅니다.

Part 4
짝지은 자료의 분석

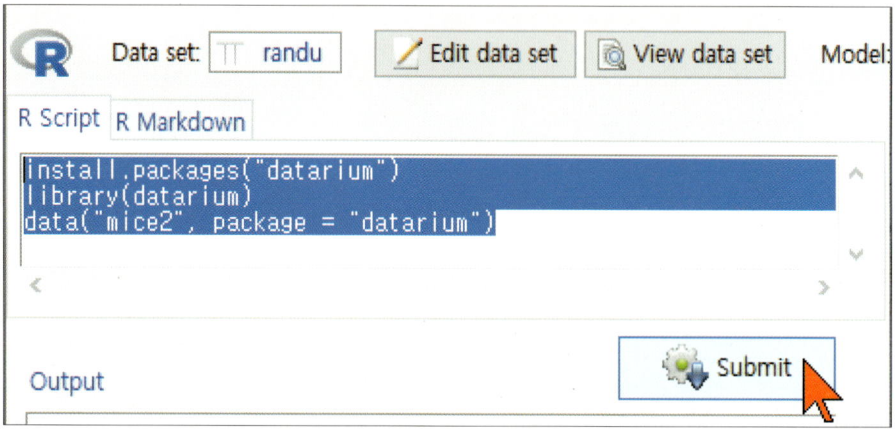

위와 같이 3줄의 스크립트를 쓰고 모두 선택한 뒤에 'Submit'을 클릭합니다.

1행의 install.packages("datarium")은 datarium이라는 패키지를 설치하라는 의미입니다.
2행의 library(datarium)은 datarium 패키지를 실행시키라는 의미입니다.
3행의 data("mice2", package = "datarium")은 이 패키지에 있는 mice2라는 데이터를 불러오라는 뜻입니다.

어떤 경우에는 바로 왼쪽의 창이 나타나기도 합니다. 그러면 그냥 'OK'를 클릭하면 됩니다.

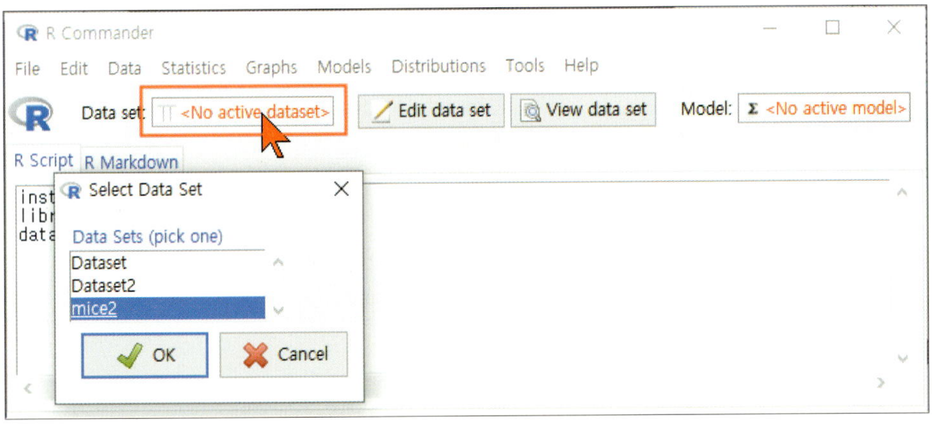

빨간색 사각형 부분을 클릭하면 mice2 데이터가 active data가 될 수 있도록 준비되어 있으므로 선택합니다. 즉 mice2 데이터를 불러오긴 했지만, 아직 active data가 되지 않았으므로 active data로 바꾸어주는 작업을 합니다.

	id	before	after
1	1	187.2	429.5
2	2	194.2	404.4
3	3	231.7	405.6
4	4	200.5	397.2
5	5	201.7	377.9
6	6	235.0	445.8
7	7	208.7	408.4
8	8	172.4	337.0
9	9	184.6	414.3
10	10	189.6	380.3

이것은 매우 작은 데이터인데, 10마리의 쥐에 무언가 처치를 한 전후의 무게를 잰 것입니다. 그 처치에 따라서 무게가 달라질 수 있습니다.

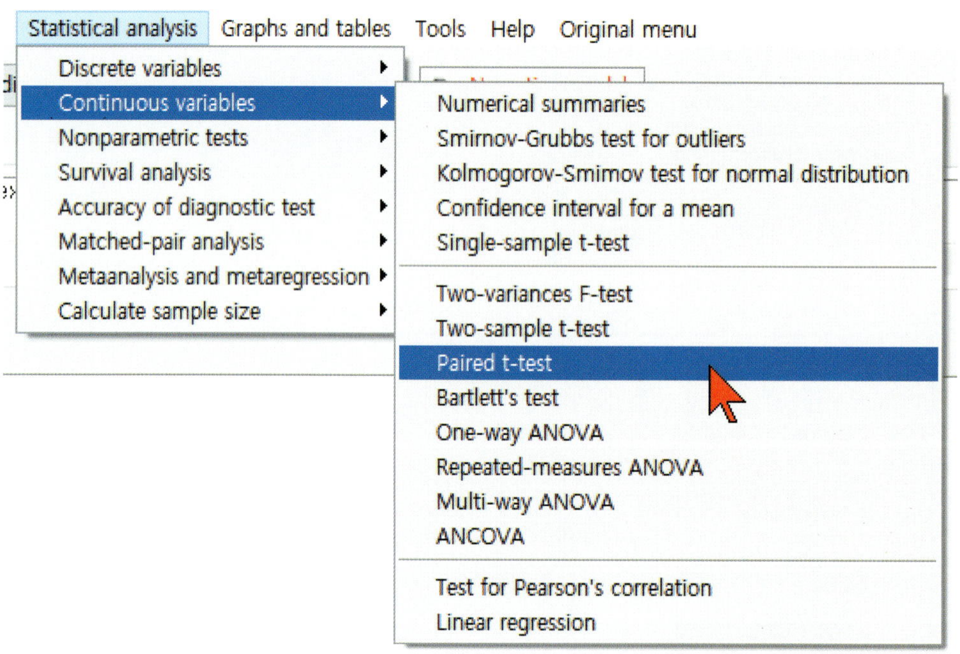

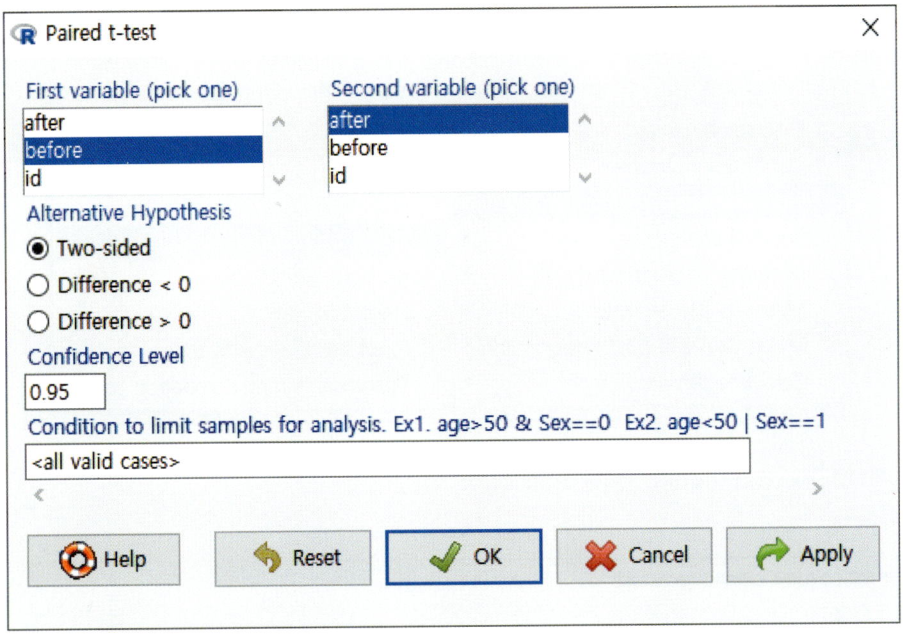

paired t-test를 선택한 뒤에 숫자 변수 둘을 선택하면 끝입니다.

```
        Paired t-test

data:  mice2$before and mice2$after
t = -25.546, df = 9, p-value = 0.000000001039
alternative hypothesis: true difference in means is not equal to 0
95 percent confidence interval:
 -217.1442 -181.8158
sample estimates:
mean of the differences
                -199.48
```

p<0.001로 통계적으로 유의하며, 차이값은 신뢰구간도 표시됩니다.

```
> summary.ttest
         mean       sd        p.value
before 200.56 20.02816 0.00000000104
after  400.04 30.08688
```

두 집단의 평균과 각각의 표준편차도 표현됩니다. 그런데 논문에 표현해야 하는 것은 각 집단의 평균과 표준편차뿐 아니라, 바로 위에서 보여주었던 차이값의 평균과 그것의 신뢰구간도 포함됩니다. 이 데이터의 경우 차이값의 평균은 -199.4이며, 그것의 95% 신뢰구간은 (-217.1, -181.8)입니다.

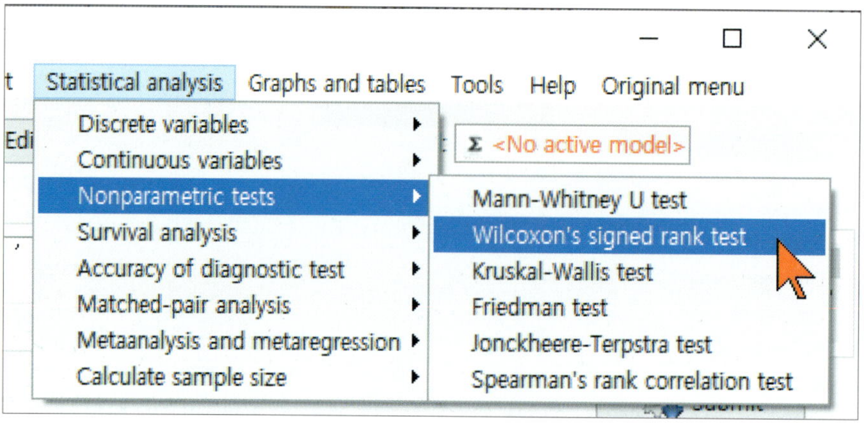

이제 'Wilcoxon signed rank test'를 선택합니다.

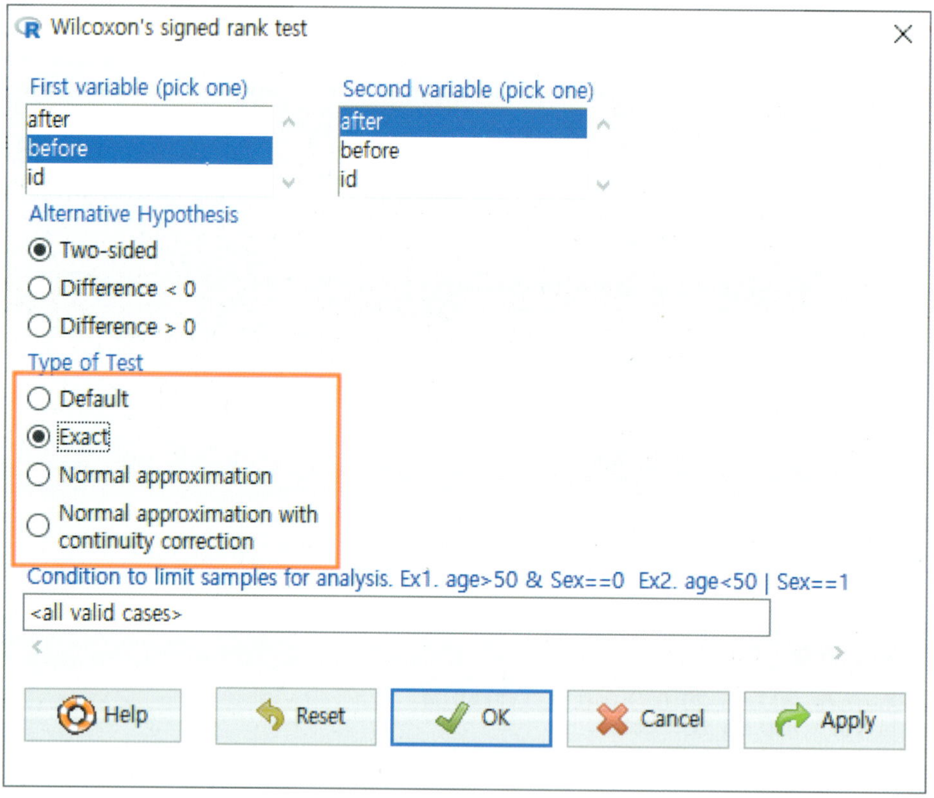

paired t-test에 대응하는 비모수 검정이며 메뉴 구성은 거의 동일합니다. 통계방법은 4가지가 있는데 Exact부터 차례로 시행해봅니다.

```
	Wilcoxon signed rank test

data:  mice2$before and mice2$after
V = 0, p-value = 0.001953
alternative hypothesis: true location shift is not equal to 0
```

```
	Wilcoxon signed rank test

data:  mice2$before and mice2$after
V = 0, p-value = 0.005062
alternative hypothesis: true location shift is not equal to 0
```

```
	Wilcoxon signed rank test with continuity correction

data:  mice2$before and mice2$after
V = 0, p-value = 0.005922
alternative hypothesis: true location shift is not equal to 0
```

통계방법에 따라 결과가 이렇게 약간씩 달라집니다. 앞서 카이제곱 검정에서 배웠던 것처럼 Exact와 연속성 수정(continuity correction)이 어떤 의미인지 이제 아실 겁니다. Default는 상황에 따라 적절히 선택할 것 같은데, 이 경우는 Exact와 같은 결과입니다. 숫자가 적다면 Exact를 더 추천합니다.

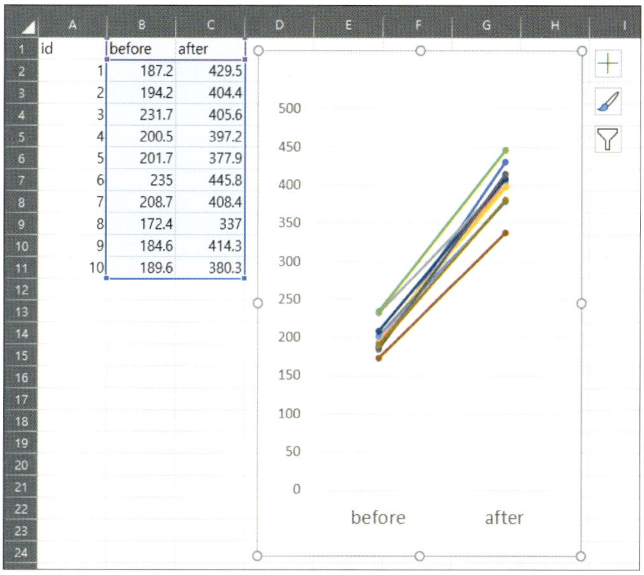

엑셀로 그려보면 그래프는 이런 모양이 됩니다. 그래프 그리는 방법은 다음 챕터에서 배우도록 하겠습니다.

그림에서 보듯이 나중의 결과가 훨씬 더 높은 쪽으로 나왔는데 이는 paired t-test나 Wilcoxon signed rank test의 검정 결과와 일치합니다. 그러나 이것이 어떤 치료의 효과인지, 시간이 지났기 때문인지, 학습이 된 탓인지 알 수 없습니다. 이는 before-after 연구가 가지는 태생적인 한계입니다. 한 개체에서 2번의 측정을 하므로 그 두 자료는 서로 관계가 깊습니다. 비슷한 방식으로 한 사람의 양팔이나 양다리에 다른 치료법을 적용한 경우에도 동일한 통계방법을 적용할 수 있습니다.

paired t-test는 dependent t-test, paired student's t-test, t-test for matched pairs, repeated samples t-test, related samples t-test 등으로 불립니다. 그리고 Wilcoxon signed rank test는 Wilcoxon t test라고도 불립니다.

어떤 치료의 전과 후를 비교한 검정을 논문에서 많이 발표하는데 꼭 필요한 경우가 아니라면 하지 않는 것이 낫습니다. 아주 초기 연구, 이제 막 도입된 치료라면 그런 점이 궁금할 수 있습니다. 하지만 치료의 전과 후에 성적이 좋아지는 것은 너무나 당연하기 때문에 그런 것을 궁금해하는 일은 보통 없습니다. 오래된 치료의 경우에는 기존의 치료법과 새로운 치료법을 비교하는 것이 일반적으로 연구자와 독자들이 궁금해하는 영역입니다.

ch.21 Repeated-Measures ANOVA and Friedman test

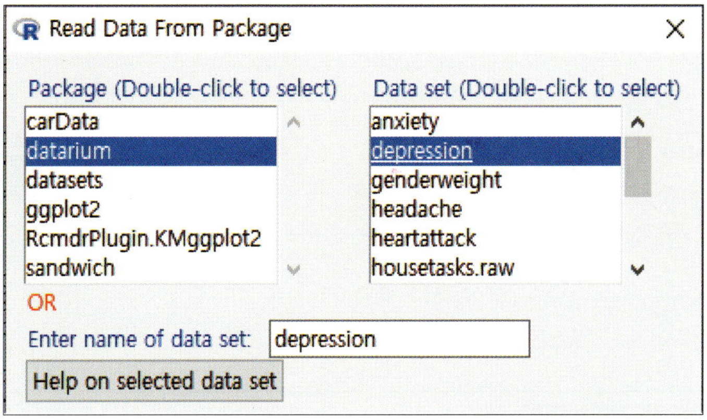

'datarium' 안에 들어 있는 'depression'이라는 데이터를 불러옵시다.

depression

	id	treatment	t0	t1	t2	t3
1	1	ctr	296	175	187	242
2	2	ctr	376	329	236	126
3	3	ctr	309	238	150	173
4	4	ctr	222	60	82	135
5	5	ctr	150	271	250	266
6	6	ctr	316	291	238	194
7	7	ctr	321	364	270	358
8	8	ctr	447	402	294	266
9	9	ctr	220	70	95	137
10	10	ctr	375	335	334	129
11	11	ctr	310	300	253	170
12	12	ctr	310	245	200	170
13	13	treated	282	186	225	134
14	14	treated	317	31	85	120
15	15	treated	362	104	144	114
16	16	treated	338	132	91	77
17	17	treated	263	94	141	142
18	18	treated	138	38	16	95
19	19	treated	329	62	62	6
20	20	treated	292	139	104	184
21	21	treated	275	94	135	137
22	22	treated	150	48	20	85
23	23	treated	319	68	67	12
24	24	treated	300	138	114	174

이것은 ctr과 treated, 두 집단의 t0부터 t3까지의 우울증 정도를 측정한 것입니다.

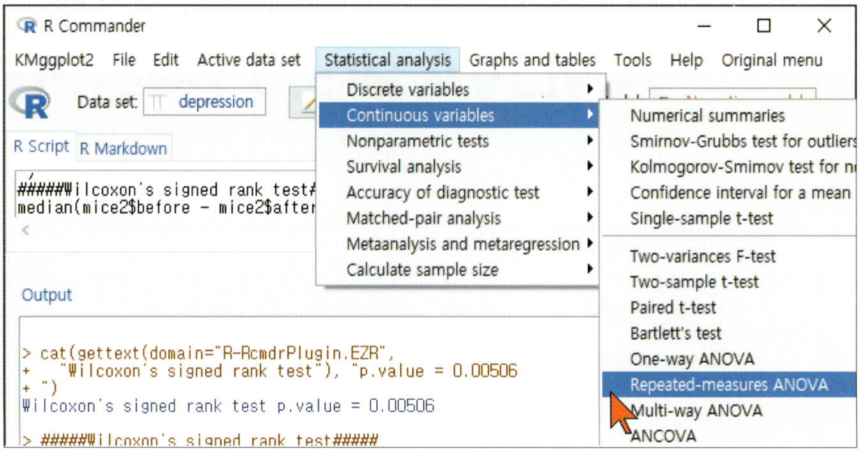

'Repeated-measures ANOVA'를 선택합니다.

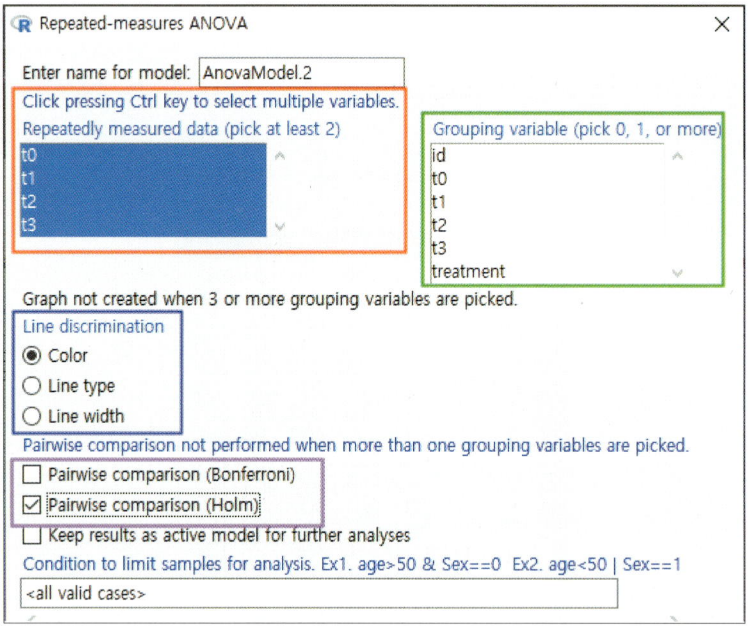

t0부터 t3까지를 선택하고(빨간색 사각형) group은 아직 지정하지 않습니다. 시간에 따라 차이가 있는지를 검정합니다. Graph는 설정해도 안타깝게 결과물이 나오지 않는데(파란색 사각형), 3 이상의 변수가 선택되는 경우 그래프가 그려지지 않는다고 설명되어 있습니다. 그래프 만드는 법은 이후 다른 방법으로 설명하겠습니다. 저는 사후 검정으로 Holm 방법을 선택합니다(분홍색 사각형).

```
Univariate Type III Repeated-Measures ANOVA Assuming Sphericity

             Sum Sq num Df Error SS den Df F value    Pr(>F)
(Intercept) 3630926      1   514011     23 162.470 6.568e-12 ***
Time         313918      3   243395     69  29.664 1.965e-12 ***
---
Signif. codes:  0 '***' 0.001 '**' 0.01 '*' 0.05 '.' 0.1 ' ' 1
```

Time에 대한 p=1.965e-12이므로 시간의 평균은 같지 않습니다.

```
Mauchly Tests for Sphericity

     Test statistic   p-value
Time        0.43407 0.0028209


Greenhouse-Geisser and Huynh-Feldt Corrections
 for Departure from Sphericity

      GG eps Pr(>F[GG])
Time 0.74801  7.678e-10 ***
---
Signif. codes:  0 '***' 0.001 '**' 0.01 '*' 0.05 '.' 0.1 ' ' 1

        HF eps    Pr(>F[HF])
Time 0.8327968 1.027478e-10
```

Mauchly Tests for Sphericity(구형성 검정)는 ANOVA에 있어서 등분산 가정을 검토하는 것과 비슷합니다. ANOVA는 등분산을 가정하는 것처럼 RM ANOVA는 구형성을 가정합니다. p = 0.0028209<0.05이므로 등분산 가정이 만족되지 못하므로 Greenhouse-Geisser 또는 Huynh-Feldt Corrections을 사용합니다. 이것들은 각각 p=7.678e-10, p=1.027478e-10으로 결국 각 시점의 평균은 같지 않습니다. 그러므로 우리는 어떤 쌍의 시점이 같지 않은지 사후 검정으로 알아보아야 합니다.

```
	Pairwise comparisons using Paired t-test

data:  depression

   t0         t1   t2
t1 0.00003578 -    -
t2 0.00000024 0.26 -
t3 0.00000398 0.39 0.68

P value adjustment method: holm
```

paired t-test를 이용해서 두 집단끼리 비교해봅니다. t1-t2, t2-t3, t1-t3는 각각 유의하지 않으며 t0는 다른 것들과 모두 유의합니다.

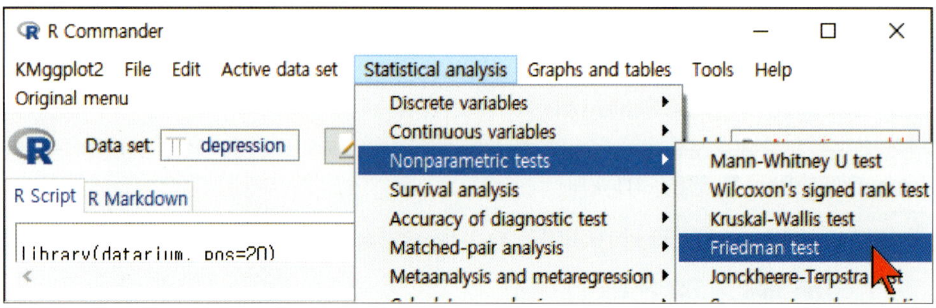

방금했던 RM ANOVA에 대한 비모수 검정은 Friedman test입니다.

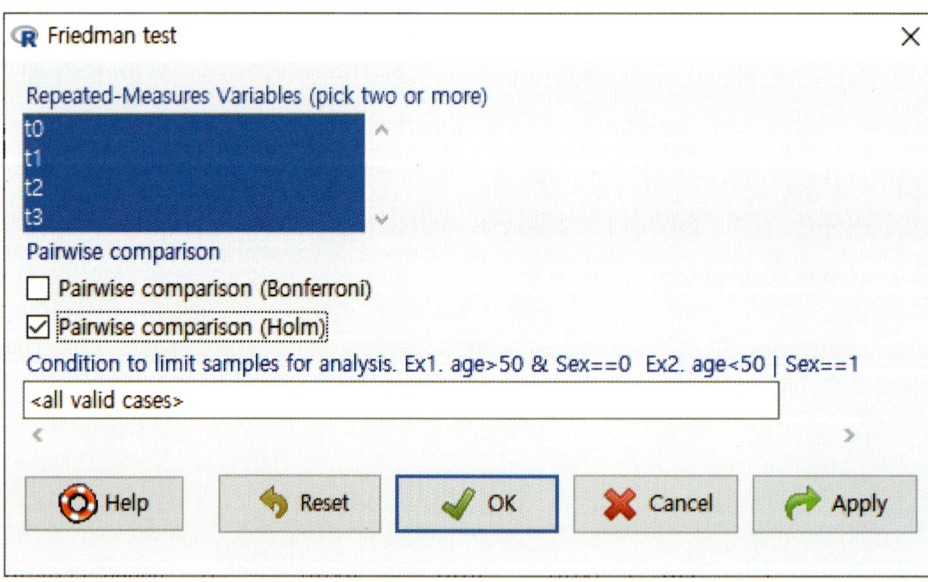

동일하게 t0부터 t3까지를 입력해줍니다.

```
> apply(.Responses, 2, median)
   t0    t1    t2    t3
309.5 138.5 142.5 137.0
```

```
        Friedman rank sum test

data:  .Responses
Friedman chi-squared = 33.427, df = 3, p-value = 0.0000002618
```

각 t의 median값이 제시되는데 확실히 t0의 값이 높고 나머지는 낮습니다. Friedman (rank sum) test 결과 4개는 동일하지 않다고 말해줍니다.

```
        Pairwise comparisons using Wilcoxon signed rank test

data:  depression

   t0      t1      t2
t1 0.00058 -       -
t2 0.00025 0.40800 -
t3 0.00030 0.60800 0.95400

P value adjustment method: holm
```

그러므로 사후 검정을 시행하는데, 비모수 검정인 Wilcoxon signed rank test를 이용합니다. 뭔가 규칙성이 느껴질 것입니다. 해석은 동일합니다.

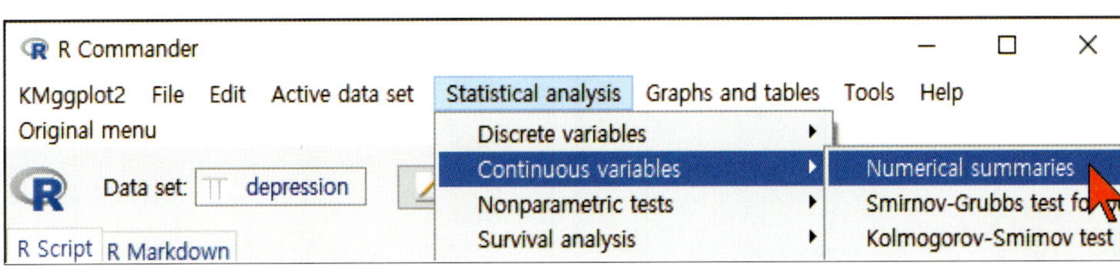

이 연구 디자인에 해당하는 그래프를 그려볼까요? 위 그림과 같이 'Numerical summaries' 메뉴를 선택합니다.

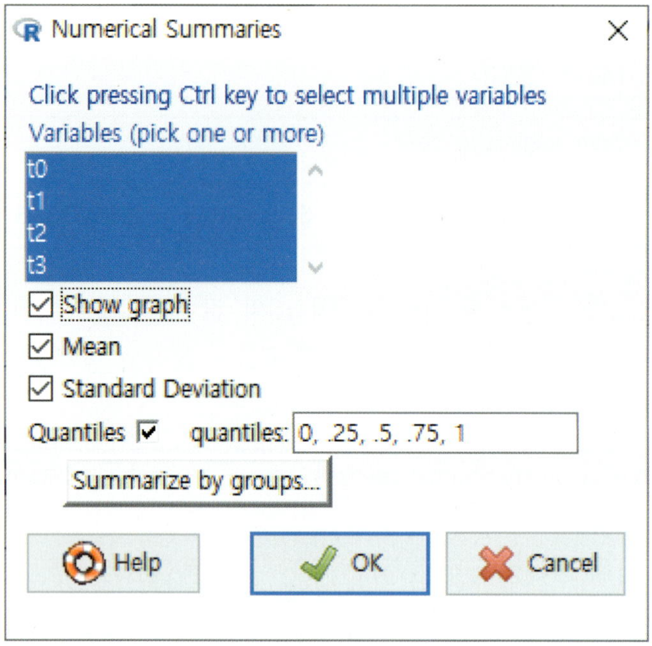

변수를 동일하게 선택해주고 옵션들을 모두 선택합니다.

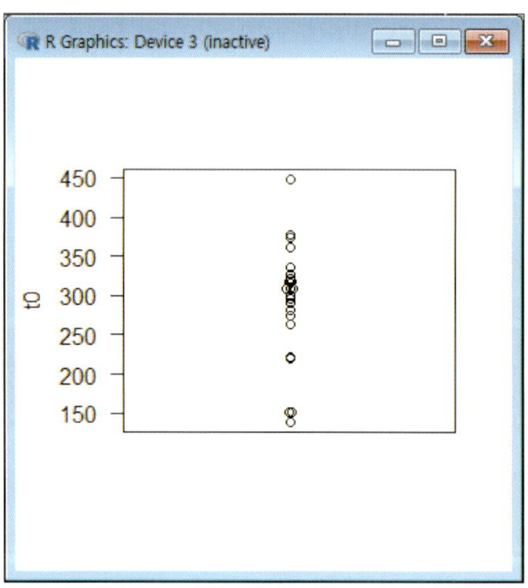

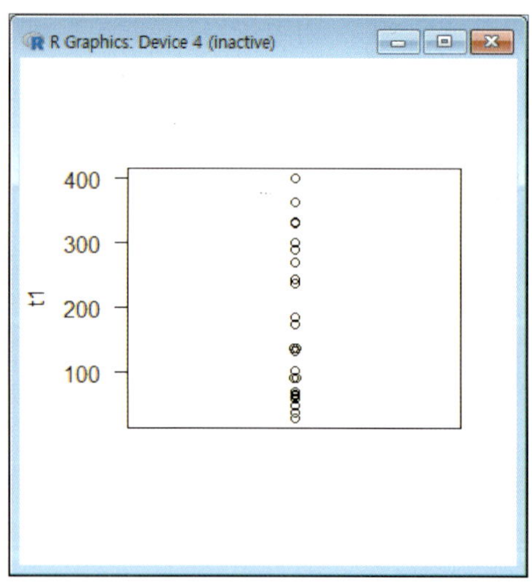

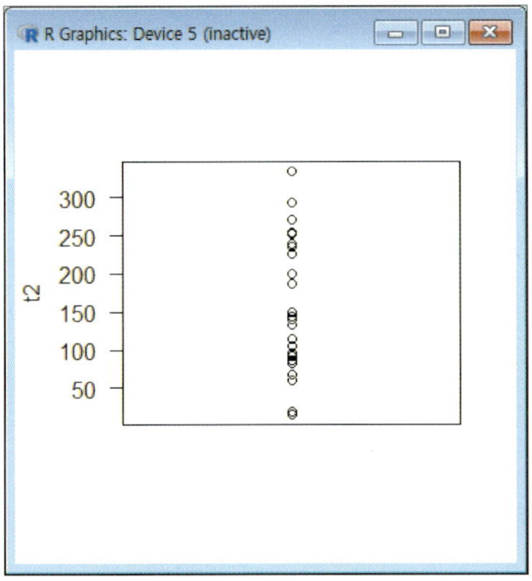

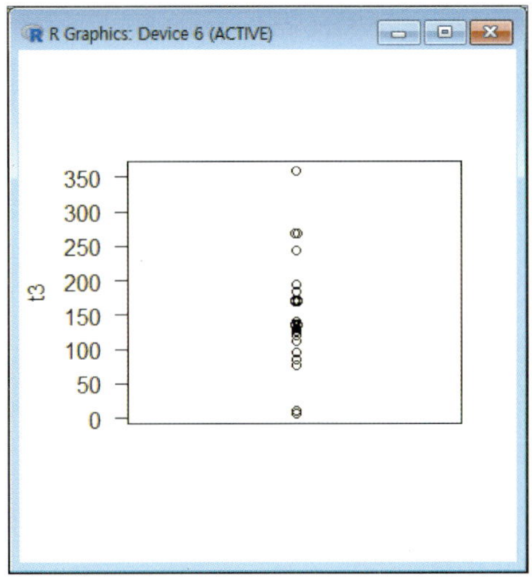

모두 잘 그려주긴 했지만, 축의 범위가 다 달라 비교해볼 수가 없습니다.

```
> res
       mean        sd  0%   25%   50%   75% 100%  n
t0 292.3750  73.86757 138 272.0 309.5 323.0  447 24
t1 175.5833 116.21267  31  69.5 138.5 276.0  402 24
t2 158.0417  88.77939  16  89.5 142.5 236.5  334 24
t3 151.9167  78.02002   6 118.5 137.0 176.5  358 24
```

각 집단의 요약된 값도 보여줍니다.

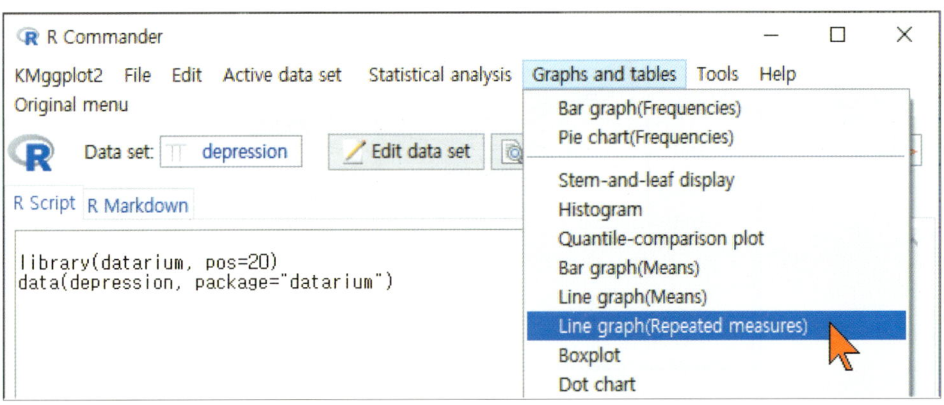

한편, Line graph(repeated measures)를 클릭한 후

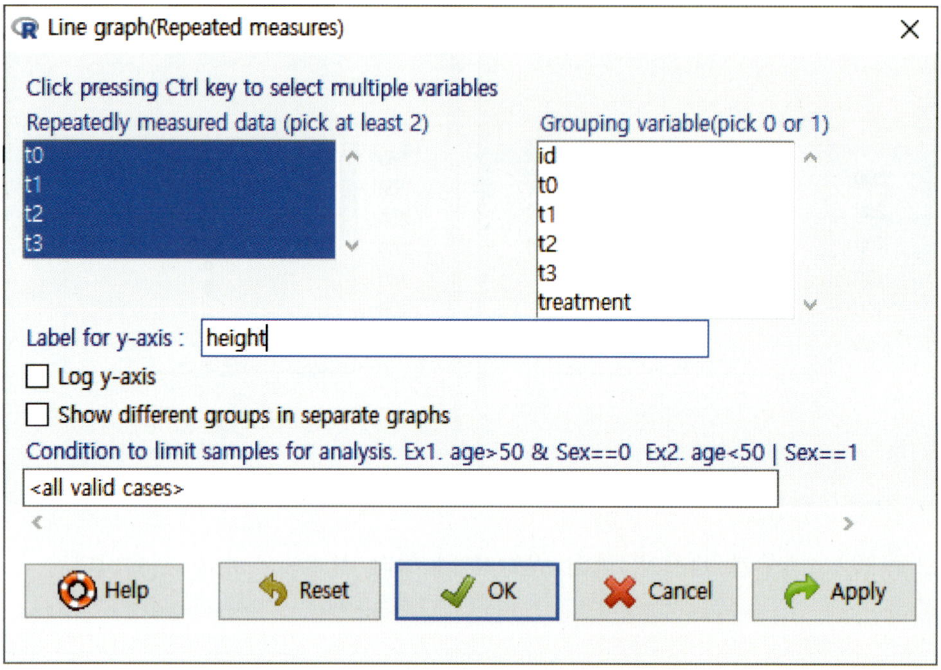

변수들을 선택하고 축의 이름을 적어줍니다.

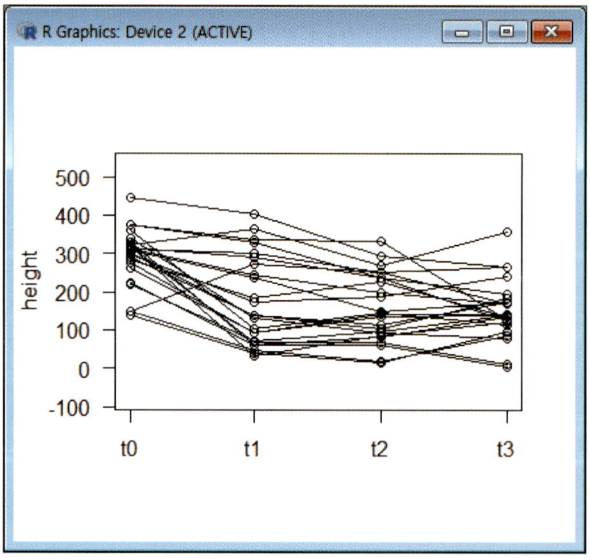

그러면 시기별로 값이 변하는 양상이 나타나고 감소와 증가 추세를 확실히 알 수 있습니다. 이것은 Friedman test와 Repeated Measures ANOVA, paired t-test에 적당한 그래프입니다.

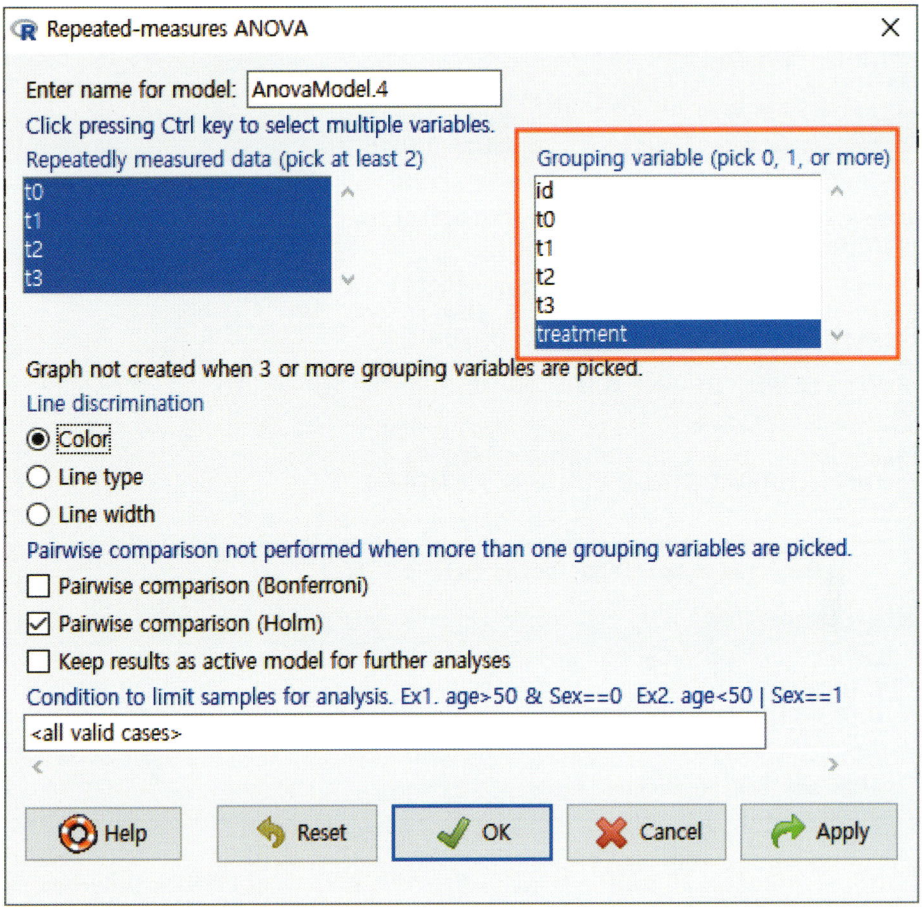

이제 Repeated-Measures ANOVA로 가서 treatment 변수를 group으로 지정해줍시다.

```
Univariate Type III Repeated-Measures ANOVA Assuming Sphericity

                       Sum Sq num Df Error SS den Df  F value    Pr(>F)
(Intercept)           3630926      1   283515     22 281.7501 5.008e-14 ***
Factor1.treatment      230496      1   283515     22  17.8859 0.0003447 ***
Time                   313918      3   183604     66  37.6147 2.714e-14 ***
Factor1.treatment:Time  59792      3   183604     66   7.1645 0.0003090 ***
---
Signif. codes:  0 '***' 0.001 '**' 0.01 '*' 0.05 '.' 0.1 ' ' 1
```

시간에 대해서만 아니라 treatment도 유의미한 결과를 얻었습니다. 'Factor1.treatment:Time', 즉 treatment와 Time 사이에 상호작용이 작용한다는 것을 알 수 있습니다.

```
Mauchly Tests for Sphericity

                         Test statistic  p-value
Time                            0.49046 0.011519
Factor1.treatment:Time          0.49046 0.011519


Greenhouse-Geisser and Huynh-Feldt Corrections
 for Departure from Sphericity

                         GG eps Pr(>F[GG])
Time                    0.73021  5.048e-11 ***
Factor1.treatment:Time 0.73021   0.001412 **
---
Signif. codes:  0 '***' 0.001 '**' 0.01 '*' 0.05 '.' 0.1 ' ' 1

                         HF eps    Pr(>F[HF])
Time                   0.814163 4.830777e-12
Factor1.treatment:Time 0.814163 8.778742e-04
```

```
        Pairwise comparisons using Paired t-test

data:  depression

   t0          t1   t2
t1 0.000000479 -    -
t2 0.000000017 0.17 -
t3 0.000002330 0.32 0.68

P value adjustment method: holm
```

구형성 검정을 해보고 p값이 작으므로 앞서와 같이 Greenhouse-Geisser 또는 Huynh-Feldt Corrections을 사용합니다. 사후 검정은 paired t-test를 합니다. 이런 연구 디자인(2 way Repeated-Measures ANOVA)에 해당하는 비모수 검정은 없습니다.

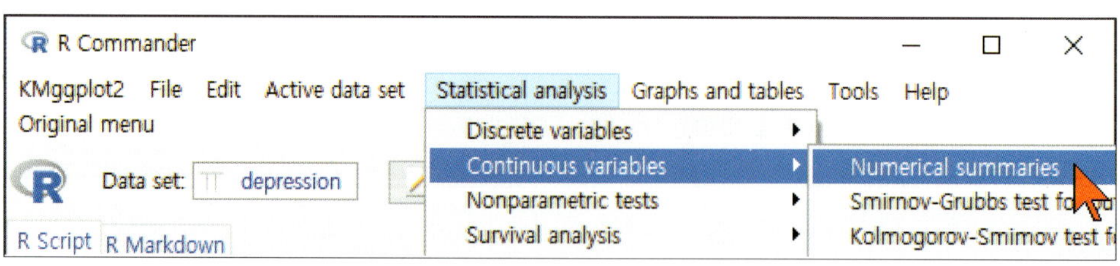

다시 한 번 데이터를 요약(summary)해봅시다.

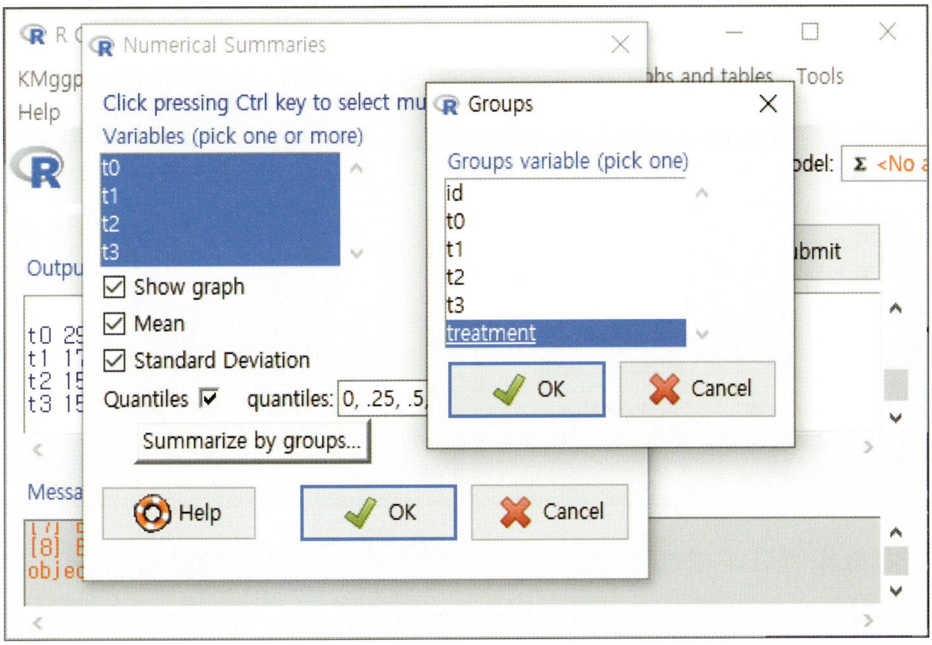

이제는 group을 지정해서 요약해봅시다.

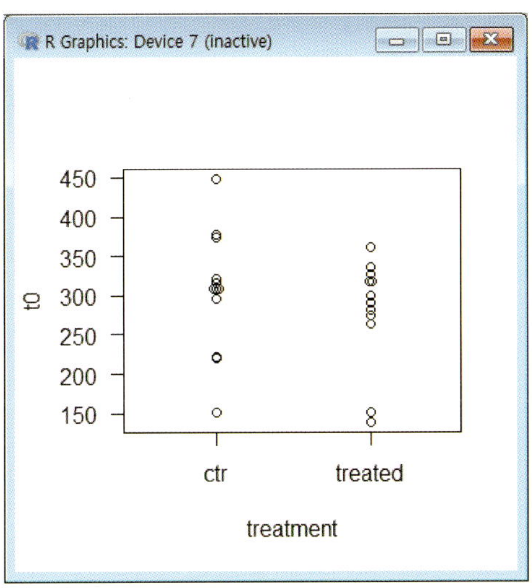

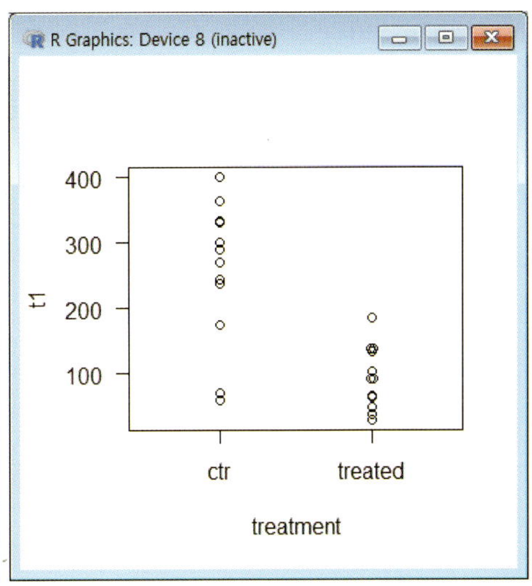

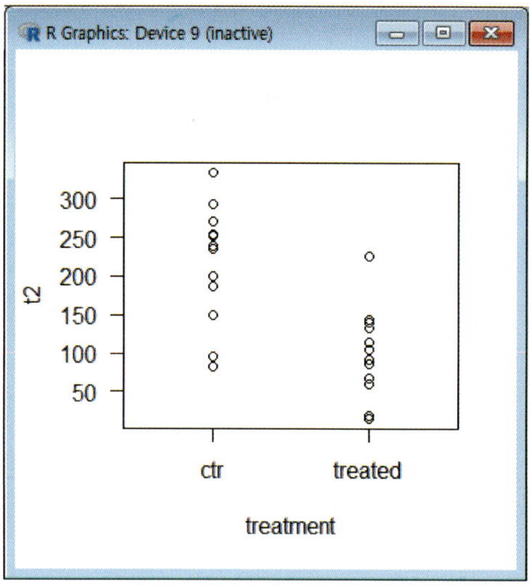

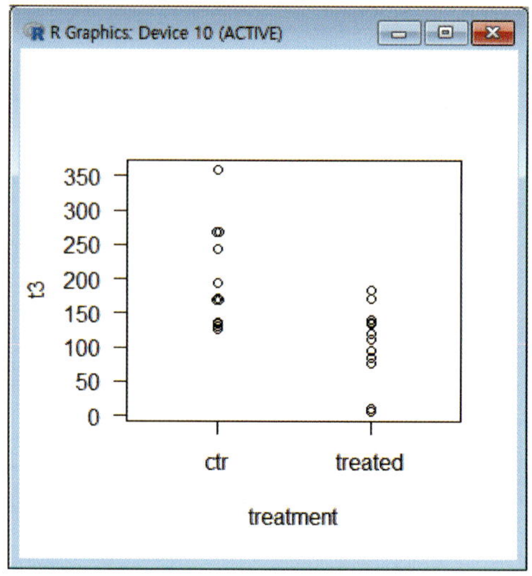

역시 축의 범위가 달라서 분포는 알기 어렵지만, ctr에 비해서 treated가 더 많이 감소한 것은 확실히 알 수 있습니다.

```
Variable: t0
            mean       sd  0%   25% 50%   75% 100%  n
ctr     304.3333 79.06422 150 277.5 310 334.5  447 12
treated 280.4167 69.61120 138 272.0 296 321.5  362 12

Variable: t1
            mean        sd 0%    25% 50%   75% 100%  n
ctr     256.6667 107.85035 60 222.25 281 330.5  402 12
treated  94.5000  47.56527 31  58.50  94 133.5  186 12

Variable: t2
            mean       sd 0%    25%   50%    75% 100%  n
ctr     215.7500 76.50446 82 177.75 237.0 257.25  334 12
treated 100.3333 57.97544 16  65.75  97.5 136.50  225 12

Variable: t3
            mean       sd  0%   25%   50%    75% 100%  n
ctr     197.1667 71.74428 126 136.5 171.5 248.00  358 12
treated 106.6667 55.79399   6  83.0 117.0 138.25  184 12
```

요약된 자료값 역시 볼 수 있습니다.

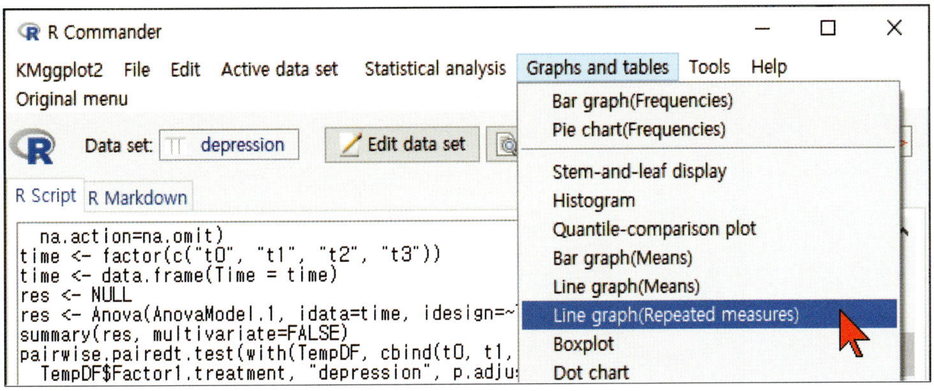

다시 Line graph(repeated measures)를 클릭합니다.

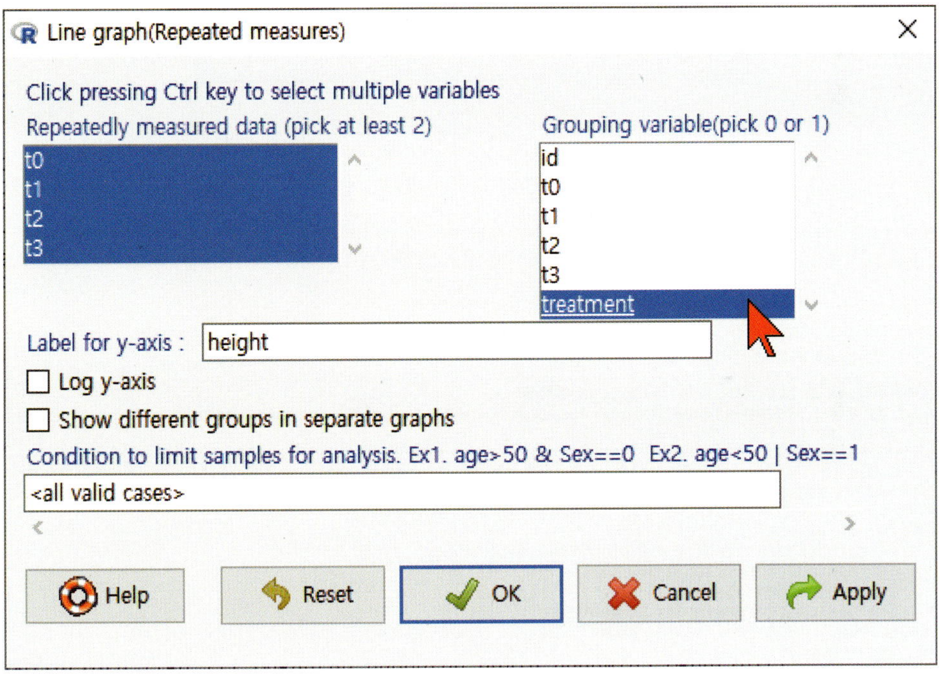

이번에는 grouping에 treatment를 지정해줍니다.

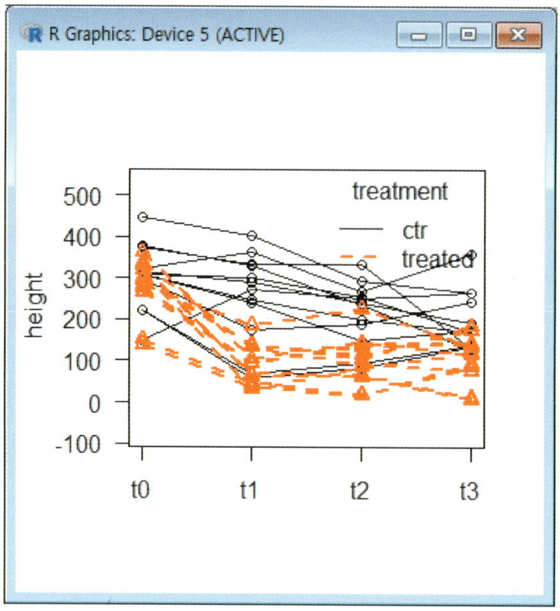

두 집단이 분리되어 표시되니 상황이 보다 분명해졌습니다. 빨간색으로 표시된 treated 집단이 분명히 아래쪽에 위치해서 점수를 낮추어준다는 것을 알 수 있습니다. 빨간 선이 더 굵고 점선으로 표현됩니다.

R Script R Markdown

```
#####Line graph(Repeated measures)#####
alldata <- c(depression$t0, depression$t1, depression$t2, depression$t3)
xlabels <- c("t0", "t1", "t2", "t3")
windows(width=7, height=7); par(lwd=1, las=1, family="sans", cex=1, mgp=c(3.0,
  1,0))
ylimu <- max(alldata, na.rm=TRUE)
yliml <- ylimu - (ylimu - min(alldata, na.rm=TRUE))*1.2
ylimu <- ylimu*1.2
y <- rbind(depression[depression$treatment=="ctr",]$t0,
  depression[depression$treatment=="ctr",]$t1,
  depression[depression$treatment=="ctr",]$t2,
  depression[depression$treatment=="ctr",]$t3)
matplot(y, type="o", lty=1, pch=1, col=1, ylab="height", ylim=c(yliml, ylimu),
  axes=FALSE)
box()
axis(2)
axis(1, at=1:4, labels=xlabels)
legend("topright", c("ctr", "treated"), col=1:2, lty=1:2, lwd=1:2,
  title="treatment", box.lty=0)
y <- rbind(depression[depression$treatment=="treated",]$t0,
  depression[depression$treatment=="treated",]$t1,
  depression[depression$treatment=="treated",]$t2
```

명령문을 살펴보면, col=1:2의 2는 빨간색을 의미합니다. lty=1:2에서 lty는 line type으로 2는 점선을 나타내고, lwd=1:2에서 lwd는 line width로 선 굵기를 2로 증가시킨다는 뜻입니다.

```
    1,0))
ylimu <- max(alldata, na.rm=TRUE)
yliml <- ylimu - (ylimu - min(alldata, na.rm=TRUE))*1.2
ylimu <- ylimu*1.2
y <- rbind(depression[depression$treatment=="ctr",]$t0,
  depression[depression$treatment=="ctr",]$t1,
  depression[depression$treatment=="ctr",]$t2,
  depression[depression$treatment=="ctr",]$t3)
matplot(y, type="o", lty=1, pch=1, col=1, ylab="height", ylim=c(yliml, ylimu),
  axes=FALSE)
box()
axis(2)
axis(1, at=1:4, labels=xlabels)
legend("topright", c("ctr", "treated"), col=1:2, lty=1:1, lwd=1:1,
  title="treatment", box.lty=0)
y <- rbind(depression[depression$treatment=="treated",]$t0,
  depression[depression$treatment=="treated",]$t1,
  depression[depression$treatment=="treated",]$t2,
  depression[depression$treatment=="treated",]$t3)
matplot(y, type="o", lty=1, pch=2, lwd=1, col=2, ylab="height", ylim=c(yliml,
  ylimu), axes=FALSE, add=TRUE)
```

그래서 명령문을 그대로 복사한 다음, 빨간색 부분만 수정해봅시다. 여기서 pch=2는 모양을 삼각형으로 결정해준다는 의미입니다.

스크립트 전체를 선택한 뒤 'submit'을 클릭하여 실행할 수 있습니다.

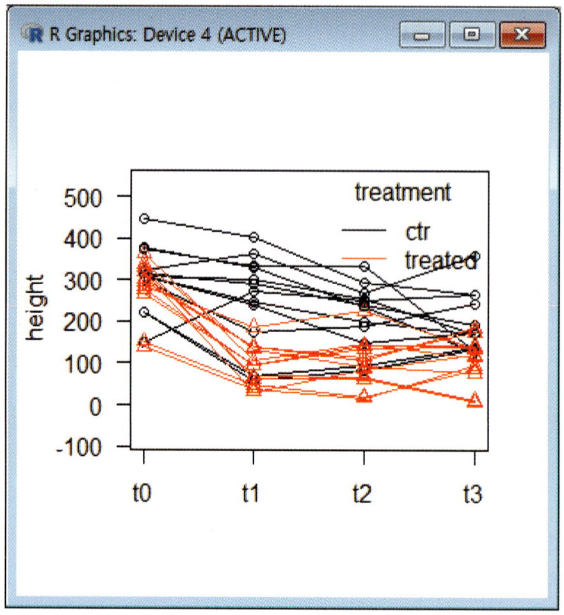

선의 굵기와 종류가 바뀌었습니다. 이런 식으로 메뉴에서는 설정할 수 없는 것을 스크립트에서 수정할 수 있습니다.

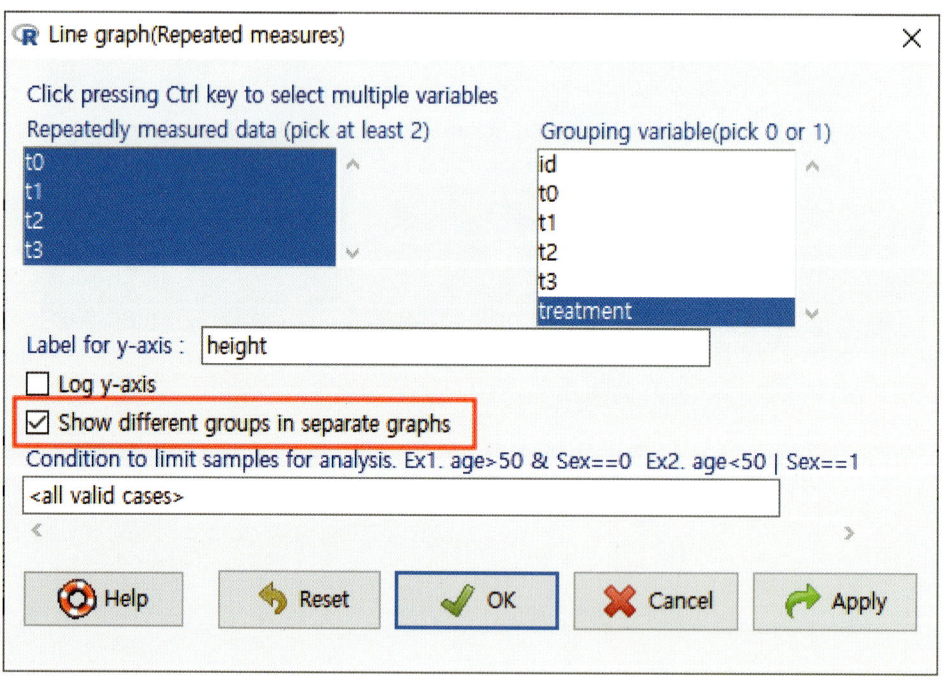

만일 옵션에서 그래프를 분리하기로 한다면,

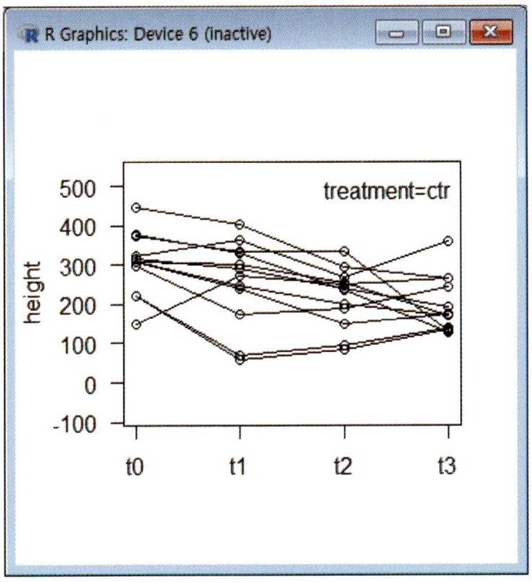

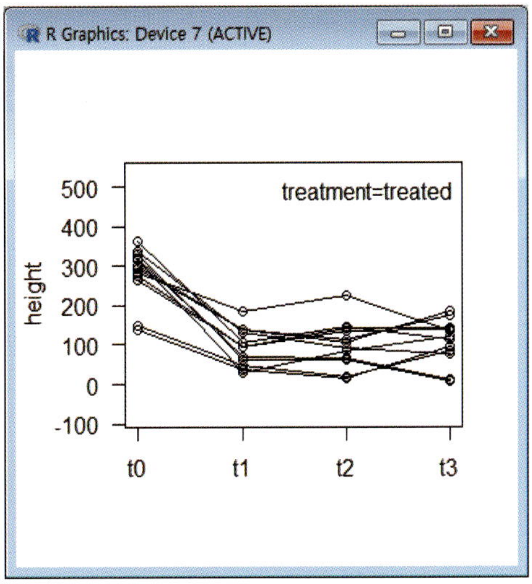

이렇게 분리된 plot을 만들 수 있습니다. 두 집단의 차이를 명확하게 관찰할 수 있습니다.

전체적으로 RM ANOVA는 다소 복잡하기 때문에 일부러 뒤쪽에 소개하였습니다. 연구 주제가 시간에 따른 차이를 보기 위한 것이 아니라면 가급적 RM ANOVA는 사용하지 않기를 권합니다. 즉 primary outcome이 3개월째, 혹은 6개월째와 같이 명확한 시점 하나를 선정하도록 하는 것이 권장됩니다. 그러나 그런 경우라도 그래프 그리기는 지금 소개한 것처럼 그릴 수 있도록 준비하는 것이 좋습니다.

그래프 그리기에서 스크립트 방식으로 작업하는 것을 연습해보았습니다. 철자를 하나라도 틀리면 작성이 안 될 수 있어서 초보자들에게는 스크립트 방식이 매우 어렵게 느껴지기 마련입니다. 그러나 지금처럼 만들어진 스크립트를 조금씩 변경해가면서 시행하다 보면 쉽고 재미있게 배울 수 있습니다. 이것이 Rcmdr의 장점이기도 한데, Rcmdr를 사용하면서 스크립트 방식을 자연스럽게 익힐 수 있습니다.

ch. 22

McNemar test Cochran Q test

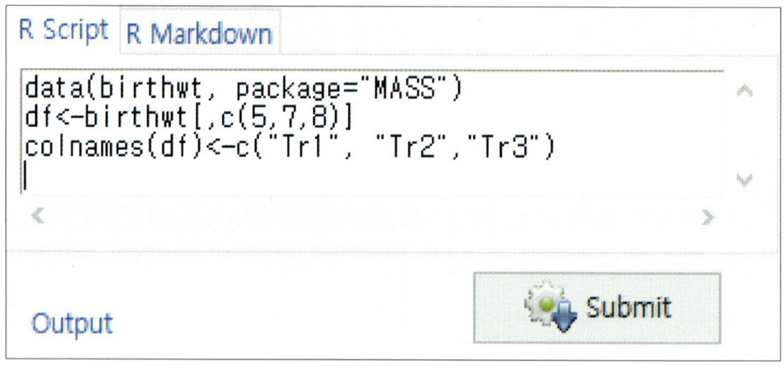

적당한 데이터가 없어서 약간의 가공 데이터를 만들어보겠습니다. 덕분에 R 스크립트의 문법을 배울 수 있습니다.

1행은 'MASS라는 패키지 안에 들어 있는 birthwt 데이터를 불러라'라는 의미입니다.

2행은 'birthwt 데이터의 5열, 7열, 8열을 뽑아서 df라는 데이터에 넣어라'라는 의미입니다. 새로운 데이터를 만든 것이지요.

3행은 'df라는 데이터의 열이름을 각각 Tr1, Tr2, Tr3로 지어라'라는 의미입니다.

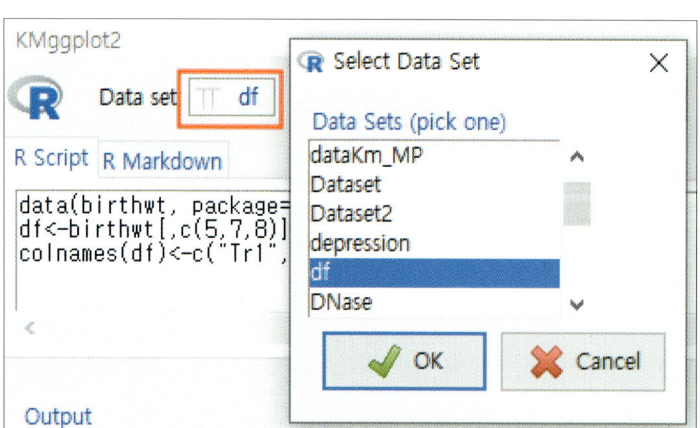

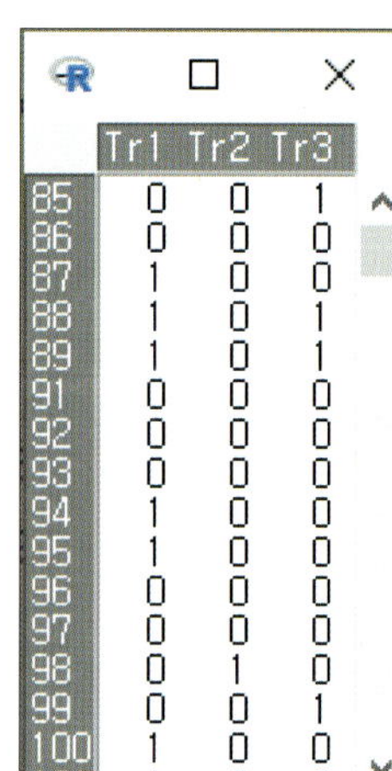

Data set을 클릭해서 df를 active data로 바꾸어줍니다. 앞의 그림과 같이 3개의 열이 있으면서 각각 0과 1의 값이 적혀 있습니다.

각 행은 한 사람의 자료로서, 3가지 치료법(처치)을 시행했을 때 '만족/불만족' 혹은 '성공/실패'를 보여줍니다. 앞서 배운 paired t-test에서 결과변수가 연속변수였던 것과 연구 디자인이 동일하고 데이터 구조도 동일하지만, 결과변수가 명목변수라는 차이가 있습니다.

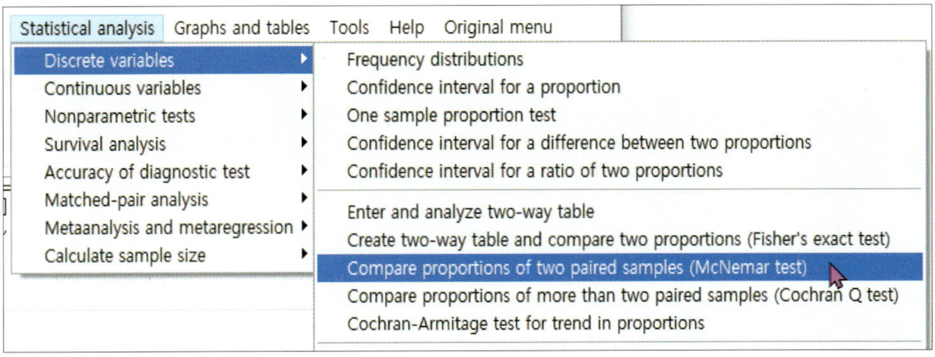

McNemar test를 선택합니다.

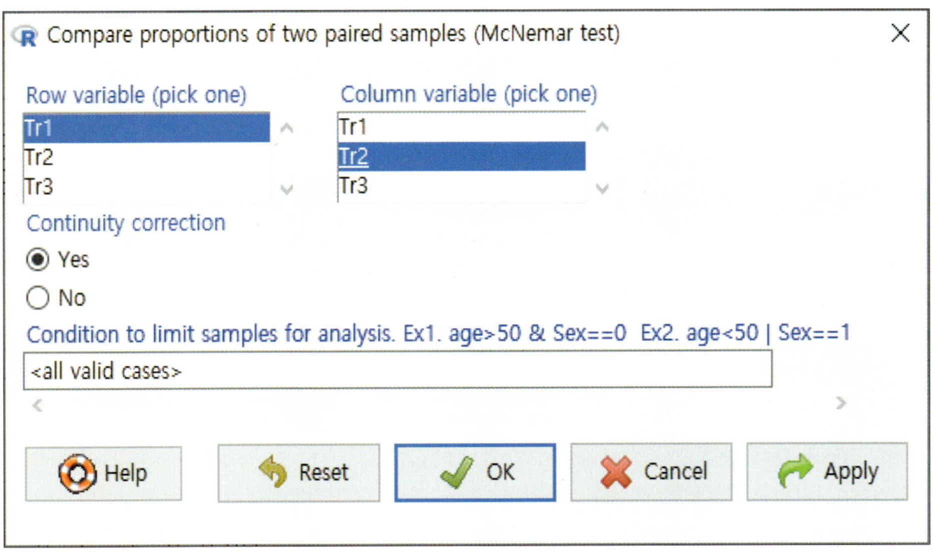

2개의 열을 선택합니다. 디폴트로 연속성 수정을 하도록 합니다.

```
> .Table
   Tr2
Tr1   0   1
  0 108   7
  1  69   5
```

결과에서 먼저 보아야 할 것은 table입니다. 만일 결괏값이 1인 경우가 성공이라면, 두 치료법 모두 실패한 경우가 108, 두 치료법 모두가 성공한 것이 5입니다.

Tr1이 성공하고, Tr2가 실패한 것이 7, Tr2가 성공하고, Tr1이 실패한 것이 69입니다. 이 표를 볼 때 대각선 방향인 7과 69를 비교하여 Tr2가 더 우수할 것으로 생각해볼 수 있습니다.

```
        McNemar's Chi-squared test with continuity correction

data:  .Table
McNemar's chi-squared = 48.961, df = 1, p-value = 2.612e-12
```

그 아래에 연속성 수정을 한 McNemar test 결과를 보면, $p<0.05$ 이하로 통계적으로 유의하다고 판단할 수 있습니다.

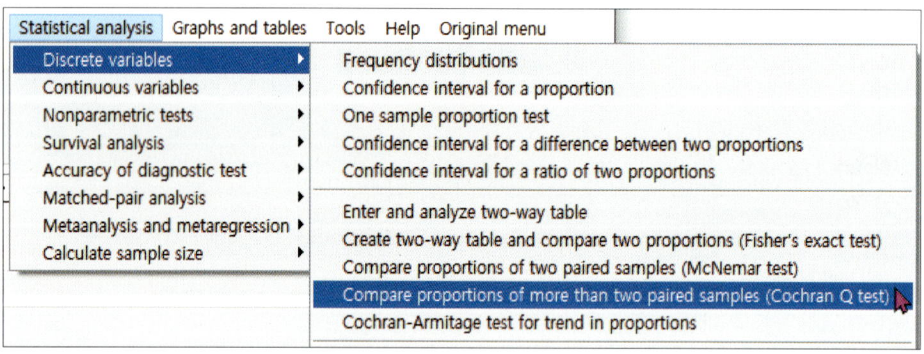

Cochran's Q test를 선택합니다.

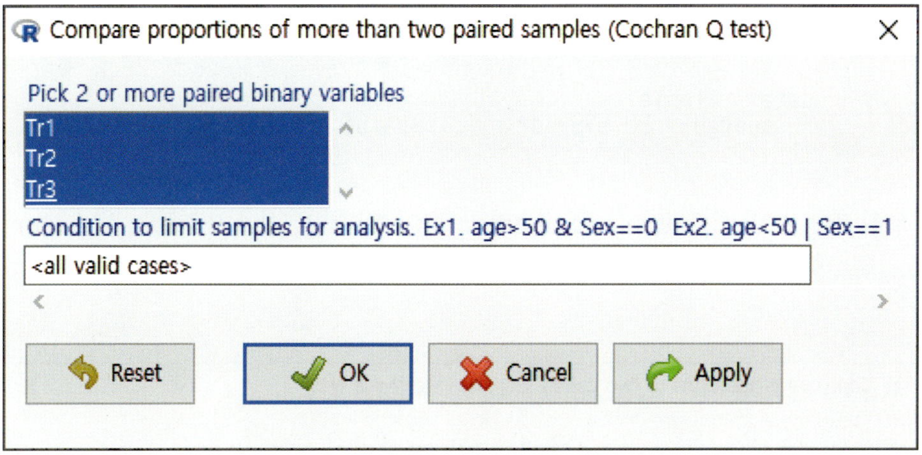

현재 3개의 변수가 있는데 세 변수 모두를 선택합니다.

```
        Cochran's Q test

data:  .Table
X-squared = 64.75, df = 2, p-value = 8.704e-15
```

이것은 p<0.05이므로 세 치료법이 동일하지 않다고 결론 내리게 됩니다. 그러면 사후검정으로 한 쌍씩 McNemar test를 시행해서 수작업으로 비교해주어야 하고, p값에 대해서도 수작업으로 adjust해주어야 합니다.

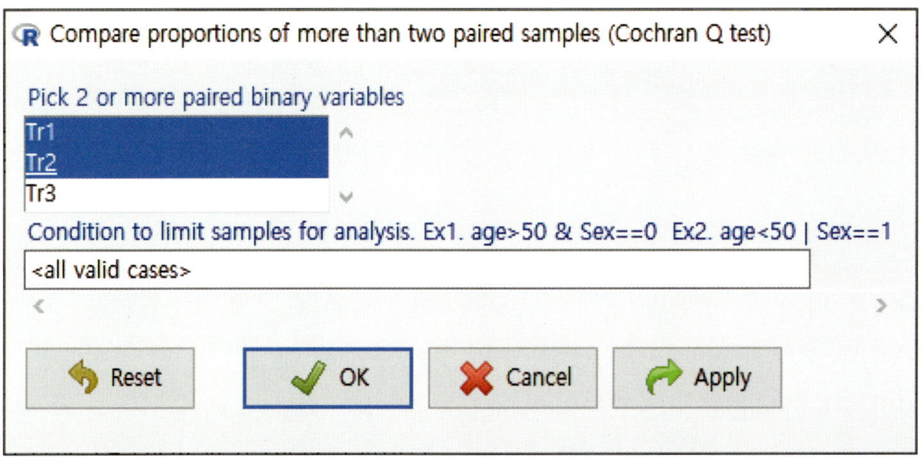

한편 Cochran's Q test에서 2개의 변수만 선택할 수 있습니다.

```
        Cochran's Q test

data:  .Table
X-squared = 50.579, df = 1, p-value = 1.145e-12
```

그 결과를 보면 Cochran's Q test라고 되어 있지만, 실제적으로는 McNemar test와 같습니다.

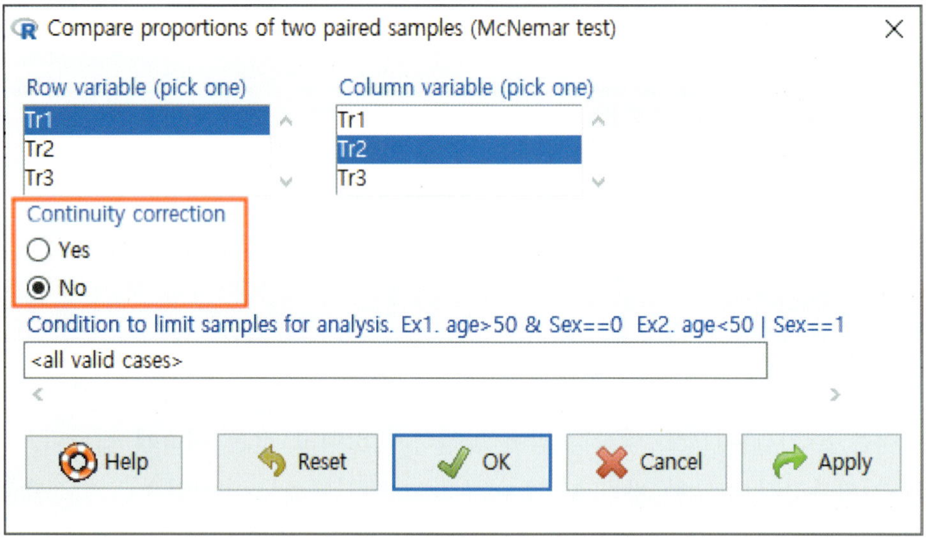


```
        McNemar's Chi-squared test

data:  .Table
McNemar's chi-squared = 50.579, df = 1, p-value = 1.145e-12
```

McNemar test를 시행할 때 연속성 수정을 하지 않고 시행한 결과와 같습니다.

이것은 마치 두 집단만 선택한 ANOVA가 t-test와 같고, 두 집단만 선택한 RM ANOVA가 paired t-test와 같은 것과 유사한 것입니다. 단 카이제곱 검정이든 McNemar test이든 2x2 table로 요약된 자료일 때만 연속성 수정이 가능합니다.

ch. 23 Propensity Score Matching and Analysis

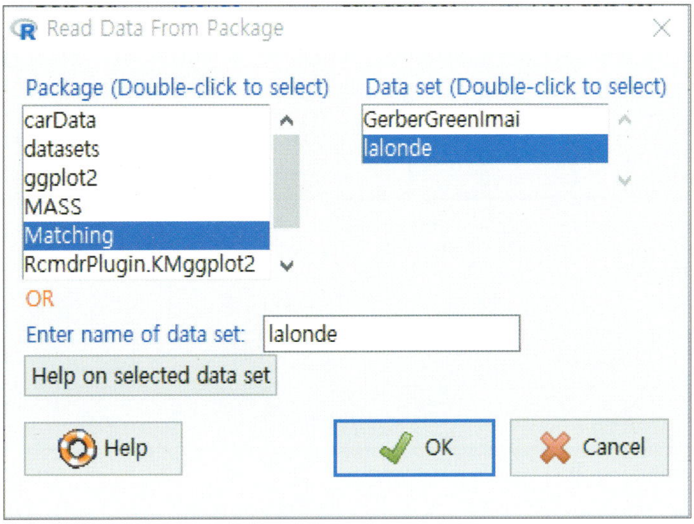

Matching이라는 패키지에 있는 lalonde라는 데이터를 불러보겠습니다. Matching이라는 패키지가 설치되어 있지 않다면 미리 설치합니다.

앞서 배운 것처럼 설치한 후 library(Matching)라고 쓴 다음에 'Submit'을 클릭하면, 이 패키지 안에 있는 데이터를 사용할 수 있게 됩니다.

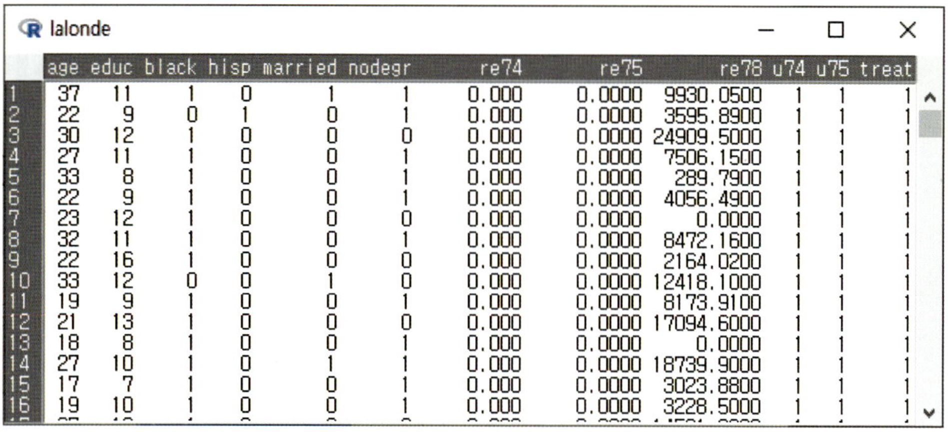

	age	educ	black	hisp	married	nodegr	re74	re75	re78	u74	u75	treat
1	37	11	1	0	1	1	0.000	0.0000	9930.0500	1	1	1
2	22	9	0	1	0	1	0.000	0.0000	3595.8900	1	1	1
3	30	12	1	0	0	0	0.000	0.0000	24909.5000	1	1	1
4	27	11	1	0	0	1	0.000	0.0000	7506.1500	1	1	1
5	33	8	1	0	0	1	0.000	0.0000	289.7900	1	1	1
6	22	9	1	0	0	1	0.000	0.0000	4056.4900	1	1	1
7	23	12	1	0	0	0	0.000	0.0000	0.0000	1	1	1
8	32	11	1	0	0	1	0.000	0.0000	8472.1600	1	1	1
9	22	16	1	0	0	0	0.000	0.0000	2164.0200	1	1	1
10	33	12	0	0	1	0	0.000	0.0000	12418.1000	1	1	1
11	19	9	1	0	0	1	0.000	0.0000	8173.9100	1	1	1
12	21	13	1	0	0	0	0.000	0.0000	17094.6000	1	1	1
13	18	8	1	0	0	1	0.000	0.0000	0.0000	1	1	1
14	27	10	1	0	1	1	0.000	0.0000	18739.9000	1	1	1
15	17	7	1	0	0	1	0.000	0.0000	3023.8800	1	1	1
16	19	10	1	0	0	1	0.000	0.0000	3228.5000	1	1	1

어떤 교육을 받은 사람과 받지 않은 사람의 소득이 달라지는지를 분석한 데이터라고 칩시다. 교육을 받은 사람은 treat 변수에 1, 받지 않은 사람은 0으로 코딩되어 있습니다.

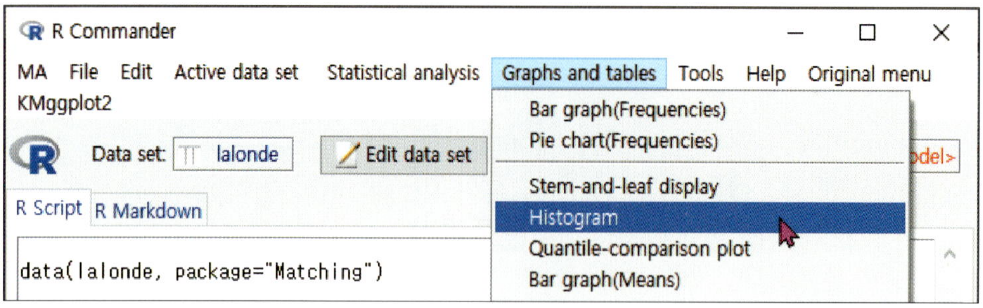

먼저 결과변수인 소득의 분포를 보기 위해 histogram을 그려보겠습니다.

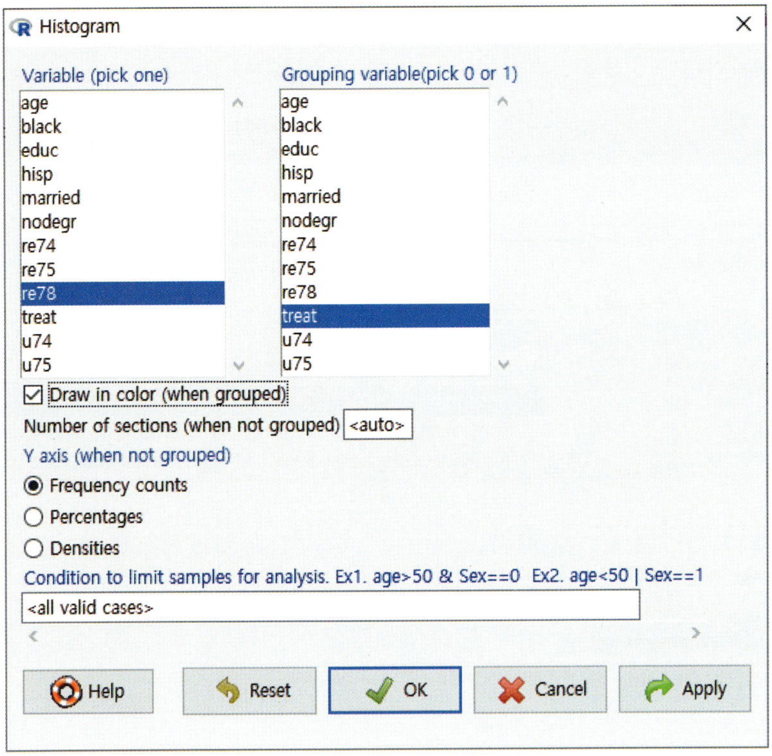

결과변수인 re78과 독립변수인 treat를 각각 선택해줍니다.

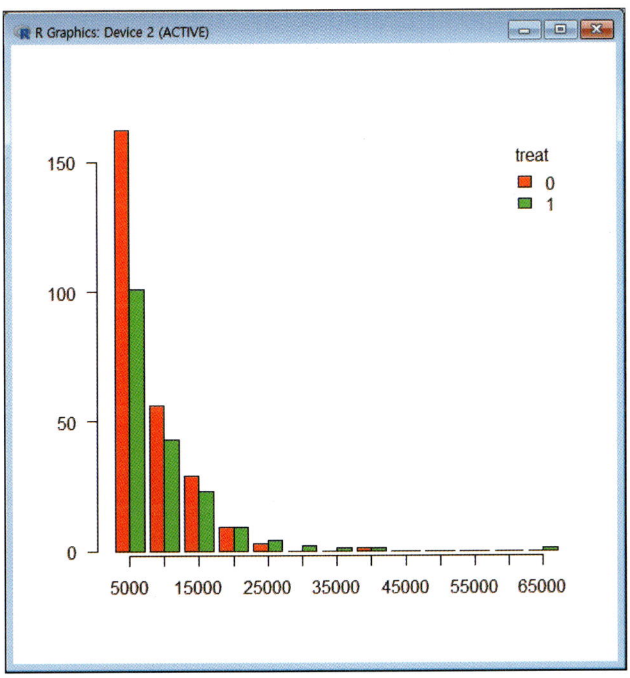

앞의 histogram을 보면, 전체적으로 저소득의 사람들이 많은 비대칭적 분포를 보여줍니다. 교육을 받지 않은 군(빨간색)은 저소득이 많고, 교육을 받은 군(초록색)은 소득이 조금 더 높다는 것을 알 수 있습니다.

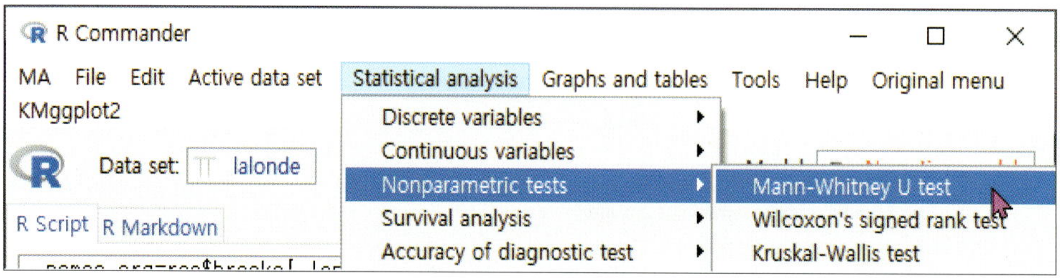

정규분포를 한다고 볼 수 없어서 비모수 검정을 시행하겠습니다.

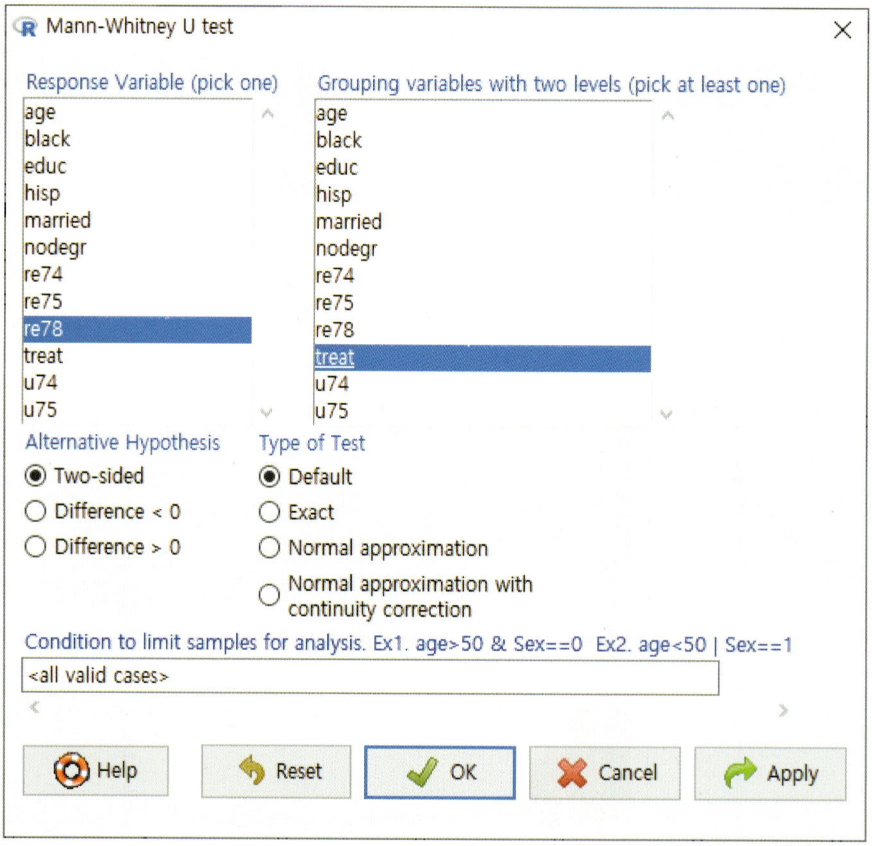

변수를 선택해줍니다.

```
        Wilcoxon rank sum test with continuity correction

data:  re78 by factor(treat)
W = 20698, p-value = 0.01095
alternative hypothesis: true location shift is not equal to 0
```

Wilcoxon rank sum test with continuity correction이 시행되었고, 결과는 통계적 차이가 있다고 말해줍니다.

```
> mannwhitney.table
        Minimum    25%   Median      75% Maximum p.value
treat=0       0   0.00 3138.795 7288.418 39483.5  0.0109
treat=1       0 485.23 4232.310 9643.000 60307.9
```

중앙값과 4분위 범위를 보면 어느 정도 차이가 있는지 짐작할 수 있습니다.

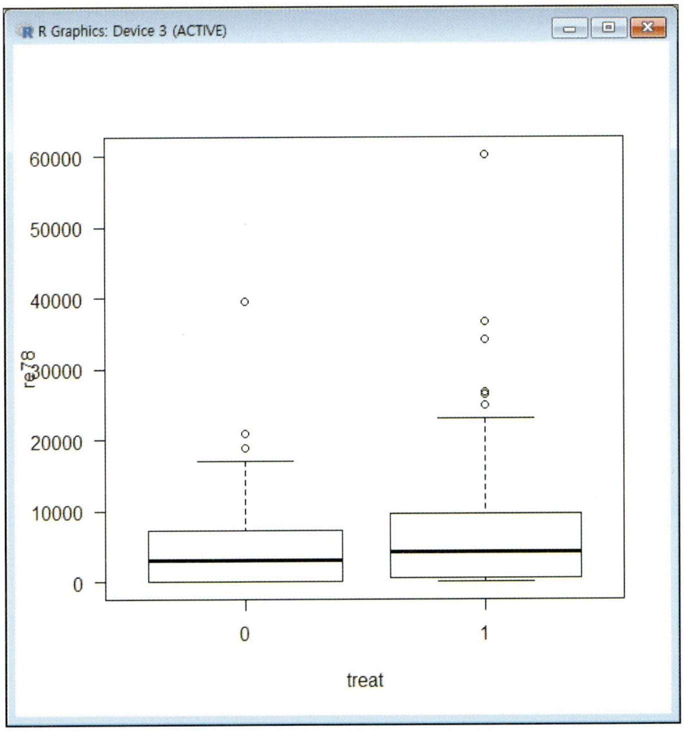

이 요약값들은 boxplot으로 잘 요약됩니다.

그런데 우리는 의문을 가질 수 있습니다. 과연 두 집단이 무작위 배분된 집단인가? 교육을 받은 집단이 원래부터 문자해독력도 있고, 의욕도 있고, 체력도 더 좋아서 발생한 결과는 아닐까? 이런 차이를 교육의 효과라고 볼 수 있을까? 가장 좋은 방법은 무작위 대조 실험 연구를 시행하는 것이지만 상황이 여의치 않아서 주어진 데이터만 이용해야 한다면, 이런 의문에 조금이라도 답을 얻기 위해 양 집단에서 비슷한 성격을 가진 사람들을 매칭하여 뽑아볼 수 있습니다.

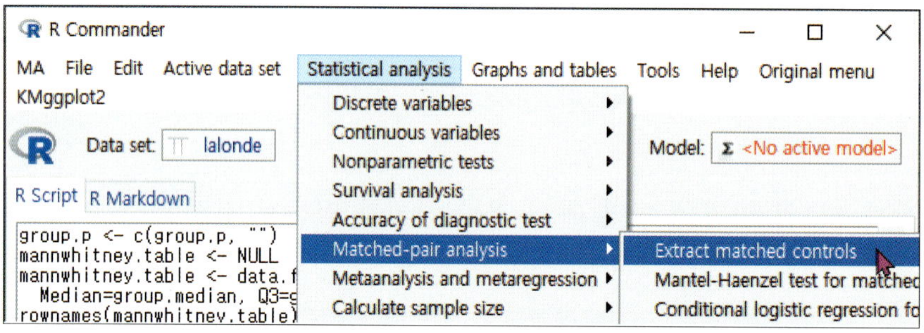

매칭을 위한 메뉴를 선택해봅시다.

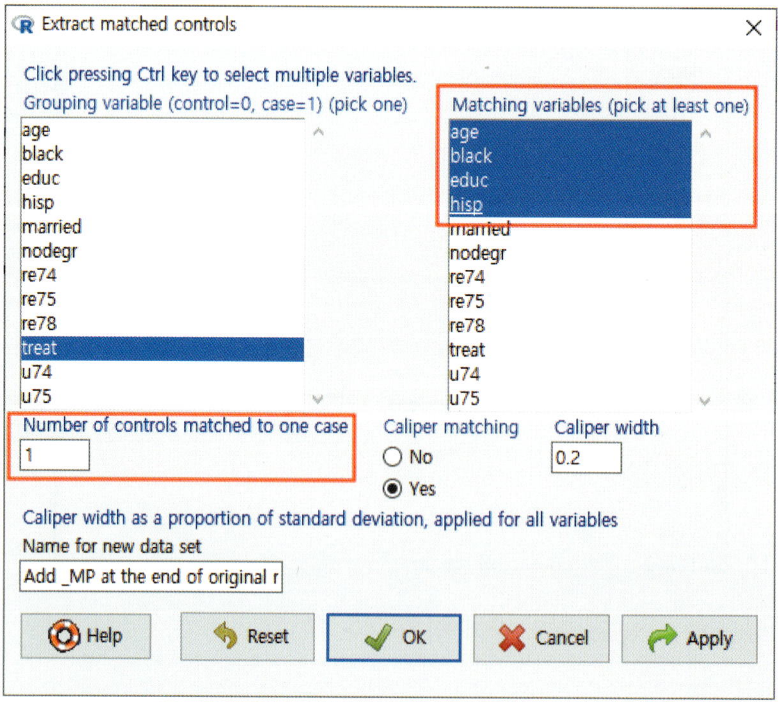

매칭할 변수를 신중하게 선택합니다. 여기서는 4가지 변수를 선택했습니다. 그리고 1:1로 매칭하도록 하겠습니다.

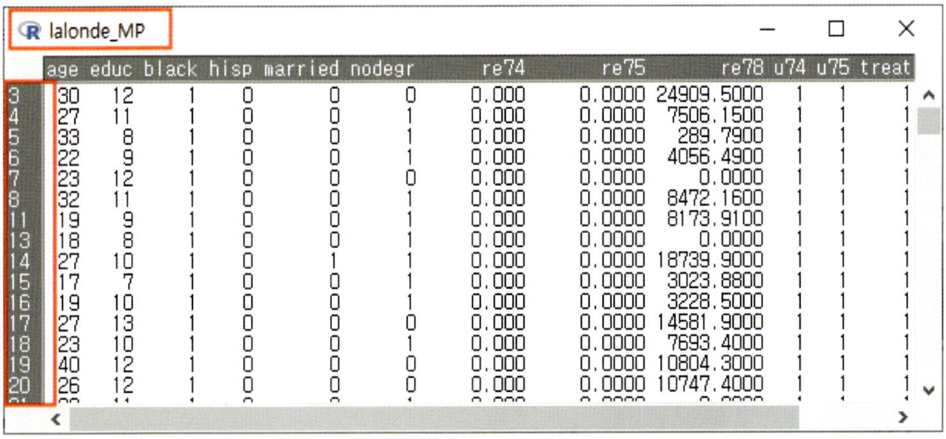

lalonde_MP

	age	educ	black	hisp	married	nodegr	re74	re75	re78	u74	u75	treat
3	30	12	1	0	0	0	0.000	0.0000	24909.5000	1	1	1
4	27	11	1	0	0	1	0.000	0.0000	7506.1500	1	1	1
5	33	8	1	0	0	1	0.000	0.0000	289.7900	1	1	1
6	22	9	1	0	0	1	0.000	0.0000	4056.4900	1	1	1
7	23	12	1	0	0	0	0.000	0.0000	0.0000	1	1	1
8	32	11	1	0	0	1	0.000	0.0000	8472.1600	1	1	1
11	19	9	1	0	0	1	0.000	0.0000	8173.9100	1	1	1
13	18	8	1	0	0	1	0.000	0.0000	0.0000	1	1	1
14	27	10	1	0	1	1	0.000	0.0000	18739.9000	1	1	1
15	17	7	1	0	0	1	0.000	0.0000	3023.8800	1	1	1
16	19	10	1	0	0	1	0.000	0.0000	3228.5000	1	1	1
17	27	13	1	0	0	0	0.000	0.0000	14581.9000	1	1	1
18	23	10	1	0	0	1	0.000	0.0000	7693.4000	1	1	1
19	40	12	1	0	0	0	0.000	0.0000	10804.3000	1	1	1
20	26	12	1	0	0	0	0.000	0.0000	10747.4000	1	1	1

새로 만들어진 데이터는 이름이 'lalonde_MP'입니다. 즉 _MP가 붙었습니다. 그리고 행이름이 듬성듬성 빠져 있음을 알 수 있습니다.

```
> summary(match.results)

Estimate...  0
SE.........  0
T-stat.....  NaN
p.val......  NA

Original number of observations..............  445
Original number of treated obs...............  185
Matched number of observations...............  133
Matched number of observations  (unweighted).  133

Caliper (SDs)........................................   0.2 0.2 0.2 0.2
Number of obs dropped by 'exact' or 'caliper'  52
```

매칭 전에는 445:185개의 숫자였지만, 매칭 후에는 133개로 양 군이 모두 같은 샘플 수를 가지게 되었습니다.

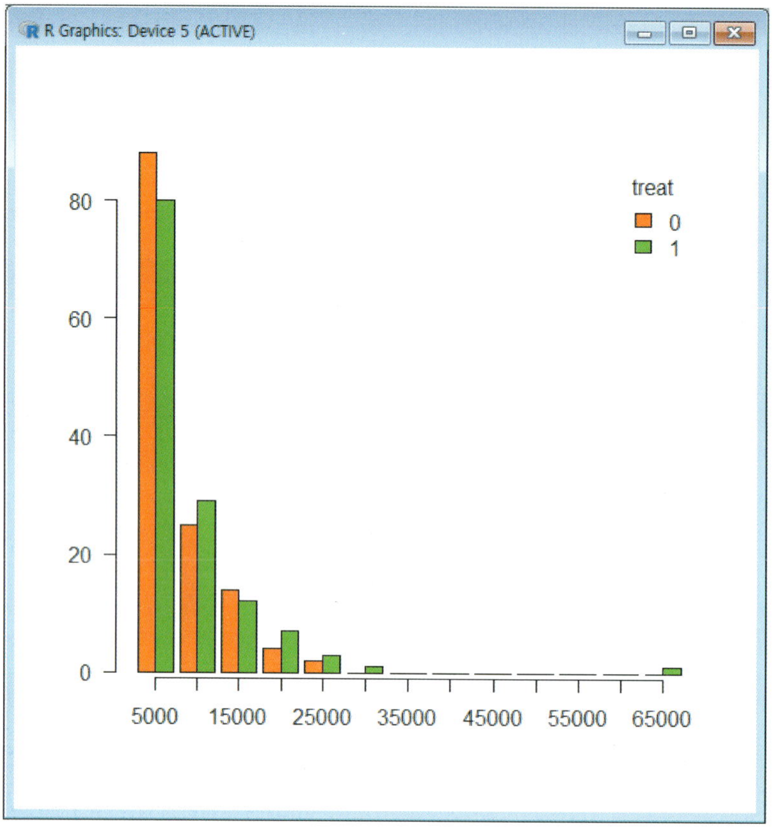

다시 histogram을 그려보니 비슷한 양상이지만 약간 달라졌습니다.

```
        Wilcoxon rank sum test with continuity correction

data:  re78 by factor(treat)
W = 7844.5, p-value = 0.1046
alternative hypothesis: true location shift is not equal to 0
```

이제는 통계적으로 의미 없는 결과를 보여줍니다. 어쩌면 처음에 보였던 차이는 실제로는 차이가 없는데 처음부터 다른 집단이었기 때문에 발생한 차이인지도 모르겠습니다.

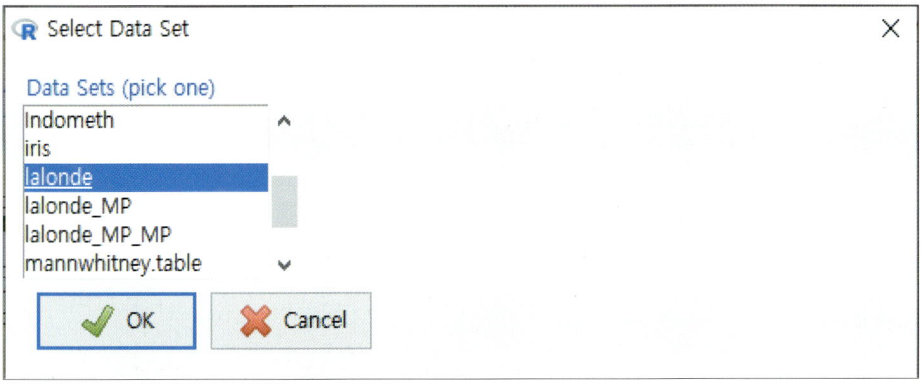

다시 원래 데이터를 불러옵니다.

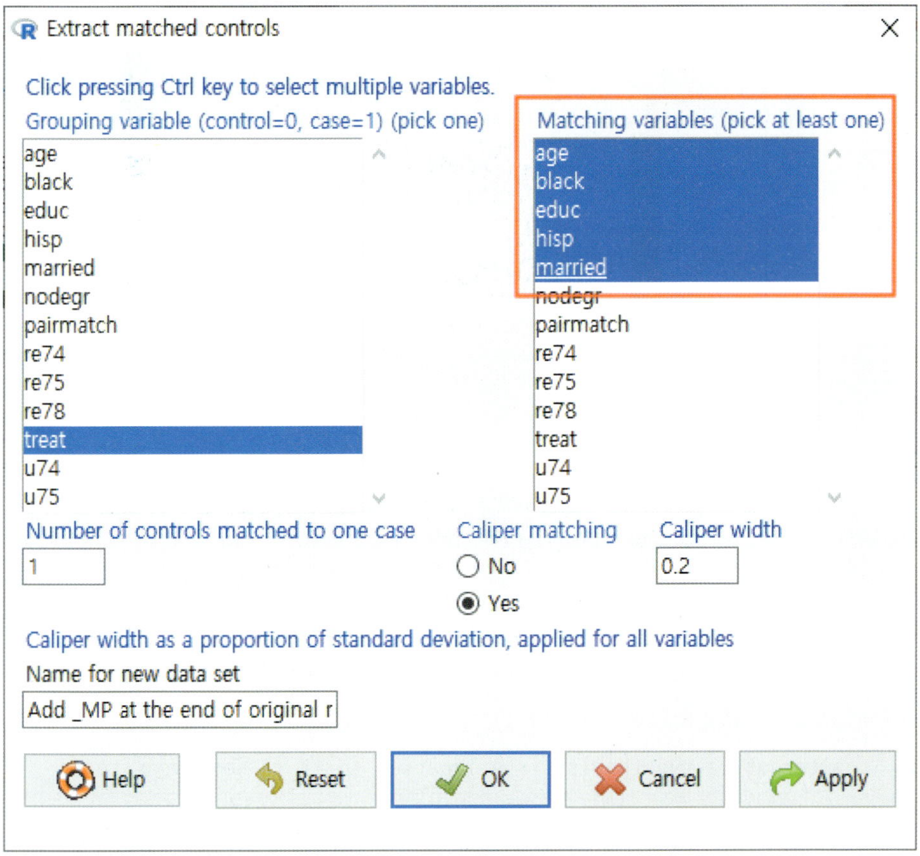

이번에는 'married' 변수도 추가하여 매칭해봅시다.

```
> summary(match.results)

Estimate...  0
SE.........  0
T-stat.....  NaN
p.val......  NA

Original number of observations..............  445
Original number of treated obs...............  185
Matched number of observations...............  120
Matched number of observations  (unweighted).  120

Caliper (SDs)........................................   0.2 0.2 0.2 0.2 0.2
Number of obs dropped by 'exact' or 'caliper'  65
```

이제는 조금 더 적게 120쌍의 데이터가 추출되었습니다.

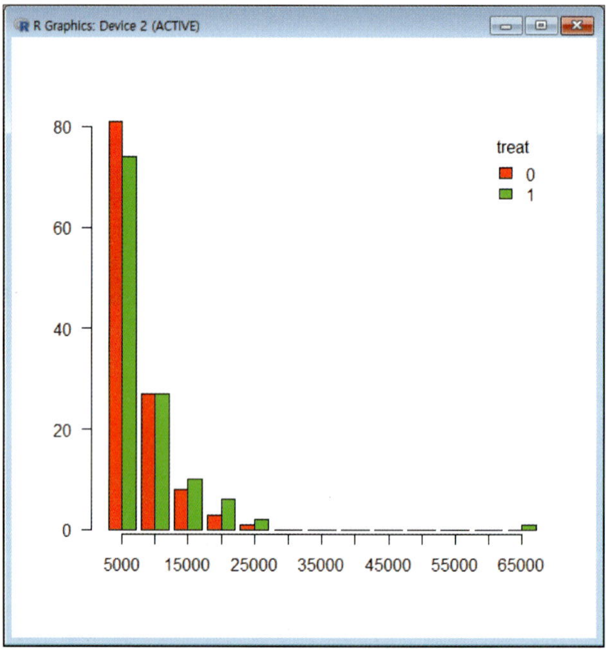


```
        Wilcoxon rank sum test with continuity correction

data:  re78 by factor(treat)
W = 6241.5, p-value = 0.06947
alternative hypothesis: true location shift is not equal to 0
```

분포를 살펴본 후 비모수 검정을 시행하였을 때의 결과입니다. 지금처럼 매칭을 할 때마다 조금씩 결과가 달라지는 것을 알 수 있습니다. 그러므로 연구를 시행하기 전에 어떤 매칭변수로 매칭할 것인지 미리 계획서에 정해두고 매칭하는 것이 바람직합니다.

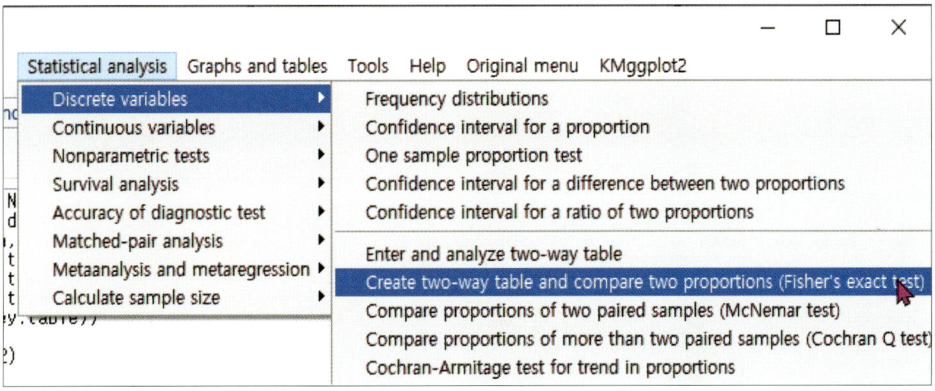

한편, 이렇게 만들어진 두 집단의 명목변수인 결과변수를 비교해볼 때에 바로 아래에 있는 MacNemar test를 사용하는 것은 아닙니다. 개별적인 데이터가 매칭된 것이 아니라, 집단 간의 매칭이기 때문입니다.

그러나 만일 정말 1:1로 매칭되었다고 가정한다면, 연속변수인 경우에는 paired t-test나 Wilcoxon signed-rank test를 시행하고, 명목변수에서는 MacNemar test를 사용해야 할 것입니다.

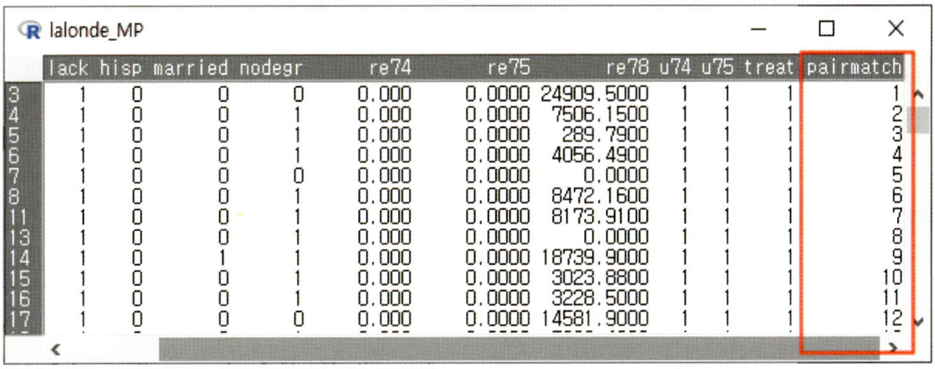
lalonde_MP

	lack	hisp	married	nodegr	re74	re75	re78	u74	u75	treat	pairmatch
3	1	0	0	0	0.000	0.0000	24909.5000	1	1	1	1
4	1	0	0	1	0.000	0.0000	7506.1500	1	1	1	2
5	1	0	0	1	0.000	0.0000	289.7900	1	1	1	3
6	1	0	0	1	0.000	0.0000	4056.4900	1	1	1	4
7	1	0	0	0	0.000	0.0000	0.0000	1	1	1	5
8	1	0	0	1	0.000	0.0000	8472.1600	1	1	1	6
11	1	0	0	1	0.000	0.0000	8173.9100	1	1	1	7
13	1	0	0	1	0.000	0.0000	0.0000	1	1	1	8
14	1	0	1	1	0.000	0.0000	18739.9000	1	1	1	9
15	1	0	0	1	0.000	0.0000	3023.8800	1	1	1	10
16	1	0	0	1	0.000	0.0000	3228.5000	1	1	1	11
17	1	0	0	0	0.000	0.0000	14581.9000	1	1	1	12

한편 데이터의 제일 뒤에는 pairmatch라는 변수가 새로 생겼습니다. 1번과 (스크롤해서 쭉 내려보면 나타나는) 아래쪽의 1번이 서로 matched된 것을 표시해주게 됩니다. 이 pairmatch 변수는 앞으로 다른 분석에 활용될 수도 있습니다.

앞서 배운 logistic regression을 활용한다면, propensity score matiching을 할 수 있습니다.

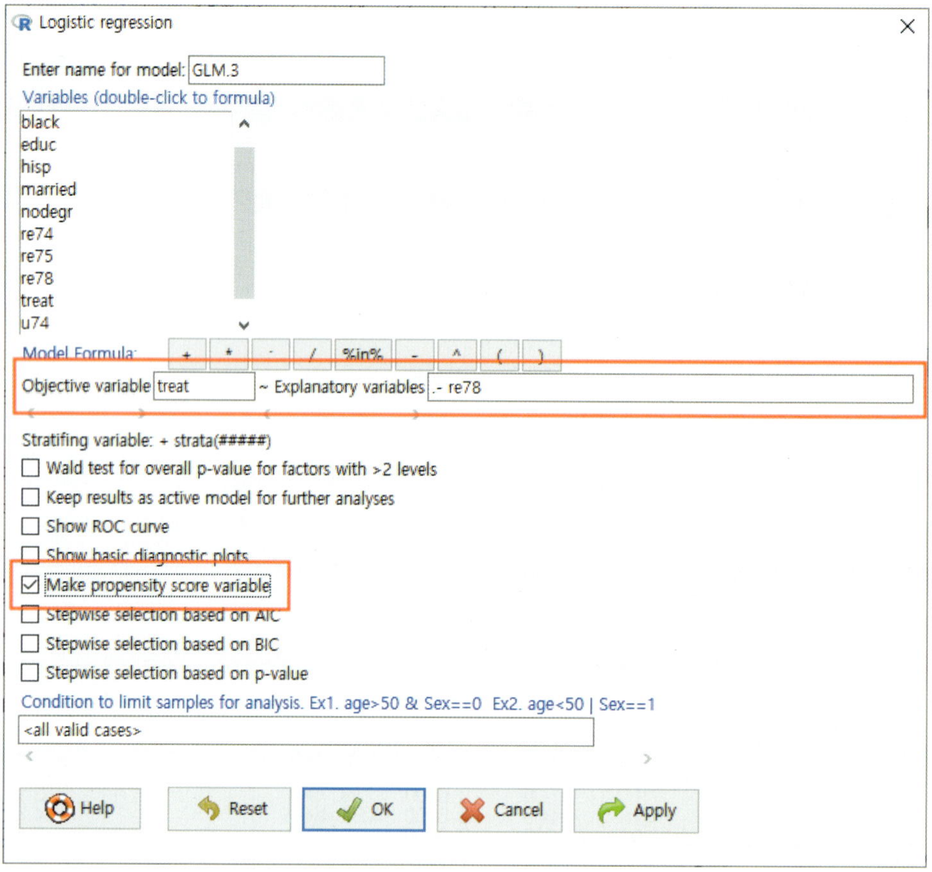

일반적으로 결과에 해당하는 event 변수가 아닌 treat 변수를 결과변수로 넣고, 설명변수에는 진짜 결과변수(이 경우는 re78)를 빼고 나머지 변수들을 모두 넣어줍니다. 이때 .(마침표)와 –(마이너스)를 잘 활용하면 편리하게 쓸 수 있습니다. 꼭 Make propensity score variable을 체크해야 합니다.

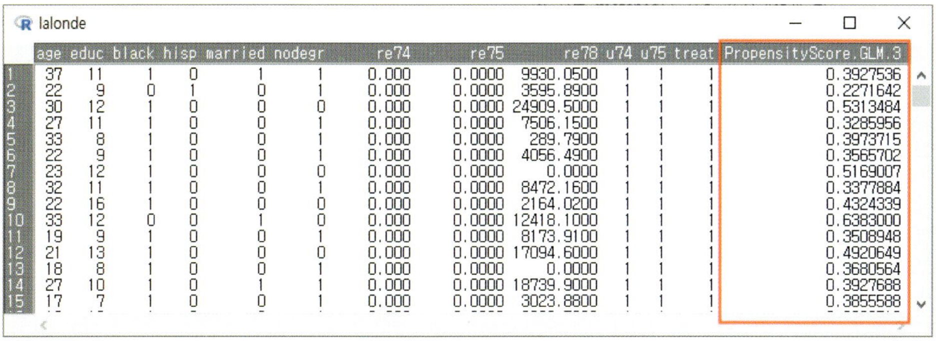

이후 데이터에는 마지막 열에 propensity score가 생성되어 있고, 이것은 treat가 1이 될 확률을 구한 것입니다. (이때 미리 treat는 0과 1로 되어 있어야 logistic regression을 시행할 수 있습니다.)

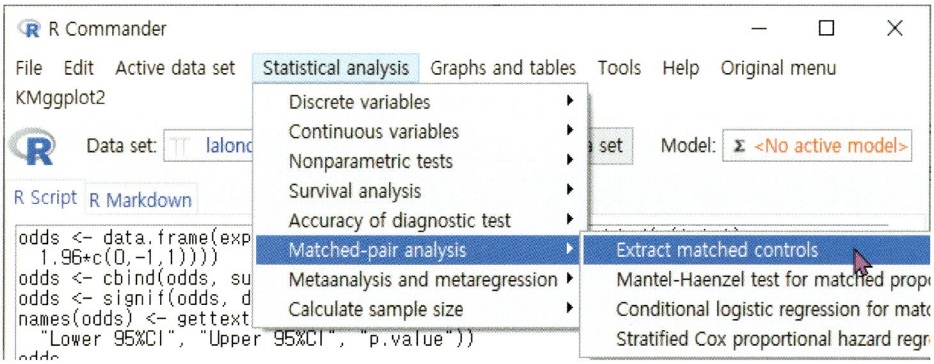

이 상태에서 matching을 시행해봅시다.

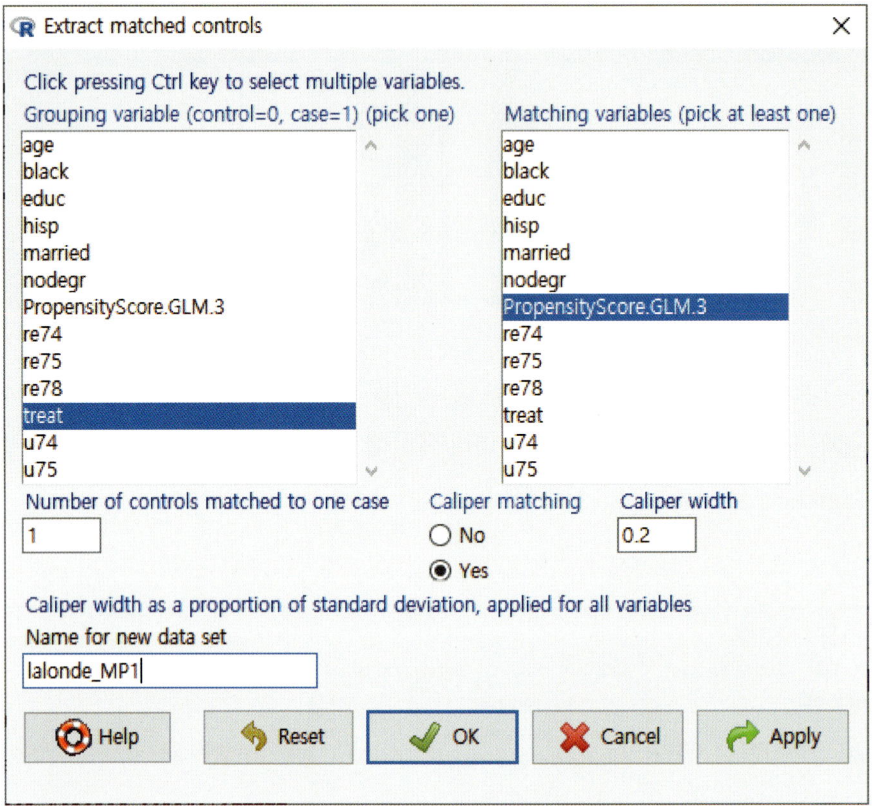

매칭할 변수는 propensity score입니다. 그리고 새로운 데이터셋의 이름을 정하고 기억해둡니다.

```
> summary(match.results)

Estimate...  0
SE.........  0
T-stat.....  NaN
p.val......  NA

Original number of observations..............  445
Original number of treated obs...............  185
Matched number of observations...............  164
Matched number of observations  (unweighted).  164

Caliper (SDs)........................................   0.2
Number of obs dropped by 'exact' or 'caliper'  21
```

매칭되기 전의 숫자와 매칭 후에 남아 있는 숫자를 보여주는데, 총 164쌍의 데이터가 선택되었습니다.

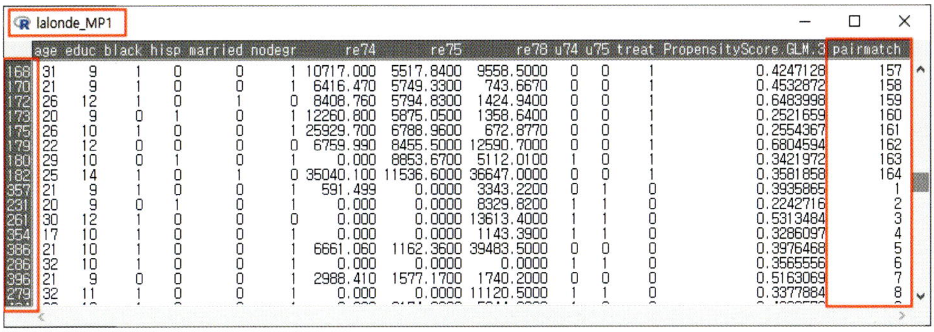

lalonde_MP1

	age	educ	black	hisp	married	nodegr	re74	re75	re78	u74	u75	treat	PropensityScore.GLM.3	pairmatch
168	31	9	1	0	0	1	10717.000	5517.8400	9558.5000	0	0	1	0.4247128	157
170	21	9	1	0	0	1	6416.470	5749.3300	743.6670	0	0	1	0.4532872	158
172	26	12	1	0	1	0	8408.760	5794.8300	1424.9400	0	0	1	0.6483998	159
173	20	9	0	1	0	1	12260.800	5875.0500	1358.6400	0	0	1	0.2521659	160
175	26	10	1	0	0	1	25929.700	6788.9600	672.8770	0	0	1	0.2554367	161
179	22	12	0	0	0	0	6759.990	8455.5000	12590.7000	0	0	1	0.6804594	162
180	29	10	0	1	0	1	0.000	8853.6700	5112.0100	1	0	1	0.3421972	163
182	25	14	1	0	1	0	35040.100	11536.6000	36647.0000	0	0	1	0.3581858	164
357	21	9	1	0	0	1	591.499	0.0000	3343.2200	0	1	0	0.3935865	1
231	20	9	0	1	0	1	0.000	0.0000	8329.8200	1	1	0	0.2242716	2
261	30	12	1	0	0	0	0.000	0.0000	13613.4000	1	1	0	0.5313484	3
354	17	10	1	0	0	1	0.000	0.0000	1143.3900	1	1	0	0.3286097	4
386	21	10	1	0	0	1	6661.060	1162.3600	39483.5000	0	0	0	0.3976468	5
286	32	10	1	0	0	1	0.000	0.0000	0.0000	1	1	0	0.3565556	6
396	21	9	0	0	0	1	2988.410	1577.1700	1740.2000	0	0	0	0.5163069	7
279	32	11	1	0	0	1	0.000	0.0000	11120.5000	1	1	0	0.3377884	8

이 데이터를 살펴보면, 오른쪽에 pair를 보여주는 번호가 있어서 같은 번호가 하나의 쌍이 됩니다. 왼쪽의 행번호를 보면, 연속적이지 않고 일부분이 빠져 있어서 선택된 데이터임을 알 수 있습니다.

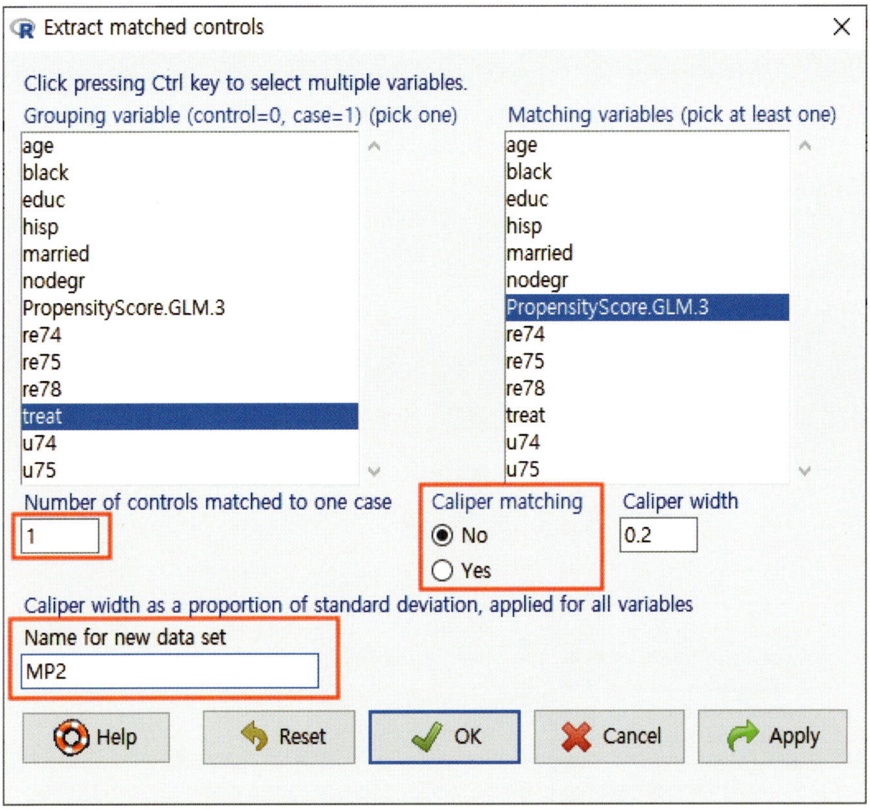

매칭이 되기 전 데이터를 다시 불러서 이번에는 Caliper matching을 No로 선택해봅시다. 새 데이터는 다른 이름으로 지정합니다. 매칭의 비율은 일반적으로 1이지만, 특별한 경우에 변경할 수 있습니다.

```
> summary(match.results)

Estimate...  0
SE.........  0
T-stat.....  NaN
p.val......  NA

Original number of observations..............  445
Original number of treated obs...............  185
Matched number of observations...............  185
Matched number of observations  (unweighted).  185
```

이제는 총 185개의 쌍을 선택하였습니다.

```
> summary(match.results)

Estimate...  0
SE.........  0
T-stat.....  NaN
p.val......  NA

Original number of observations..............  445
Original number of treated obs...............  185
Matched number of observations...............  160
Matched number of observations  (unweighted).  160

Caliper (SDs)........................................   0.1
Number of obs dropped by 'exact' or 'caliper'  25
```

다시 실행해서 caliper를 0.1로 조정하면 더 작은 숫자가 선택됩니다. 즉 caliper(두께)를 좁게 할수록 더 일치한 값이 선택되고, 넓게 할수록 더 여유 있게 선택됩니다.

이렇게 propensity score matiching을 시행한 데이터는 짝을 지은 통계로, 결과변수의 성격에 따라 앞서 배운 pairede t-test나 McNemar test를 시행할 수 있습니다. 또는 아래 메뉴에 표시된 특별한 통계들을 시행할 수 있습니다.

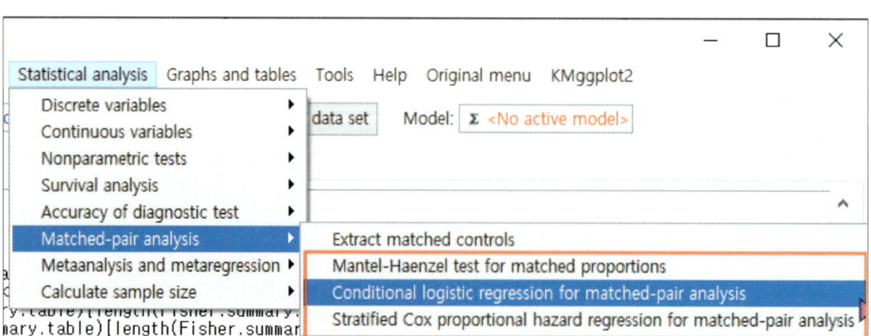

이 3가지 분석에서 각각 pair된 쌍을 표시할 때 사용될 것입니다.

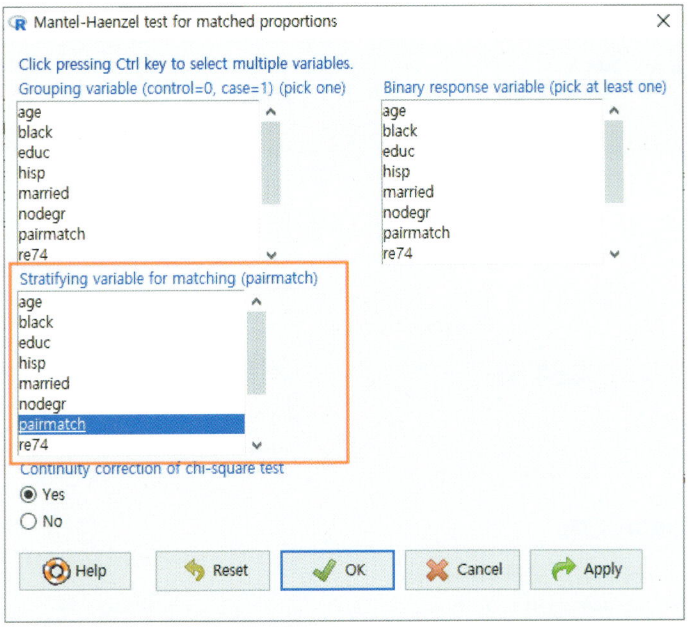

이 그림은 Mantel-Haenzel test를 하려고 할 때 사용할 수 있음을 보여줍니다.

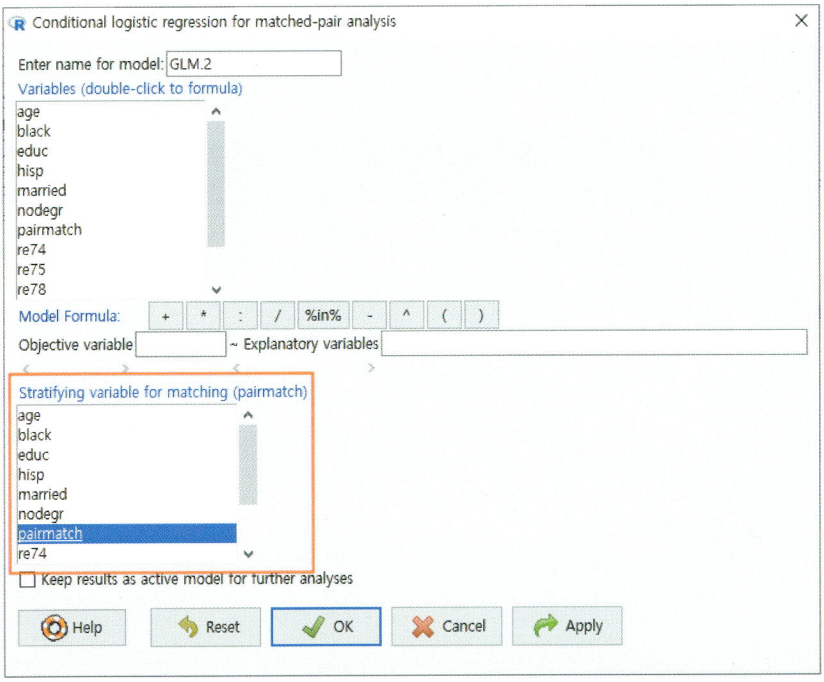

이 그림은 쌍으로 된 자료의 logistic regression, 즉 conditional logistic regression을 하려고 할 때 사용할 수 있음을 보여줍니다.

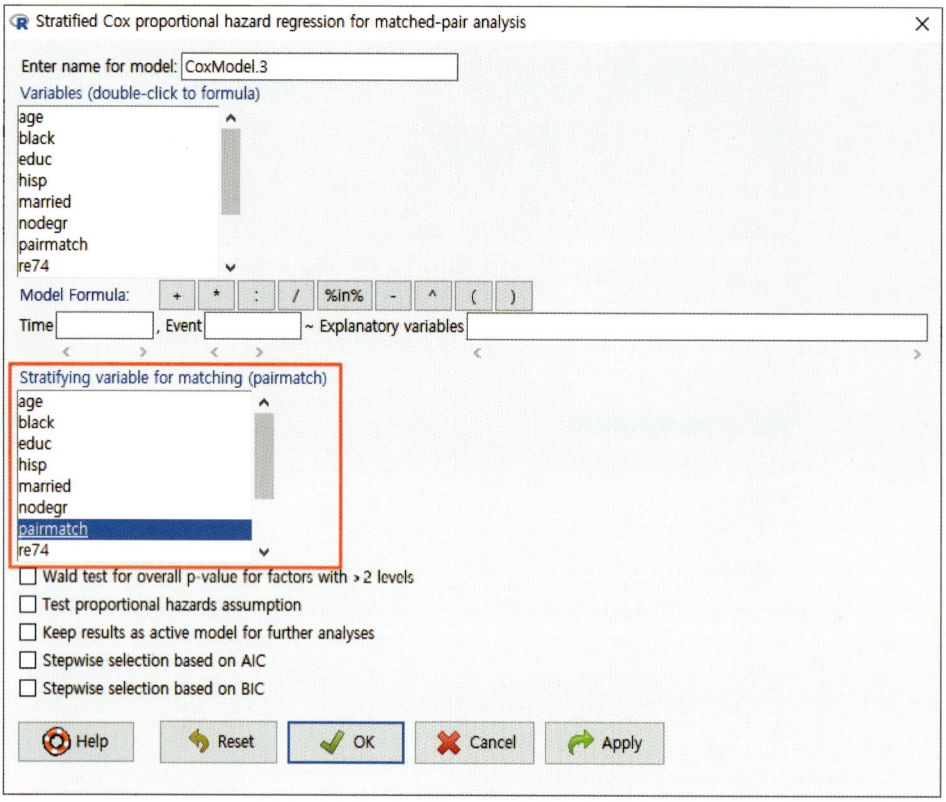

이 그림은 쌍으로 된 자료의 Cox regression, 즉 Stratified Cox regression을 하려고 할 때 사용할 수 있음을 보여줍니다. Stratified Cox regression이나 conditional logistic regression은 처음부터 쌍으로 된 자료를 대상으로 한 연구에서 사용할 수 있습니다. 혹은 propesity score matching을 해서 결과적으로 쌍으로 정리된 자료에서 사용할 수 있습니다.

Part 5
차원해석

ch. 24 주성분분석(PCA)

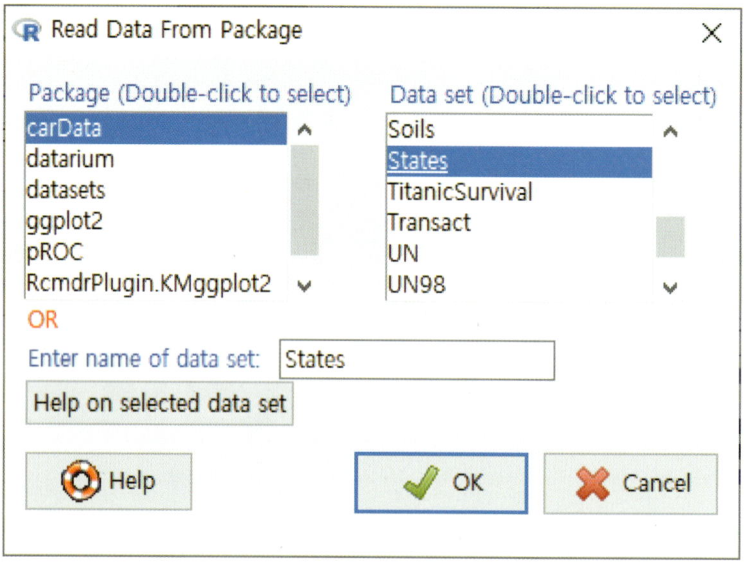

패키지 carData에 있는 States 데이터를 불러서 연습해봅시다.

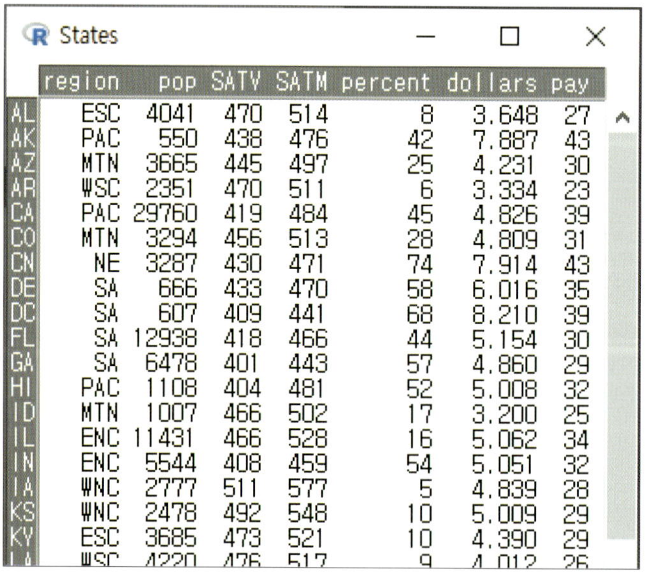
States

	region	pop	SATV	SATM	percent	dollars	pay
AL	ESC	4041	470	514	8	3.648	27
AK	PAC	550	438	476	42	7.887	43
AZ	MTN	3665	445	497	25	4.231	30
AR	WSC	2351	470	511	6	3.334	23
CA	PAC	29760	419	484	45	4.826	39
CO	MTN	3294	456	513	28	4.809	31
CN	NE	3287	430	471	74	7.914	43
DE	SA	666	433	470	58	6.016	35
DC	SA	607	409	441	68	8.210	39
FL	SA	12938	418	466	44	5.154	30
GA	SA	6478	401	443	57	4.860	29
HI	PAC	1108	404	481	52	5.008	32
ID	MTN	1007	466	502	17	3.200	25
IL	ENC	11431	466	528	16	5.062	34
IN	ENC	5544	408	459	54	5.051	32
IA	WNC	2777	511	577	5	4.839	28
KS	WNC	2478	492	548	10	5.009	29
KY	ESC	3685	473	521	10	4.390	29

미국 각 주의 자료가 정리되어 있습니다. 대략 살펴보면 다음과 같습니다.

- SATV: 고등학교 학생의 어학 점수
- SATM: 고등학교 학생의 수학 점수
- Percent: 고등학교 졸업 비율
- Dollars: 학생에게 사용되는 교육비
- Pay: 선생님의 임금

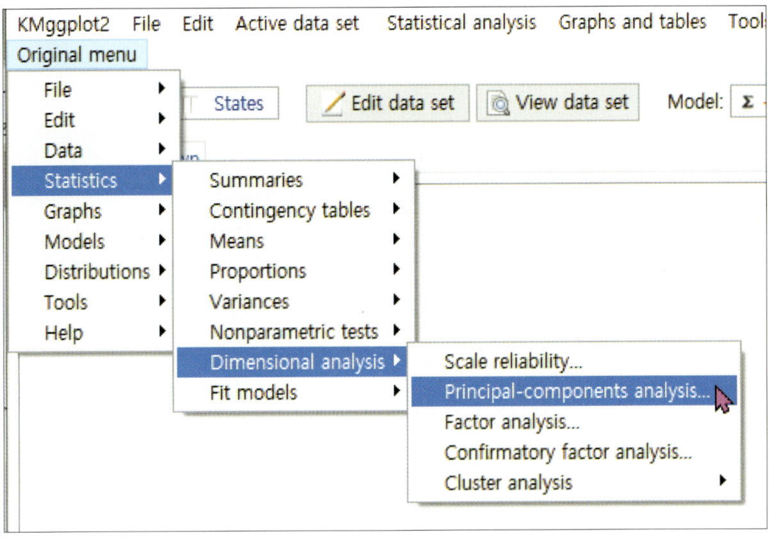

'Original menu'의 '주성분 분석'을 선택해봅시다.

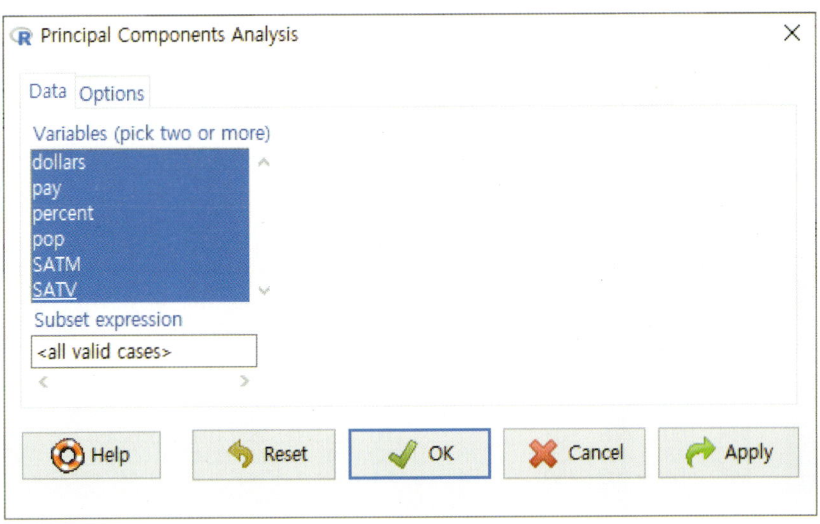

모든 변수를 선택합니다.

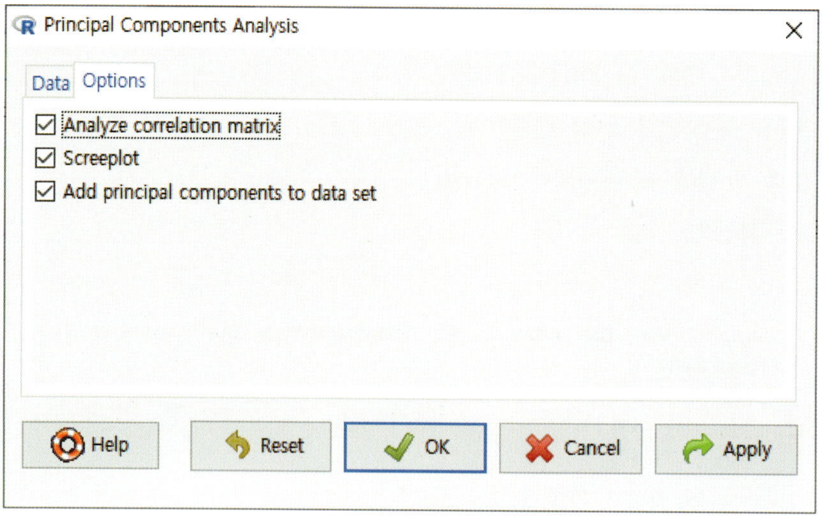

'Options'의 것도 모두 선택해봅시다. 마지막 옵션인 'Add principal~'에 의해 다음과 같은 사항이 정해집니다.

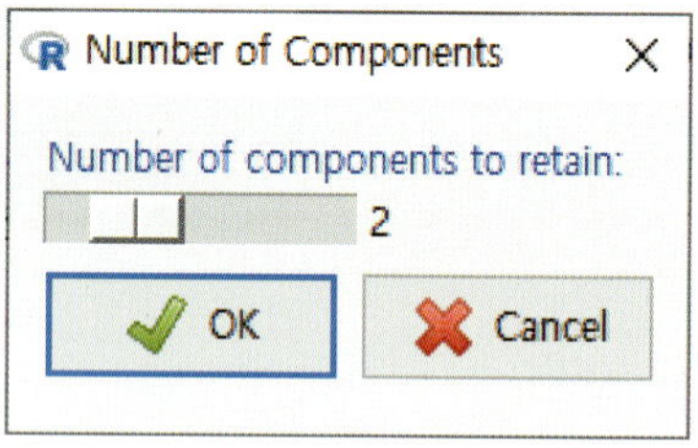

추가할 component의 개수가 정해집니다.

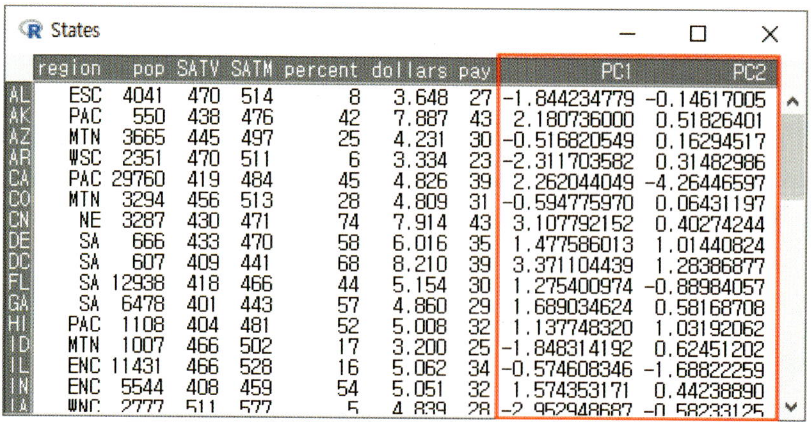

	region	pop	SATV	SATM	percent	dollars	pay	PC1	PC2
AL	ESC	4041	470	514	8	3.648	27	-1.844234779	-0.14617005
AK	PAC	550	438	476	42	7.887	43	2.180736000	0.51826401
AZ	MTN	3665	445	497	25	4.231	30	-0.516820549	0.16294517
AR	WSC	2351	470	511	6	3.334	23	-2.311703582	0.31482986
CA	PAC	29760	419	484	45	4.826	39	2.262044049	-4.26446597
CO	MTN	3294	456	513	28	4.809	31	-0.594775970	0.06431197
CN	NE	3287	430	471	74	7.914	43	3.107792152	0.40274244
DE	SA	666	433	470	58	6.016	35	1.477586013	1.01440824
DC	SA	607	409	441	68	8.210	39	3.371104439	1.28386877
FL	SA	12938	418	466	44	5.154	30	1.275400974	-0.88984057
GA	SA	6478	401	443	57	4.860	29	1.689034624	0.58168708
HI	PAC	1108	404	481	52	5.008	32	1.137748320	1.03192062
ID	MTN	1007	466	502	17	3.200	25	-1.848314192	0.62451202
IL	ENC	11431	466	528	16	5.062	34	-0.574608346	-1.68822259
IN	ENC	5544	408	459	54	5.051	32	1.574353171	0.44238890
IA	WNC	2777	511	577	5	4.839	28	-2.952948687	-0.58233125

그 결과 data에서 PC1과 PC2가 추가됩니다.

```
Component loadings:
            Comp.1      Comp.2      Comp.3     Comp.4      Comp.5      Comp.6
dollars  0.4019781  0.03241447  0.59359037  0.4055185  0.56560324  0.02571129
pay      0.4111802 -0.23551790  0.49647495 -0.6405929 -0.34224149  0.03855155
percent  0.4729621  0.20814109 -0.06027406  0.5336338 -0.66564307 -0.03880032
pop      0.1944236 -0.90934809 -0.28203526  0.2183180  0.05000519  0.07468850
SATM    -0.4425476 -0.24345988  0.41562578  0.2051817 -0.22332640 -0.69293574
SATV    -0.4604372 -0.11820005  0.38110557  0.2250958 -0.25982271  0.71456906

Component variances:
    Comp.1     Comp.2     Comp.3     Comp.4     Comp.5     Comp.6
3.91008395 0.93649836 0.89106371 0.13655690 0.09614683 0.02965024

Importance of components:
                          Comp.1    Comp.2    Comp.3     Comp.4     Comp.5
Standard deviation     1.9773932 0.9677285 0.9439617 0.36953606 0.31007553
Proportion of Variance 0.6516807 0.1560831 0.1485106 0.02275948 0.01602447
Cumulative Proportion  0.6516807 0.8077637 0.9562743 0.97903382 0.99505829
                            Comp.6
Standard deviation     0.172192438
Proportion of Variance 0.004941706
Cumulative Proportion  1.000000000
```

각 성분마다 특징을 볼 수 있습니다. 위의 두 번째 결과인 Component variances는 다음과 같이 그래프로 표현됩니다.

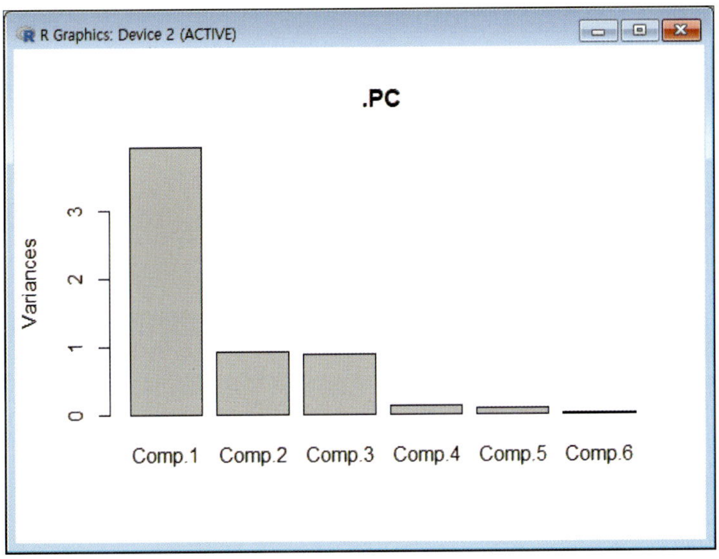

위의 'screeplot'을 보면 제1성분에 비해서 2성분과 3성분이 현저하게 적습니다. 산비탈을 의미하는 scree를 생각할 때, Comp.2부터는 평지에 해당하므로 Comp.1까지만 주요 성분이라고 생각됩니다. 만일 Comp.4부터 평지라고 판단한다면, Comp.3까지 주요 성분이라고 판단됩니다.

앞의 Importance of components 중에 Proportion of Variance를 보면, Comp1이 0.6516807로 가장 크고, Comp.2가 0.1560831로 그다음이며, Comp.3도 0.1485106 정도인 것을 알 수 있습니다. 즉, 제1주성분이 거의 65%를 차지합니다.

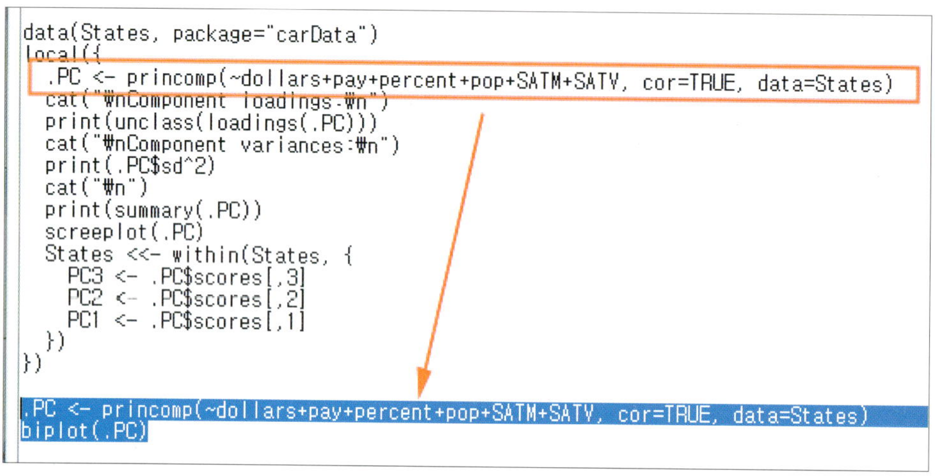

한편, biplot을 그리기 위해 script의 일부분을 그대로 복사해서 붙여 넣고, 그 아래에 biplot(.PC)이라고 씁니다. 이 두 줄을 선택하고 'Submit'을 클릭합니다.

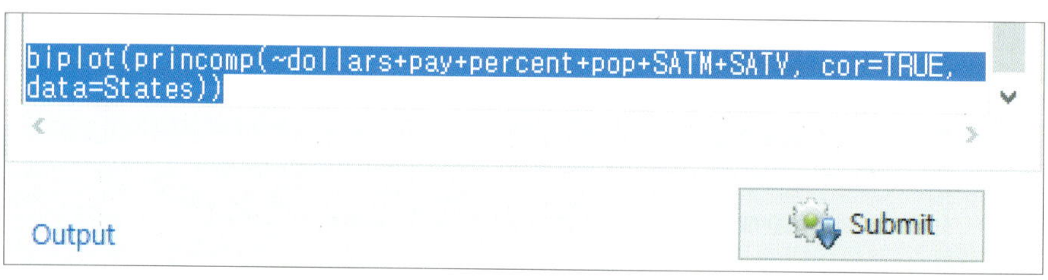

또는 이렇게 한 줄로 줄여 쓸 수도 있습니다.

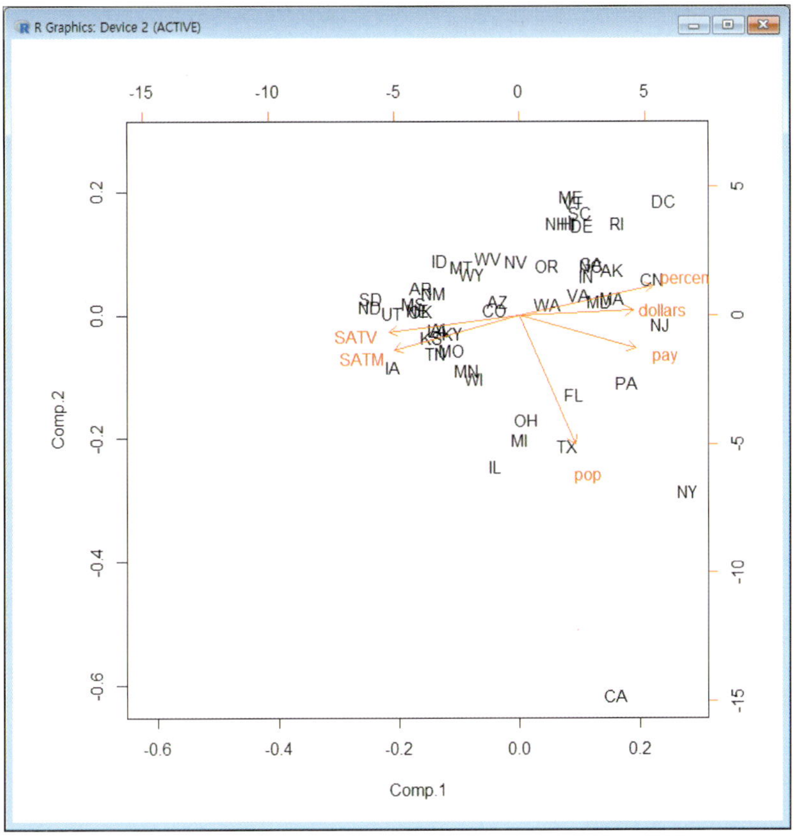

그러면 각 변수들이 Comp1과 얼마나 나란한 방향인지, 혹은 Comp2와 나란한 방향인지 시각적으로 알 수 있습니다.

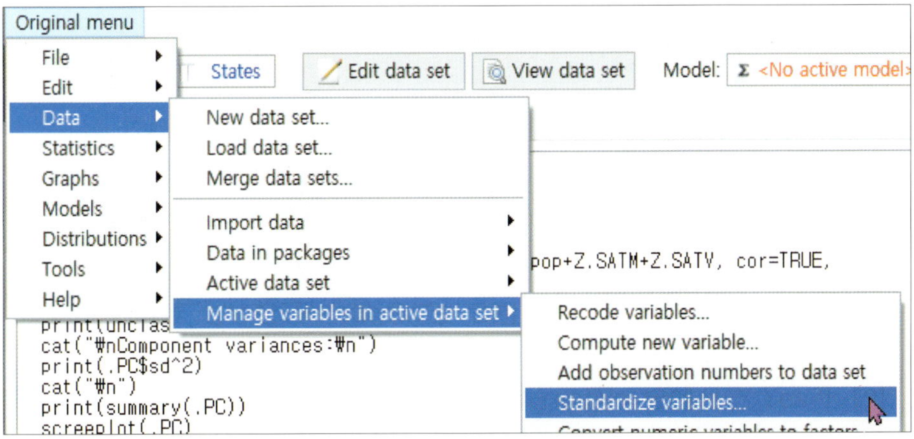

위와 같이 표준화 메뉴를 이용해서,

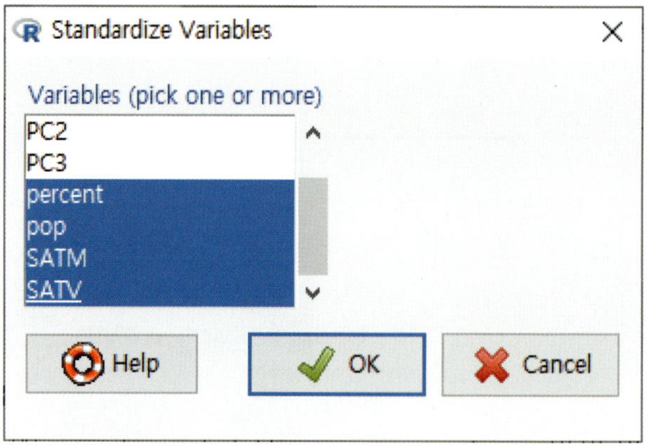

원래의 점수들을 모두 표준화한 뒤에,

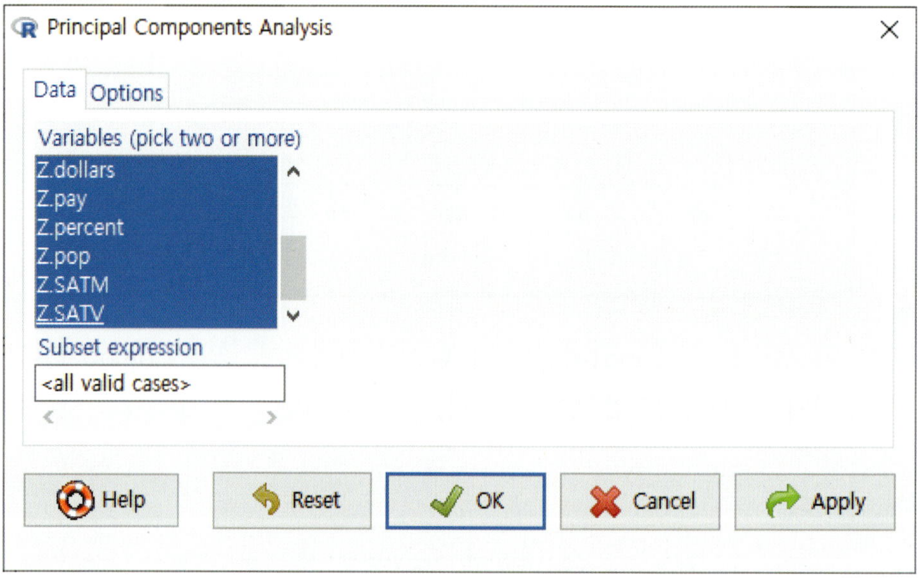

다시 주성분 분석을 해보아도 같은 결과가 나타납니다. 따라서 이 주성분 분석은 내부적으로 표준화를 미리 시행해서 주성분 분석을 하는 것이며, 통상적으로 그렇게 합니다.

ch.25 요인분석

요인분석을 시작하기 전에 패키지 carData에 있는 States 데이터를 다시 불러서 데이터를 처음 상태로 만들어봅시다.

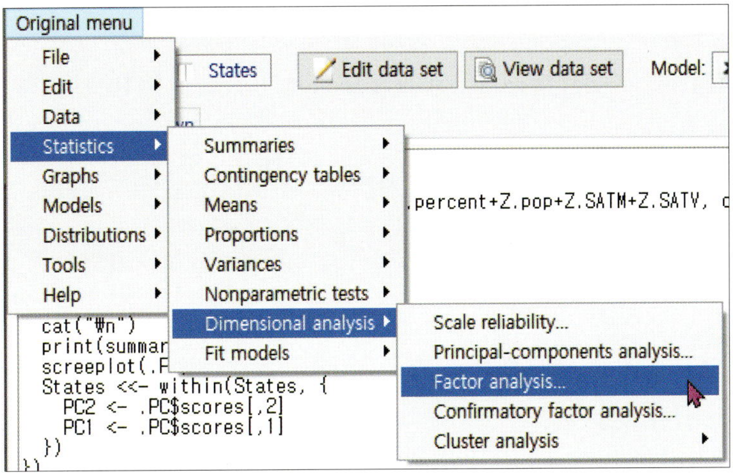

요인분석(Factor analysis)을 선택해봅시다.

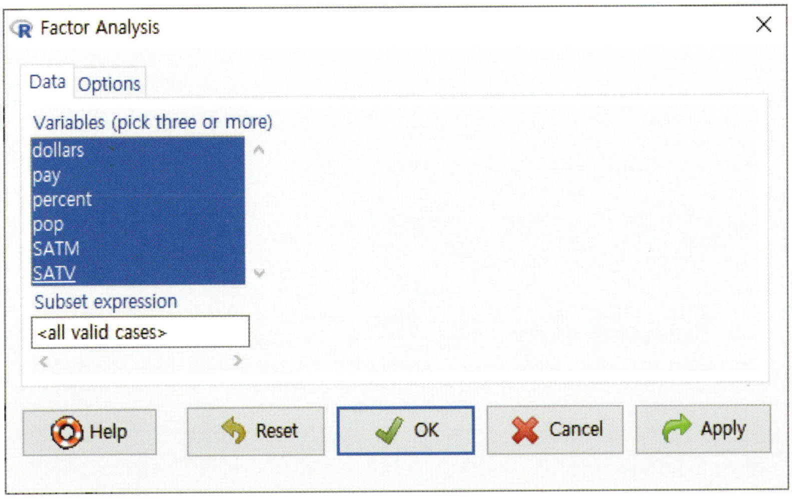

모든 변수를 선택합니다.

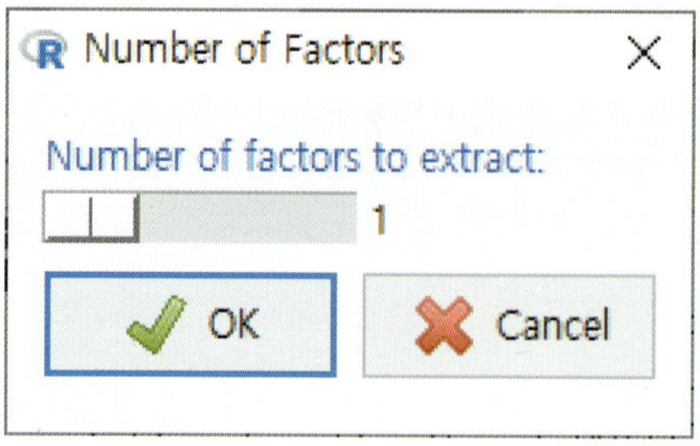

요인을 1개가 되도록 선택합니다.

```
Call:
factanal(x = ~dollars + pay + percent + pop + SATM + SATV, fact

Uniquenesses:
dollars     pay percent     pop    SATM    SATV
  0.703   0.682   0.226   0.902   0.059   0.021

Loadings:
        Factor1
dollars  0.545
pay      0.564
percent  0.880
pop      0.313
SATM    -0.970
SATV    -0.990

               Factor1
SS loadings      3.408
Proportion Var   0.568

Test of the hypothesis that 1 factor is sufficient.
The chi square statistic is 86.54 on 9 degrees of freedom.
The p-value is 8.02e-15
```

결과를 보면 factor 하나로 충분하다는 가설에 대해서 p값이 매우 낮게 나타납니다. 그러므로 factor를 둘로 지정해야겠습니다.

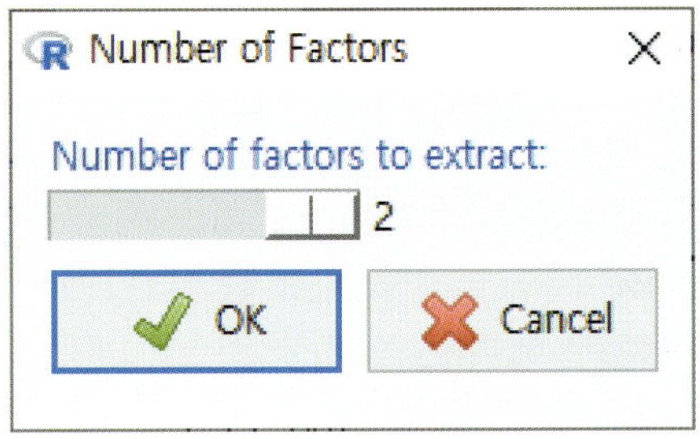

다시 명령을 시행하면서 factor를 둘로 지정합니다.

```
Call:
factanal(x = ~dollars + pay + percent + pop + SATM + SATV, fa

Uniquenesses:
dollars     pay percent     pop    SATM    SATV
  0.037   0.246   0.136   0.922   0.031   0.041

Loadings:
        Factor1 Factor2
dollars -0.263   0.946
pay     -0.315   0.809
percent -0.757   0.539
pop     -0.259   0.105
SATM     0.953  -0.246
SATV     0.932  -0.300

               Factor1 Factor2
SS loadings      2.586   2.001
Proportion Var   0.431   0.333
Cumulative Var   0.431   0.765

Test of the hypothesis that 2 factors are sufficient.
The chi square statistic is 19.87 on 4 degrees of freedom.
The p-value is 0.000529
```

2개의 factor로 지정했는데, dollars와 pay와 percent는 factor2에 속할 것이 거의 확실해 보입니다. SATM과 SATV는 factor1에 속하는데, pop는 약간 애매합니다.

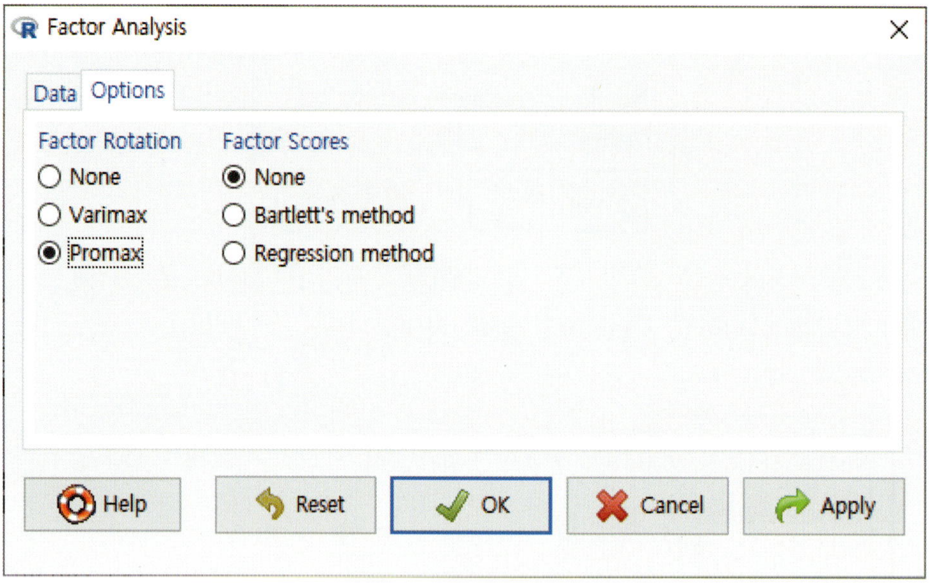

Options 중 회전의 방법을 Promax로 바꾸어 시행해봅니다.

```
Loadings:
        Factor1 Factor2
dollars          1.038
pay              0.850
percent -0.683   0.333
pop     -0.268
SATM     1.050   0.109
SATV     1.000

               Factor1 Factor2
SS loadings      2.650   1.924
Proportion Var   0.442   0.321
Cumulative Var   0.442   0.762

Factor Correlations:
        Factor1 Factor2
Factor1   1.000  -0.632
Factor2  -0.632   1.000

Test of the hypothesis that 2 factors are sufficient.
The chi square statistic is 19.87 on 4 degrees of freedom.
The p-value is 0.000529
```

그러면 이런 결과를 보여줍니다. dollars와 pay는 factor2에 속하고 SATM과 SATV는 factor1에 속하는 것이 타당해 보입니다.

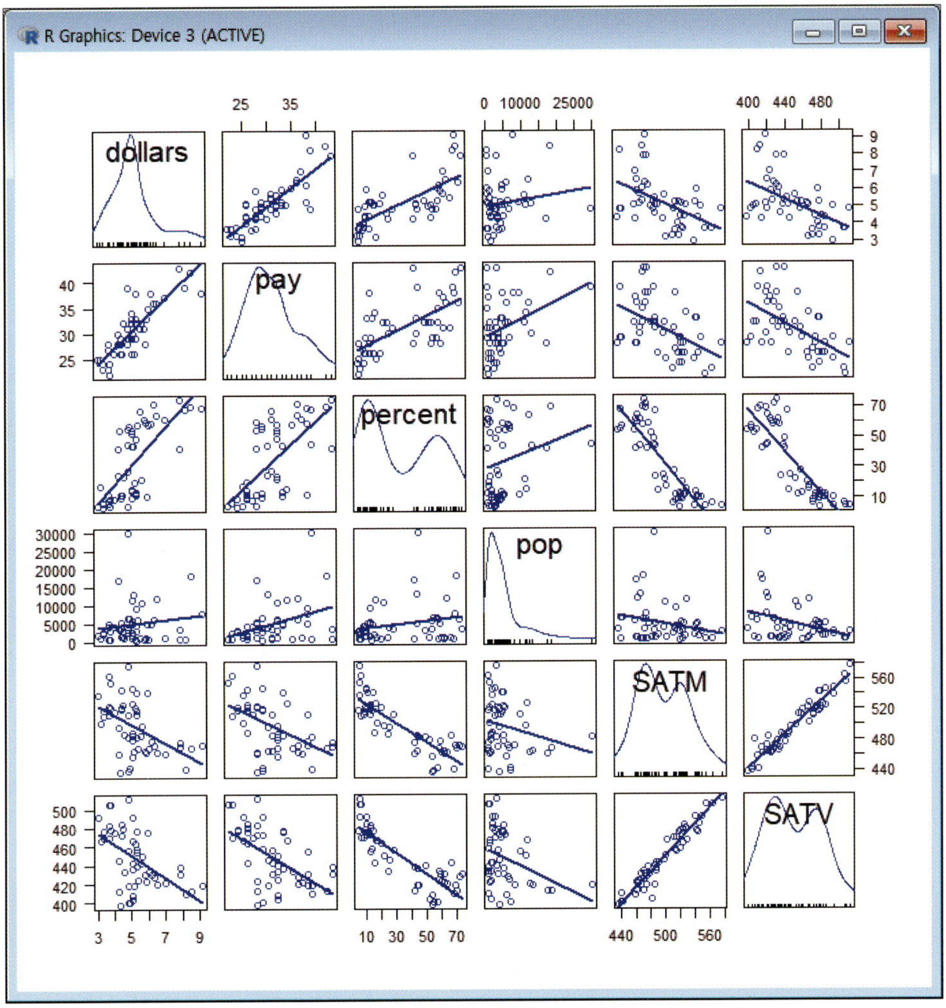

이쯤 해서 앞서 보았던 matrix scatter plot을 그려보면 아이디어를 얻을 수 있습니다. 변수 중에서 dollars와 pay는 양의 관계를 보이면서 매우 일치한다는 것을 알 수 있고, SATM과 SATV도 서로 양의 관계를 보이면서 매우 일치한다는 것을 알 수 있습니다.

dollars와 pay는 뭔가 비슷한 양상을 보이므로 하나로 합칠 수 있을 것 같습니다. SATM과 SATV도 비슷한 양상으로 하나로 합칠 수 있을 것 같습니다. 그런데 percent는 dollars와 pay와 비슷한 듯하면서도 무언가 약간 다른 느낌이 있고, pop는 다른 어떤 것과도 비슷하지 않습니다.

학생들의 성적 데이터가 있다고 가정해봅시다. 영어 성적과 국어 성적은 둘 다 언어로서 비슷한 성적을 보이고, 수학 성적과 물리 성적도 비슷한 성적을 보일 가능성이 있습니다. (실제 그럴 수도 있고 아닐 수도 있지만,) 이렇게 비슷한 분포를 보이면, 상관관계가 높은 것끼리 하나로 묶어서 하나의 공통 요인이라고 표현할 수 있을 것입니다.

또 다른 예로 사람의 성격을 여러 점수로 표현한 데이터가 있다고 가정해봅시다. 이 경우에도 서로 높은 관계를 보이는 어떤 점수들을 하나로 묶을 수 있을 것입니다.

이런 식으로 관계가 높은 것끼리 묶어서 표현하려고 할 때 요인분석을 사용할 수 있습니다. 참고로, 앞서 배운 주성분 분석도 이렇게 여러 변수를 묶어서 2개의 component로 표현하고자 하기 때문에 요인분석과 비슷한 점이 있습니다. 이런 면에서 서로 혼동되기도 합니다.

ch. 26 군집분석

군집분석을 시작하기 전에 패키지 carData에 있는 States 데이터를 다시 불러서 데이터를 처음 상태로 만들어봅시다.

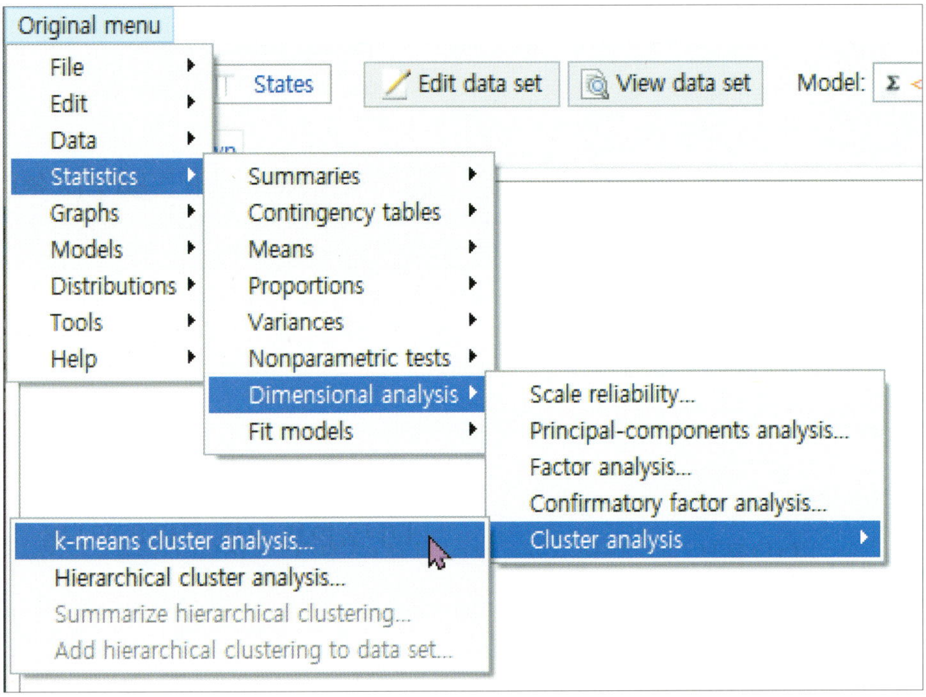

K-means cluster는 'K개의 평균 무리'를 의미하는 것 같은데 일단 선택해봅시다.

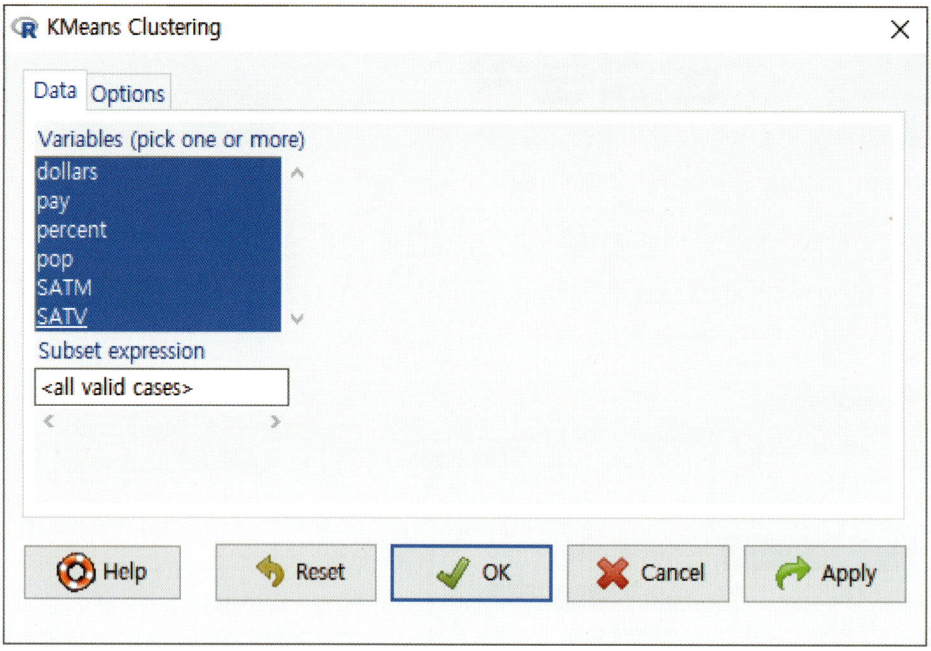

예제의 모든 변수를 선택합니다.

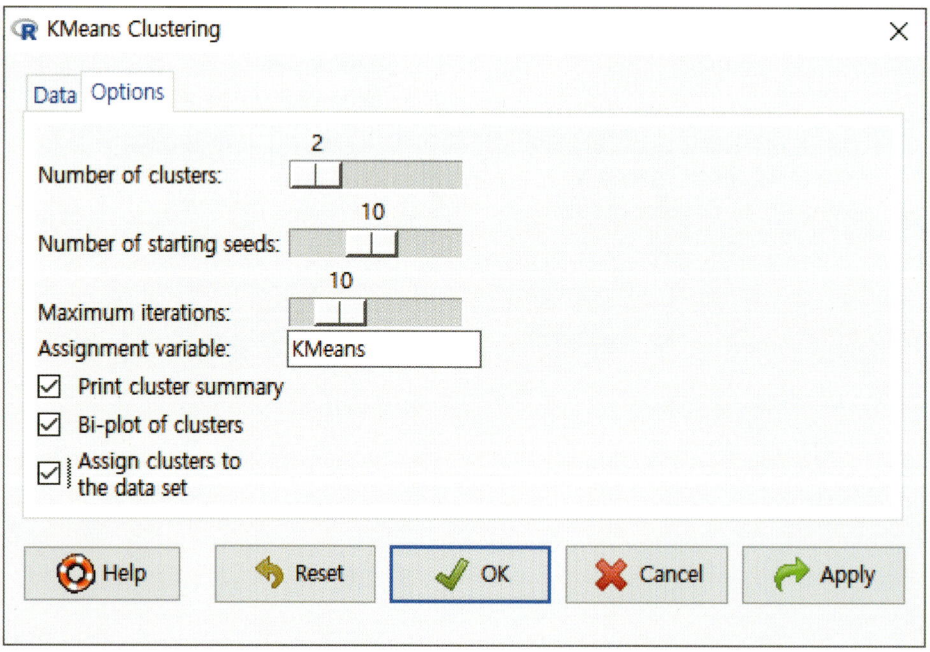

Options에서도 위와 같이 선택하고 'OK'를 클릭합니다.

States

	region	pop	SATV	SATM	percent	dollars	pay	KMeans
AL	ESC	4041	470	514	8	3.648	27	2
AK	PAC	550	438	476	42	7.887	43	2
AZ	MTN	3665	445	497	25	4.231	30	2
AR	WSC	2351	470	511	6	3.334	23	2
CA	PAC	29760	419	484	45	4.826	39	1
CO	MTN	3294	456	513	28	4.809	31	2
CN	NE	3287	430	471	74	7.914	43	2
DE	SA	666	433	470	58	6.016	35	2
DC	SA	607	409	441	68	8.210	39	2
FL	SA	12938	418	466	44	5.154	30	1
GA	SA	6478	401	443	57	4.860	29	2
HI	PAC	1108	404	481	52	5.008	32	2
ID	MTN	1007	466	502	17	3.200	25	2
IL	ENC	11431	466	528	16	5.062	34	1
IN	ENC	5544	408	459	54	5.051	32	2
IA	WNC	2777	511	577	5	4.839	28	2
KS	WNC	2478	492	548	10	5.009	29	2
KY	ESC	3685	473	521	10	4.390	29	2

'Assign ~'을 선택했기 때문에 데이터의 제일 오른쪽에 새로운 변수가 하나 생겼습니다. 여기에는 1과 2가 담겨 있습니다. 즉 2개의 군집으로 나뉘어 있습니다.

```
> .cluster$size # Cluster Sizes
[1]  8 43

> .cluster$centers # Cluster Centroids
  new.x.dollars new.x.pay new.x.percent new.x.pop new.x.SATM new.x.SATV
1      5.651250   34.8750      39.37500 15141.250   485.6250   431.5000
2      5.086977   30.2093      32.69767  2966.953   499.5814   451.2558
```

그 결과 1군집에는 8개가 포함되어 있고, 2군집에는 43개가 포함되어 있다는 것을 cluster$size를 통해 알 수 있습니다.

각 군집의 중심 좌표가 cluster$centers에 표시되어 있습니다.

군집의 중심에 대해서 조금 더 이해해보기 위해 작업을 단순화해 다시 해보겠습니다.

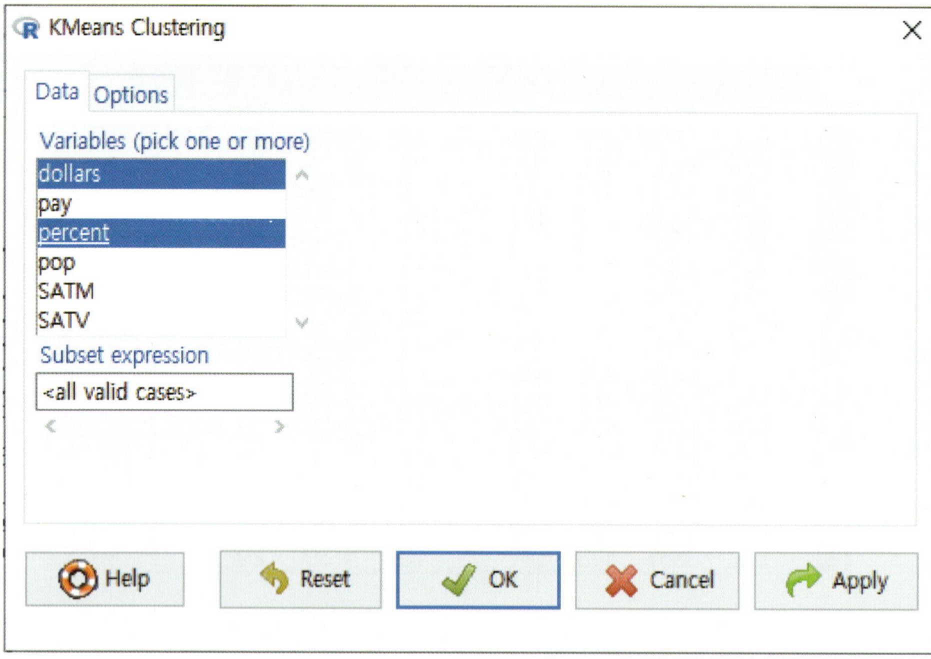

이제 2개의 변수만 선택한 뒤에 'OK'를 클릭합니다.

States

	region	pop	SATV	SATM	percent	dollars	pay	KMeans
AL	ESC	4041	470	514	8	3.648	27	1
AK	PAC	550	438	476	42	7.887	43	2
AZ	MTN	3665	445	497	25	4.231	30	1
AR	WSC	2351	470	511	6	3.334	23	1
CA	PAC	29760	419	484	45	4.826	39	2
CO	MTN	3294	456	513	28	4.809	31	1
CN	NE	3287	430	471	74	7.914	43	2
DE	SA	666	433	470	58	6.016	35	2
DC	SA	607	409	441	68	8.210	39	2
FL	SA	12938	418	466	44	5.154	30	2
GA	SA	6478	401	443	57	4.860	29	2
HI	PAC	1108	404	481	52	5.008	32	2
ID	MTN	1007	466	502	17	3.200	25	1

새로운 분류로 Kmeans에 1과 2가 만들어졌습니다.

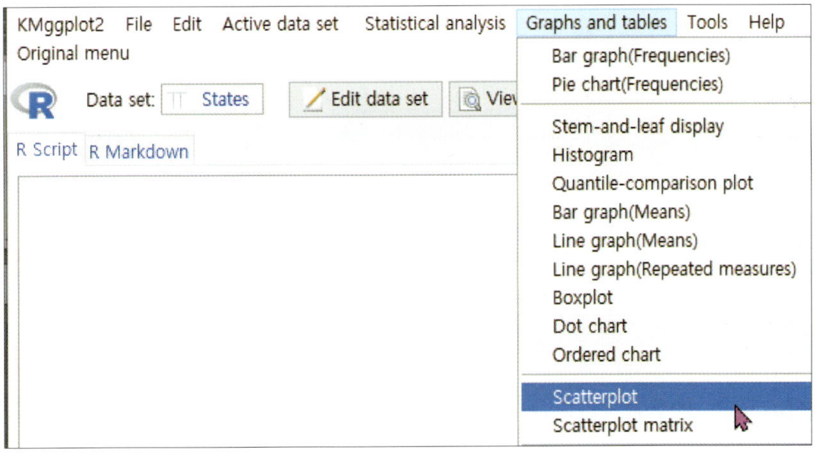

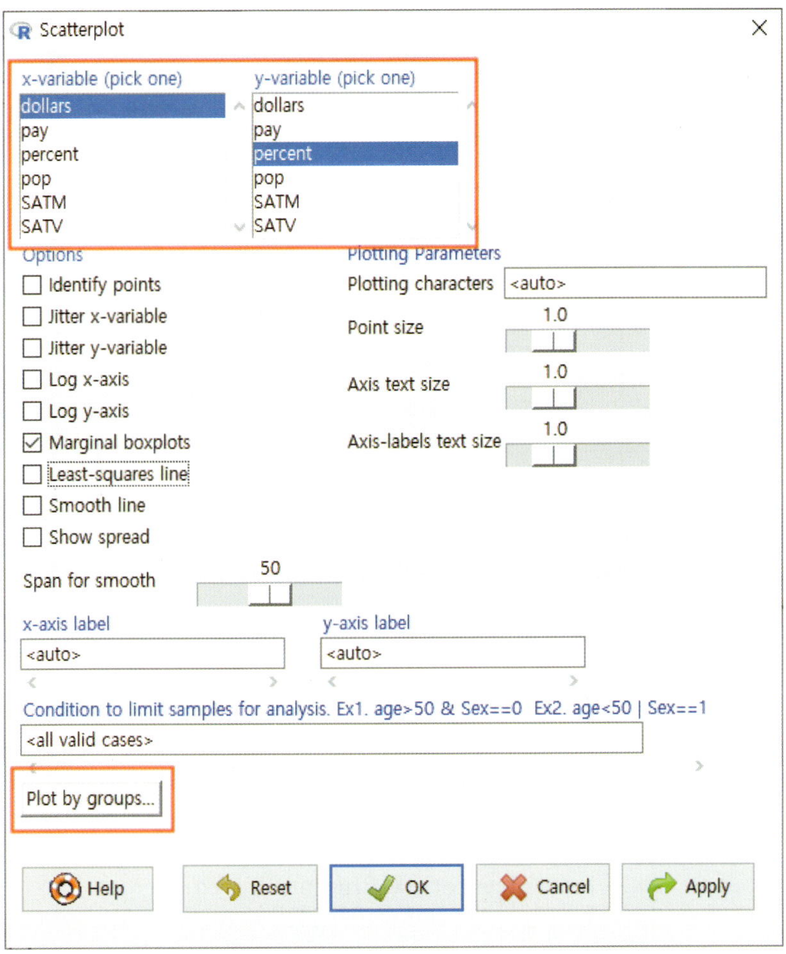

좀 전에 선택한 2개의 변수를 다시 선택한 뒤 'Plot by groups'를 클릭합니다.

이후 Kmeans 변수를 지정합니다. 이렇게 해서 만든 plot은 아래와 같습니다.

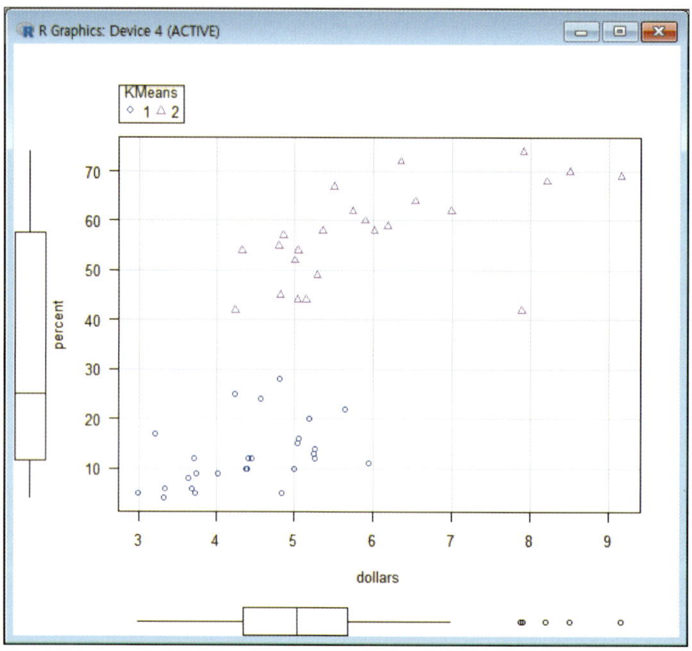

2가지 색으로 표현된 산점도입니다.

```
> .cluster$size # Cluster Sizes
[1] 27 24

> .cluster$centers # Cluster Centroids
  new.x.dollars new.x.percent
1      4.411333      12.59259
2      6.035167      57.54167
```

계산된 결과에서 파란점이 27개, 분홍점이 24개임을 알 수 있습니다.

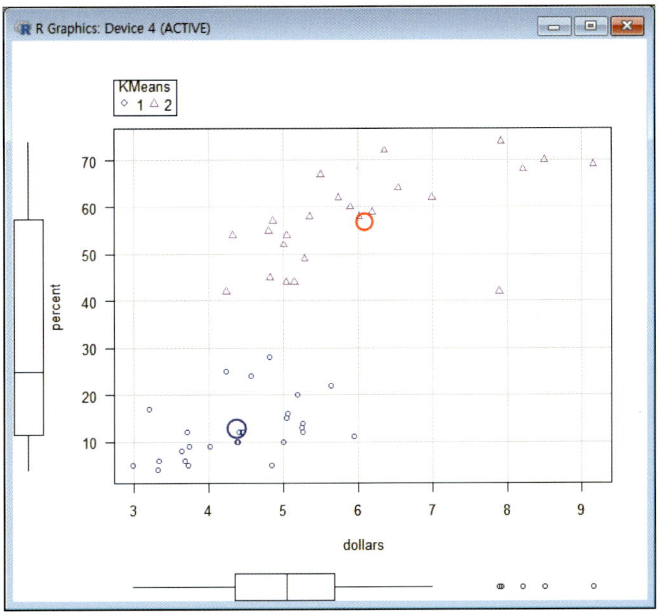

계산된 center의 좌표를 눈짐작으로 찍어보면 역시 점들의 중심이라는 것을 짐작할 수 있습니다. K-means라는 이름에서 짐작할 수 있듯이, 각 점들의 x 성분과 y성분의 평균이 center의 성분이 됩니다.

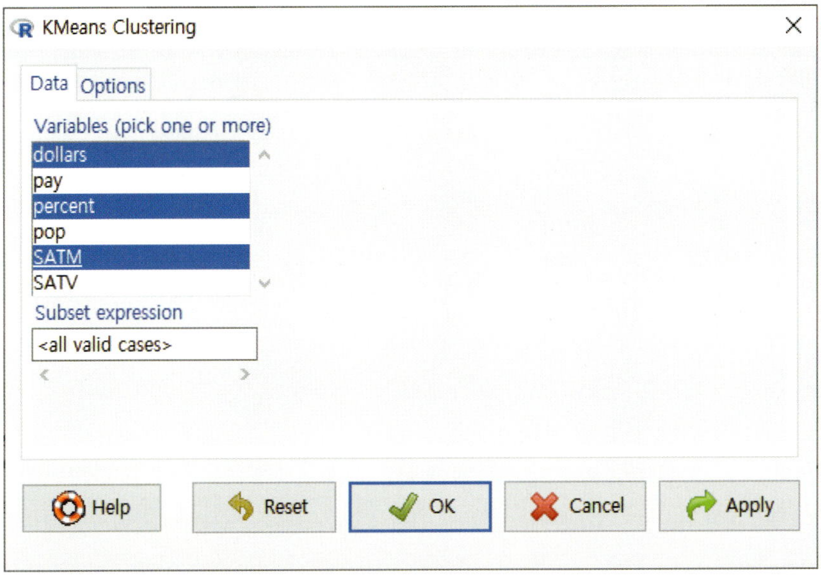

3개의 변수를 취하면, xyz의 3차원 공간에서 점들을 적당히 묶어서 분류하게 됩니다.

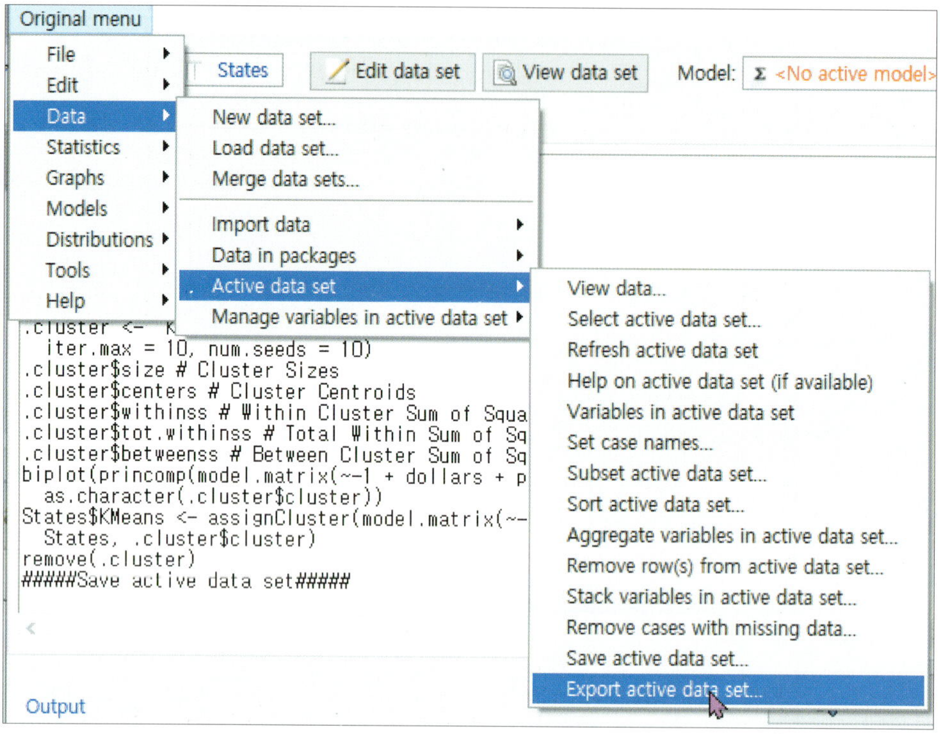

작업 뒤에 이렇게 앞서 배운 방법대로 데이터를 csv 파일로 내보낸 후,

	A	B	C	D	E	F	G	H	I
1	region	pop	SATV	SATM	percent	dollars	pay	KMeans	
2	AL	ESC	4041	470	514	8	3.648	27	2
3	AK	PAC	550	438	476	42	7.887	43	1
4	AZ	MTN	3665	445	497	25	4.231	30	2
5	AR	WSC	2351	470	511	6	3.334	23	2
6	CA	PAC	29760	419	484	45	4.826	39	1
7	CO	MTN	3294	456	513	28	4.809	31	2
8	CN	NE	3287	430	471	74	7.914	43	1

엑셀에서 불러보면 행이름이 A열에 들어가게 됩니다. 따라서 1열을 한 칸씩 오른쪽으로 이동시켜야 합니다.

	A	B	C	D
1	SATM	percent	dollars	KMeans
2	514	8	3.648	2
3	476	42	7.887	1
4	497	25	4.231	2
5	511	6	3.334	2
6	484	45	4.826	1
7	513	28	4.809	2
8	471	74	7.914	1
9	470	58	6.016	1

애초에 선택했던 3개의 변수 SATM, percent, dollars와 KMeans만 남겨서 저장합니다.

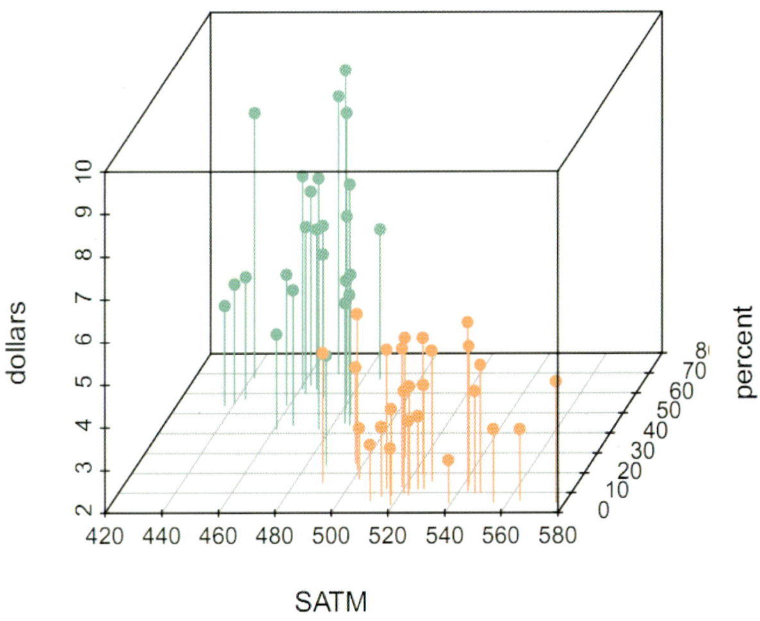

이 파일을 3차원 산점도를 그릴 수 있는 https://tinyurl.com/3D-Scatter-plot3에 업로드한 뒤 살펴보면, 어떤 모양인지 짐작해볼 수 있습니다. 이때 3개 좌표를 가진 center의 위치도 짐작해볼 수 있습니다. 그런데 변수가 4개 이상일 경우에는 수학적으로는 같은 방식으로 계산되지만, 이미지를 그릴 수는 없습니다.

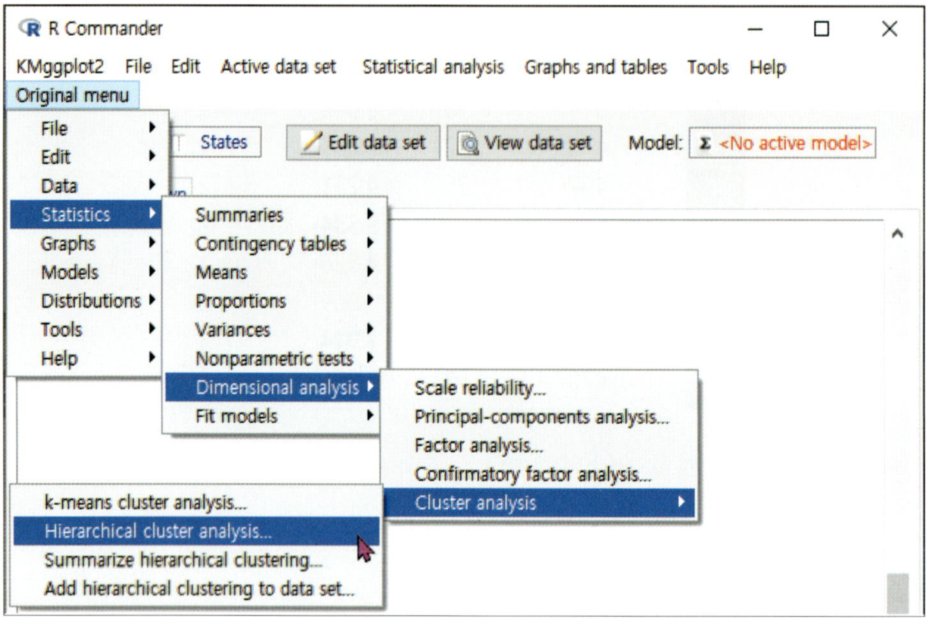

'Hierarchical cluster'의 hierarchical, 즉 '계층적'이라는 의미는 분석을 해보면 그 뜻을 더 잘 알 수 있습니다.

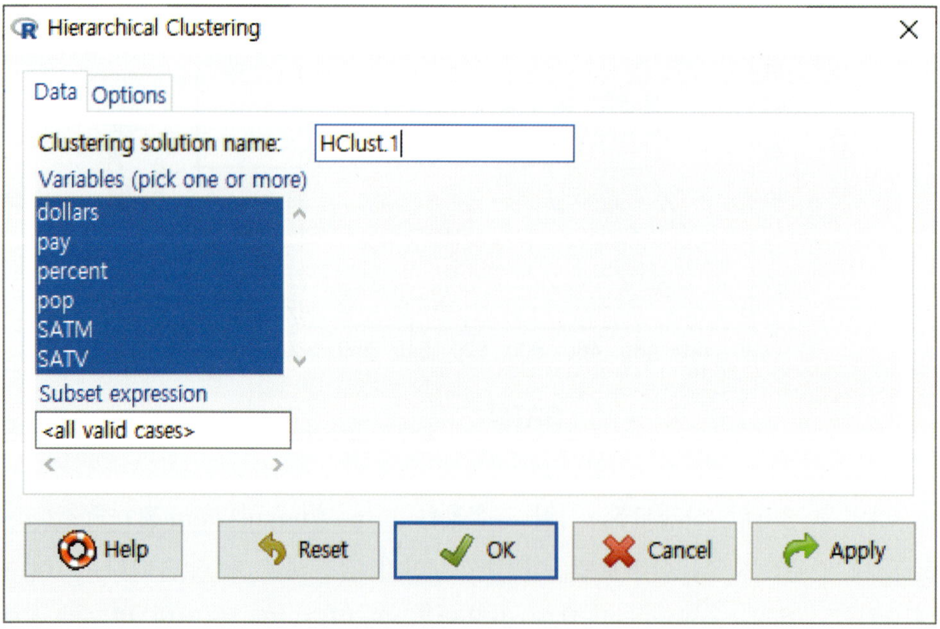

변수를 선택해줍니다.

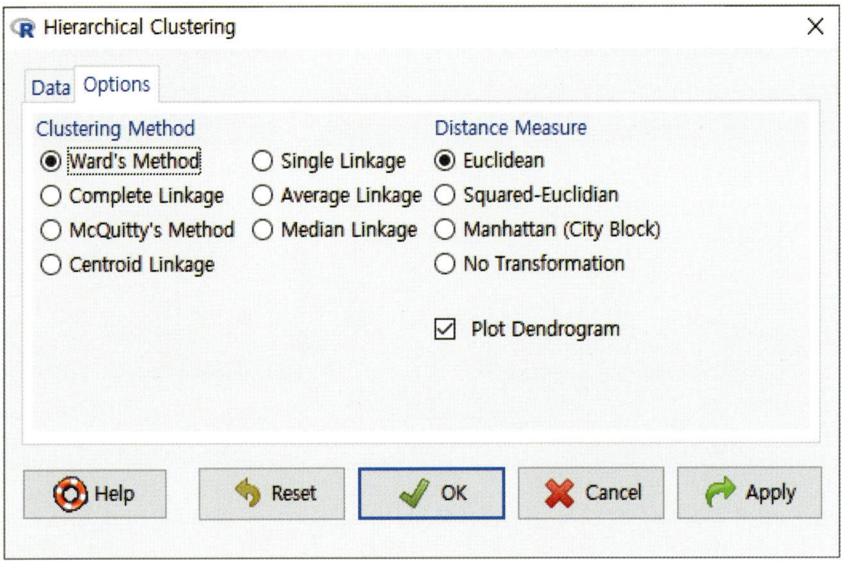

다양한 옵션들이 있으며, 그 결과가 Dendrogram으로 표현됩니다. 옵션이 너무 많으므로 일단은 디폴트값으로 하고, 필요한 경우 다른 것을 선택합니다.

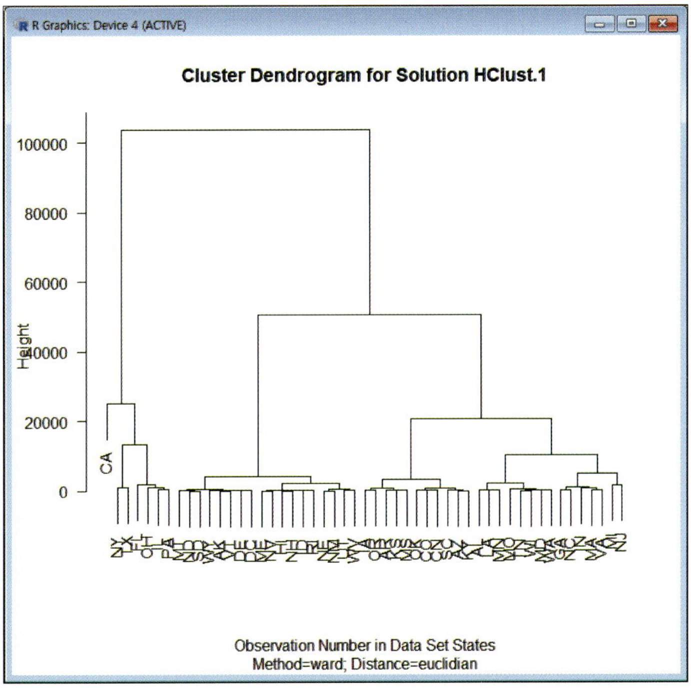

Dendrogram은 많은 정보를 보여줍니다. 'Dendro'는 나뭇가지라는 뜻으로 나뭇가지 또는 강물이라고 생각해보면 이해하기 쉽습니다.

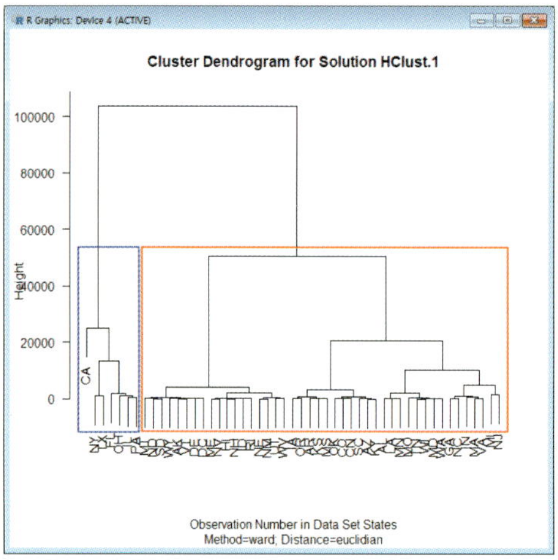

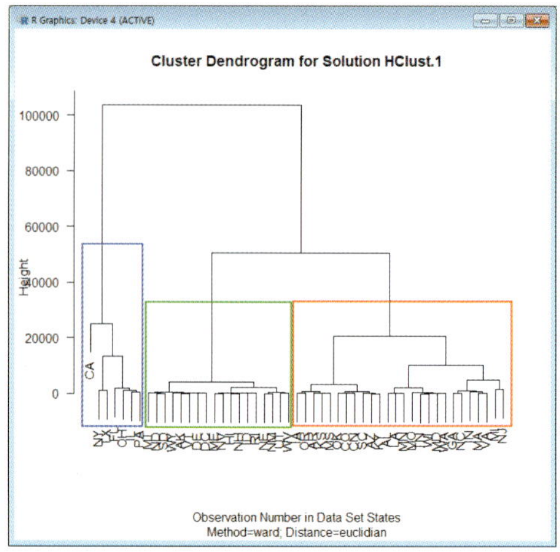

전체를 2개의 집단으로 나누려면 왼쪽과 같이 하고, 3개의 집단으로 나누려면 오른쪽과 같이 하면 됩니다. 나뭇가지처럼 아래쪽으로 길수록, 즉 가지가 뻗어갈수록 나누어지게 됩니다. 그러고 보면 옆에 나란히 있는 것들은 거의 가지 끝에 붙어 있어서 구분하기가 더 어려운 것들입니다.

이렇게 가지그림을 보면 왜 이것에 '계층적' 혹은 '위계적'이라는 이름이 붙었는지 쉽게 알 수 있습니다. 마치 대한민국을 도로 나누고, 도 아래에 군이 있고, 군 아래에 면이 있는 것처럼 계층적으로 분류되어 있기 때문입니다.

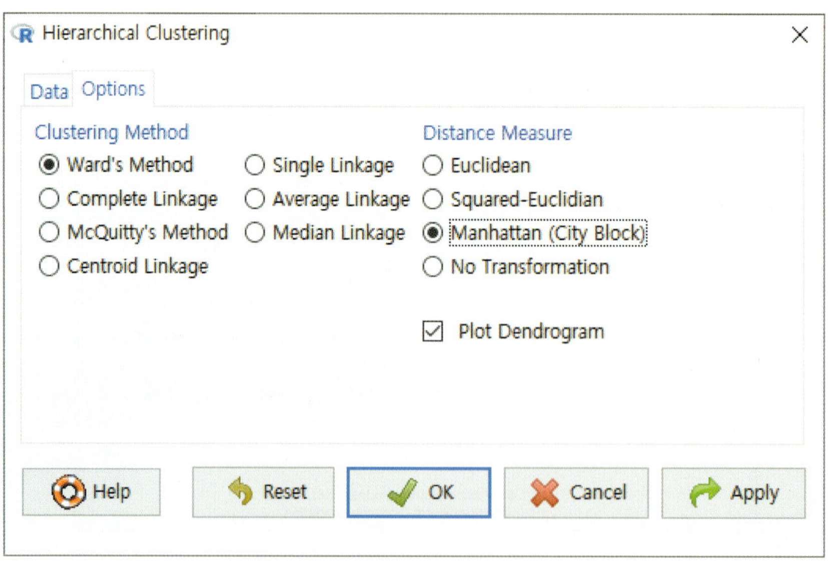

거리를 측정하는 방법을 달리해볼 수도 있습니다.

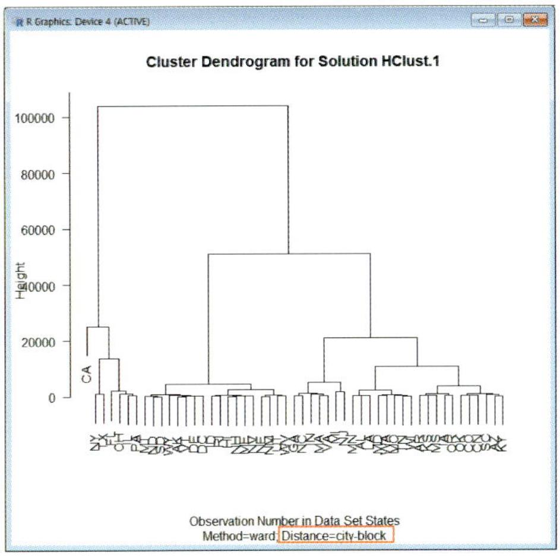

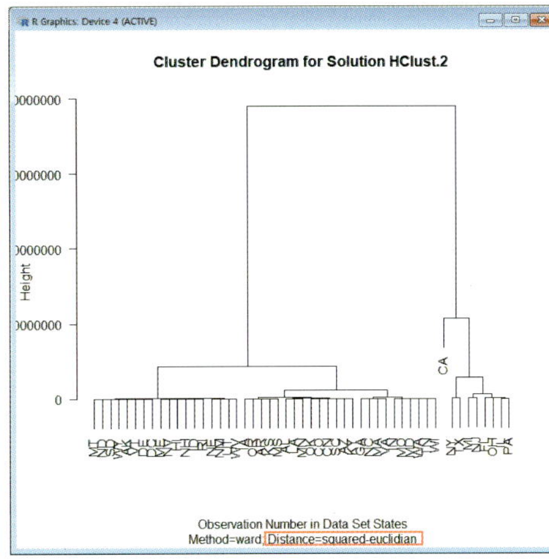

그러면 다른 Dendrogram을 보여줍니다.

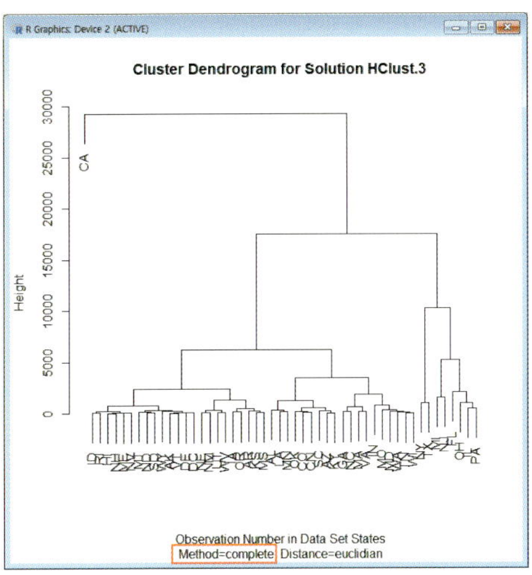

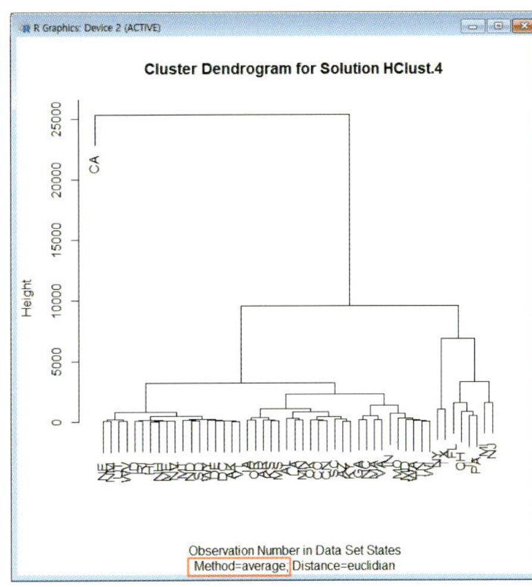

Method를 달리해도 다른 Dendrogram이 그려집니다. 즉 다양한 방법으로 군집이 묶여질 수 있습니다.

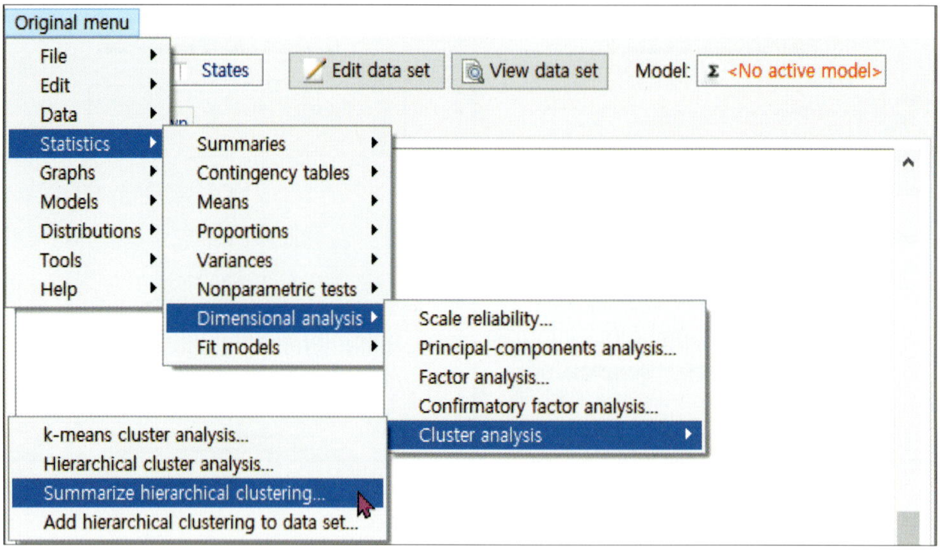

그 결과를 요약적으로 보여주기 위해서 위의 메뉴를 선택해봅니다.

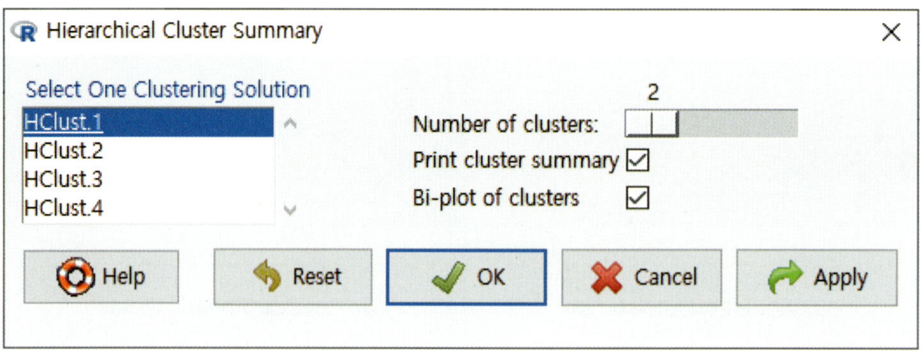

그러면 보다 세부적인 옵션이 나타납니다.

```
> summary(as.factor(cutree(HClust.1, k = 2))) # Cluster Sizes
 1  2
44  7

> by(model.matrix(~-1 + dollars + pay + percent + pop + SATM + SATV, States),
+   as.factor(cutree(HClust.1, k = 2)), colMeans) # Cluster Centroids
INDICES: 1
    dollars       pay     percent         pop        SATM        SATV
   5.090841  30.386364  32.227273 3110.772727  499.909091  451.318182
------------------------------------------------------------
INDICES: 2
     dollars         pay      percent          pop        SATM          SATV
   5.707571   34.428571   43.285714 15976.428571   481.571429   428.285714
```

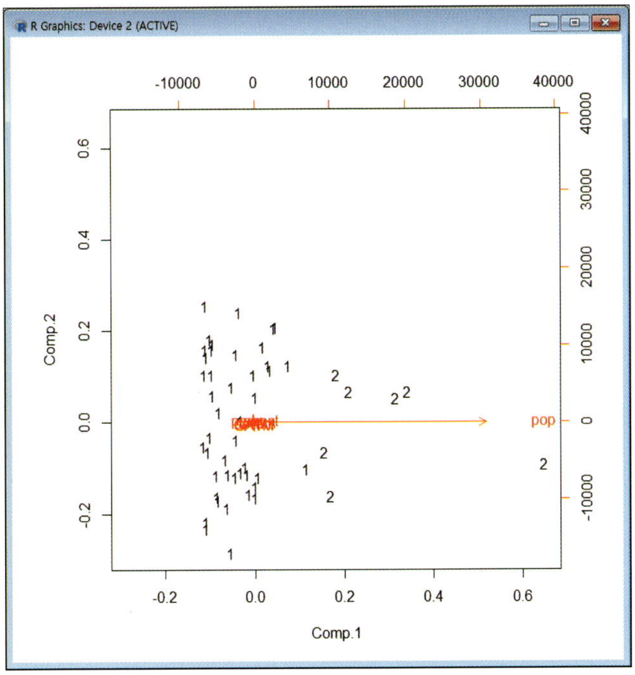

약간의 정보들을 더 보여줍니다.

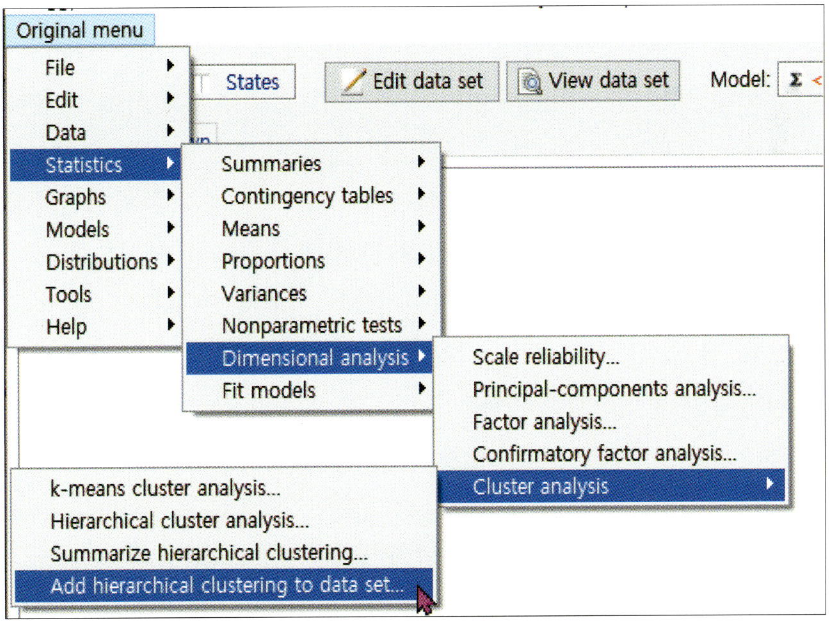

이 메뉴의 결과로 데이터셋에 하나의 열이 더 추가됩니다. 이 데이터셋을 다운로드 받아 향후 필요한 작업 또는 분석에 사용할 수 있습니다.

ch. 27 요인분석과 군집분석

아주 대충의 개념을 설명해보겠습니다. 여러분은 지금 성적표를 엑셀에 입력해서 가지고 있는 선생님입니다. 1열에 세로줄로 학생들의 이름이 쭉 적혀 있고, 1행에는 각 과목의 이름이 열거되어 있는 것을 상상해보세요.
여러분은 2가지 분류 체계를 생각해볼 수 있습니다. 첫 번째는 과목들의 분류입니다. 문과 과목, 이과 과목, 예능계 과목, 수리 영역, 역사 과목, 과학 탐구, 언어 영역 등등 다양하게 분류할 수 있습니다. 사람마다 다르게 분류할 테지만, 뭔가 나름의 기준을 가지고 분류할 것입니다. 좋아하는 과목과 싫어하는 과목으로 나눌 수도 있고, 공통과목과 선택과목으로 나눌 수도 있습니다.
두 번째는 학생들의 분류입니다. 문과, 이과, 예체능계 학생으로 분류하는 것이 가장 일반적이지만 우열반으로 나눌 수도 있습니다. 수학반, 과학반, 연극반, 합창반 등과 같은 방식으로 분류할 수도 있습니다.

이처럼 과목을 분류하는 것이 요인분석에 해당하고, 학생들을 분류하는 것이 군집분석에 해당합니다. 그냥 엑셀의 표로 보면 가로세로가 서로 바뀌어도 상관없는 것처럼 보이지만, 이 가로와 세로의 정보는 매우 큰 차이를 지닙니다.
열, 즉 세로줄은 과목으로서 차원과 관련된 것입니다. 2개가 되면 2차원, 3개가 되면 3차원이 되는 정보를 의미합니다. 앞에서 2차원 산점도와 3차원 산점도를 그렸던 것을 떠올려보세요. 차원이 하나 더 늘어난다는 것은 엄청나게 많은 정보를 제공하는 것입니다. 건강을 진단하는 것으로 치면 체중과 키 2가지 정보면 2차원 정보이고, 여기에 나이가 추가되면 3차원 정보가 됩니다. 성적으로 국어, 영어, 수학 점수가 측정된다면 3차원 정보가 되는 것입니다.

행, 즉 가로줄이 하나가 느는 것은 학생 1명이 더 늘어나는 것입니다. 이때 10명보다는 20명이 더 많은 정보이기는 하지만, 그것은 차원적인 변화는 아닙니다. 이러한 차이를 정확하게 이해하기 어려울 수 있습니다. 다만 행이 느는 것과 열이 느는 것이 서로 다르다는 것만 이해해도 될 것 같습니다.

Part 6

샘플 수의 계산

ch. 28 두 집단 비율, 샘플 수의 계산

샘플 수의 계산은 의학 분야에서 아주 특이한 것같습니다. 그래서인지 SPSS에는 아예 메뉴가 없고, 이와 관련된 책도 거의 없습니다. (제가 쓴 책은 절판되고, 그 뒤로 쓰지 않았네요.)

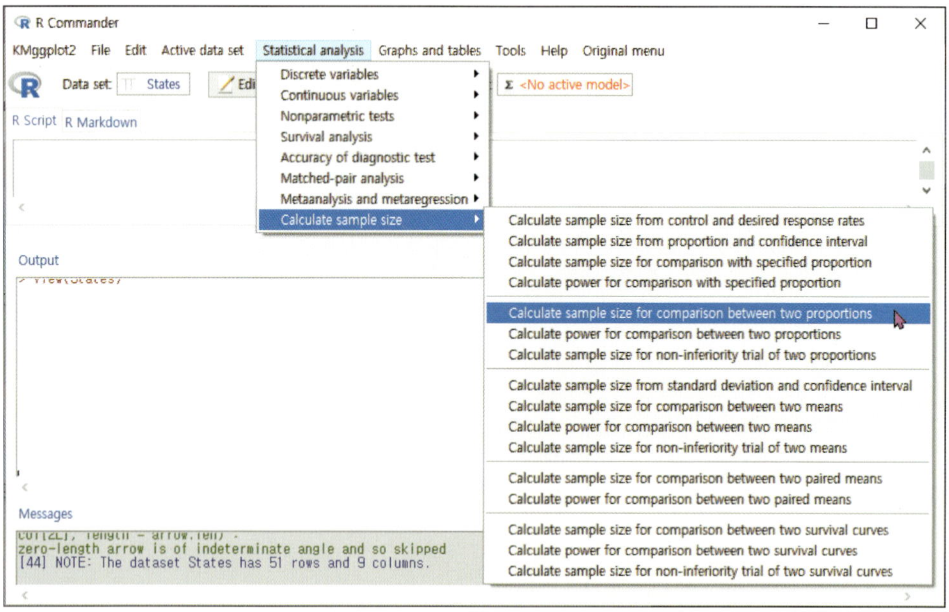

가장 많이 사용하게 될 것 같은 위의 메뉴부터 시작해보겠습니다.

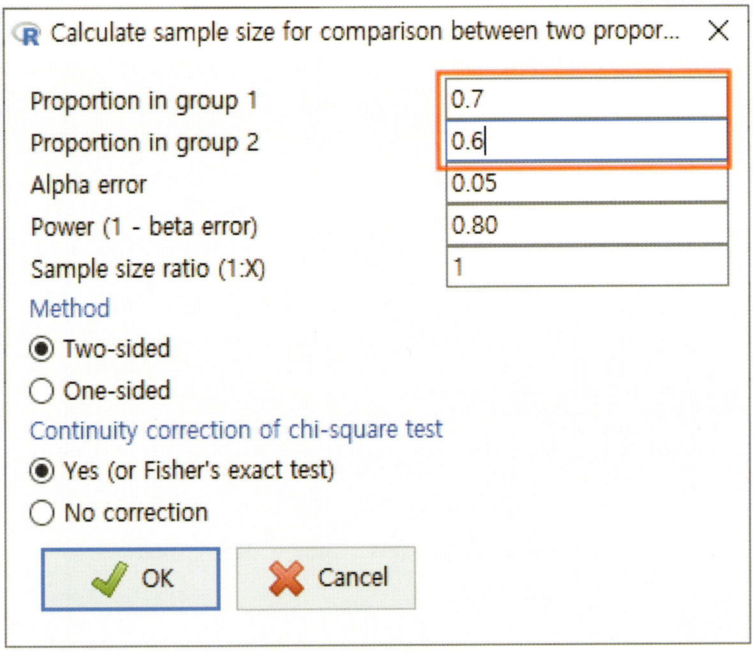

나머지는 일단 디폴트로 그대로 두고, 두 집단의 발생 비율을 각각 넣어봅니다(빨간색 사각형).

```
> SampleProportion(0.7, 0.6, 0.05, 0.80, 2, 1, 1)
                         Assumptions
P1                               0.7
P2                               0.6
Alpha                           0.05
                           two-sided
Power                            0.8
N2/N1                              1

Required sample size       Estimated
N1                               376
N2                               376
```

결과적으로, 두 집단에서 376명씩 필요하다는 계산이 나옵니다.

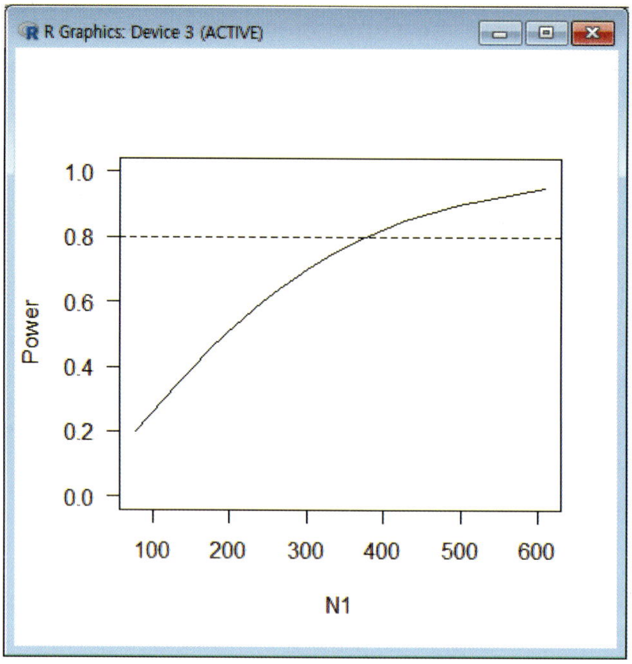

더불어 그래프를 통해 power를 높이려면 몇 명이나 더 필요한지 짐작하게 해줍니다.

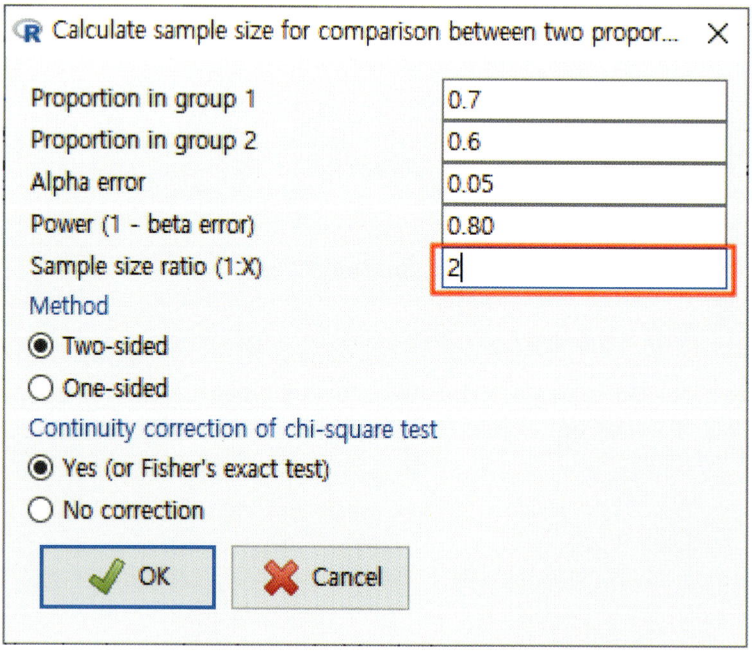

이제 ratio를 2로 바꾸어봅시다.

```
> SampleProportion(0.7, 0.6, 0.05, 0.80, 2, 2, 1)
                       Assumptions
P1                            0.7
P2                            0.6
Alpha                        0.05
                        two-sided
Power                         0.8
N2/N1                           2

Required sample size    Estimated
N1                            285
N2                            570
```

그러면 각각 285명과 570명이 필요하다는 계산 결과를 보여줍니다. 결국 합쳐서 855명이 필요하므로 더 많은 수가 필요한 것입니다.

일반적으로 1:1로 모집하는 것이 전체적으로 가장 적은 수를 필요로 하지만, 간혹 그 비율을 달리하기도 합니다. 예를 들어 새로운 치료법은 통증이 적고 부작용이 적은 것으로 생각된다면, 새로운 치료법에 많은 환자가 배정되도록 하는 것이 전체적으로 환자를 징모하는 데 도움이 될 것입니다. 반대로 새로운 치료법에 대해서 피험자들의 거부감이 예상된다면, 새로운 치료법에 더 적은 환자를 배정하는 것이 좋을 수도 있습니다. 이외에도 시간이나 비용 등 다른 상황을 미리 종합적으로 고려해보는 것이 좋습니다.

ch. 29 두 집단 평균, 샘플 수의 계산

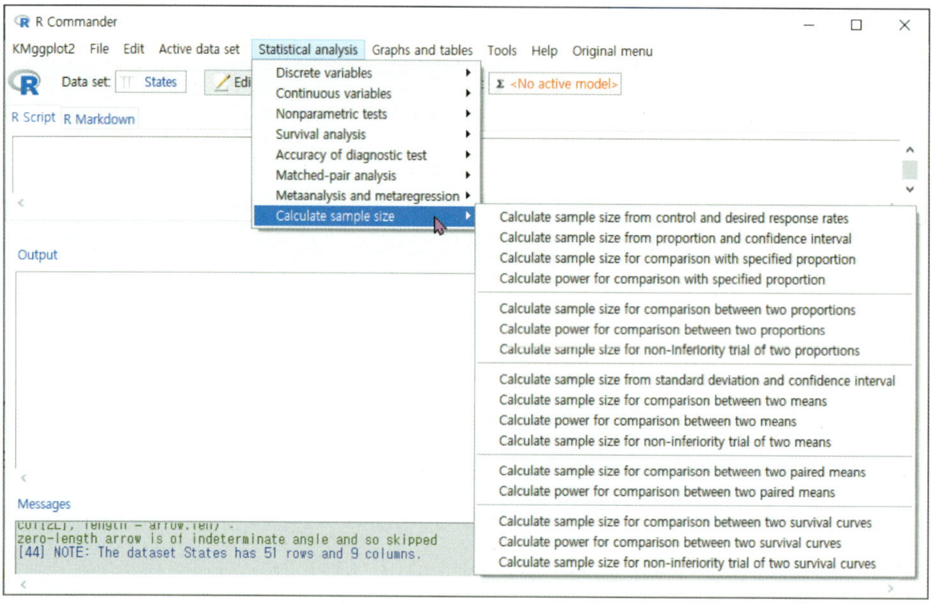

샘플 수 계산 메뉴를 선택합니다. 하위 메뉴는 아래와 같이 좀 더 확대해 살펴보겠습니다.

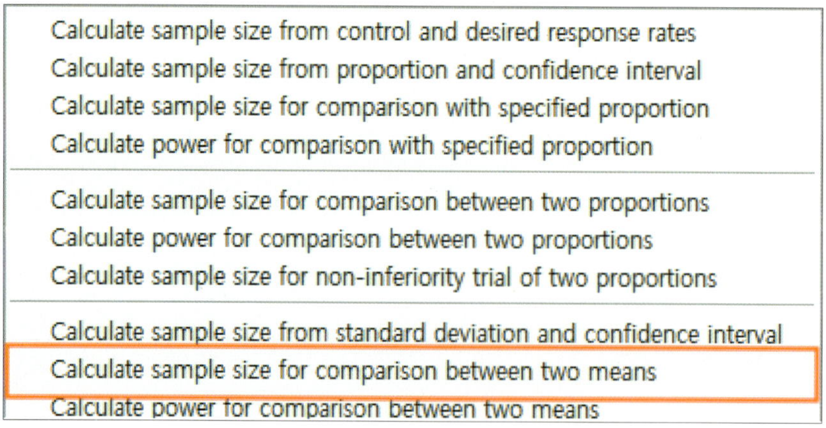

두 번째로 살펴볼 것도 많이 사용되는 평균을 비교하는 연구입니다.

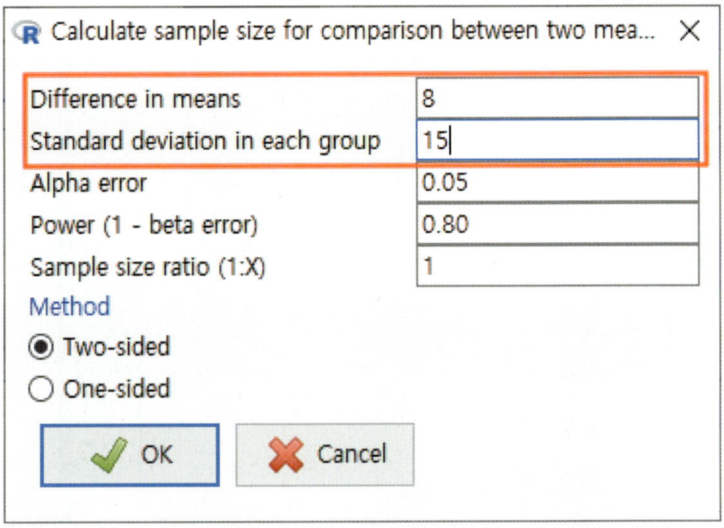

두 모집단의 예상되는 평균 차이와 표준편차를 입력합니다.

```
> SampleMean(8, 15, 0.05, 0.80, 2, 1)
                          Assumptions
Difference in means                 8
Standard deviation                 15
Alpha                            0.05
                            two-sided
Power                             0.8
N2/N1                               1

Required sample size        Estimated
N1                                 56
N2                                 56
```

각 집단에 56명씩 샘플이 필요하다는 것을 보여줍니다.

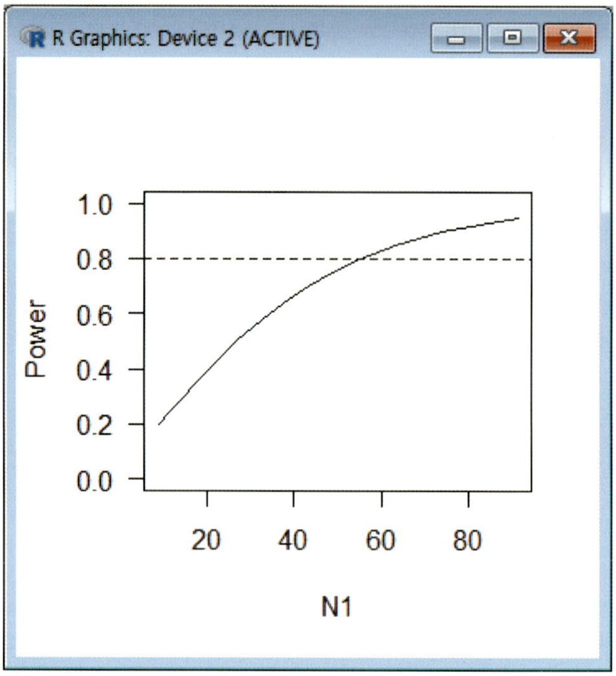

역시 비슷한 그래프를 보여주는데, 해석하는 법도 동일합니다. 이후에는 특별한 경우 외에는 plot을 생략하도록 하겠습니다.

만일 시간적, 경제적인 예산이 허용된다면 power를 가능한 한 더 높이고 싶을 것입니다. 그런 경우에는 이 그래프에서 N수를 증가시켜보면서 얼마까지 power를 높일 수 있을지 예상해볼 수 있습니다. N수가 증가하면 비용과 시간이 비례적으로 증가할 가능성이 있는데, power는 점차 수평선이 되어가므로 둘 사이의 관계를 보면서 적절한 타협점을 고려해볼 수도 있습니다.

ch.30 짝지은 두 평균, 샘플 수의 계산

Calculate sample size from control and desired response rates
Calculate sample size from proportion and confidence interval
Calculate sample size for comparison with specified proportion
Calculate power for comparison with specified proportion

Calculate sample size for comparison between two proportions
Calculate power for comparison between two proportions
Calculate sample size for non-inferiority trial of two proportions

Calculate sample size from standard deviation and confidence interval
Calculate sample size for comparison between two means
Calculate power for comparison between two means
Calculate sample size for non-inferiority trial of two means

Calculate sample size for comparison between two paired means
Calculate power for comparison between two paired means

Calculate sample size for comparison between two survival curves
Calculate power for comparison between two survival curves
Calculate sample size for non-inferiority trial of two survival curves

짝지어진 평균을 비교하는 연구를 위한 샘플 수 계산을 해봅시다. 한마디로 이것은 paired t-test를 시행하는 연구에서의 샘플 수 계산을 의미합니다.
한 사람에게서 A약을 투여한 결과와 B약을 투여한 결과를 비교한다든지, 한 사람의 양다리에 각각 두 치료법을 적용한 결과를 비교하는 식의 연구입니다.
어떤 처치의 전후를 비교하는 연구를 많이 사용하는데, 전후 비교는 통계적으로는 paired t-test를 시행할 수 있고 통계책에도 자주 나오긴 합니다. 그러나 저는 전후를 비교하는 통계법은 매우 제한적으로 사용하라고 자주 권고합니다.

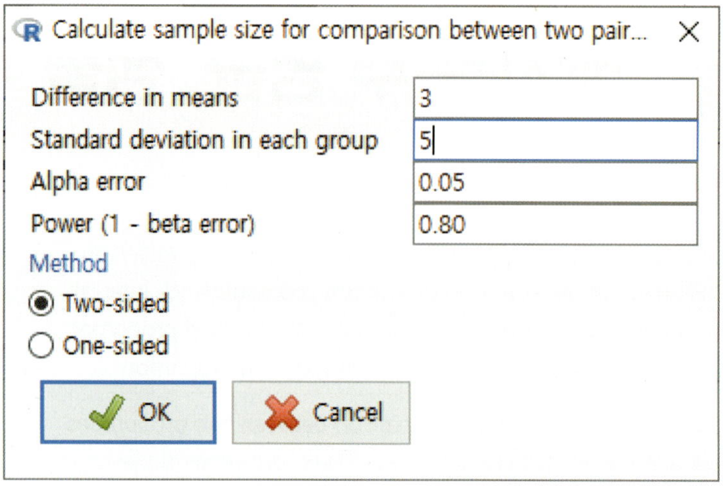

이때 두 번째 항목에서 오해가 있을 수 있는데, 이것은 각 집단의 값의 표준편차가 아니라 '각 쌍의 차이값의 표준편차'입니다. 평균도 역시 '각 쌍의 차이값의 평균'입니다. 그런데 각 쌍의 차이값의 평균이나 각 집단의 평균의 차이값은 같기 때문에 평균 차이값은 잘못 이해해도 큰 문제가 안 생기지만, 두 번째 값은 오해하면 계산에 큰 차이가 생깁니다.

샘플 수 계산뿐 아니라 paired t-test에서도 마찬가지이기 때문에 paired t-test를 잘 이해한다면 샘플 수 계산도 이해할 수 있을 것입니다.

```
> SampleMeanPaired(3, 5, 0.05, 0.80, 2)
                           Assumptions
Difference in means                  3
Standard deviation                   5
Alpha                             0.05
                             two.sided
Power                              0.8

Required sample size         Estimated
N                                   24
```

어쨌든 그 결과는 이와 같이 24쌍으로 나오게 됩니다.

ch.31 생존 자료, 샘플 수의 계산

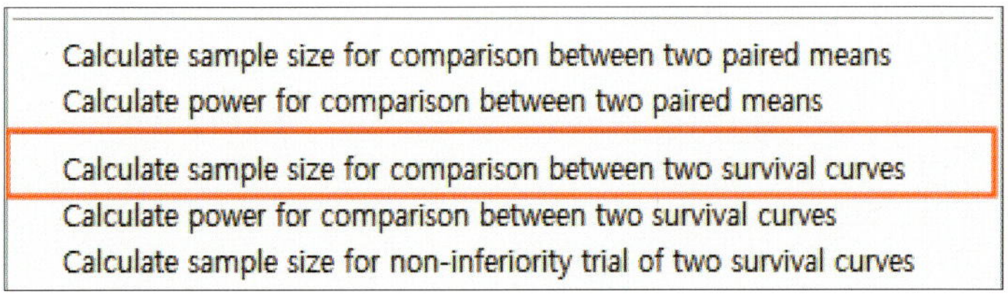

생존분석에서 샘플 수 계산은 고려해야 할 것이 참 많습니다. 직접 실행해보면서 생각해보죠.

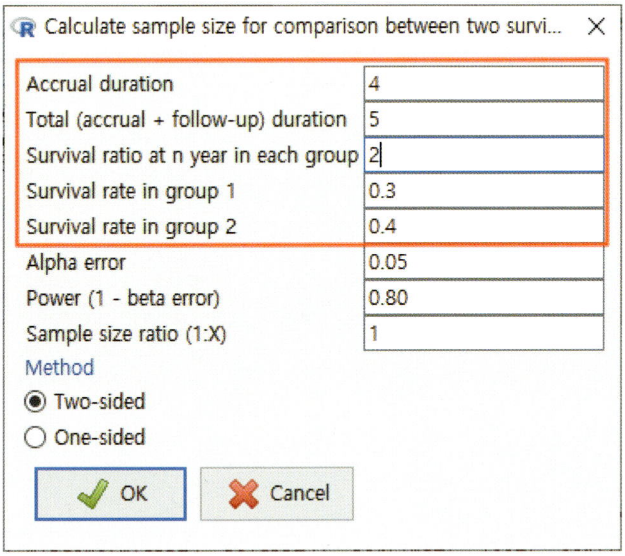

'accrual duration'은 첫 번째 환자를 치료한 시점부터 마지막 환자를 치료한 시점까지의 시간입니다. 마지막 환자를 치료한 시점부터 연구 종료 시점까지의 시간은 'follow-up durtion'입니다. 물론 치료라는 것이 하루 만에 끝나지 않고 한두 달 정도 걸리는 항암치료도 있을 수 있지만, 일단 치료가 하루 만에 끝나는 것이라고 가정해 계산해봅시다. 그러면 마지막 연구가 최종 끝날 때까지, 즉 자료를 마지막 수집할 때까지 걸리는 시간은 'total duration'이 됩니다.

	Assumptions
P1	0.3
P2	0.4
(Follow-up duration for P1, P2)	2
Enrollment duration	4
Total study duration	5
Alpha	0.05
	two-sided
Power	0.8
N2/N1	1
Required sample size	Estimated
N1	284
N2	284

세 번째 항목 'survival ratio at n year in each group'은 조금 오해가 있을 수 있습니다. 결과를 보면, survival rate를 측정했던 그 시점(Follow-up duration for P1, P2)임을 알 수 있습니다. 즉, 2년간 추적했을 때 0.3과 0.4 정도가 survival했다는 것을 표현한 것입니다.

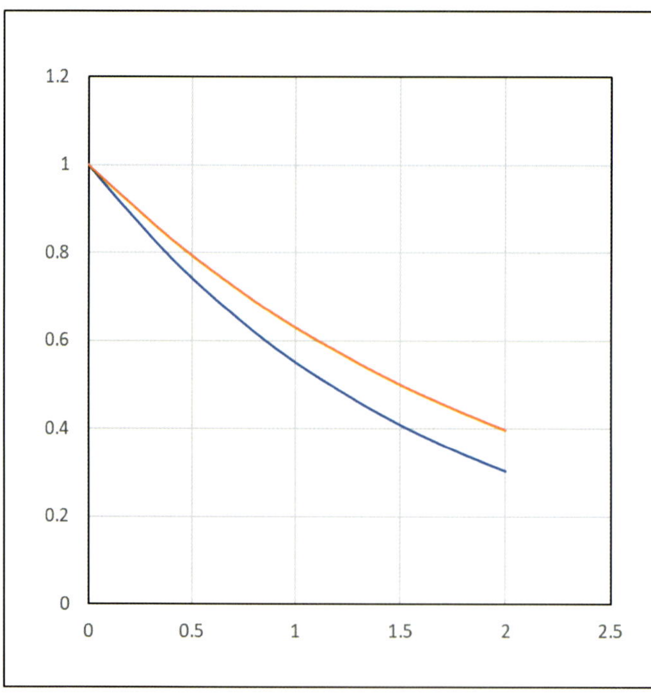

이것을 그래프로 그려보면 이상적으로는 이런 모양이 될 것 같습니다. 2년째 약 0.3과 0.4 정도로 생존한다고 가정하는 것입니다. 이 곡선은 지수함수 곡선입니다.

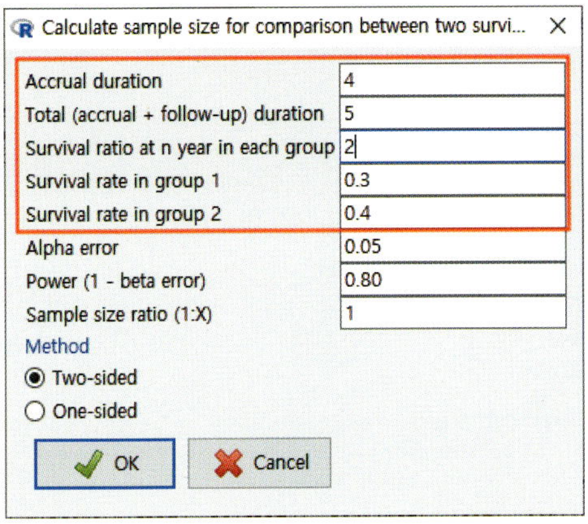

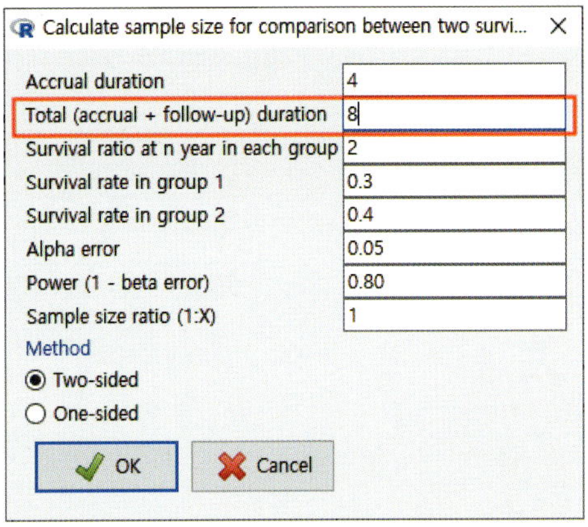

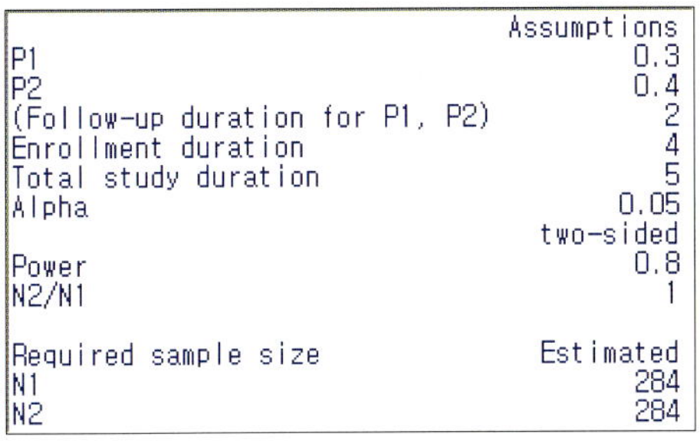

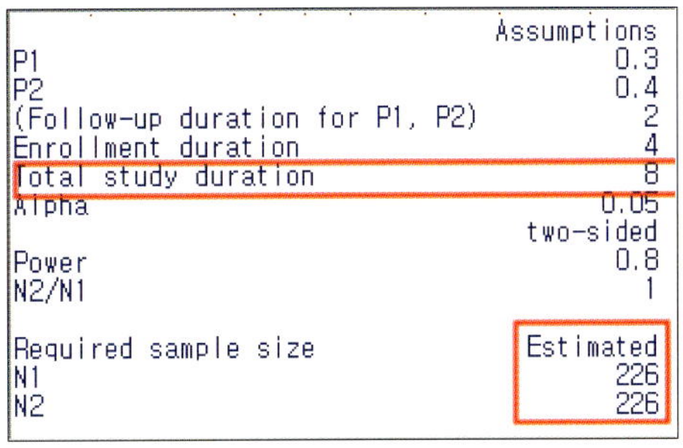

참고로 왼쪽에 비해서, 오른쪽은 total follow up 시간만 더 길어지도록 했더니 샘플 수가 조금 줄었습니다. 즉 시간을 길게 잡으면 event가 좀 더 많이 발생하기 때문에 샘플 수가 줄게 됩니다. 즉 5년에서 8년으로 늘리면 샘플 수가 감소하게 됩니다.

8년은 너무 길다고 생각되어 5년 동안 연구를 끝내려고 해봅시다. Accrual duration(=Enrollment duration)인 4년 동안 한 집단에 284명을 징모해야 합니다. 따라서 한 달에 한 집단에 약 6명 정도, 두 집단에서는 12명의 피험자를 징모해야 합니다. 평소 이 정도의 숫자를 징모하기 어렵다고 판단된다면, 이 연구를 시작하면 안 됩니다. 다른 센터와 공동연구를 해야 합니다. 만일 원래 다센터 연구로 한 달에 20명 정도의 피험자를 징모할 수 있을 것으로 예상된다면, 연구기간을 더 줄일 수 있을 것입니다. 1년이면 240명, 2년이면 480명, 3년이면 600명 정도의 피험자를 징모할 수 있을 것 같습니다.

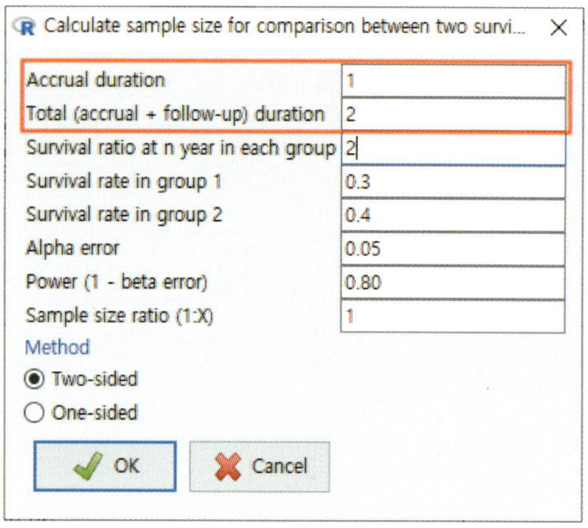

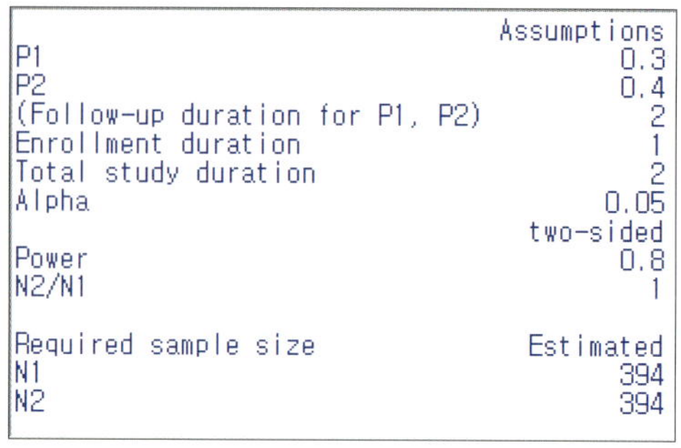

그래도 1년을 모집할 때는 턱없이 모자라는 숫자입니다.
생존분석에서 공식은 다른 것보다 조금 더 복잡합니다.

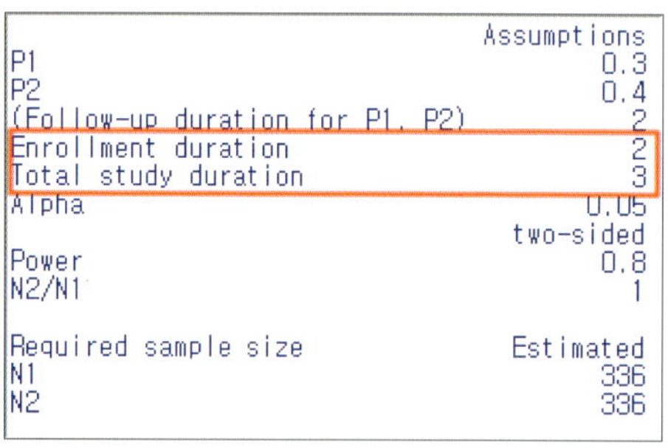

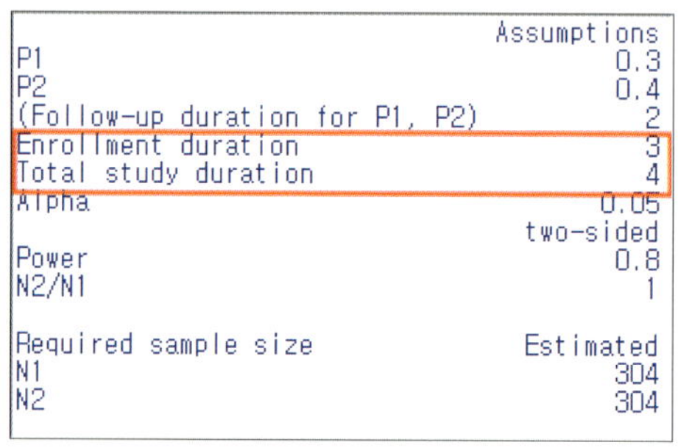

3년 정도 할 때 필요한 피험자가 608명이므로, 최소 3년 징모하는 기간이 필요합니다. 추적 소실되는 피험자도 고려하여 조금 더 여유가 필요합니다. 이런 식으로 전체적인 준비를 하기 위해 샘플 수 계산은 꼭 필요한 과정입니다. 특히 생존 자료의 샘플 수 계산은 복잡하며, 매달 모을 수 있는 피험자 수에 따라, Enrollment duration에 따라, 또는 추적기간에 따라 다양한 세팅이 가능하기 때문에 같은 공식이더라도 여러 가지 응용 공식이 생길 수 있습니다.

ch.32 파워의 계산

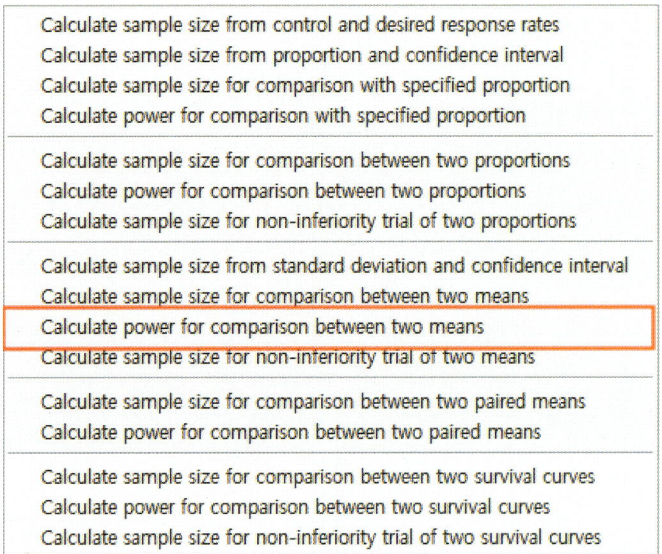

이렇게 두 집단 평균을 비교할 때 파워를 계산해봅시다.

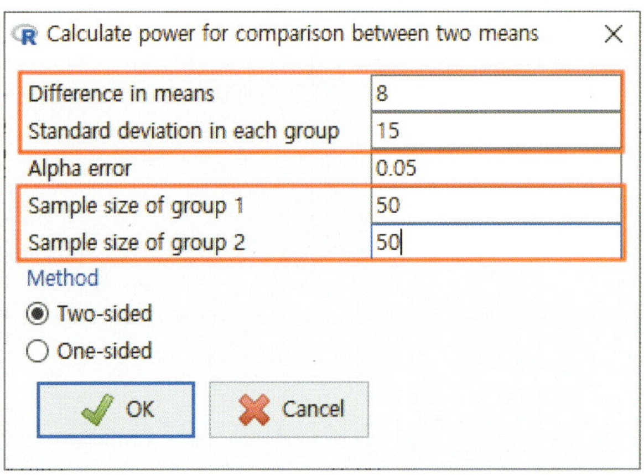

만일 두 모집단의 예상되는 평균 차이와 표준편차가 앞에서와 같이 각각 8과 15인데, 최근 추세를 보니 1년에 약 100명 정도의 환자를 징모할 수 있을 것으로 예상된다고 합시다. 그런 경우에 1년 정도의 기간을 예상해서 power를 계산해본다면 충분한 power가 나올지 궁금합니다.

```
> PowerMean(8, 15, 0.05, 50, 2, 1)
                         Assumptions
Difference in means                8
Standard deviation                15
Alpha                           0.05
                           two-sided
Sample size
N1                                50
N2                                50

                           Estimated
Power                           0.76
```

예상되는 power는 85%이므로 이 정도에서 만족하겠다고 한다면 환자 징모에 1년 정도, 그 외 준비 및 추적관찰 등을 고려하여 연구기간을 가늠해볼 수 있습니다.

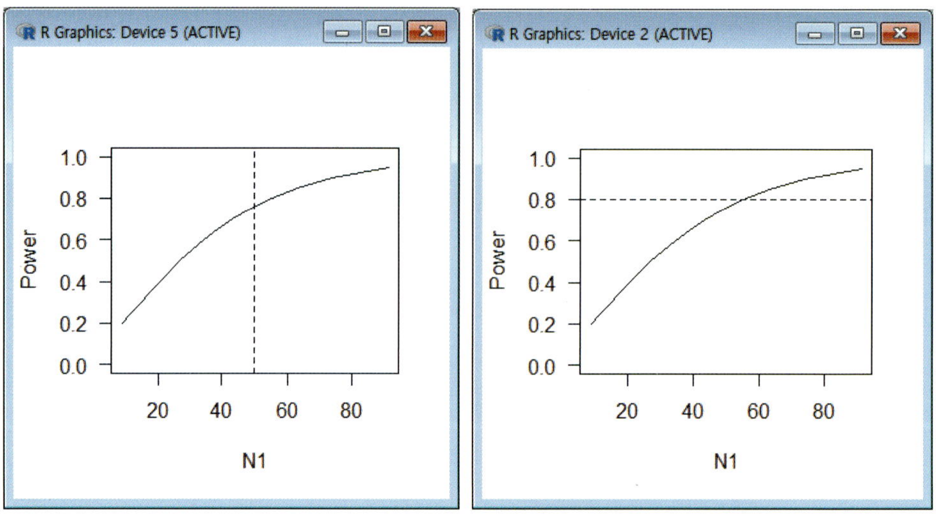

어차피 2가지 정보, Difference in means와 Standard deviation이 정해지면 그래프는 동일한 모양입니다. 단지 N수를 중심으로 보느냐, power를 중심으로 보느냐에 따라 달라질 뿐입니다. 즉 같은 그래프에서 'x값을 주고 y값을 구하느냐, y값을 주고 x값을 구하느냐' 하는 문제가 되므로 결국 '샘플 수 계산'과 '파워 계산'은 같습니다.

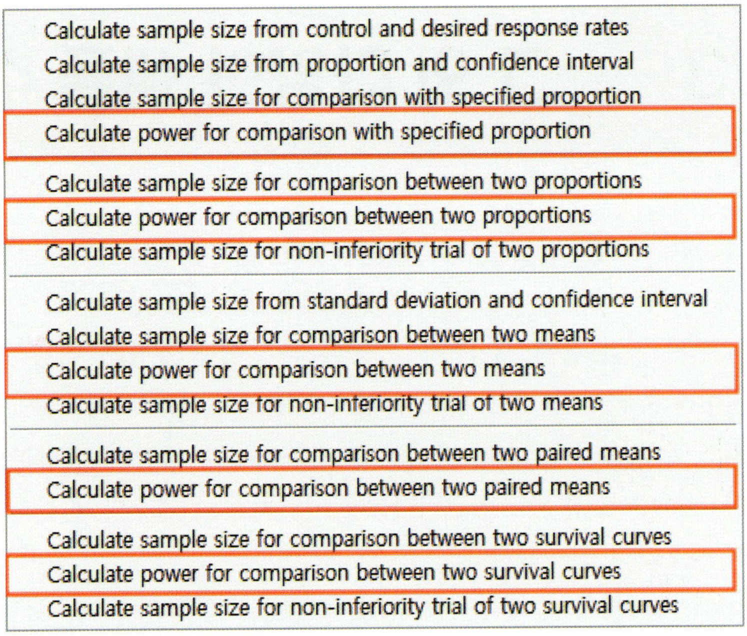

이렇게 파워를 계산하는 5개의 메뉴는 본질적으로 각각 샘플 수 계산과 같은 것이므로 앞으로는 생략하겠습니다.

한편, 연구를 마친 상태에서 가끔 리뷰어들이 파워를 계산하라고 요구하는 경우가 있습니다. 이를 '사후 검정력 계산(post hoc power calculation)'이라고 부르는데, 사실 아무 소용이 없는 행동입니다. 이것은 연구가 끝나고 나서 검정력이 높은지 낮은지를 계산하기 위한 것이 아닙니다. '파워'라는 것 자체가 앞으로 일어날 일의 확률을 계산하는 것이기 때문에 이를 계산한다는 것은 말이 안 되는 것입니다.

이것은 이번 연구를 통해서 얻게 된 자료를 이용하여 다음 연구를 위해 어떤 정도의 샘플이 필요한지 추정할 때에만 의미가 있습니다.

ch.33 그 외 다양한 샘플 수의 계산

다음은 그동안 간간히 만들었던 샘플 수 계산을 위한 도구들입니다. 아래 표의 왼쪽에는 간단한 제목이, 오른쪽에는 시행할 수 있는 웹사이트가 소개되어 있습니다. 어떤 것은 흔히 사용하는 것들이지만, 어떤 것들은 매우 드물게 사용하는 것이라서 굳이 설명할 필요가 없기도 하고, 저도 그 의미를 잘 모르는 연구 디자인도 많습니다. 그리고 같은 디자인이지만 다양한 방법의 샘플 수 계산 식이 존재하는 경우도 있습니다. 아무튼 자신의 연구와 관련 있는 것들을 찾아서 사용하면 되겠습니다.

향후에도 추가할 것이 있다면, https://tinyurl.com/MY-sample-size에 모아 두겠습니다.

Sequential Triangular Test_sample size	https://tinyurl.com/SS4Sequential
sample_size4noninf	https://tinyurl.com/sampleN-noninf
sample_size4HVNTID	https://tinyurl.com/SS4HVNTID
Time-to-event sample size	https://tinyurl.com/Time2event-ss
genetics studies sample size	https://tinyurl.com/case-control-genetics-ss
Micro-array with FDR sample size	https://tinyurl.com/Micro-array-ss
Simon pick winner sample size	https://tinyurl.com/Simon-pick-ss
Fisher Exact Test sample size	https://tinyurl.com/Fisher-Exact-ss
Two-stage boundary operating characteristics sample size	https://tinyurl.com/2stage-boundary-ss
Several Nonparametric K-Sample Tests	https://tinyurl.com/Nonparametric-ss
kappa sample size	https://tinyurl.com/kappa-ssize
ICC sample size	https://tinyurl.com/ICC-ssize
cohort study sample size	https://tinyurl.com/cohort-study-ss

Sample size to detect disease	https://tinyurl.com/disease-detect-ss
Sample size for cluster-sample surveys	https://tinyurl.com/cluster-ss
Sample size under one-stage cluster sampling	https://tinyurl.com/1stage-cluster-ss
Sample size under two-stage cluster sampling	https://tinyurl.com/2stage-cluster-ss
Sample size under two-stage cluster sampling-1	https://tinyurl.com/2stage-cluster-ss1
Sample size under two-stage cluster sampling-3	https://tinyurl.com/2stage-cluster-ss3
Sample size under simple random sampling	https://tinyurl.com/simple-random-ss
Sample size under stratified random sampling	https://tinyurl.com/stratified-random
simple Sample size when comparing survival	https://tinyurl.com/simple-survival-ss
Sample size for the Cochran-Mantel-Haenszel test	https://tinyurl.com/Cochran-Mantel-Haenszel-ss
sample size for Cox PH model	https://tinyurl.com/Cox-model-ss
sample size for QT QTc Studies	https://tinyurl.com/QT-QTc-ss
sample size for Vaccine clinical trials	https://tinyurl.com/Vaccine-ss
sample size for FDR	http://tinyurl.com/FDR-ssize
sample size for Inter-Subject Variabilities	https://tinyurl.com/Inter-Subject-Variabilities-ss
sample size for Quality of life	https://tinyurl.com/Quality-of-life-ss
sample size for Williams Test for Minimum effective dose (MED)	https://tinyurl.com/Williams-MED-ss
sample size for Population Bioequivalence	https://tinyurl.com/Population-Bioequivalence-ss
sample size for Individual Bioequivalence	https://tinyurl.com/Individual-Bioequivalence-ss

sample size for Average Bioequivalence	https://tinyurl.com/Average-Bioequivalence-ss
sample size for In Vitro Bioequivalence	https://tinyurl.com/In-Vitro-Bioequivalence-ss
sample size for Williams Design test	https://tinyurl.com/Williams-Design-ss
sample size for Two Sample in exponential model for survival data	https://tinyurl.com/exponential4survival-ss
sample size for Two Sample proportion Crossover Design Test	https://tinyurl.com/proportion-Crossover-ss
sample size for Two Sample Crossover Design Test	https://tinyurl.com/mean-Crossover-ss
sample size for Stuart-Maxwell Test	https://tinyurl.com/Stuart-Maxwell-Test-ss
sensitivity and specificity sample size	http://tinyurl.com/sens-spec-SS
Sample Size calculation	https://tinyurl.com/simpe-sample-size
Modified Hosmer-Lemeshow Test for Large Samples	https://tinyurl.com/Modified-HL
Sample size for simple Poisson	https://tinyurl.com/Ssize4Poisson
ANOVA-ss	https://tinyurl.com/ANOVA-ss
case-control_ss	https://tinyurl.com/case-control-ss

ch. 34 샘플 수(파워) 계산의 의미

강의 도중 '샘플 수 계산', 즉 '파워 계산'에 대한 질문을 받았을 때 수강생들이그 의미를 잘 이해하지 못하고 있다는 느낌을 강하게 받았습니다. 또 간혹 책이나 자료에 나와 있는 샘플 수 계산에 대한 설명을 보더라도 그 의미에 대한 명확한 설명이 빠진 경우가 많았습니다.

사실 이것을 설명하려면 'p값이 무엇이냐', '검정이라는 것이 무엇이냐', '두 집단을 비교해본다는 것이 무엇이냐'를 근본적으로 다루어야 합니다. 이러한 내용은 반드시 알아야 하는 것이지만, 많이 생략되고 있습니다.

이번 기회에 근본 개념을 이해하면 좋겠습니다.

A라는 치료법과 B라는 치료법을 시행한 두 집단 갑과 을이 있고 그것의 결과를 비교해본다고 할 때, 우리가 관심을 가지는 것은 '집단 갑'과 '집단 을'의 결과가 아닙니다. 정작 중요한 것은 'A라는 치료법을 받은 전체 집단'과 'B라는 치료법을 받은 전체 집단'입니다. 그 집단은 무한히 큰 집단이며, 과거와 현재 그리고 미래에 걸친 집단입니다. 한국과 미국, 더 나아가 일본과 전 세계에 걸쳐 있으므로 모두 측정할 수도 없는 상상 속의 집단입니다.

그런데 우리는 현재 '집단 갑'과 '집단 을'의 결과를 알고 있을 뿐이며, 이 '집단 갑'과 '집단 을'은 각각 'A라는 치료법을 받은 전체 집단'과 'B라는 치료법을 받은 전체 집단'으로부터 순전히 무작위적으로 추출된 하나의 집단이라고 가정해봅시다.

우리는 무작위로 추출된 한 표본집단을 통해 전체 모집단의 성격을 추정해볼 수 있습니다. 표본집단의 평균은 모집단의 평균과 닮았고, 표준편차도 뭔가 비슷할 것 같습니다. 그러나 항상 그렇지는 않습니다. 어떤 경우는 더 크게, 어떤 경우는 더 작게 나올 수도 있습니다.

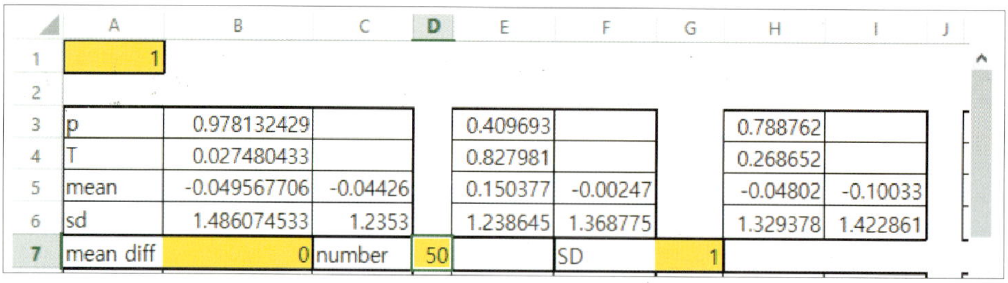

	A	B	C	D	E	F	G	H	I	J
1	1									
2										
3	p	0.978132429			0.409693			0.788762		
4	T	0.027480433			0.827981			0.268652		
5	mean	-0.049567706	-0.04426		0.150377	-0.00247		-0.04802	-0.10033	
6	sd	1.486074533	1.2353		1.238645	1.368775		1.329378	1.422861	
7	mean diff	0	number	50		SD	1			

https://goo.gl/5V59WO를 방문해봅시다. 엑셀과 비슷한 모양이 보입니다. 이 중에서 노란 셀에 차례로 0, 50, 1을 입력해봅시다. 이것은 평균이 0이고 표준편차가 1인 무한한 모집단으로부터 50개씩 뽑은 두 표본집단을 비교해보는 일종의 모의실험입니다. 두 집단의 평균과 표준편차를 구해보면 어떨까요? 아마도 둘 다 평균이 0 근처에 있을 것 같습니다.

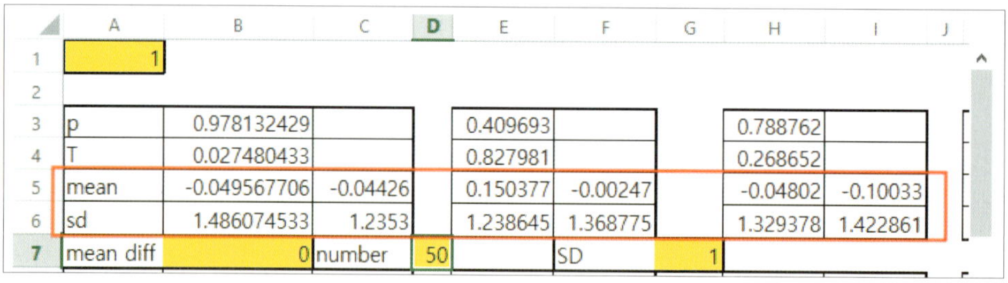

	A	B	C	D	E	F	G	H	I	J
1	1									
2										
3	p	0.978132429			0.409693			0.788762		
4	T	0.027480433			0.827981			0.268652		
5	mean	-0.049567706	-0.04426		0.150377	-0.00247		-0.04802	-0.10033	
6	sd	1.486074533	1.2353		1.238645	1.368775		1.329378	1.422861	
7	mean diff	0	number	50		SD	1			

빨간색 사각형 안에는 두 집단의 평균과 표준편차가 있습니다. 즉 5행이 평균, 6행이 표준편차입니다. 그리고 B열과 C열, E열과 F열, H열과 I열이 각각 비교하는 두 집단입니다. 여러분은 위의 그림과 다른 숫자들이 나올 것입니다. 이것은 매번 달라지도록 만들어진 모의실험이기 때문입니다. 평균들이 0 근처이긴 하지만, 어떤 경우는 0과 꽤 멀어지기도 합니다. E열의 경우가 0.15 정도로 꽤 크게 나왔군요. 적은 경우이지만 그런 경우도 있습니다. A1 셀에 숫자를 임의로 입력해보면 그때마다 새로 실험이 진행됩니다.

우연하게 한쪽의 평균이 크고, 다른 쪽의 평균이 작은 경우도 있을 것입니다. 적은 확률이지만 그런 경우에는 두 표본집단이 꽤 큰 차이를 보일 것입니다. 그래서 이 두 집단의 차이를 말해주는 지표를 하나 정했는데, 오래전에 고셋(William Sealy Gosset)이라는 사람이 이것을 고안했고 그것이 4행에 보입니다. 나중에 사람들은 그 지표를 T라고 불렀습니다.

T값이 크면 차이가 크고, T값이 작으면 차이가 작다고 할 수 있습니다.

$$t = \frac{\bar{X}_1 - \bar{X}_2}{s_p \cdot \sqrt{\frac{1}{n_1} + \frac{1}{n_2}}}$$

이것은 https://en.wikipedia.org/wiki/Student%27s_t-test에 나온 것으로, 분자에서 두 표본집단의 평균을 빼주므로 평균의 차이가 클수록 T값이 커진다는 것을 알 수 있습니다. 분모에는 표준편차가 있으므로 표준편차가 커질수록 T값은 작아집니다. 두 집단의 샘플 수는 이 경우에 50이 되는데, 그것도 분모와 관여합니다. 샘플 수가 커질수록 분모가 더 작아지므로 T값은 더 커지는 효과가 있습니다.

어쨌든 실험을 거듭할 때마다 하나의 T값이 새로 구해집니다. 이렇게 해서 1000번의 실험을 했다면 1000개의 T값이 구해지고, 무작위에 의해서 각각 다른 T값이 생기게 되는데, 그것을 큰 것부터 작은 것까지 열거해볼 수 있습니다. T값이 크다는 것은 두 집단의 차이가 크다는 의미입니다. 가장 큰 것의 등수는 1이고 작은 것은 1000이 되는데, 모두 1000개이므로 %rank로 표현하면 0.001부터 1까지로 표현할 수 있습니다.

이것이 p값입니다. 이론적으로 p값은 1000개가 아니라 무한히 반복한 것인데, 실험을 위해서 1000까지 해본 것입니다. 이 p값이 결국은 등수(rank)입니다. 그것을 열거해보면 다음 그림처럼 됩니다.

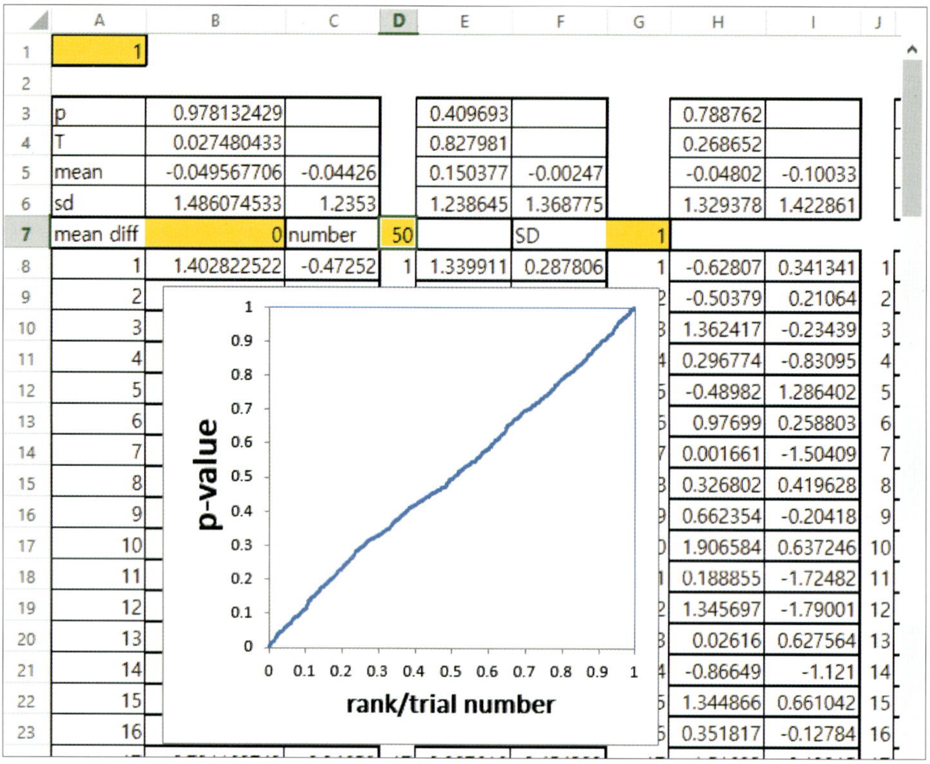

	A	B	C	D	E	F	G	H	I	J
1	1									
2										
3	p	0.978132429			0.409693			0.788762		
4	T	0.027480433			0.827981			0.268652		
5	mean	-0.049567706	-0.04426		0.150377	-0.00247		-0.04802	-0.10033	
6	sd	1.486074533	1.2353		1.238645	1.368775		1.329378	1.422861	
7	mean diff	0	number	50		SD	1			
8	1	1.402822522	-0.47252	1	1.339911	0.287806	1	-0.62807	0.341341	1
9	2							-0.50379	0.21064	2
10	3							1.362417	-0.23439	3
11	4							0.296774	-0.83095	4
12	5							-0.48982	1.286402	5
13	6							0.97699	0.258803	6
14	7							0.001661	-1.50409	7
15	8							0.326802	0.419628	8
16	9							0.662354	-0.20418	9
17	10							1.906584	0.637246	10
18	11							0.188855	-1.72482	11
19	12							1.345697	-1.79001	12
20	13							0.02616	0.627564	13
21	14							-0.86649	-1.121	14
22	15							1.344866	0.661042	15
23	16							0.351817	-0.12784	16

지금 이 실험에서의 등수, 즉 %rank를 x축에, p값을 y축에 그려보면 일직선이 된다는 것을 알 수 있습니다.

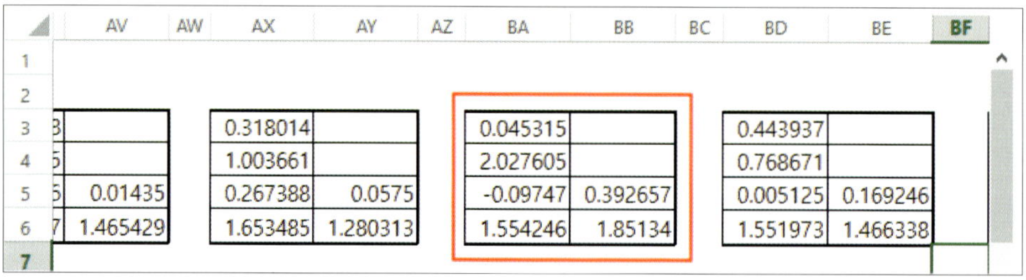

	AV	AW	AX	AY	AZ	BA	BB	BC	BD	BE	BF
3			0.318014			0.045315			0.443937		
4			1.003661			2.027605			0.768671		
5	0.01435		0.267388	0.0575		-0.09747	0.392657		0.005125	0.169246	
6	1.465429		1.653485	1.280313		1.554246	1.85134		1.551973	1.466338	

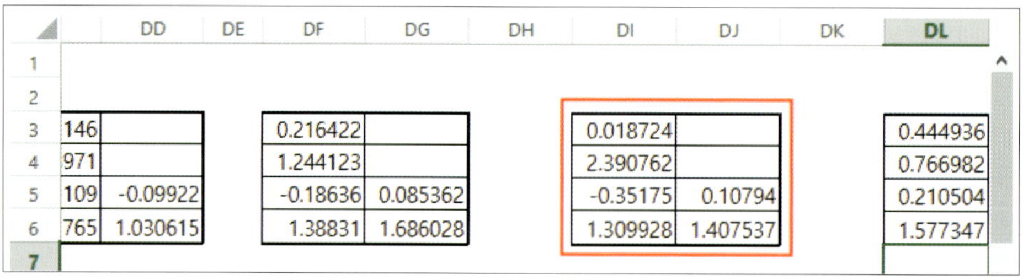

	DD	DE	DF	DG	DH	DI	DJ	DK	DL
3	146		0.216422			0.018724			0.444936
4	971		1.244123			2.390762			0.766982
5	109	-0.09922	-0.18636	0.085362		-0.35175	0.10794		0.210504
6	765	1.030615	1.38831	1.686028		1.309928	1.407537		1.577347

	IC	ID	IE	IF	IG	IH	II	IJ	IK
1									
2									
3			0.008154			0.010048			0.966137
4			2.700669			2.625195			0.042562
5	0.103013		0.239817	-0.2777		0.373173	-0.14731		-0.21073
6	1.44661		1.295063	1.412415		1.38396	1.419685		1.640635
7									

오른쪽으로 계속 셀을 이동하다 보면, T값이 과도하게 크고 그 결과 p값이 과도하게 작아지는 것들을 드물게 만나게 됩니다.
0.5보다 작은 것을 만나게 될 확률은 0.5, 즉 50%입니다. 0.1보다 작은 값을 만나게 될 확률은 0.1, 즉 10%이며, 0.05보다 작은 값을 만나게 될 확률은 5%입니다. 왜냐하면 p값은 rank의 %값이기 때문입니다.
간혹 뉴스에서 수능 수험생 10만명 중 상위 10%, 하위 5%라는 말을 들어보셨을 겁니다. 순서대로 열거하고서 그것의 %값이 의미하는 바를 잘 이해하듯이, 이 p값도 그런 rank의 %값으로 이해하면 됩니다.

자, 기본 가정을 다시 한 번 살펴봅시다. 평균도 같고 표준편차도 같은 두 집단, 즉 차이가 없는 두 집단에서 뽑은 두 표본집단에서도 우연히 큰 차이가 있을 수 있습니다. 그 차이가 큰 5%의 경우를 특이하다, 이상하다, 차이가 크다라고 표현하기로 했다면 유의수준을 5%로 정했다고 말합니다. 다시 말하면 차이가 없는 두 집단에서 뽑아낸 경우에도 항상 5% 정도는 차이가 있다고 말하게 될 것입니다. 이것을 다른 말로 '1종 오류'라고 합니다. 차이가 없는데도 차이가 있다고 말할 확률이죠.
차이가 없는 두 모집단에서 추출한 표본집단에서도 20번에 1번 정도는 특이하게 차이가 크게 나올 수 있고, 그 정도를 보통 우리는 기준으로 잡습니다. 그러면 미지의 모집단, 너무 많아서 다 측정할 수도 없는 그 두 모집단으로부터 추출한 두 표본집단을 보고, 그 기준보다 더 큰 차이가 있다면 원래 두 모집단은 같은 집단이 아니었을 것으로 결론내겠다고 하는 것이 통계적 검정입니다.

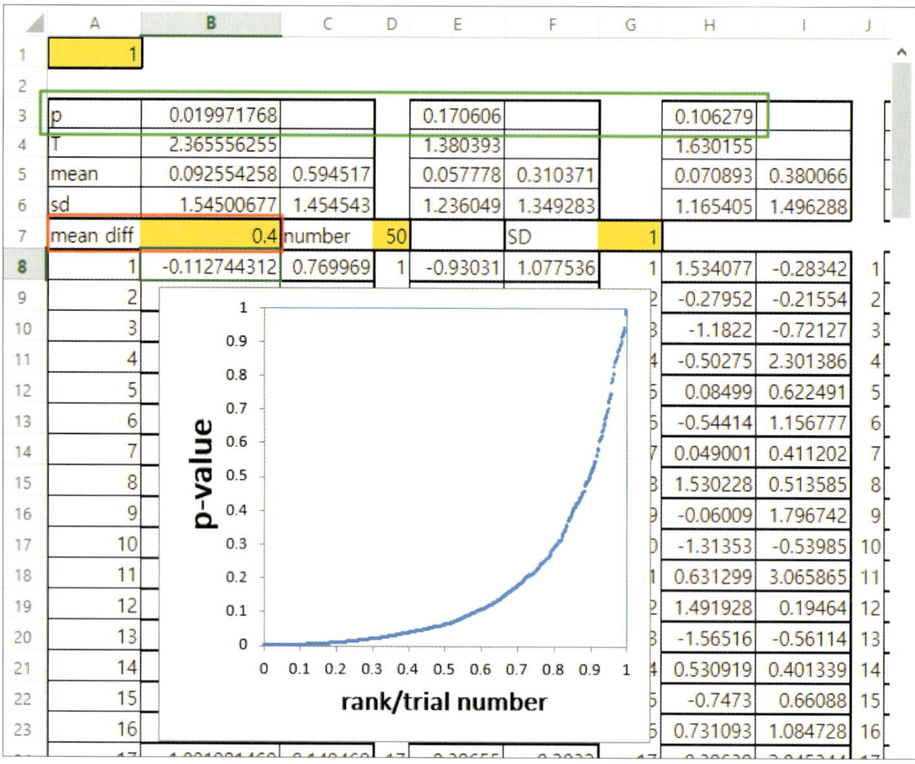

자, 이제는 분명히 차이가 있는 두 집단을 상상해봅시다. 평균의 차이가 0.4만큼 있는 두 모집단을 상정하기 위해 B7셀에 0.4를 입력합니다. 그랬더니 그 결과 나타나는 p값이 3행에 있는데, 어떤 경우는 작고 어떤 경우는 크고 그렇습니다. 여전히 우연히 크게 나올 수도 있고, 작게 나올 수도 있습니다. 그대신 그래프를 보면 알 수 있듯이, 작은 값이 나올 가능성은 더 증가합니다. 그렇다고 항상 p값이 작게 나오는 것은 아닙니다.

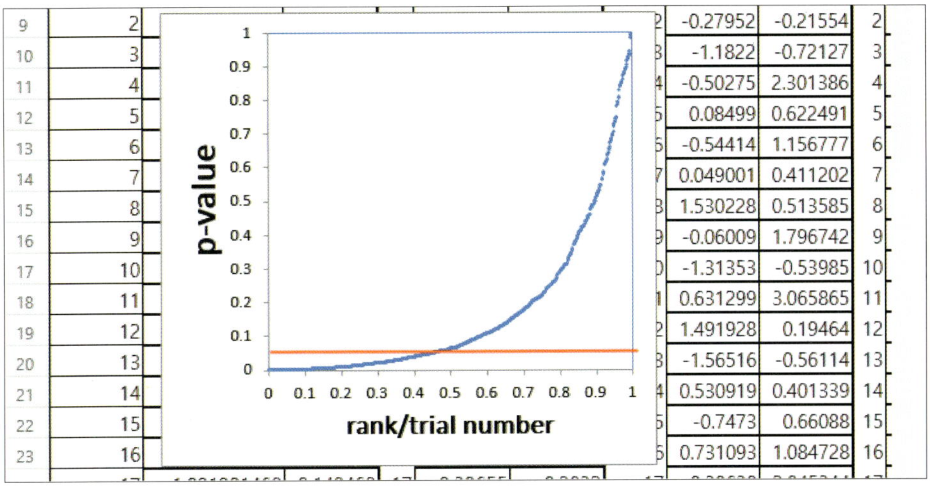

대충 0.05를 기준으로 빨간 선을 그어보면, 거의 절반에 가까운 파란 점들이 빨간 선 위쪽에 배치됩니다.

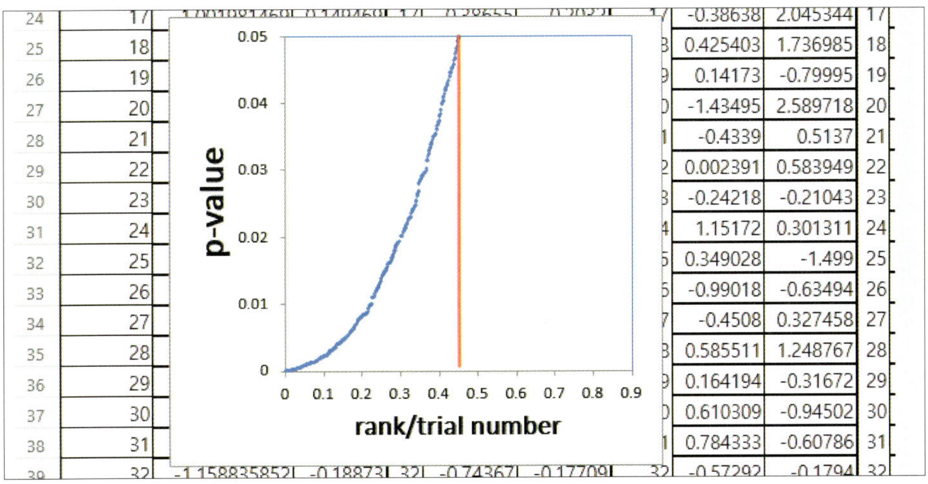

아래쪽에 y값이 0.05보다 작은 부분만 확대해서 보면 거의 55% 정도의 점들이 0.05보다 더 높은 p값을 가지게 됩니다. 즉 이 경우는 두 모집단의 평균이 분명히 차이가 있음에도 불구하고, p값이 0.05보다 크게 나오는 경우가 약 55%인 셈입니다. 이것은 '2종 오류', 즉 차이가 있음에도 불구하고 차이가 있음을 밝히지 못한 경우입니다. 한편, 차이가 있는 경우에 차이가 있다고 말할 수 있을 확률은 45% 정도인데 이것을 power(검정력)라고 말합니다.

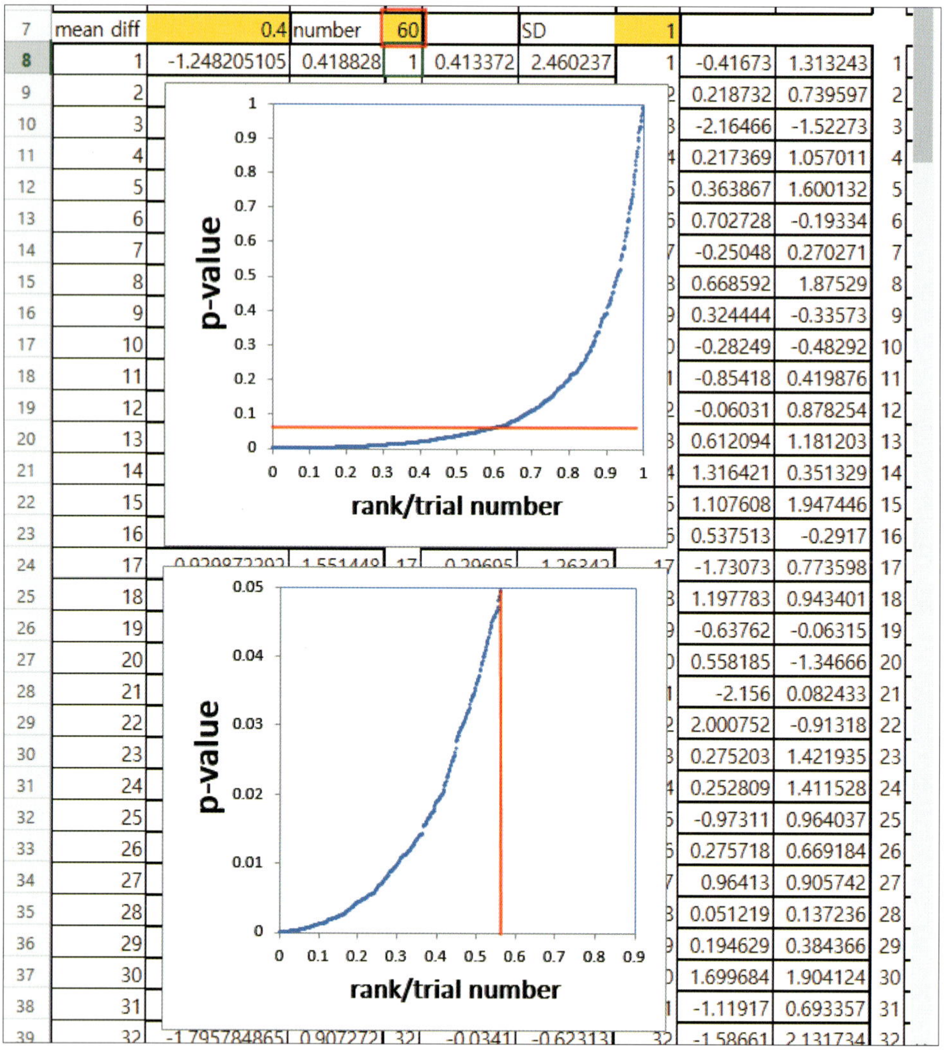

이제 60명씩 표본을 추출한다고 해봅시다. 그러면 거의 60%에 가까운 정도로 p값이 0.05보다 작아지게 됩니다.

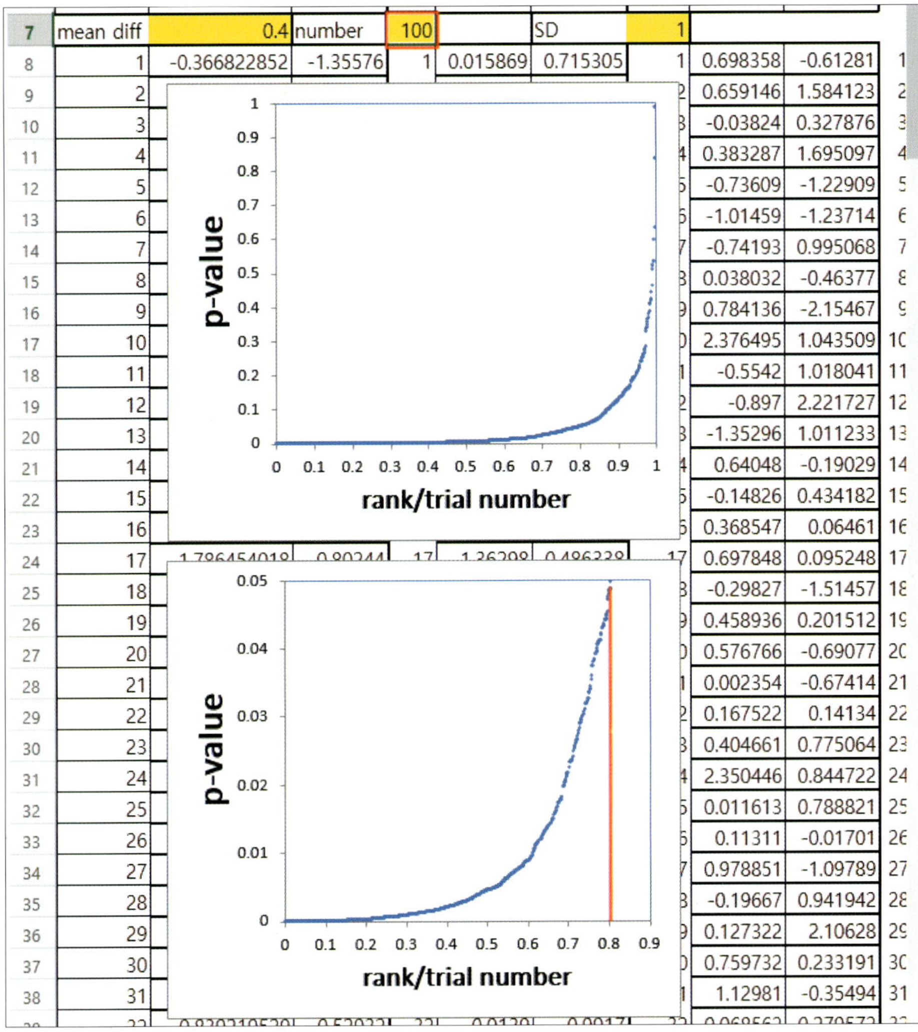

이제 100명 정도 표본을 추출해야 power가 거의 0.8에 다다르게 됩니다.

이 말은 모집단의 평균 차이가 0.4이고 표준편차가 1이라고 할 때 100명씩 두 집단을 추출해서 통계적 검정을 해보면, 5번 중에 4번 정도 p값이 0.05보다 작게 나오고 5번 중에 1번은 0.05보다 크게 나오게 된다는 뜻입니다.

모집단의 차이가 분명히 있어도 20% 정도는 차이가 있다고 결론 내릴 수 없게 됩니다. 좀 전에 말했던 2종 오류이지요. 2종 오류를 0으로 줄일 수는 없습니다. 어차피 모집단을 모두 조사하지 않는다면 말이지요. 같은 이유로 1종 오류를 0으로 줄일 수도 없습니다.

자, 그러면 우리의 실제 상황으로 돌아가보겠습니다. 우리는 진짜 모집단의 값을 모릅니다. 두 모집단이 차이가 있을지 없을지 모릅니다. 두 모집단이 차이가 있는지 없는지 알고 있다면 굳이 검정할 필요가 없지요. 그렇지만 지금까지의 관찰을 보면 모집단이 차이가 있다고 생각이 될 때, 과연 그러한지 통계적 검정을 시도하게 됩니다.

모집단의 차이가 어느 정도일 거라고 예상이 될 때, 우리는 어느 정도의 성공률을 기대하면서 실험을 진행합니다. 만일 그 차이를 밝혀낼 성공률이 50% 정도라면 실험을 진행해야 할까요, 하지 말아야 할까요?

그 실험은 돈과 시간과 사람이 소요되는 것입니다. 때문에 가급적 성공률이 높도록 실험을 진행하기 위해서, 즉 power가 높도록 진행하기 위해서 사전에 계획을 잘 세워야 합니다.

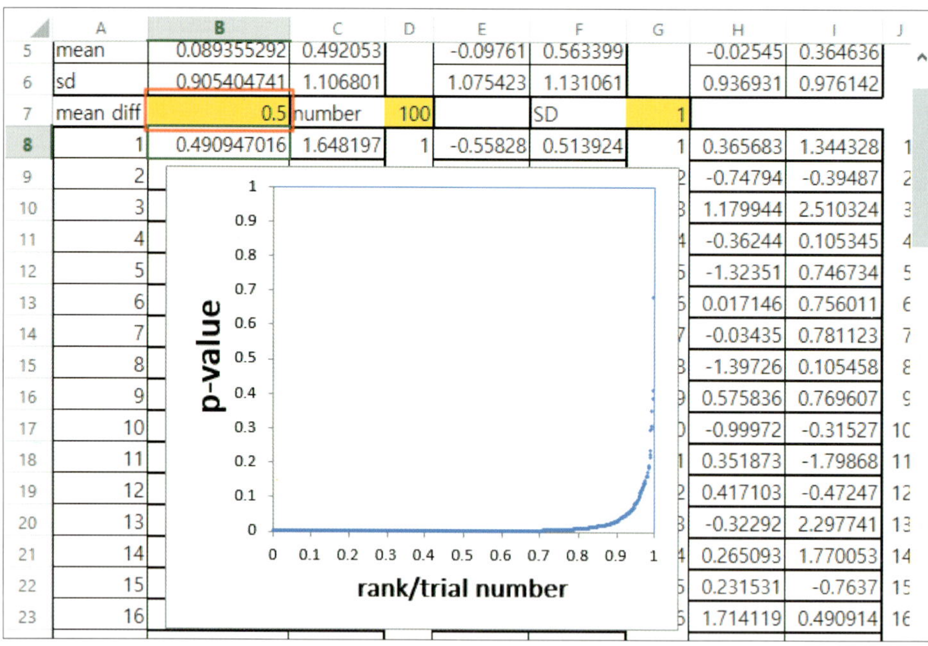

그런데 power를 높이기 위해서, 추정되는 평균값의 차이를 조금 더 높게 잡는 것은 아무런 의미가 없습니다. 그냥 계산된 power만 올라갈 뿐 실제 power는 올라가지 않기 때문입니다.

마치 목적지까지 가는 데 예상 거리를 10km로 잡고, 걸어가는 속도를 4km/h로 추정했을 때 걸리는 시간이 2시간 반이라면, 시간을 단축하기 위해서 속도를 늘려야지 예상 거리를 줄일 수 없는 것과 같습니다.

모집단의 평균 차이는 모집단의 값이기 때문에 정확하게는 알 수 없습니다. 그러나 가급적 정확하게 추정할 수 있도록 근거를 가지고 예측해야 실제적인 power를 계산할 수 있습니다.

Part 7

데이터 업로딩 및 편집

ch. 35 데이터 업로드

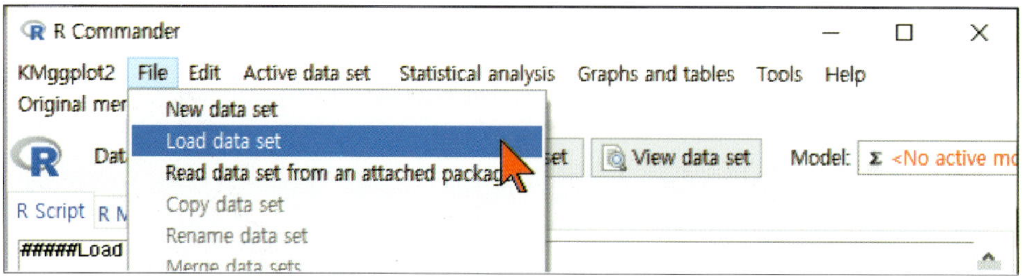

지금까지 우리는 예제 데이터를 이용해서 분석을 해보았습니다. 이제 자신의 데이터를 업로드하여 분석할 수 있어야겠습니다.

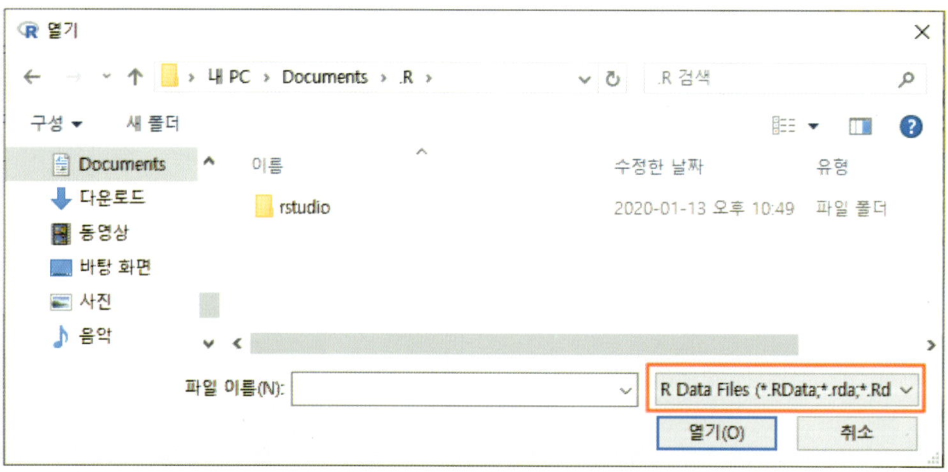

위와 같이 'R data'를 불러올 수 있는데 확장자는 'RData', 'rda' 등입니다. 일반적으로 우리가 가진 데이터는 엑셀에 정리되어 있는 경우가 많고, R 데이터 형식이 아닙니다.

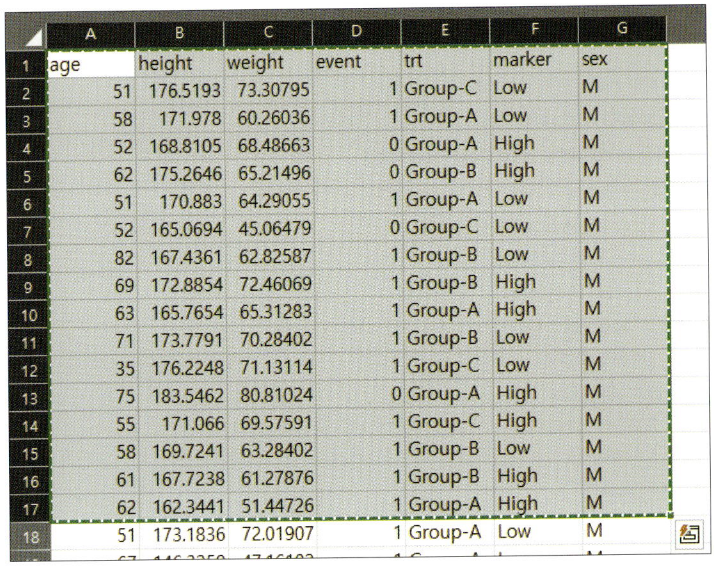

Excel에서 데이터를 정리했다면 분석이 필요한 부분을 복사합니다.

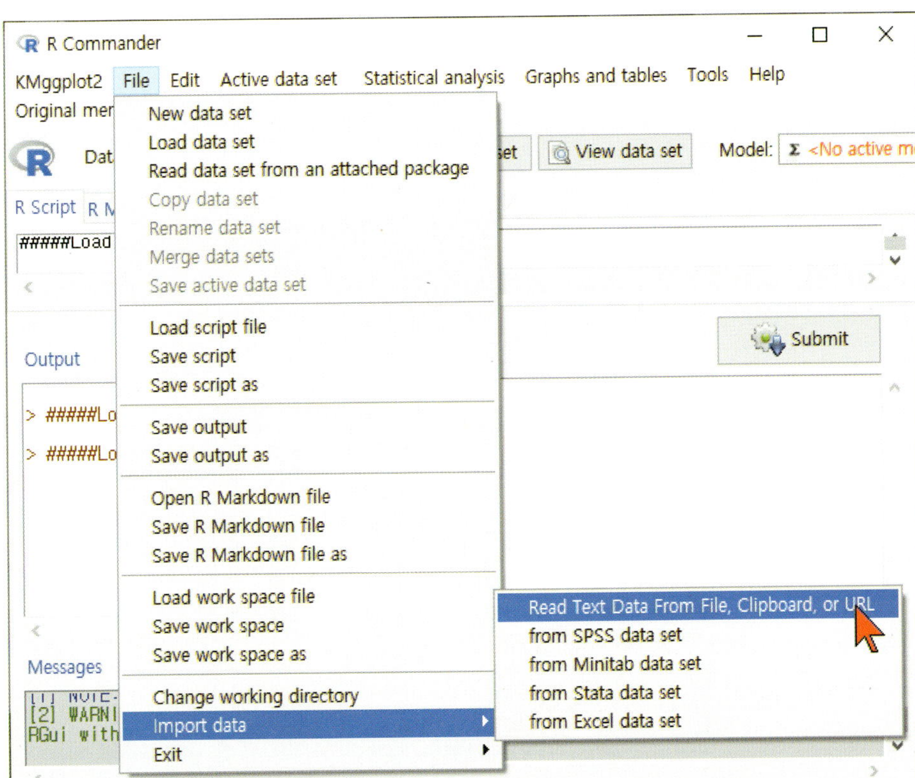

복사된 데이터를 바로 불러오겠습니다.

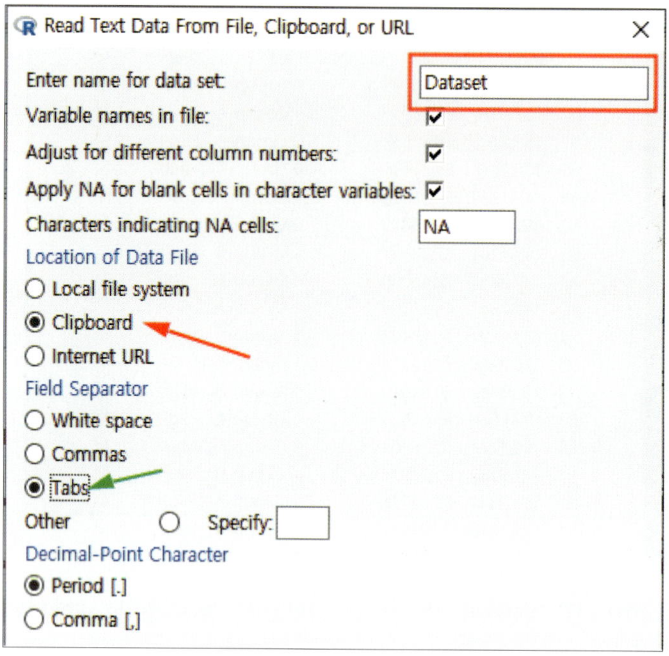

빨간색 사각형 부분에 임시 이름을 씁니다. 빨간색, 초록색 화살표 부분을 주의합니다.

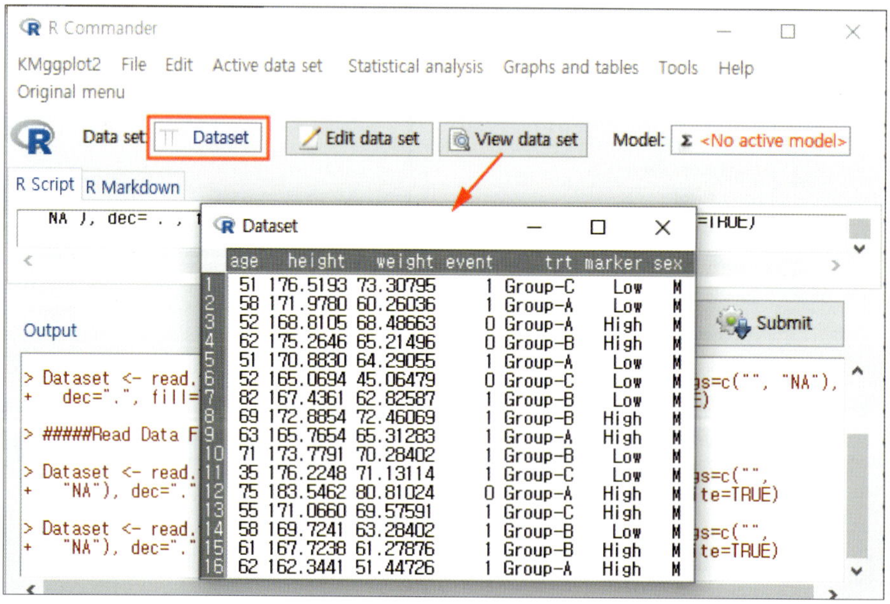

불러온 데이터를 읽어보면 잘 들어온 것을 알 수 있습니다. 이제 앞서 배운 다양한 방법들을 적용하면 됩니다.

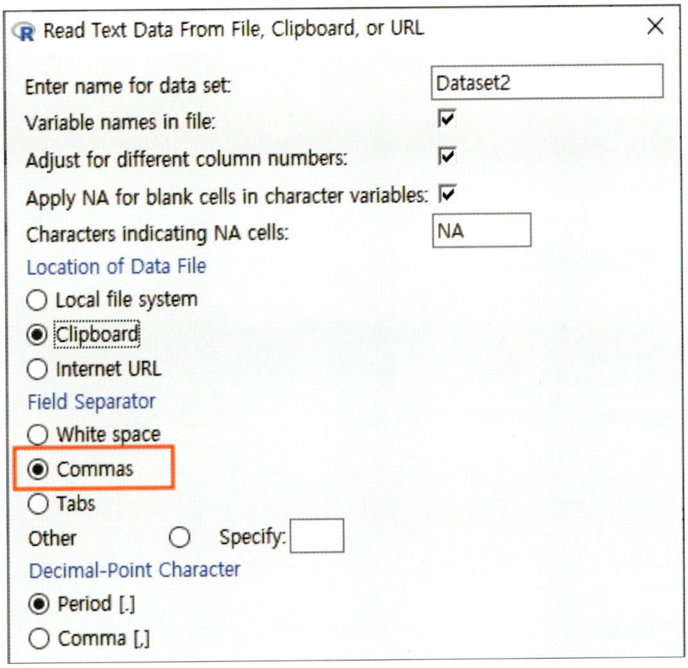

만일 'commas'를 선택하면,

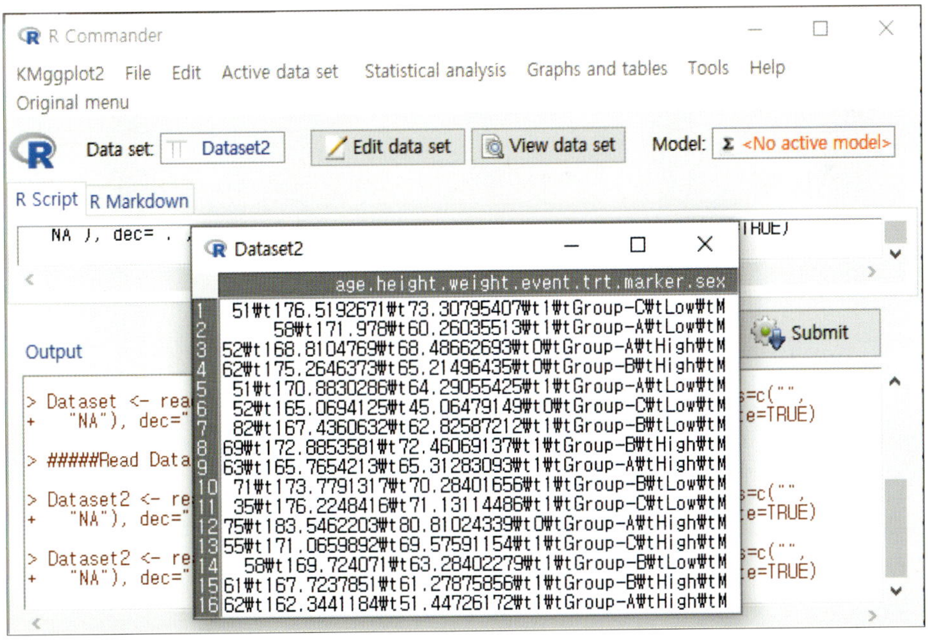

이상한 모양을 얻게 될 것입니다.

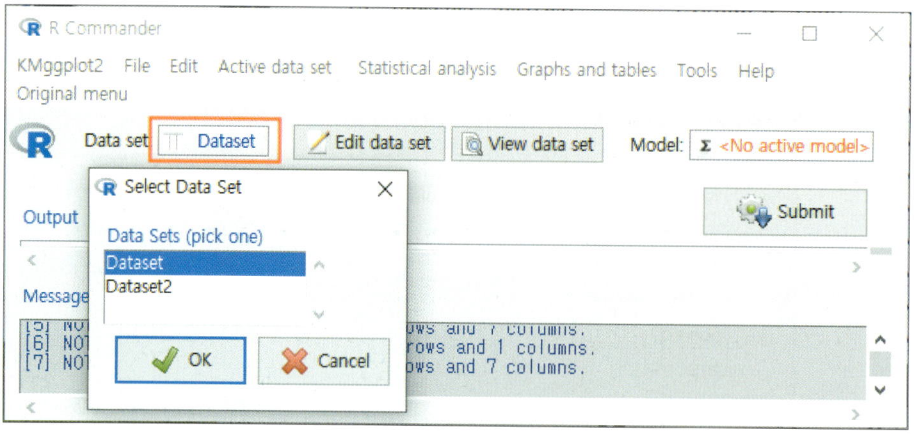

여러 dataset 중에 오직 하나만이 active하며, 그것을 바꾸어줄 수 있습니다.

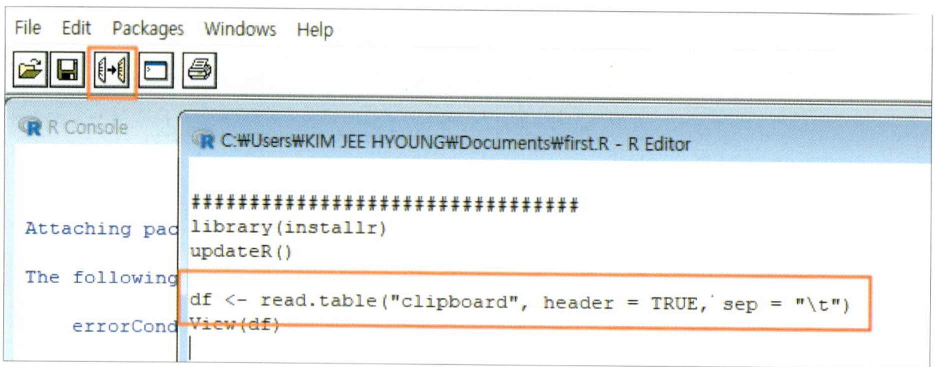

조금 더 단순한 방법으로 엑셀에서 원하는 부분을 선택하여 복사한 뒤, RGui에서 위의 문장에 커서를 두고, 메뉴 상단 세 번째 아이콘을 클릭합니다. 그러면 이제 새 데이터가 df라는 데이터에 들어온 것입니다.

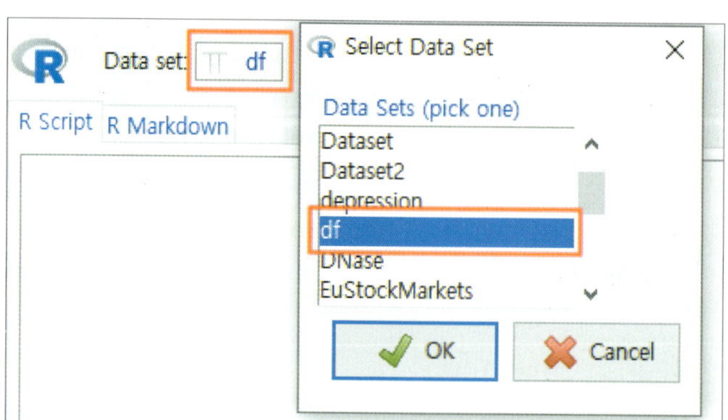

동일한 방식으로 이 df라는 데이터를 active set으로 설정해주고 작업할 수 있습니다.
처음에는 마우스로 클릭하는 방식이 편하게 느껴지지만, 스크립트 방식도 알아두고 가끔씩 사용하다 보면 이것이 더 편리하게 느껴질 때가 올 것입니다.

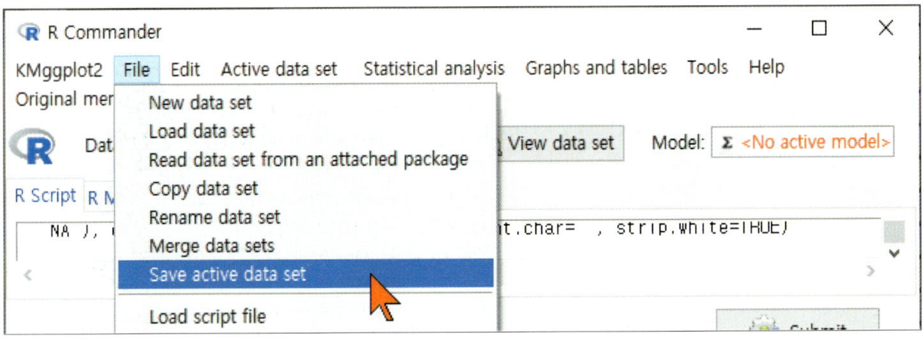

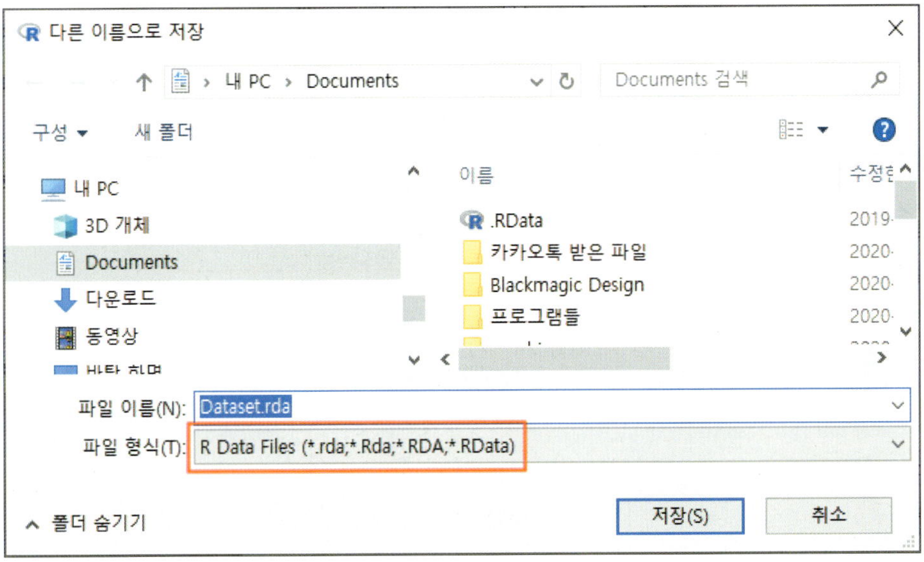

그것을 저장하려면 R data로 저장합니다.

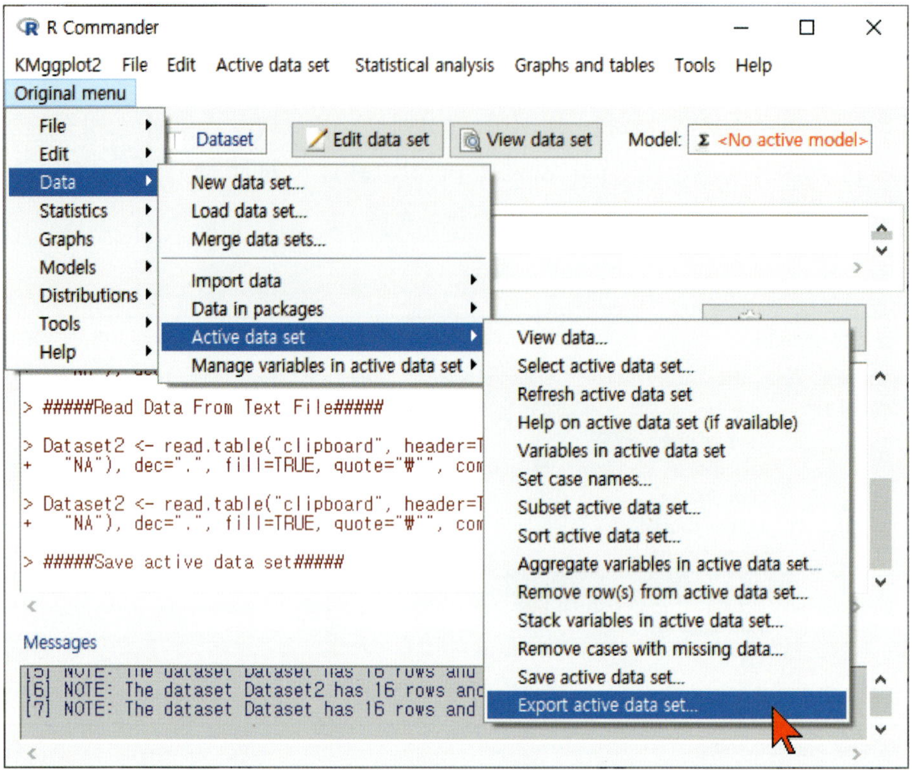

R data는 엑셀에서 읽을 수 없으므로 export를 해봅시다.

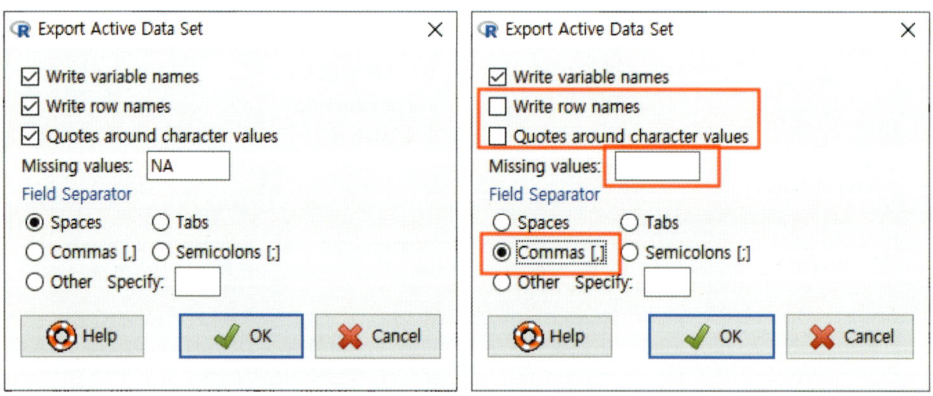

꼭 설정창을 오른쪽 빨간색 상자와 같이 바꾸어주어야 합니다. 간혹 write row name을 활성화해야 할 경우도 있습니다.

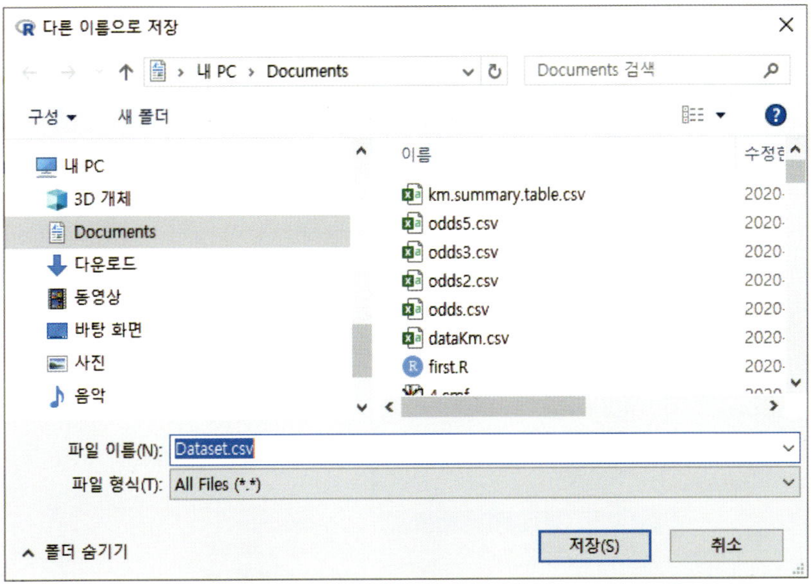

그다음에 CSV로 저장하면 엑셀에서도 자연스럽게 잘 읽힙니다.

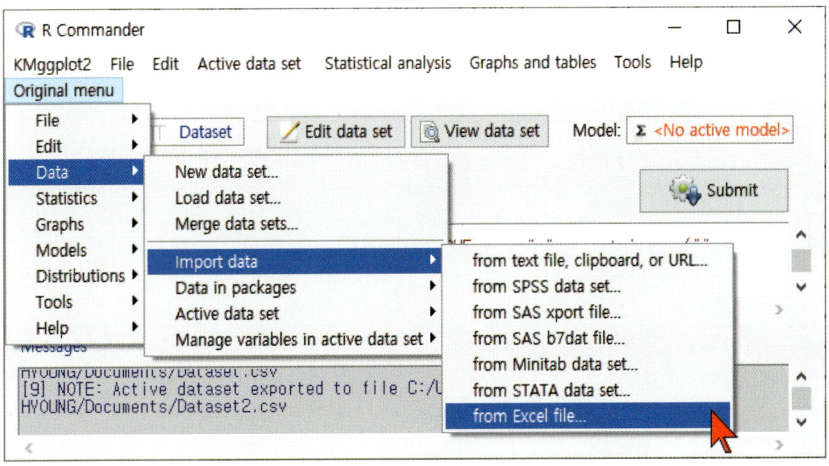

그 외 다양한 형태의 데이터로부터 읽는 메뉴가 있습니다. 저의 경우에는 지금처럼 엑셀에서 데이터를 둘러본 다음에 원하는 부분만 클립보드에 저장했다가 불러오는 것만 사용합니다. 다른 방법이 잘 안 되는 점도 있지만, 이 방법이 매우 편리하기 때문입니다. 엑셀의 각종 함수, 입력했다가 지운 셀 등 다양한 형식이 있어서 클립보드 방식으로 지정해서 불러오는 것이 간편하기도 하고, 실수가 없을 것 같습니다. 엑셀의 편리성을 다 활용하면서 동시에 Rcmdr를 활용하려고 한다면, 클립보드 방식이 제일 추천할 만합니다.

ch. 36 결측치 제거

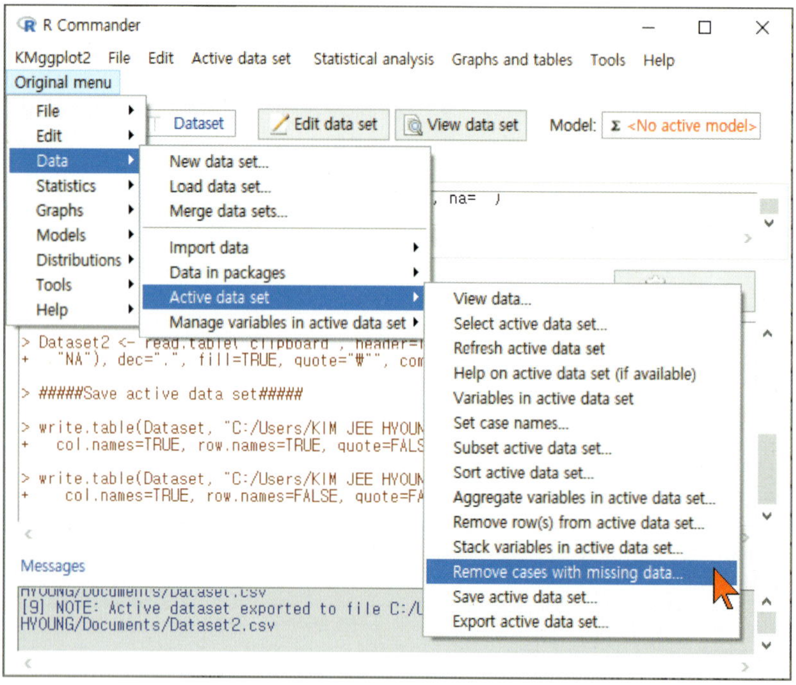

이제 데이터를 처리하는 방법을 배우겠습니다. '결측치를 제거'해봅시다.

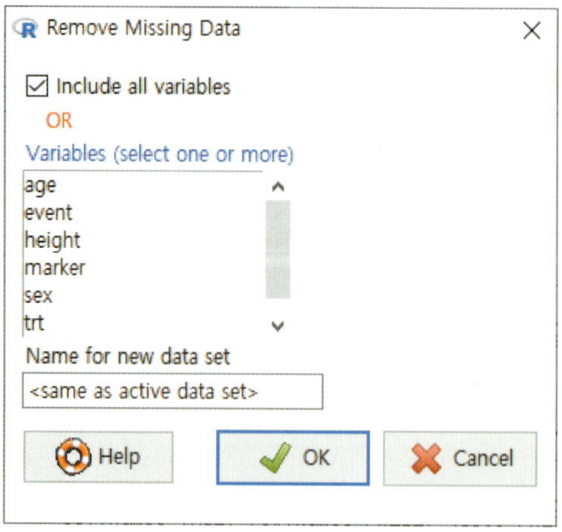

어떤 변수를 기준으로 할지, 혹은 모든 변수에서 제거할 것인지 선택합니다.

ch. 37 새 변수 계산 및 삽입

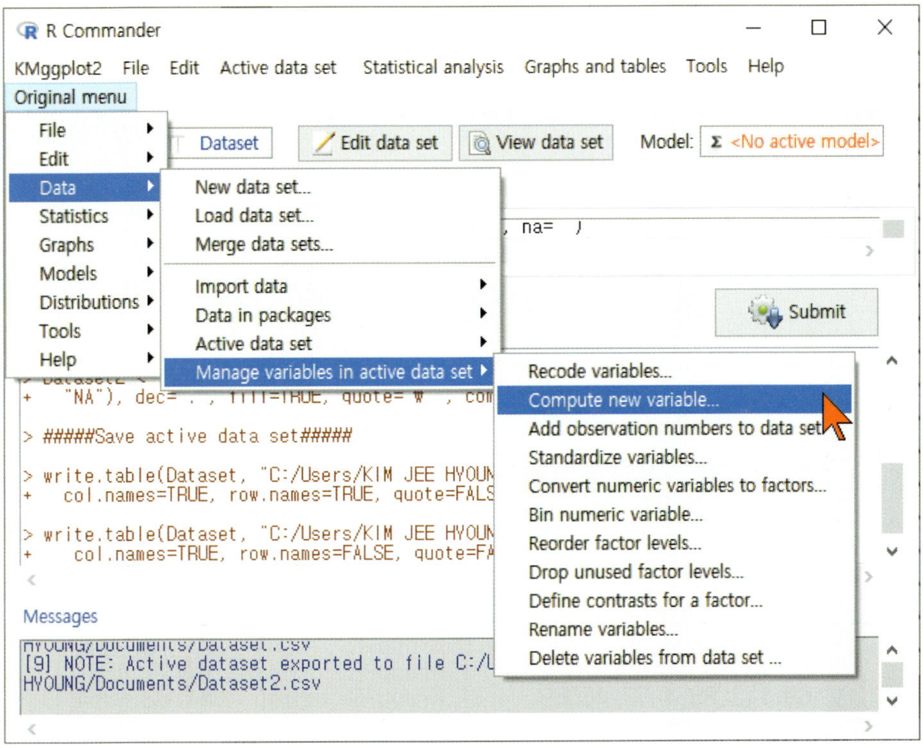

변수를 계산해서 '새로운 변수'를 만들 수 있습니다.

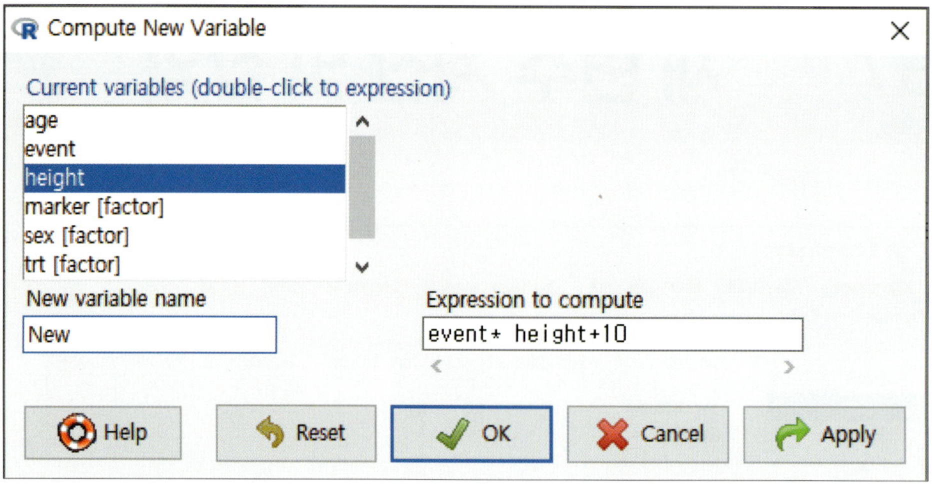

새 변수의 이름을 정하고 계산식을 적절히 넣어줍니다.

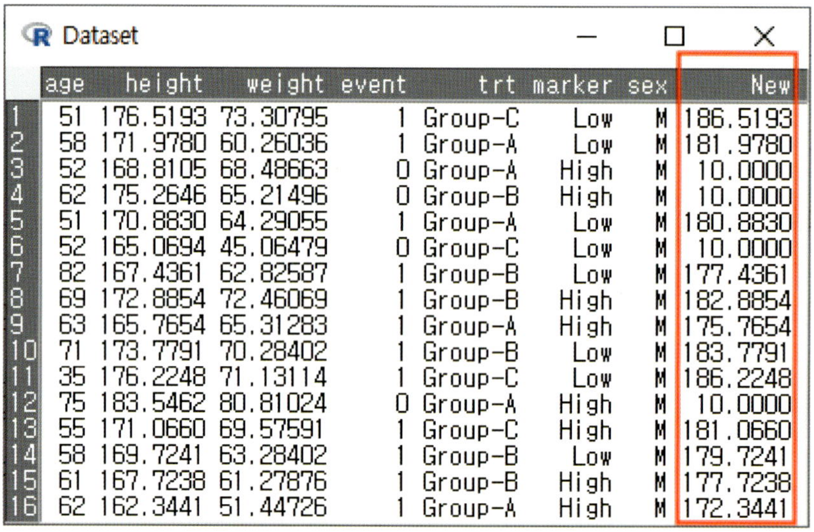

Dataset

	age	height	weight	event	trt	marker	sex	New
1	51	176.5193	73.30795	1	Group-C	Low	M	186.5193
2	58	171.9780	60.26036	1	Group-A	Low	M	181.9780
3	52	168.8105	68.48663	0	Group-A	High	M	10.0000
4	62	175.2646	65.21496	0	Group-B	High	M	10.0000
5	51	170.8830	64.29055	1	Group-A	Low	M	180.8830
6	52	165.0694	45.06479	0	Group-C	Low	M	10.0000
7	82	167.4361	62.82587	1	Group-B	Low	M	177.4361
8	69	172.8854	72.46069	1	Group-B	High	M	182.8854
9	63	165.7654	65.31283	1	Group-A	High	M	175.7654
10	71	173.7791	70.28402	1	Group-B	Low	M	183.7791
11	35	176.2248	71.13114	1	Group-C	Low	M	186.2248
12	75	183.5462	80.81024	0	Group-A	High	M	10.0000
13	55	171.0660	69.57591	1	Group-C	High	M	181.0660
14	58	169.7241	63.28402	1	Group-B	Low	M	179.7241
15	61	167.7238	61.27876	1	Group-B	High	M	177.7238
16	62	162.3441	51.44726	1	Group-A	High	M	172.3441

새로운 변수가 오른쪽에 만들어진 것을 확인할 수 있습니다.

ch. 38 변수 표준화

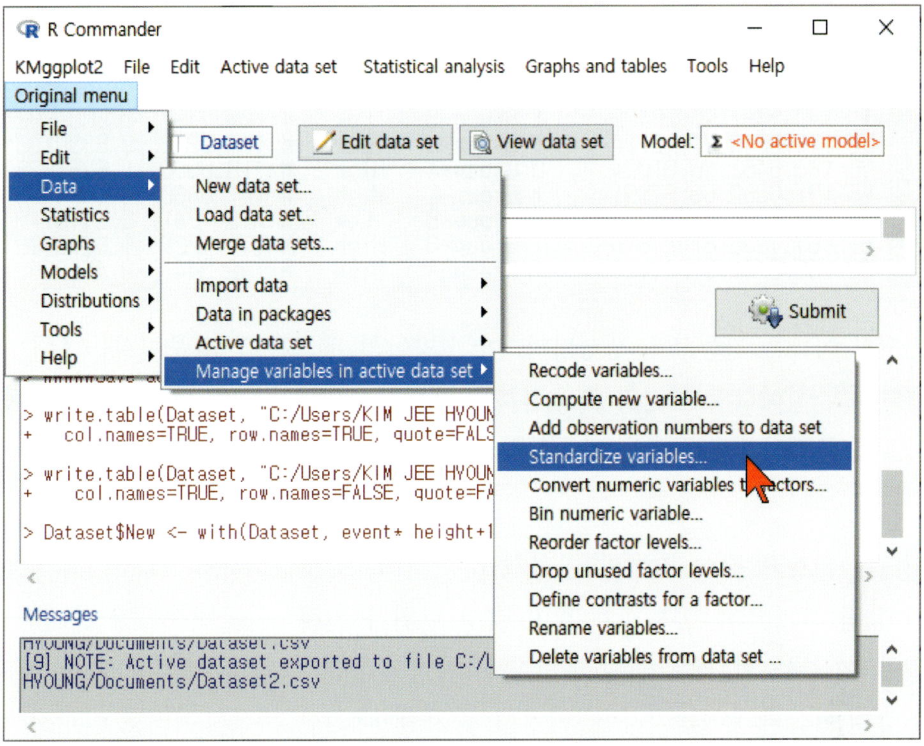

숫자로 된 변수를 표준화할 수 있습니다.

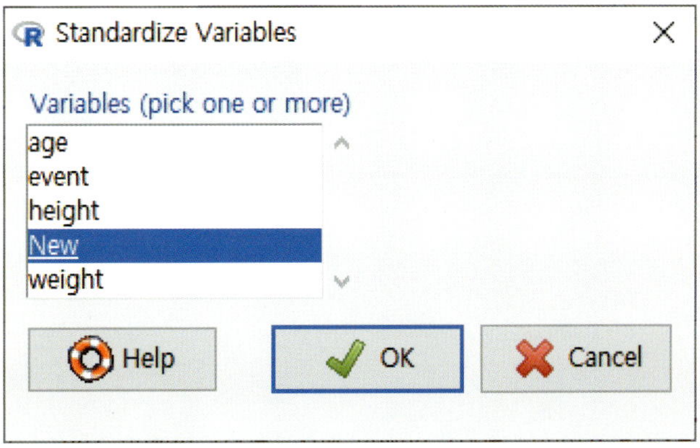

1개 이상의 변수를 선택합니다.

	age	height	weight	event	trt	marker	sex	New	Z.New
1	51	176.5193	73.30795	1	Group-C	Low	M	186.5193	0.6368756
2	58	171.9780	60.26036	1	Group-A	Low	M	181.9780	0.5773939
3	52	168.8105	68.48663	0	Group-A	High	M	10.0000	-1.6751825
4	62	175.2646	65.21496	0	Group-B	High	M	10.0000	-1.6751825
5	51	170.8830	64.29055	1	Group-A	Low	M	180.8830	0.5630519
6	52	165.0694	45.06479	0	Group-C	Low	M	10.0000	-1.6751825
7	82	167.4361	62.82587	1	Group-B	Low	M	177.4361	0.5179034
8	69	172.8854	72.46069	1	Group-B	High	M	182.8854	0.5892785
9	63	165.7654	65.31283	1	Group-A	High	M	175.7654	0.4960212
10	71	173.7791	70.28402	1	Group-B	Low	M	183.7791	0.6009852
11	35	176.2248	71.13114	1	Group-C	Low	M	186.2248	0.6330192
12	75	183.5462	80.81024	0	Group-A	High	M	10.0000	-1.6751825
13	55	171.0660	69.57591	1	Group-C	High	M	181.0660	0.5654483
14	58	169.7241	63.28402	1	Group-B	Low	M	179.7241	0.5478718
15	61	167.7238	61.27876	1	Group-B	High	M	177.7238	0.5216720
16	62	162.3441	51.44726	1	Group-A	High	M	172.3441	0.4512088

변수의 이름은 자동으로 생성되며, 이 숫자들의 평균은 0, 표준편차는 1이 됩니다. 즉, 원래값의 평균과 표준편차를 계산한 뒤에 각각의 값에서 평균을 뺀 다음 표준편차로 나누어서 표준화합니다.

미터와 피트와 같이 길이의 단위가 다른 경우도 표준화하면 그 차이가 없어지게 됩니다. 키와 몸무게와 같이 측정 단위가 전혀 다른 변수들의 상대적인 영향력을 비교할 때도 표준화는 많이 사용됩니다. 그러나 해석할 때는 매우 조심 스럽습니다. 즉 키라면 '키가 1 증가할 때'라는 뜻은 1미터도 아니고, 1피트도 아니고, 1 표준편차만큼 증가했다는 뜻이므로 실제 어느 정도인지는 환산해보지 않으면 알 수 없습니다.

ch.39 연속변수를 구간변수로

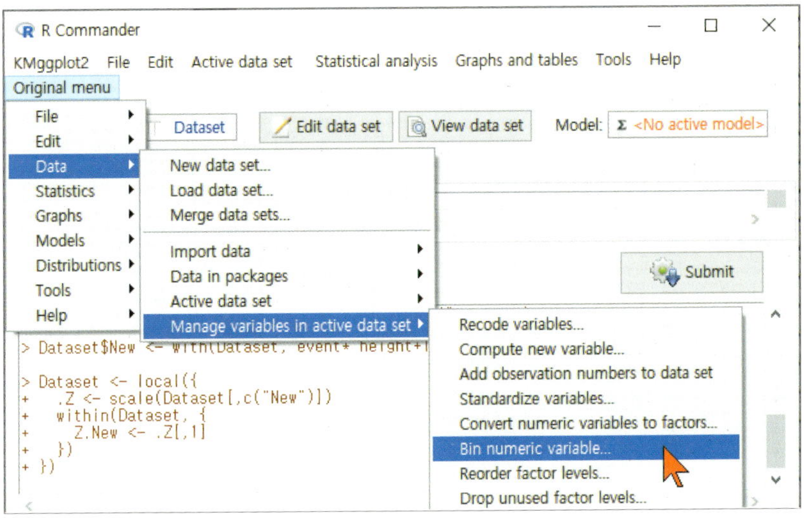

숫자로 된 변수를 몇 개의 구간을 나누어서 명목변수화할 수 있습니다.

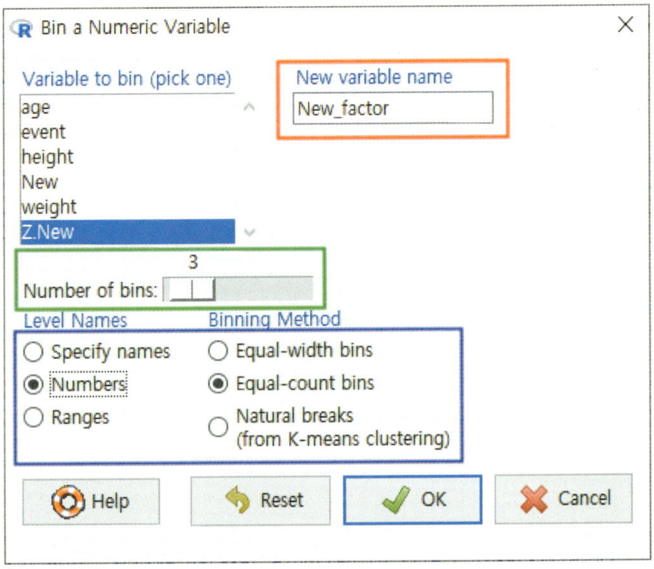

새 변수의 이름을 정하고(빨간색 사각형), 몇 개로 나눌지 정합니다(초록색 사각형). 새 변수를 숫자로 하고 같은 숫자가 되도록 설정합니다(파란색 사각형).

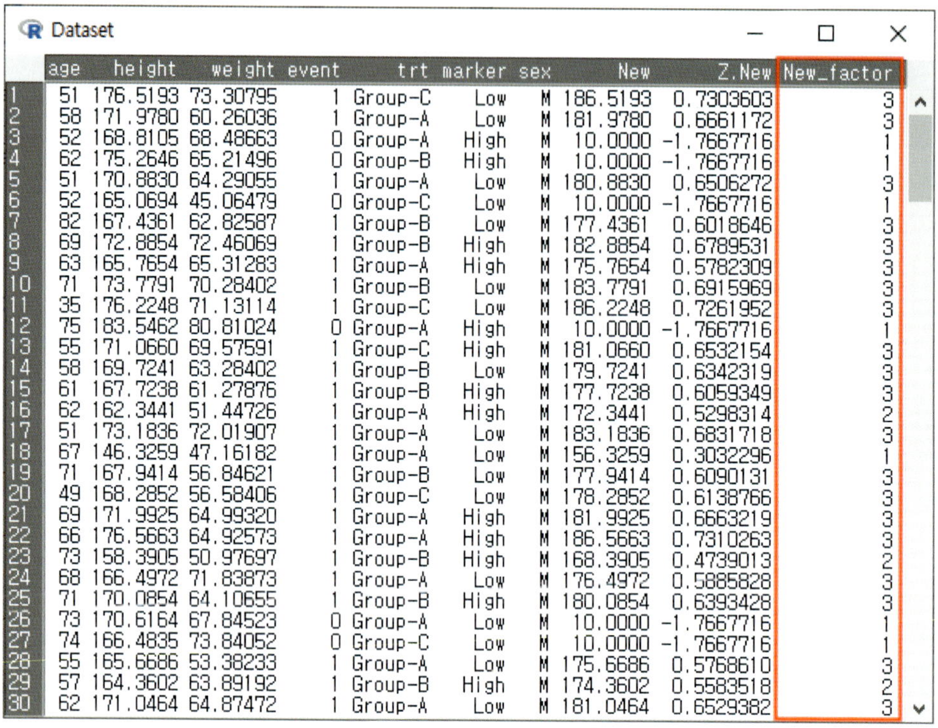

Dataset

	age	height	weight	event	trt	marker	sex	New	Z.New	New_factor
1	51	176.5193	73.30795	1	Group-C	Low	M	186.5193	0.7303603	3
2	58	171.9780	60.26036	1	Group-A	Low	M	181.9780	0.6661172	3
3	52	168.8105	68.48663	0	Group-A	High	M	10.0000	-1.7667716	1
4	62	175.2646	65.21496	0	Group-B	High	M	10.0000	-1.7667716	1
5	51	170.8830	64.29055	1	Group-A	Low	M	180.8830	0.6506272	3
6	52	165.0694	45.06479	0	Group-C	Low	M	10.0000	-1.7667716	1
7	82	167.4361	62.82587	1	Group-B	Low	M	177.4361	0.6018646	3
8	69	172.8854	72.46069	1	Group-B	High	M	182.8854	0.6789531	3
9	63	165.7654	65.31283	1	Group-A	High	M	175.7654	0.5782309	3
10	71	173.7791	70.28402	1	Group-B	Low	M	183.7791	0.6915969	3
11	35	176.2248	71.13114	1	Group-C	Low	M	186.2248	0.7261952	3
12	75	183.5462	80.81024	0	Group-A	High	M	10.0000	-1.7667716	1
13	55	171.0660	69.57591	1	Group-C	High	M	181.0660	0.6532154	3
14	58	169.7241	63.28402	1	Group-B	Low	M	179.7241	0.6342319	3
15	61	167.7238	61.27876	1	Group-B	High	M	177.7238	0.6059349	3
16	62	162.3441	51.44726	1	Group-A	High	M	172.3441	0.5298314	2
17	51	173.1836	72.01907	1	Group-A	Low	M	183.1836	0.6831718	3
18	67	146.3259	47.16182	1	Group-A	Low	M	156.3259	0.3032296	1
19	71	167.9414	56.84621	1	Group-B	Low	M	177.9414	0.6090131	3
20	49	168.2852	56.58406	1	Group-C	Low	M	178.2852	0.6138766	3
21	69	171.9925	64.99320	1	Group-A	High	M	181.9925	0.6663219	3
22	66	176.5663	64.92573	1	Group-A	High	M	186.5663	0.7310263	3
23	73	158.3905	50.97697	1	Group-B	High	M	168.3905	0.4739013	2
24	68	166.4972	71.83873	1	Group-A	Low	M	176.4972	0.5885828	3
25	71	170.0854	64.10655	1	Group-B	High	M	180.0854	0.6393428	3
26	73	170.6164	67.84523	0	Group-A	Low	M	10.0000	-1.7667716	1
27	74	166.4835	73.84052	0	Group-C	Low	M	10.0000	-1.7667716	1
28	55	165.6686	53.38233	1	Group-A	Low	M	175.6686	0.5768610	3
29	57	164.3602	63.89192	1	Group-B	High	M	174.3602	0.5583518	2
30	62	171.0464	64.87472	1	Group-A	Low	M	181.0464	0.6529382	3

새 변수가 1과 2와 3으로 코딩되었습니다.

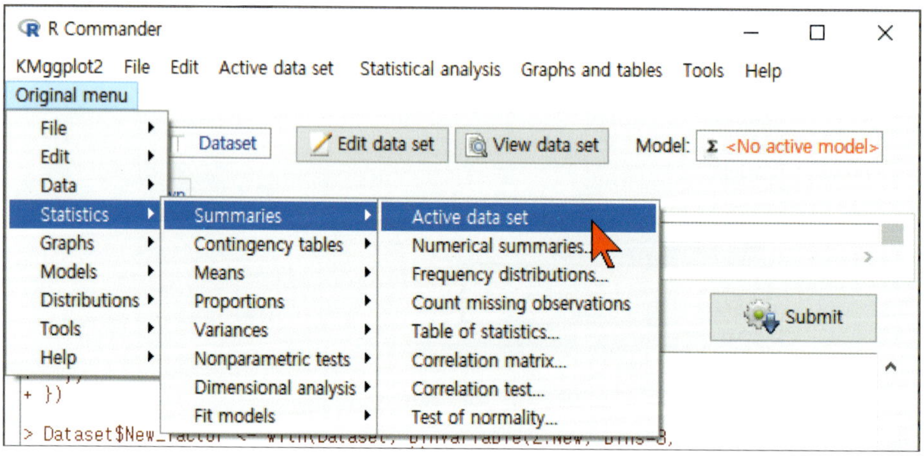

이 데이터를 요약해봅시다.

```
> summary(Dataset)
      age            height          weight          event             trt
 Min.   :34.00   Min.   :140.1   Min.   :30.30   Min.   :0.00   Group-A:65
 1st Qu.:58.00   1st Qu.:158.7   1st Qu.:50.90   1st Qu.:1.00   Group-B:51
 Median :66.00   Median :164.5   Median :60.17   Median :1.00   Group-C:84
 Mean   :64.94   Mean   :164.4   Mean   :58.45   Mean   :0.76
 3rd Qu.:72.00   3rd Qu.:170.5   3rd Qu.:66.01   3rd Qu.:1.00
 Max.   :96.00   Max.   :183.5   Max.   :81.96   Max.   :1.00
  marker     sex          New             Z.New          New_factor
 High: 49   F:100   Min.   : 10.0   Min.   :-1.7668   1:67
 Low :151   M:100   1st Qu.:156.2   1st Qu.: 0.3016   2:66
                    Median :171.2   Median : 0.5143   3:67
                    Mean   :134.9   Mean   : 0.0000
                    3rd Qu.:177.8   3rd Qu.: 0.6066
                    Max.   :191.7   Max.   : 0.8043
```

새 변수가 (67, 66, 67)개의 개수로 거의 동수로 분포된 것을 알 수 있습니다.

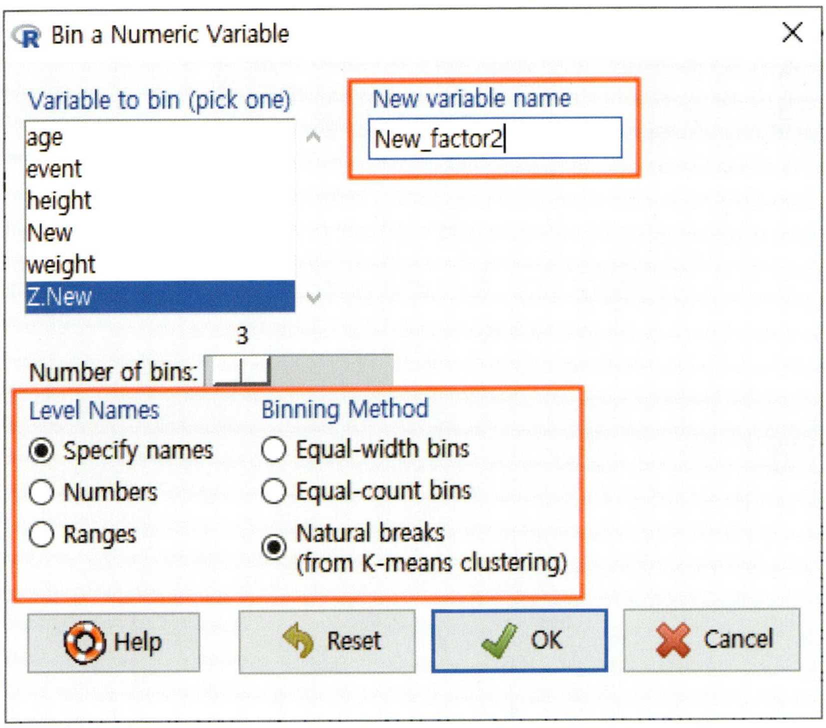

이제는 이름을 정하고 K-means clustering 방법으로 해봅시다.

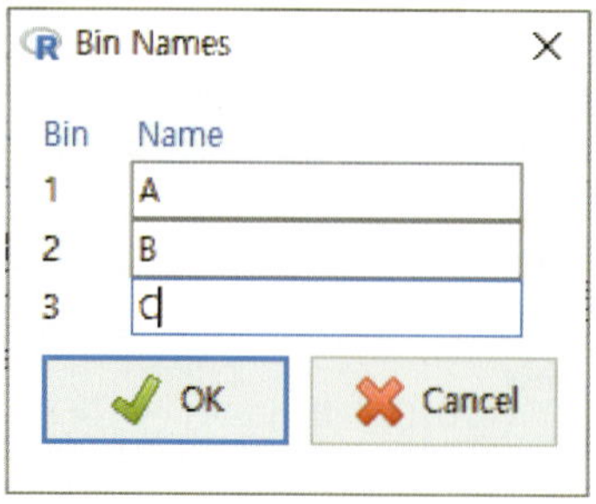

적절한 이름을 정합니다.

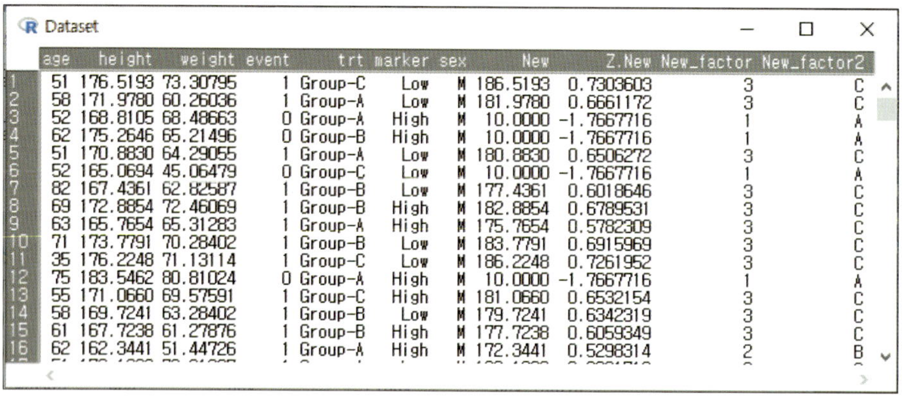

결과가 나왔고 A, B, C로 코딩되었습니다.

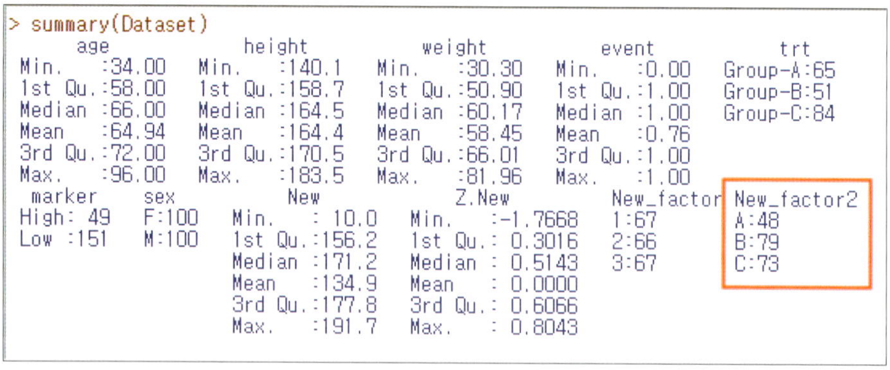

요약해보니 당연히 숫자가 서로 다릅니다. K-means clustering은 해당 변수의 성격에 따라 비슷한 것끼리 서로 묶어주는 방법을 사용합니다. 마라톤을 할 때 선두 그룹과 그 뒤에 좀 떨어져서 달리는 그룹이 있듯이 적절히 나눕니다.

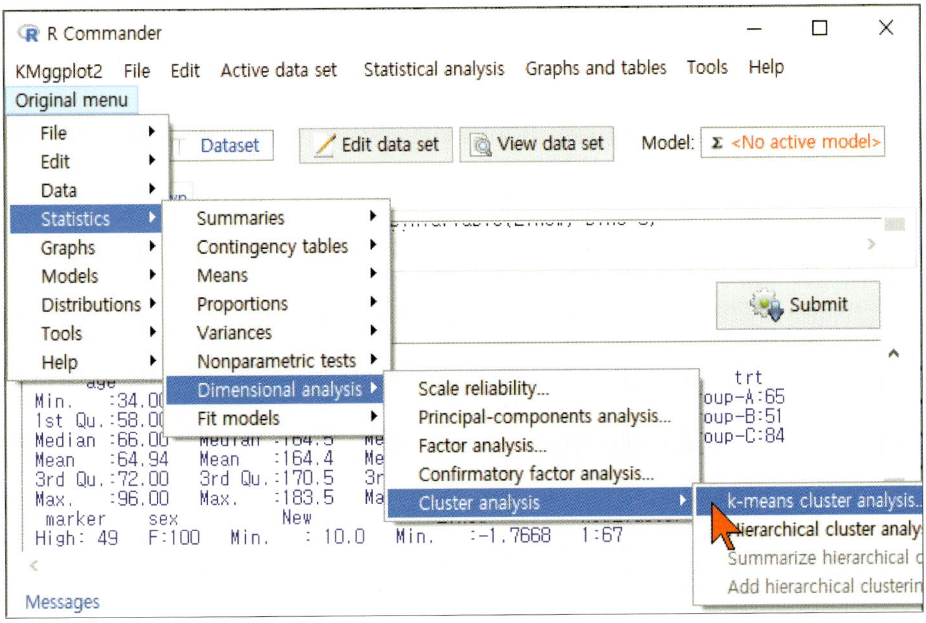

'K-means clustering'은 다른 메뉴에도 있으므로 한번 시행해보겠습니다.

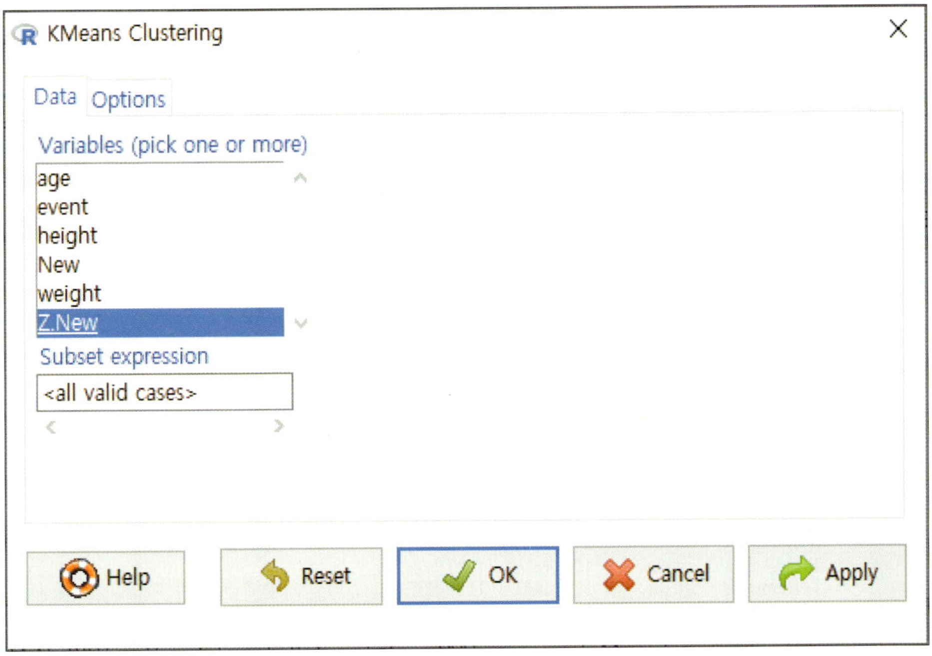

'K-means clustering'은 1개 이상의 변수를 선택해서 군집화할 수도 있지만, 여기서는 앞에서 정한 변수 하나만 선택해보겠습니다.

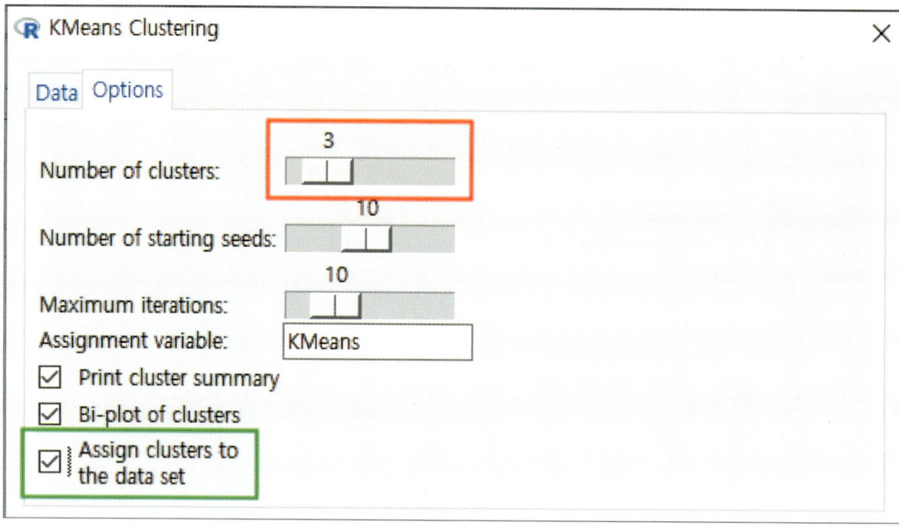

위와 같이 설정해보겠습니다.

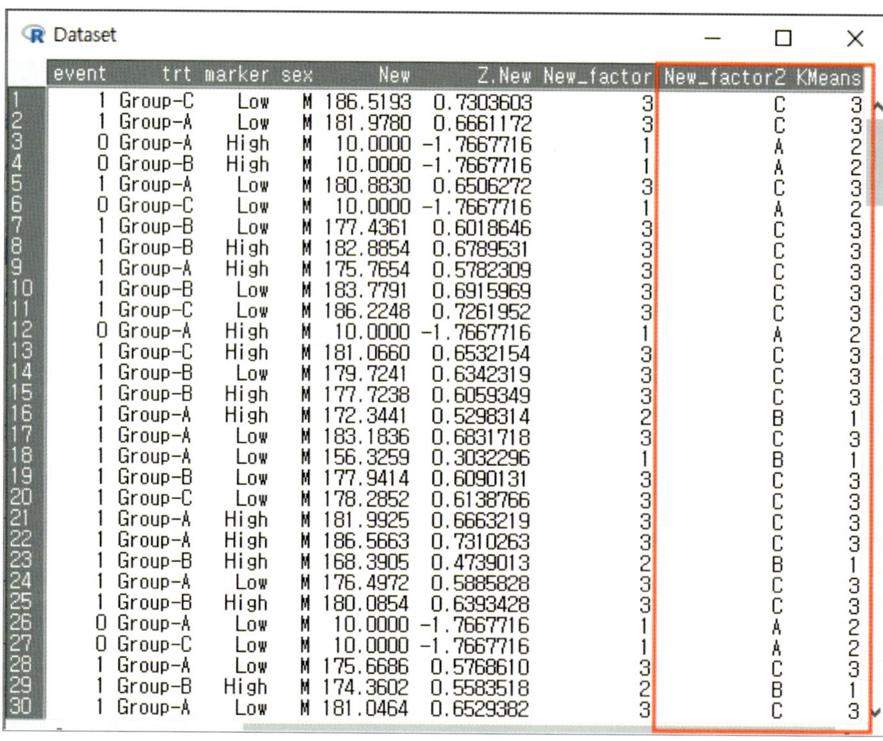
Dataset

	event	trt	marker	sex	New	Z.New	New_factor	New_factor2	KMeans
1	1	Group-C	Low	M	186.5193	0.7303603	3	C	3
2	1	Group-A	Low	M	181.9780	0.6661172	3	C	3
3	0	Group-A	High	M	10.0000	-1.7667716	1	A	2
4	0	Group-B	High	M	10.0000	-1.7667716	1	A	2
5	1	Group-A	Low	M	180.8830	0.6506272	3	C	3
6	0	Group-C	Low	M	10.0000	-1.7667716	1	A	2
7	1	Group-B	Low	M	177.4361	0.6018646	3	C	3
8	1	Group-B	High	M	182.8854	0.6789531	3	C	3
9	1	Group-A	High	M	175.7654	0.5782309	3	C	3
10	1	Group-B	Low	M	183.7791	0.6915969	3	C	3
11	1	Group-C	Low	M	186.2248	0.7261952	3	C	3
12	0	Group-A	High	M	10.0000	-1.7667716	1	A	2
13	1	Group-C	High	M	181.0660	0.6532154	3	C	3
14	1	Group-B	Low	M	179.7241	0.6342319	3	C	3
15	1	Group-B	High	M	177.7238	0.6059349	3	C	3
16	1	Group-A	High	M	172.3441	0.5298314	2	B	1
17	1	Group-A	Low	M	183.1836	0.6831718	3	C	3
18	1	Group-A	Low	M	156.3259	0.3032296	1	B	1
19	1	Group-B	Low	M	177.9414	0.6090131	3	C	3
20	1	Group-C	Low	M	178.2852	0.6138766	3	C	3
21	1	Group-A	High	M	181.9925	0.6663219	3	C	3
22	1	Group-A	High	M	186.5663	0.7310263	3	C	3
23	1	Group-B	High	M	168.3905	0.4739013	2	B	1
24	1	Group-A	Low	M	176.4972	0.5885828	3	C	3
25	1	Group-B	High	M	180.0854	0.6393428	3	C	3
26	0	Group-A	Low	M	10.0000	-1.7667716	1	A	2
27	0	Group-C	Low	M	10.0000	-1.7667716	1	A	2
28	1	Group-A	Low	M	175.6686	0.5768610	3	C	3
29	1	Group-B	High	M	174.3602	0.5583518	2	B	1
30	1	Group-A	Low	M	181.0464	0.6529382	3	C	3

새로운 'KMeans' 변수가 생성되었습니다. 옆의 변수와 비교해보면 A=2, B=1, C=3 이렇게 된 것을 알 수 있습니다.

ch.40 숫자를 명목변수로

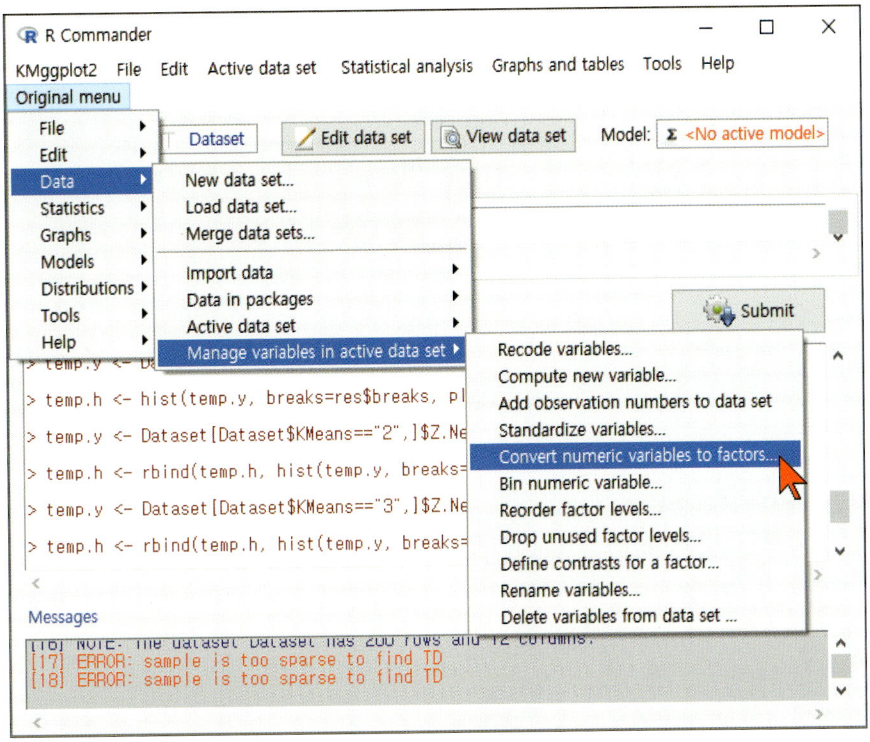

간단한 정수로 된 숫자 변수를 명목변수로 바꿉니다. 앞서 본문에서 한 번 사용했던 방법입니다.

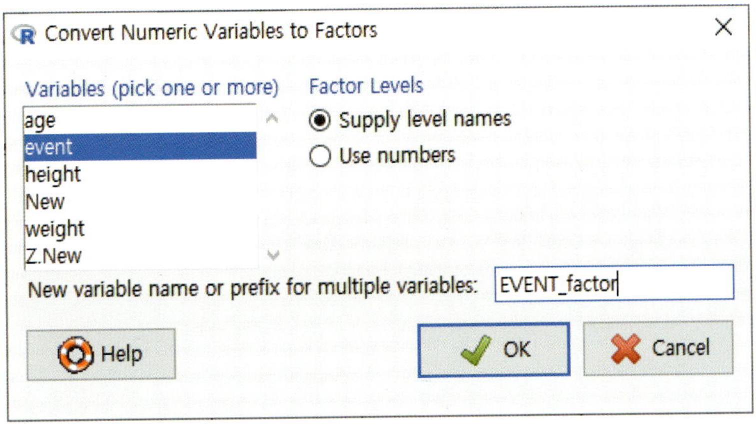

'event'는 0과 1이 된 변수입니다. 형태는 그대로 숫자로 두고, 실속은 명목 변수로 바꿀 수도 있고 이름을 새로 지을 수도 있습니다.
이번에는 이름을 지어봅시다.

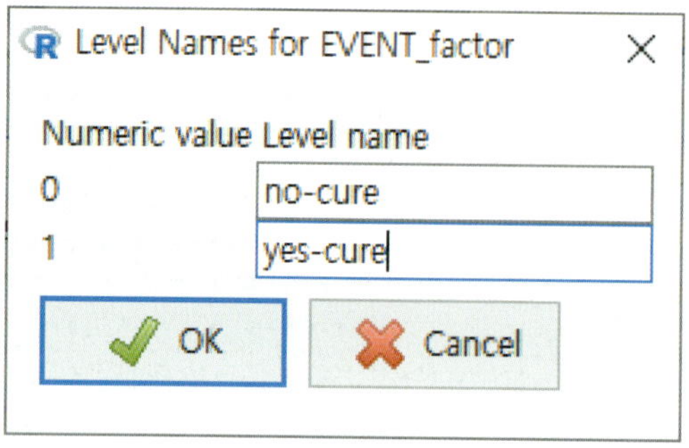

위와 같이 이름을 지어보았습니다.

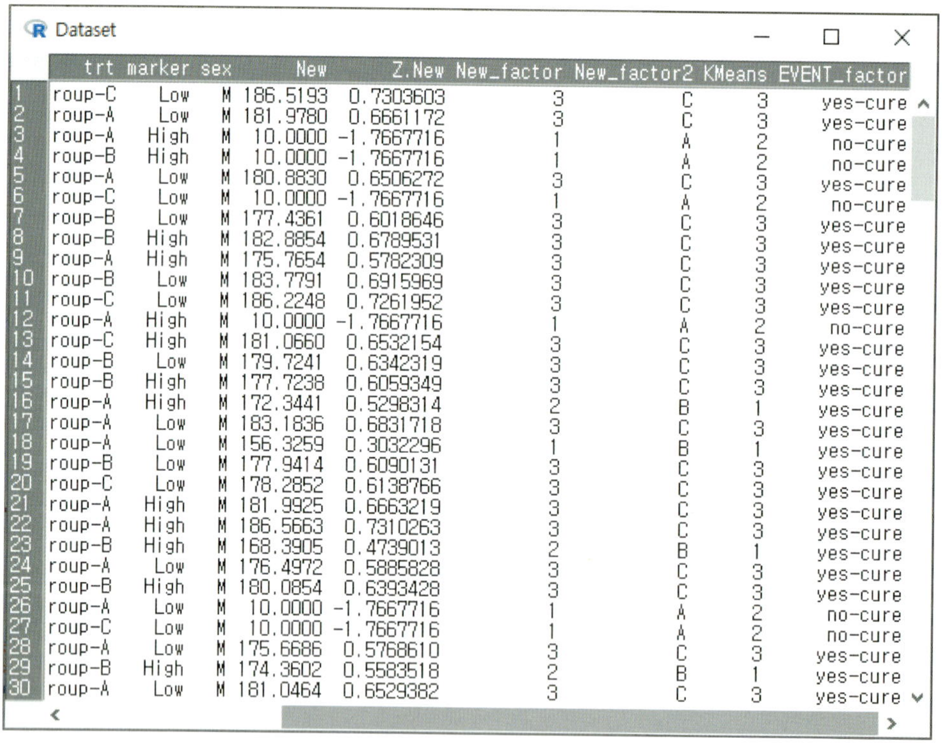

	trt	marker	sex	New	Z.New	New_factor	New_factor2	KMeans	EVENT_factor
1	roup-C	Low	M	186.5193	0.7303603	3	C	3	yes-cure
2	roup-A	Low	M	181.9780	0.6661172	3	C	3	yes-cure
3	roup-A	High	M	10.0000	-1.7667716	1	A	2	no-cure
4	roup-B	High	M	10.0000	-1.7667716	1	A	2	no-cure
5	roup-A	Low	M	180.8830	0.6506272	3	C	3	yes-cure
6	roup-C	Low	M	10.0000	-1.7667716	1	A	2	no-cure
7	roup-B	Low	M	177.4361	0.6018646	3	C	3	yes-cure
8	roup-B	High	M	182.8854	0.6789531	3	C	3	yes-cure
9	roup-A	High	M	175.7654	0.5782309	3	C	3	yes-cure
10	roup-B	Low	M	183.7791	0.6915969	3	C	3	yes-cure
11	roup-C	Low	M	186.2248	0.7261952	3	C	3	yes-cure
12	roup-A	High	M	10.0000	-1.7667716	1	A	2	no-cure
13	roup-C	High	M	181.0660	0.6532154	3	C	3	yes-cure
14	roup-B	Low	M	179.7241	0.6342319	3	C	3	yes-cure
15	roup-B	High	M	177.7238	0.6059349	3	C	3	yes-cure
16	roup-A	High	M	172.3441	0.5298314	2	B	1	yes-cure
17	roup-A	Low	M	183.1836	0.6831718	3	C	3	yes-cure
18	roup-A	Low	M	156.3259	0.3032296	1	B	1	yes-cure
19	roup-B	Low	M	177.9414	0.6090131	3	C	3	yes-cure
20	roup-C	Low	M	178.2852	0.6138766	3	C	3	yes-cure
21	roup-A	High	M	181.9925	0.6663219	3	C	3	yes-cure
22	roup-A	High	M	186.5663	0.7310263	3	C	3	yes-cure
23	roup-B	High	M	168.3905	0.4739013	2	B	1	yes-cure
24	roup-A	Low	M	176.4972	0.5885828	3	C	3	yes-cure
25	roup-B	High	M	180.0854	0.6393428	3	C	3	yes-cure
26	roup-A	Low	M	10.0000	-1.7667716	1	A	2	no-cure
27	roup-C	Low	M	10.0000	-1.7667716	1	A	2	no-cure
28	roup-A	Low	M	175.6686	0.5768610	3	C	3	yes-cure
29	roup-B	High	M	174.3602	0.5583518	2	B	1	yes-cure
30	roup-A	Low	M	181.0464	0.6529382	3	C	3	yes-cure

그러자 이렇게 바뀌었습니다.

ch. 41 명목변수 순위 바꾸기

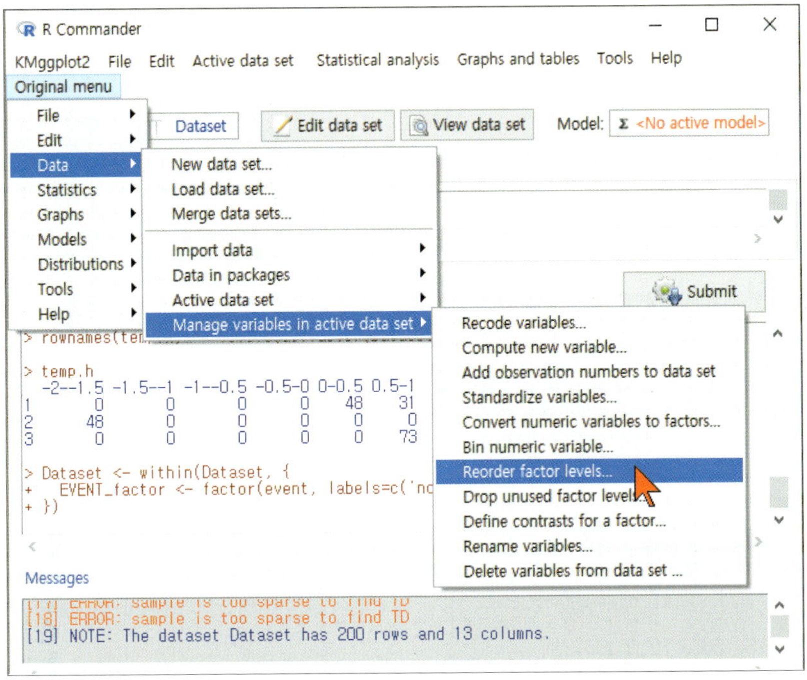

명목변수에 서열을 부여해봅시다.

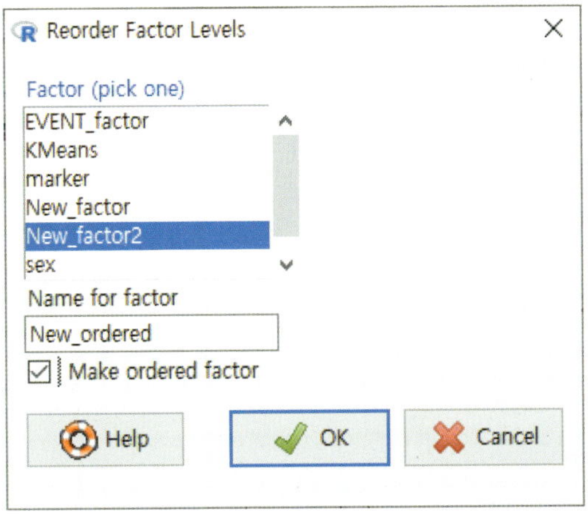

한 변수를 지정하고 새 변수의 이름을 만듭니다.

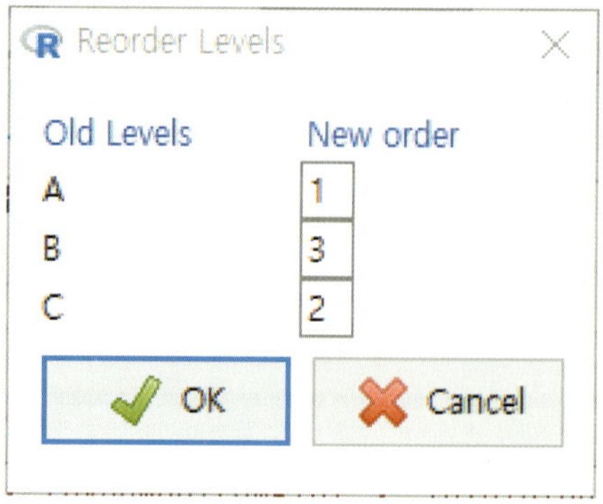

새 변수에 부여할 순서를 지정합니다. 특별한 경우가 아니라면 일반적으로 알파벳 순서가 순위가 됩니다. 이 기능은 인위적으로 순위를 부여해야 할 때 사용할 수 있습니다. logistic regression이나 Cox regression 등에서 더미변수를 처리할 때 이 기능이 사용될 수 있습니다. 첫 번째 순위의 것이 기준이 되기 때문입니다.

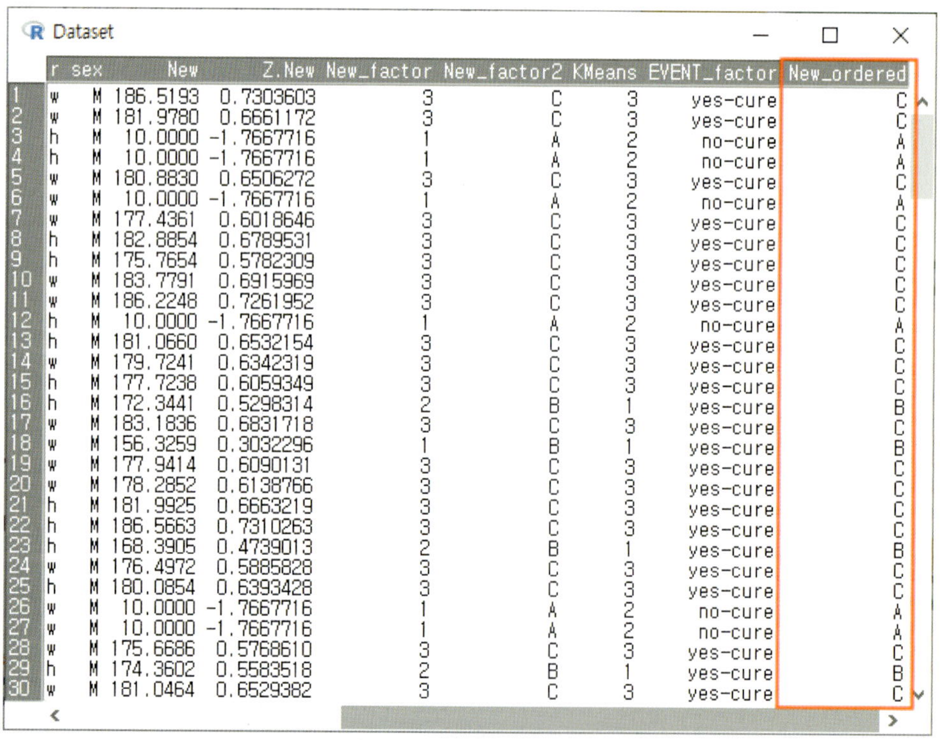
Dataset

	r	sex	New	Z.New	New_factor	New_factor2	KMeans	EVENT_factor	New_ordered
1	w	M	186.5193	0.7303603	3	C	3	yes-cure	C
2	w	M	181.9780	0.6661172	3	C	3	yes-cure	C
3	h	M	10.0000	-1.7667716	1	A	2	no-cure	A
4	h	M	10.0000	-1.7667716	1	A	2	no-cure	A
5	w	M	180.8830	0.6506272	3	C	3	yes-cure	C
6	w	M	10.0000	-1.7667716	1	A	2	no-cure	A
7	w	M	177.4361	0.6018646	3	C	3	yes-cure	C
8	h	M	182.8854	0.6789531	3	C	3	yes-cure	C
9	h	M	175.7654	0.5782309	3	C	3	yes-cure	C
10	w	M	183.7791	0.6915969	3	C	3	yes-cure	C
11	w	M	186.2248	0.7261952	3	C	3	yes-cure	C
12	h	M	10.0000	-1.7667716	1	A	2	no-cure	A
13	h	M	181.0660	0.6532154	3	C	3	yes-cure	C
14	w	M	179.7241	0.6342319	3	C	3	yes-cure	C
15	h	M	177.7238	0.6059349	3	C	3	yes-cure	C
16	h	M	172.3441	0.5298314	2	B	1	yes-cure	B
17	w	M	183.1836	0.6831718	3	C	3	yes-cure	C
18	w	M	156.3259	0.3032296	1	B	1	yes-cure	B
19	w	M	177.9414	0.6090131	3	C	3	yes-cure	C
20	w	M	178.2852	0.6138766	3	C	3	yes-cure	C
21	h	M	181.9925	0.6663219	3	C	3	yes-cure	C
22	h	M	186.5663	0.7310263	3	C	3	yes-cure	C
23	h	M	168.3905	0.4739013	2	B	1	yes-cure	B
24	w	M	176.4972	0.5885828	3	C	3	yes-cure	C
25	h	M	180.0854	0.6393428	3	C	3	yes-cure	C
26	w	M	10.0000	-1.7667716	1	A	2	no-cure	A
27	w	M	10.0000	-1.7667716	1	A	2	no-cure	A
28	w	M	175.6686	0.5768610	3	C	3	yes-cure	C
29	h	M	174.3602	0.5583518	2	B	1	yes-cure	B
30	w	M	181.0464	0.6529382	3	C	3	yes-cure	C

순위는 내부적인 것이라서 외견상의 변화는 없습니다.

ch. 42 Original menu and New menu

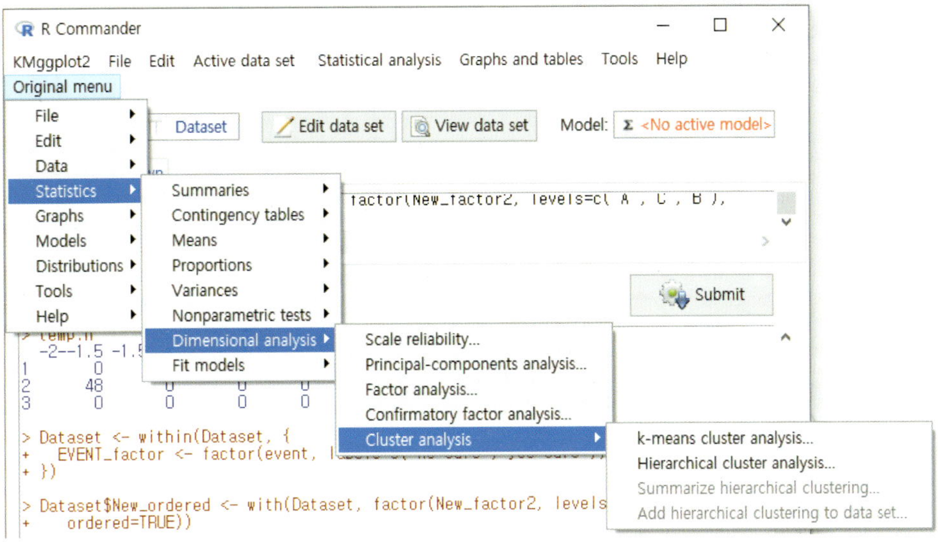

'Original menu'는 SPSS에서 보았던 메뉴와 조금 닮았습니다. 사회과학 분야에서 사용되는 메뉴들이 많습니다. 차원해석(dimensional analysis) 아래로 주성분 분석(principal component analysis), 요인분석(factor analysis), 군집분석(cluster analysis) 등이 눈에 띕니다.

의학 분야에서 많이 쓰일 수 있는 paired t-test, McNemar test, Cochran Q test 등이나 logistic regression, 생존분석 같은 메뉴는 없거나 숨겨져 있습니다.

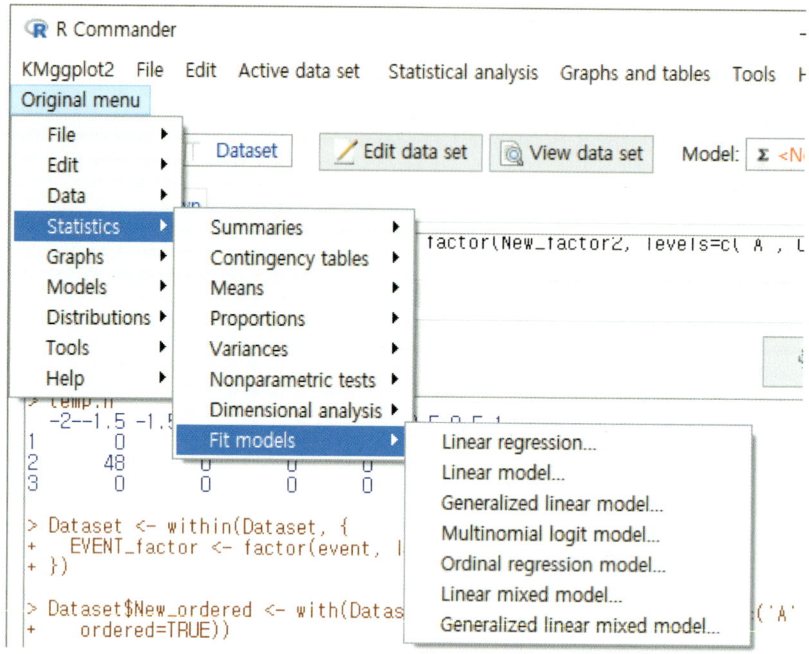

다양한 모형들이 가능하긴 하지만, 아래의 메뉴와는 구성이 완전히 다릅니다.

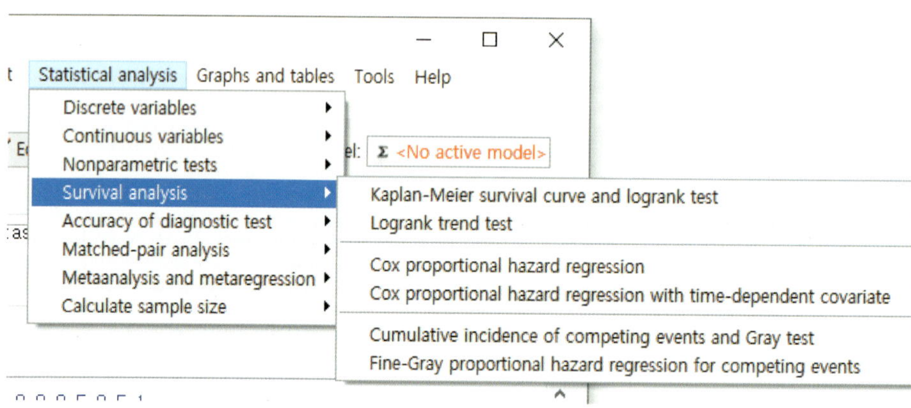

'RcmdrPlugin.EZR'의 메뉴는 마치 의학통계 전문인 것처럼 되어 있습니다. 생존분석 메뉴가 발달되어 있습니다.

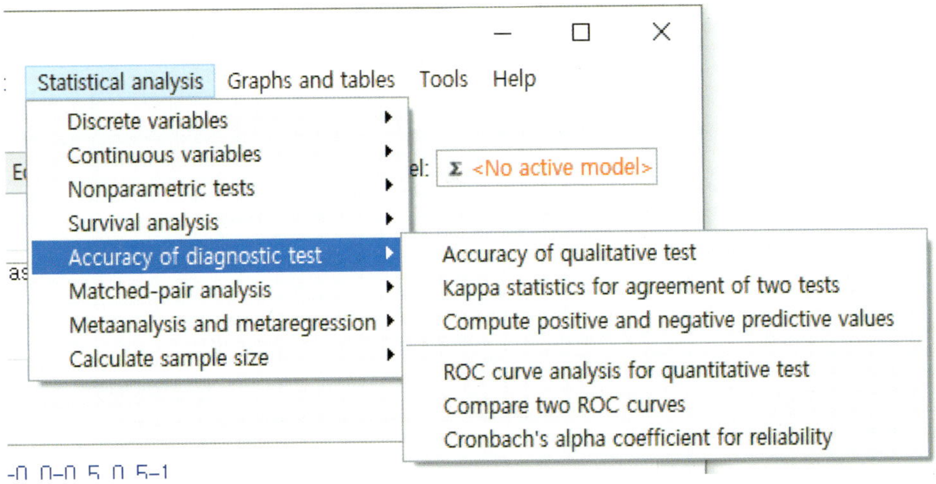

진단 관련 통계법도 꽤 많습니다. 의학용 통계 프로그램인 MedCalc과 비교할 만합니다.

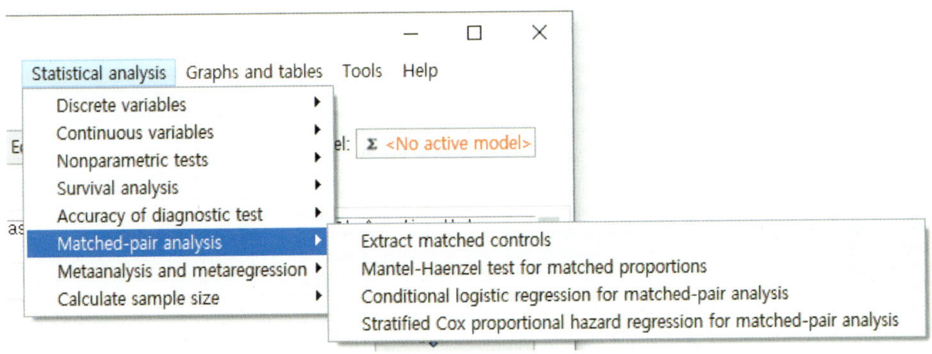

'matched-pair analysis'는 제가 한참 많이 찾았던 기능들인데 여기에 모여 있네요.

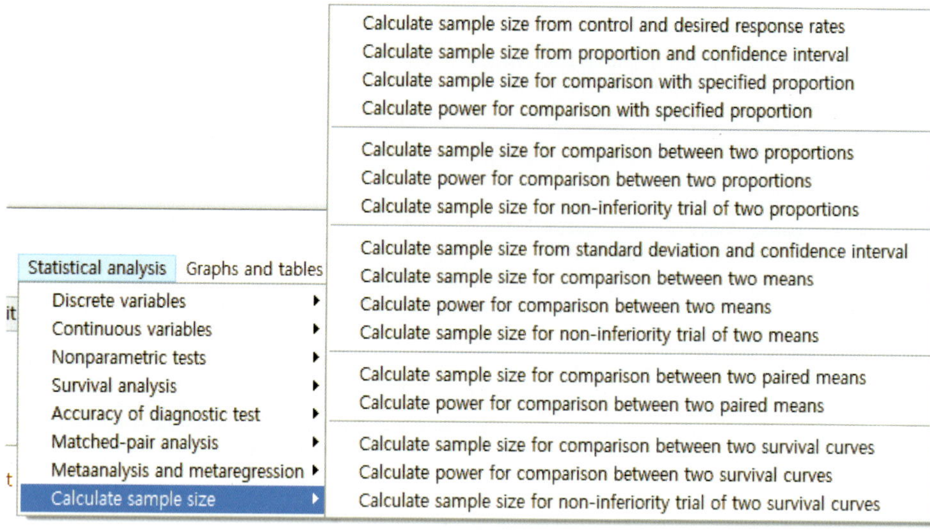

'샘플 수 계산'은 아마도 의학 연구자들 말고는 많이 시행하지 않는 것 같습니다. 비열등성 검정에 대한 샘플 수 계산도 풍부합니다.

	A	B	C	D
1	RcmdrPlugin.aRnova	RcmdrPlugin.FactoMineR	RcmdrPlugin.MPAStats	RcmdrPlugin.sampling
2	RcmdrPlugin.BiclustGUI	RcmdrPlugin.FactoMineR	RcmdrPlugin.NMBU	RcmdrPlugin.SCDA
3	RcmdrPlugin.coin	RcmdrPlugin.FuzzyClust	RcmdrPlugin.orloca	RcmdrPlugin.SLC
4	RcmdrPlugin.depthTools	RcmdrPlugin.GWRM	RcmdrPlugin.PcaRobust	RcmdrPlugin.sos
5	RcmdrPlugin.DoE	RcmdrPlugin.HH	RcmdrPlugin.plotByGroup	RcmdrPlugin.steepness
6	RcmdrPlugin.EACSPIR	RcmdrPlugin.IPSUR	RcmdrPlugin.pointG	RcmdrPlugin.survival
7	RcmdrPlugin.EBM	RcmdrPlugin.KMggplot2	RcmdrPlugin.qual	RcmdrPlugin.sutteForecastR
8	RcmdrPlugin.EcoVirtual	RcmdrPlugin.lfstat	RcmdrPlugin.RiskDemo	RcmdrPlugin.TeachingDemos
9	RcmdrPlugin.Export	RcmdrPlugin.MA	RcmdrPlugin.RMTCJags	RcmdrPlugin.TeachStat
10	RcmdrPlugin.EZR	RcmdrPlugin.mosaic	RcmdrPlugin.ROC	RcmdrPlugin.temis
11				RcmdrPlugin.UCA

그러나 우리가 살펴본 Rcmdr의 플러그 인은 고작 2개였고, 그 외 이렇게 많은 것들이 있습니다. 그중에서 우리는 가장 기본적인 것만 살펴보았습니다. Rcmdr를 벗어나면 더 많은 것들이 있지만, 그때부터는 스크립트 방식을 사용해야 합니다.

메뉴를 둘러본 결과, 지금 정도면 사회과학 분야 연구자들과 의학 연구자들 모두 만족할 만하다는 생각이 들었습니다. 그리고 더 복잡한 통계를 위한 기본 입문 프로그램으로도 충분하다는 판단이 들었습니다.

통계에 관한 책을 쓰고 강의를 시작한 것이 2012년 3월이었으니 벌써 9년이 지났네요. 그 동안 통계 프로그램도 이것저것 바꿔보고, 다른 사람의 강의도 들어보고 하였습니다. 그러면서 '초보자들에게 가장 적합한 프로그램은 무엇일까?' 하는 생각을 늘 가지고 있었습니다.

로마의 역사를 로마말로 배우면 더 효과적일까요? 언어에는 문화와 사상이 담겨 있으니 분명 더 깊이 배울 수 있는 부분이 있을 것입니다. 하지만 해당 언어를 잘 모르는 초보자에게는 너무 힘든 일입니다.
통계 이론도 생소한데, 프로그램마저도 어렵다면 배우기가 얼마나 어려울까요? 그래서일까요? GUI 방식의 SPSS가 지금도 초보자들 사이에서는 인기입니다. 사회과학 분야에서는 그럴 수 있다고 하더라도 의학/보건학 분야에서도 인기가 있다는 것을 저는 도무지 이해할 수가 없습니다. 이름 자체가 Social Science를 위한 프로그램인데 말이죠.

저는 로마 역사도 쉬운 우리말로 먼저 배운 뒤, 흥미가 있는 사람이라면 로마말도 배우면 된다고 생각합니다. 마찬가지로 통계도 쉬운 GUI로 먼저 배우기를 권합니다. 통계 초보자들을 위한 이 책의 내용을 잘 활용하면, 본인이 수행하는 연구의 거의 대부분을 감당할 수 있으리라 생각합니다. 그런 다음 보다 깊이 활용하기를 원한다면, 스크립트 방식의 R을 접해보길 권합니다.
만약 통계 자체에 대한 부담감이 큰 분이라면 엑셀부터 시작하는 것을 추천합니다. 머리말에서 말씀드렸듯이, 이 책의 1권이라 할 수 있는 《Excel+R 누구나 하는 데이터 분석》을 읽어보시거나 관련 강의를 들어보시길 추천합니다. 한편, 통계에 조금 익숙한 분이라면 이 책과 관련 강의를 추천합니다. SPSS를 조금 다루어본 분들에게도 추천합니다. SPSS에 비해 얼마나 메뉴 구성이 단순하고 직관적인지 알 수 있게 될 것입니다.
오늘날 데이터를 다루고 분석하는 일은 특별한 사람들의 전유물이 아니라 누구라도 쉽게 할 수 있는 일이며, 그렇게 되어야 한다고 생각하기에 이 책과 강의를 자신 있게 추천합니다. 그리고 이 책은 강의를 듣고 난 뒤에 복습용 혹은 개인 연습용으로 활용하기에 적합하다는 점을 말씀드립니다. 실제로 많은 독자들이 책만 보고서 이해를 못하거나, 책만 사고 직접 해보지 않는다는 것을 알기에 강의와 연계해 활용할 수 있도록 집필했습니다.

처음 동료 의사들에게 통계를 어떻게 하면 쉽게 알려줄 수 있을까 고민하면서 작은 강의를 시작했던 것이 저에게는 새로운 사람들과 소통하는 기회가 되었고, 새로운 길을 가도록 해주었습니다.

> "내가 너의 갈 길을 가르쳐 보이고 너를 주목하여 훈계하리로다."
>
> 〈시편 32:8〉

지금까지 인도해주신 주님께서 앞으로도 어떻게 인도하실지 기대가 됩니다.

2021년 7월

감사의 마음으로

김지형